清华科史哲

第2辑

吴国盛　主编

TSINGHUA JOURNAL OF HISTORY AND
PHILOSOPHY OF SCIENCE

VOLUME 2

科学出版社

北京

内 容 简 介

《清华科史哲》旨在促进中国科技史与科技哲学两个亲缘学科的交流与融通，鼓励原创性研究和批评性评论，推动学术规范和学科建设。常设"论文"、"译文"、"书评"和"书讯"等栏目。"论文"栏侧重西方科学思想史和西方科学仪器史研究，"译文"栏侧重古典科学文献的翻译。本辑还特设了"学科发展论坛"和"专栏：纪念柯瓦雷逝世 60 周年"。

本书面向科技界、科技史与科技哲学界同道，以及对科学文化感兴趣的广大读者。

图书在版编目（CIP）数据

清华科史哲. 第 2 辑 / 吴国盛主编. -- 北京：科学出版社，2025.5.
ISBN 978-7-03-081821-8

Ⅰ. N091；N02

中国国家版本馆 CIP 数据核字第 2025LT7026 号

责任编辑：邹　聪　侯俊琳　张春贺 / 责任校对：贾伟娟
责任印制：师艳茹 / 封面设计：有道文化

科学出版社 出版
北京东黄城根北街 16 号
邮政编码：100717
http:// www.sciencep.com
北京中科印刷有限公司印刷
科学出版社发行　各地新华书店经销
*
2025 年 5 月第 一 版　开本：720×1000　1/16
2025 年 5 月第一次印刷　印张：23 1/4
字数：360 000
定价：128.00 元
（如有印装质量问题，我社负责调换）

目　录

学科发展论坛

科学史的边界

/

曲安京[1]

什么是科学史研究？这是一个问题。本文所谓的"科学史的边界"，是指科学史研究的范围，即什么样的学术研究，可以算作科学史的研究。

20世纪初，科学史学科刚刚建立的时候，科学史研究的主流是与科学概念、科学思想直接相关的内容，即所谓的"内史"。时至今日，纵观全世界职业科学史家的学术背景、科学史国际学术会议的主题、科学史专业刊物的内容，科学史研究的对象与范围与科学界的期望似乎越来越远，抱怨"没有科学的科学史"的声音也越来越多。

讨论科学史的边界究竟是什么，对于科学史学科独立健康的发展或许是有益的。本文的目的有二：首先，尝试回答科学界及相邻学科对科学史学科的一些批评或质疑；其次，希望这个讨论有助于科学史的从业者及研究生明确并坚定科学史研究的方向和立场[2]。

一、从科学史到 Science Studies

早期的科学史研究，大体上就是精密科学史（History of Exact Science），它是学科史、概念史，是科学的历史，也可以是历史上的科学。20世纪50年代以后，随着欧美职业科学史家的涌现，科学史的边界开始向一般的历史学、社会学拓展[3]。近年来的科学史主流，可以是技术史、医学史、传统工艺、博

1　曲安京，1962年生，西北大学科学史高等研究院院长、陕西省文化遗产数字人文重点实验室主任。
2　笔者有关中国科学史编史学的思考，曾在多种场合阐述。现蒙吴国盛教授盛情敦促，草成此文。相关内容或有重复，主张观点或有偏颇，一己之言，供同道批评指正。
3　从社会学角度开展科学史的研究始于20世纪30年代，以苏联物理学家赫森（Hessen）的论文《牛顿〈原理〉的社会和经济根源》（1931）和美国社会学家默顿（Meton）的博士论文《十七世纪英格兰的科学、技术与社会》（1938）为代表。但是，在欧美高等院校的学术体系中，设置专门且固定的科学史岗位，大约是从20世纪50年代开始的。

物学史，除了希腊传统，也可以是其他文明的科学史。

因为专注于科学思想的来龙去脉，早期的科学史学科具有很高的专业门槛，与一般的历史学有明显的差异。但是，随着时间的推移，这种界限似乎越来越模糊了，"知识史"（history of knowledge）与"文化多样性"（diversity of culture）成为今日科学史界的高频词。早在 1980 年，吉里斯皮（Charles Gillispie）就对当时科学史界的研究潮流提出过批评，他说：

> 科学史曾经专注于科学思想概念上的演进，因而备受尊崇，而如今的科学史正丧失对科学的理解，过分偏重社会史并沦落为浅薄的学术。[4]

达里戈尔（Olivier Darrigol）也发表过类似的观点：大多数历史学家对仍致力于"研究科学中比较深奥和系统的内容"不屑一顾，并"把它们诋毁为囿于陈腐史学传统的老顽固"[5]。专深的科学史"内史"研究，在国际科学史界日益失去往日的地位[6]。

1999 年，笔者到哈佛大学科学史系访问，合作导师比亚乔里（Mario Biagioli）教授在初次见面时送给笔者一本他编辑的新书，书名是"The Science Studies Reader"。[7]他告诉笔者，这是 20 世纪 70 年代欧美科学史界开始出现的一个研究潮流，希望以"Science Studies"的概念，在一定程度上取代"History of Science"。在这个概念下，科学史的边界进行了扩充，科学史家关注的范围更广，能够研究的问题更多，可以获取的资源更加丰富[8]。

按照比亚乔里教授的介绍，Science Studies 是指：凡是对科学的发生、发展有所影响的内容，都是科学史家可以并且应该关注的领域，如科技政策与评价、学术道德与规范等。Science Studies 的从业人员，基本上是科学史家与科学哲学家。职业科学史家既往的所有研究也都可以归属于 Science Studies 的范畴。

4　William J. Broad, "History of Science Losing its Science", *Science*, 1980, 207(4429)，p.389.

5　Olivier Darrigol, "For a History of Knowledge", in *Positioning the History of Science*. ed. Kostas Gavroglu and Jürgen Renn, Dordrecht: Springer，2007.

6　吴国盛教授在"中国科学技术史学会 2024 年学术年会"（广州，华南农业大学）的大会报告中，对辉瑞奖（Pfizer Award）历届获奖者的工作进行的统计评述，可以清晰地支持这个判断。辉瑞奖由美国科学史学会于 1958 年创立，每年授予一部过去三年内出版的、用英文撰写的、杰出的科学史著作。

7　Mario Biagioli, *The Science Studies Reader*, London: Routledge, 1999.

8　按 Science Studies 的字面意思，应该是"科学学"，但是，由于在中文的语境中，科学学专指 Science of Science，因此，Science Studies 的中文翻译，迄今也没有找到一个特别恰当的中文译名，有一种翻译叫"科学元勘"，参见刘华杰：《科学元勘中 SSK 学派的历史与方法论述评》，《哲学研究》，2000 年第 1 期，第 38–44 页。Science Studies 后来被扩展成 Science and Technology Studies，有时候被缩写为 STS。不过，STS 通常指"科学技术与社会"（Science, Technology and Society）。

　　哈佛大学科学史系的课程体系与邀访学者，和 Science Studies 的概念高度一致。这是笔者第一次比较明确地意识到，凡是对科学的发展产生影响的社会的、政治的、历史的关联，都是科学史家可以研究的课题[9]。用 Science Studies 取代 History of Science，是对传统的以概念史为核心的科学史边界的一次重要拓展。尽管在形式上，Science Studies 将原先的 History of Science 涵盖在其中，但是，本质上却是对涉及专业知识的科学概念史的极大削弱。

　　2013 年，在曼彻斯特大学举办的第 24 届国际科学、技术和医学史大会上，剑桥大学的张夏硕（Hasok Chang）教授在大会报告中，对欧美科学史界的研究现状提出了一些批评：

　　　　当下许多科学史研究存在一种对科学知识的专业性内容避而远之的趋势——这一趋势若成为主导，那将有损于科学史学科的健康发展。[10]

　　显而易见，科学史的边界，在科学史学科职业化以后，就开始向人文科学与社会科学领域进行扩展，这种尝试和努力在国际科学史界基本上没有间断，由此引发了许多科学家和老一代科学史家的批评与担忧。

　　导致这个现象产生的主要原因，是必须以扩张科学史边界的方式，扩大科学史研究的问题域，以此争取更加充分的政治与社会资源，从而为科学史学科赢得更广阔的生存空间。如此，才可以满足日益扩大的科学史专业研究队伍及后备人才的职业生存需求。

二、"内史传统"框架下的突破与困境

　　长期以来，科学界对科学史界（特别是中国科学史界）有一种批评，认为大量的科学史研究，都专注于从"故纸堆"中发掘一些"零碎"的科学知识，忽略了对科学的历史，或者说科学发展规律的整理研究。从科学史的学术刊物来看，这样的"指摘"大抵是"符合事实"的。

　　问题是：为什么职业科学史家更多地热衷于探讨"历史上的科学"，而不

9　大约在 2000 年，结束哈佛大学访问不久，笔者即组织申请了中国科学院知识创新工程项目"中国近现代科学技术史研究"的子课题，参见曲安京：《中国近现代科学技术奖励制度》，济南：山东教育出版社，2005 年。
10　张夏硕：《让科学回归科学史》，《科学文化评论》，2013 年第 10 卷第 5 期，第 5–20 页。

是"科学的历史"呢？[11]

　　从学理上讲，科学史是从历史的视角解答"科学是什么"[12]。虽然当代的历史学家一般比较强调人类社会发展（包括其中的科学）的复杂性与偶然性，但是，在"无序"中探索科学的发展规律，仍然是科学史的主要任务。不过，从科学史界的内部来看，科学史研究似乎主要在关注一些历史上科学的"细枝末节"，在主流的科学史专业刊物上，很少看到职业科学史家讨论某个学科史的发展规律的文章。出现这个现象的原因，与科学史的学科属性是有关联的。

　　科学哲学与科学史面临相同的基本问题，都是为了回答"科学是什么"，但是，这两个亲缘学科的属性却是不同的：科学史，是历史学的一个分支；科学哲学，是哲学的一个分支。历史学与哲学的研究路径基本上可以说是背道而驰的[13]。

　　粗略地讲，如果将"科学"比喻成一座大厦，从哲学的立场构建这座大厦，通常的做法是，根据先验的思辨，先构想一个科学大厦的框架，然后寻找科学史上的案例作为其建筑构件，拼补完善构想中的科学大厦，以已经发现的历史上的科学知识，验证其构想的科学大厦的设计蓝图的合理性[14]。

　　从历史学的立场出发，通常并不忙于想象科学大厦是什么样的。在科学史家的心目中，科学大厦究竟是什么样的并不重要，他们首先着手处理的事情是，根据历史遗存的文献，发现、复原构成科学大厦的建筑构件，在已经发现的基本建筑构件不足以拼合成科学大厦的任何一个局部单元的结构时，不会急于通过想象和推测，描述科学大厦的形状是什么样的[15]。

　　这就是职业科学史家通常专注于发现并阐释"历史上的科学"，较少花费

11　历史上的科学，是指专注于历史上的具体科学知识点的发掘、阐释、整理。科学的历史，是指对科学的某个具体的概念、理论、方法、学科分支的历史进化的系统描述。

12　吴国盛：《什么是科学》，广州：广东人民出版社，2016 年。

13　接受过完整的大学本科之科学教育而从事科学史研究的学者，大体上可以分为两类：科学史家与科学哲学家，本刊的发刊词称：《清华科史哲》旨在促进中国科技史与科学哲学两个亲缘学科的交流与融通"。因此，比较一下这两类学者的研究路径，是有趣且有意义的。

14　很多老一辈的科学哲学家在出道之时，做过非常专深的科学史案例研究，如柯瓦雷（Alexander Koyré，1892—1964）的《伽利略研究》与《牛顿研究》、拉卡托斯（Imre Lakatos，1922—1974）的"欧拉示性数进化史"、库恩（Thomas Samuel Kuhn，1922—1996）的《哥白尼革命》等。他们以这些科学史的个案分析为经验，通过先验的思辨建其"科学大厦"的框架。在这样的传统影响下，20 世纪 50 年代末以库恩、费耶阿本德为代表的历史主义学派兴起，他们在科学哲学研究中高度重视科学史。

15　简单说来，在探讨"科学是什么"这个相同的基本问题时，科学哲学家的态度是：先构想一个答案，再用历史上的科学，验证这个答案；科学史家的态度是：先搜集、发现、整理历史上的科学，在材料不充分时，不急于回答"科学是什么"。

大量精力，直接讨论"科学的历史"的根本原因[16]。

对于科学史家来说，根据原始文献，发现或复原历史上有什么样的科学知识，是他们的核心任务。欧美科学史界，以这样的方式对西方文明遗留下来的科学文献，进行了持续的、大规模的、细致的发掘研究，因此，按照"发现"或"复原"范式，中国学者对西方科学史的文献进行研究，可以做的事情并不是很多。

在20世纪之前，中国历史学界对中国古代文献中蕴含的科学知识，基本上没有按照现代科学体系进行系统的发掘阐释，这就给中国科学史家遗留了大量的空间用于发掘中国历史文明中曾经创造出来的科学知识。在2000年之前，相对于专业研究人员的数量来说，可以研究的中文历史文献尚且比较充分，专注于中国历史（包括现代中国科学史）上的科学事件、科学知识、科学人物的史料发掘与整理，大体上可以形成一个自给自足的学科共同体。

因此，长期以来，中国科学史家的主要群体集中在对中国历史上科学知识的发掘整理上。经过半个多世纪的研究，对于中国传统科学知识体系的研究取得了丰硕的成果。不过，中国古代遗存的科学史料毕竟有限，经过几代人的发掘，有趣的东西已经不多了。于是，就有中国的科学史家试图通过改变传统史学的"发现"范式，加上介绍、引进欧美的科学史编史学方法，来"构造"有意义的科学史问题[17]。

从数学史界来说，吴文俊倡导的"古证复原"的研究范式，就是为了在

16　科学界常常将科学史家的工作归类到科学文化、科学传播、科学普及等领域，甚至将科学史研究的功能与科学普及的功能等同起来。这大约是科学家认为科学史研究应该专注于阐释"科学的历史"的主要原因。在科学文化的建设上，科学传播与科学普及当然是极端重要的，这一点毋庸置疑。科学史研究具备科学传播与科学普及的功能，也是没有疑义的。但是，科学史学科职业化之后，其考核的学术标准是具有原创性的"科学研究"，而"科学普及"与"科学研究"是有所差异的，这就是"科普"类工作无法得到科学界"足够重视"的根本原因。参见曲安京《故事与问题：学术研究的困境是怎样产生的》，《自然辩证法通讯》，2021年第43卷第6期，第1-7页。

17　刘兵：《克丽奥眼中的科学》，济南：山东教育出版社，1996年；袁江洋：《科学史：走向新的综合》，《自然辩证法通讯》，1996年第18卷第3期，第52-55页；张柏春：《对中国学者研究科技史的初步思考》，《自然辩证法通讯》，2001年第23卷第3期，第88-94页；吴国盛：《博物学：传统中国的科学》，《学术月刊》，2016年第48卷第4期，第11-19页；王扬宗：《略说中国现代科技史研究的问题意识》，《中国科技史杂志》，2020年第41卷第3期，第328-339页；潜伟：《技术遗产论纲》，《中国科技史杂志》2020年第41卷第3期，第462-473页；袁江洋：《科学史研究向何处去？——再论科学史学科独立与学术自主》，《广西民族大学学报（自然科学版）》，2023年第29卷第2期，第10-20页；孙小淳：《中国的过去有没有未来——设想中国科技史的新叙事》，载《清华科史哲：纪念哥白尼诞辰550周年》，吴国盛主编，北京：清华大学出版社，2024年，第1-6页。

坚守"内史传统"的前提下，扩大数学史的"问题域"[18]。吴文俊的复原范式，本质上与近年来在欧美流行的一种新的数学史研究思潮，即"数学实操哲学"（philosophy of mathematical practice），是完全一致的[19]。吴文俊"复原范式"的提出和流行，主导了中国传统数学史研究最为繁荣的 20 年[20]。

中国作为一个历史悠久的文明大国，文化自信关系到了国家战略。欲理解自己的文明，必须要先理解全球的文明。如果不能全面深入地开展西方科学史的研究，就无法深刻理解西方的现代文明究竟是如何产生的。但是，无论从"发现"的角度还是从"复原"的角度，中国学者都很难找到一些有趣的真问题，使我们与国际接轨，真正参与西方数学史的研究。因此，20 多年前，笔者提出了"为什么数学"的研究路径，让数学史的研究从历史上的数学走向数学的历史，努力介入国际数学史界主流的研究[21]。

中国数学史界的上述努力，都是在"内史传统"的框架下，通过改变数学史的研究范式，扩大数学史的"问题域"，从学理上讲，这种改变对传统科学史研究的边界并没有产生实质性的突破[22]。从实操的层面来说，"内史传统"下问题域的扩张，虽然可以在一定时期缓解科学史界的供需矛盾，但并不能彻底满足科学史学科职业化提出的实际需求。因此，对科学史学科边界的突破，势不可挡。

三、学科职业化与边界的突破

1957 年中国科学院成立自然科学史研究室，1981 年中国高等院校开始设立科学史学位点，1997 年科学技术史被升格为一级学科，2015 年国务院学位委员会成立科学技术史学科评议组。截至 2024 年，全国有 14 家科学技术史博士学位授予单位，按每个学位点年均招收 7 位博士生，每年入学的科学史

18　曲安京：《中国数学史研究范式的转换》，《中国科技史杂志》，2005 年第 26 卷第 1 期，第 50–58 页。
19　曲安京：《数学实操：〈元嘉历〉晷影表的复原》，《中国科技史杂志》，2020 年第 41 卷第 3 期，第 340–349 页。
20　吴文俊：《我国古代测望之学重差理论评介兼评数学史研究中的某些方法问题》，载《科技史文集》（第 8 辑），自然科学史研究所数学史组编，上海：上海科学技术出版社，1982 年，第 10–30 页。
21　曲安京：《中国历法与数学》，北京：科学出版社，2005 年。
22　曲安京：《近现代数学史研究的一条路径——以拉格朗日与高斯的代数方程理论为例》，《科学技术哲学研究》，2018 年，第 35 卷第 6 期，第 67–85 页。

博士研究生接近 100 人、硕士研究生大约 300 人，在读科学史专业研究生超过 1000 人。如此规模的科学史研究生教育，带来了一些实际问题。

2000 年之前，各学科点的学生数量有限、学科背景相近，专业方向与特色非常明显。在科学技术史升格为一级学科之后，多数学科点规模急速扩大，师资与学生的来源非常庞杂，为了保持科学史学科的独立性，就必须认真思考科学史与相关学科，如哲学、历史学、考古学的关系究竟是怎样的[23]。

如前所述，从学理上讲，科学史研究包含了科学的历史与历史上的科学。凡是属于这样两个范畴的原创性成果，都是科学史的研究。

但是，从实操的角度来看，无论是科学的历史还是历史上的科学，都缺乏一个国家层面的、合理的政策机制来支持和保障如此庞大的科学史队伍的健康发展。截至 2024 年底，在国家自然科学基金与国家社会科学基金中，均没有完善的科学史学科的对口支持门类。近年来，国家社会科学基金"冷门绝学"专项，对中国古代科学史的研究有所扶持，但是，西方科学史的研究仍然没有适当的、稳定的途径，获得国家层面的有力支持。

遵从历史学规范的科学史的"学术研究"，必须是基于原始文献有所"发现"或"复原"的原创性研究，否则就很难得到基金的支持、刊物的认可。一方面，职业科学史家需要稳定的基金支持、持续的文章发表，才可以通过正常的考核与晋升；另一方面，大量的研究生需要学术论文的刊发，才可以获得学位、找到工作。所以，发现或解决"真"的问题，成为所有科学史相关人员的必要要求。由于科学史的学术队伍相对比较庞大，仅仅依靠对于科学的历史或历史上的科学的研究，是无法满足这些现实需求的[24]。

为了获得更多的学术资源的支持，科学史家的研究，必须从科学的历史与历史上的科学，进一步扩大它的范围。这就是科学史界通过突破科学史的边界，寻找学科生长点的真实背景。

多年前，欧美科学史家通过"Science Studies"的概念，尝试摆脱其学术

23　袁江洋，刘钝：《科学史在中国的再建制化问题之探讨（上）》，《自然辩证法研究》，2000 年第 16 卷第 2 期，第 58–62 页；袁江洋，刘钝：《科学史在中国的再建制化问题之探讨（下）》，《自然辩证法研究》，2000 年第 16 卷第 3 期，第 51–55 页。

24　尽管科学史的研究距离科学界与全社会的期望差距甚大，想象中需要解决的问题特别多，但在实际操作中，却面临种种客观的困难。例如，撰写一篇有新意的"历史上的科学"，常常取决于所采用的叙事方式。如果模仿欧美科学史界流行的叙事方式，那么常常被认为是缺乏创意。而采取自己独创的叙事方式，又很难被学术界某些保守传统所接受。

生存的困境，将科学史的边界扩大到与科学发展相关的所有领域，如科技伦理与科技政策。按照 Science Studies 的宗旨，与现实问题、国家战略联系起来，不仅更容易得到政府或民间基金的支持，也扩大了科学史的问题域，更方便构造问题、发现问题、解决问题。

通过扩大科学史的边界，为科学史学科赢得更多的社会资源与研究课题，也是国内各个学科点努力奋斗的方向。由于中国高校科学史学科点的创立者基本上都是所在领域的科学家，因此，利用现代科学手段，开展历史学的研究，成为扩大科学史边界的突破口。科技考古，正是在这样的背景下，发展成为国内众多科学史学科点的主要方向。

随着 AI 技术的迅猛发展，所有学术研究领域的形态都可能会受到强烈的冲击。科学史家应该更早地理解这种新技术可能产生的巨大影响力。AI 技术的介入，会将很多传统学科削弱甚至消灭。多年前黄一农教授倡导的 e 考据，在一定程度上将中国史学的一个分支"引得"消灭掉了[25]。AI 时代，是数据的时代。数字人文和数理考古，都是将数据作为史料，利用现代数学与信息技术手段，进行历史与考古的研究，这个应该算是科学史边界的另一个可能的突破口[26]。

四、国家战略与科学史的边界

科学史边界的拓展，是一个不争的事实，在一定意义上讲，是科学史学科职业化的必然结果。如何在不断扩大边界的过程中保持科学史学科的独立性，是科学史家需要思考的一个重要问题。

对于科学史学科自身发展而言，科学史研究的主流大体上经历了这样几个阶段：

科学史学科最初的愿景是梳理科学的历史，从分科史到综合史，完整地描绘科学的发展历程。不过，作为历史学的一门分支，科学史必须遵循史学的研究规范，在原始文献的基础上，发掘整理历史上的科学，据此才可以讨论科学的历史。这就是早期的科学史研究基本上都专注于历史上的科学的根本原因。

25　黄一农：《清代避讳研究：e 考据的学术实践》，新竹：台湾清华大学出版社，2024 年。
26　曲安京：《导言：什么是数理考古》，《中国科技史杂志》，2024 年第 45 卷第 4 期，第 571–575 页。

　　科学史学科职业化以来，职业科学史家必须按照统一的学术标准进行考核，只有服务国家战略与满足社会需求，才可能获得相应的资源，也才能在学术机构扎根、晋升。与此同时，科学史研究生的培养，需要充分大的问题域，才可能满足学位需求。因此，随着职业科学史家与研究生数量的剧增，在实操的层面上，仅仅关注历史上的科学或科学的历史，均很难保障科学史从业人员的学术需求。

　　正是在这样的背景下，科学史的边界，在服务国家战略与满足社会需求的前提下得以扩大。Science Studies 的出现，是欧美科学史界解决这个问题的对策之一。在中国的特殊环境下，由于第一代科学史从业者大体上都是不同科学领域的杰出学者，他们接受过非常好的科学训练，将科学的方法运用到历史或考古的研究上，就形成了目前甚为庞大的科技考古的学术潮流。

　　科学史边界的拓展，在很大程度上是这个学科职业化后产生的必然结果。学科的壮大，必须有足够多的资源支持，必须有足够多的问题去解决，如此，才可以养活足够多的专业学者、足够多的后继人才。因此，主动地迎合国家战略的需求、相邻学科的发展，是必然选择。

　　在中国科学史界，科学史的边界从科学的历史与历史上的科学，扩展到影响科学发生发展的所有问题，再到用科学的手段研究与科学相关的历史。在这样的背景下，中国科学史界涌现出一些新兴的学科，如科学技术与社会、科技考古、数理考古、数字人文等，这个现实的存在，是有一定道理的。这些学科的出现，的确进一步扩大了科学史的边界。与 Science Studies 的出现类似，科学史边界的扩大为中国科学史学科从业人员和后备力量提供了更广泛的学术资源。

　　正是在这样的背景下，2025 年，国家社会科学基金的"学科分类"中，将"科学技术与社会"增列为 25 个一级学科目录之一，其中二级目录包含的"科学技术史、科技教育与传播、中外科技交流、科学技术与社会其他问题研究"等方向，几乎涵盖了国务院学位委员会制定的科学技术史一级学科下面的所有二级学科，这是科学史学科首次进入国家层面的科学基金支持序列，是我国科学史学科发展史上的又一个里程碑事件[27]。

　　迄今为止，科学史边界的拓展，是符合国家战略与社会需求的，且没有

27　在国务院学位委员会最新的学科目录中，科学技术与社会是科学技术史一级学科下面的 8 个二级学科之一。

丧失科学史学科的独立性。需要强调的是，尽管只有精密科学史是远远不够
的，但没有精密科学史的科学史，就不再是科学史了。因此，对于科学史学
科来说，无论其边界如何扩展，精密科学史的研究始终应该占据最核心的位
置。在这个前提下，科学史学科的边界，从科学的历史到历史上的科学，再
到用科学的手段研究与科学相关的历史与社会问题，这是一条自然的、合理
的道路，也是科学史家应该坚守的基本底线[28]。

---

28 作为科学技术史的二级学科，科技考古与数字人文，都应该是采用现代科学手段开展与科学相关的历史
研究，"与科学相关"的限定是必需的。否则，科学史的边界就会变得模糊，因为很多相关学科，如考
古学，也是采用了现代科学手段（生物学的类型学与地质学的地层学）在研究历史。

达·芬奇与现代科学背后的跨文化精神

——观清华大学科学博物馆展有感

/

艾 博 著 鲁博林 译[1]

2021—2022 年，清华大学科学博物馆举办了一场以"列奥纳多·达·芬奇的机械"为主题的展览。该活动表明，这个来自中国的、以科学和工程成果闻名的世界级学术机构，也会关注一位并非中国文化背景并属于遥远过去的历史名人。人们一致认为，达·芬奇既是艺术和科学的天才，也是欧洲文艺复兴和西方文化遗产的象征。清华大学的达·芬奇展为反思科学史及其编史学提供了新的视角。本文从历史和思想的维度，探讨了达·芬奇的接受史及其神话，从而为理解达·芬奇关于人与自然的观点提供了新的启示。显然，达·芬奇体现了现代精神，这种精神正是现代科学作为西方/欧洲造物的特征。但仔细研究就会发现，达·芬奇的世界主义特征、对知识的自我追求和进取精神，绝不是欧洲式的，而是跨文化的元素。它们由此得以构建一个至少并非欧洲中心的知识框架，将西方和中国科学史纳入一种采用"历史采样"方法论并抛弃过往刻板印象的新历史叙事中。

---

1 艾博（Alberto Bardi），1989 年生，意大利科技史学者，曾任清华大学科学史系副教授，现任都灵大学（University of Turin）哲学与教育科学系研究员；鲁博林，清华大学科学史系助理教授。

引　言

众所周知，达·芬奇被认为是集艺术家、发明家和科学家于一身的通才[2]。几个世纪以来，达·芬奇的作品一直受到人们的热烈欢迎，创造了一个至今仍流传于世的神话。

2021—2022 年，达·芬奇的机械作品克服了疫情期间的重重困难，成为清华大学科学博物馆展览的主题。展览名为"直上云霄——列奥纳多·达·芬奇的飞行与工程机械展"，由清华大学科学史系王哲然副教授策划。这一活动表明，以科学和工程学成果而闻名的中国世界级学术机构，也可以关注一位来自遥远过去、非中国文化的世界知名人物。本文试图从接受史及历史维度出发，通过全新的视角审视达·芬奇，以构建一个连接中西科学史的知识框架，改变既往史学研究的刻板印象。

目前，还没有一种历史叙述能直接或间接地免于对东西方进行划分，或至少，即便不是直接划分，上述两个世界也经常被视为各自相对的单元。这种方法论虽然能引发有趣的反思，却无法突破作为主要问题的先验隔阂。鉴于全球化的挑战，突破这一局限性不仅有利于历史学家，也有利于全人类。众所周知，李约瑟（Joseph Needham）的史学著作因为一个问题被推向高潮，即为什么中国没有发生科学革命[3]。正如玛尔瓦·艾沙克里（Marwa Elshakry）所指出的，这是一个带有偏见的问题，是伴随西方科学成为一种全球概念而出现的症候，该概念随之成为欧洲中心的科学文化与非西方文化比较的标尺[4]。类似这样对西方科学的描述实则出自同一学派的手笔，他们还提出了"文明冲

2　关于达·芬奇的参考书目太多，无法尽列于此。与他的科学与工程研究相关的有：Kenneth David Keele，*Leonardo da Vinci's Elements of the Science of Man*，Cambridge：Academic Press，1983；Paolo Galluzzi，*Leonardo da Vinci: Engineer and Architect*. Montreal: Montreal Museum of Fine Arts, 1987；Fritjof Capra, *The Science of Leonardo：Inside the Mind of the Great Genius of the Renaissance*, Anchorage：Anchor, 2007; Martin Kemp, *Leonardo da Vinci: Experience, Experiment and Design*, London: V&A Publications, 2011; Fritjof Capra, *Learning from Leonardo,* Oakland: Berret-Koehler Publishers, 2013; Plinio Innocenzi, *The Innovators Behind Leonardo, The True Story of the Scientific and Technological Renaissance*, Berlin: Springer, 2019.

3　Nathan Sivin, "Why the Scientific Revolution Did Not Take Place in China—Or Didn't It?", *Chinese Science*, 1982, 5: 45–66.

　　Nathan Sivin, "Max Weber, Joseph Needham, Benjamin Nelson: The Question of Chinese Science", in *Civilizations East and West: A Memorial Volume for Benjamin Nelson*, ed. Eugene Victor Walter, Atlantic Highlands, NJ: Humanities, 1985: 37–49.

4　Marwa Elshakry, "When Science Became Western: Historiographical Reflections", *Isis*, 2010, 101, 1: 98–109.

突"、"东方的衰落"和"两种文化"（例如斯诺的说法）等概念[5]。如前所述，艾沙克里分析了如何寻找其他全球科学史和知识史："科学史学科本身很大程度上受全球叙事的影响，但在此过程中，它也发明了一种西方科学概念，把知识群体和传统变得扁平化，并纳入单一的历史目的论中。"[6]

阿夫纳·本-扎肯（Avner Ben-Zaken）展示了欧洲是如何通过宣称日心说是自己的发明来构筑边界，以及如何利用科学革命宣称自己优于中东文化传统的[7]。从这一被称为"历史采样"（historical sampling）的方法论中，得以克服欧洲与中东隔阂的编史叙事成功诞生[8]。本文从对清华大学达·芬奇展览的反思出发，探讨达·芬奇这一历史人物的哪些特征对当代中国文化具有启发意义。这将有助于克服欧洲中心主义的科学观，为构建非西方科学史作出贡献。

在意大利与中国之间：达·芬奇的现代精神探究笔记

中华世纪坛上有两位意大利文化遗产的代表人物：马可-波罗（Marco Polo）和利玛窦（Matteo Ricci）。在欧洲，一般认为前者让欧洲了解了中国，而后者让中国了解了所谓西方科学，因其翻译了欧几里得的《几何原本》。达·芬奇并不在此列，但他和他的发明却成为清华大学科学博物馆的展览对象。有人会问，一个世界级的科学和工程机构何以会专为达·芬奇举办展览呢？对于一位 15 世纪的艺术家和科学家，哪些元素会吸引当代中国人的目光？2021 年 11 月 29 日，负责策展的吴国盛教授在清华大学科学博物馆发表演讲。他解释说："达·芬奇是文艺复兴时期的重要人物，一位艺术家、科学家，他死后留下了 7000 多份抄本，其中 1/3 与机械发明有关。这些发明都是他脑子里的想法，并没有付诸实践，有些东西能不能付诸实践我们也不知道。所以，世界各地的科技博物馆都想复制和尝试，一方面是感受达·芬奇的伟大想象力和旺盛创造力，另一方面是看看这位文艺复兴先驱的发明创造中，哪些是可以实现的，哪些是无法实现的。达·芬奇展示的是一种真正意义的

5　Snow C P, *The Two Cultures and the Scientific Revolution*, Cambridge: Cambridge University Press, 1959.

6　Elshakry, op. cit..

7　Avner Ben-Zaken, *Reading Hayy Ibn-Yaqzan: A Cross-Cultural History of Autodidacticism*, Baltimore: Johns Hopkins University Press, 2010.

8　Ibid.

现代精神。现代精神就是'人为自己立法','人为自己开辟道路','人为自己制造本质'。在那个时代，人还是会受制于自然，受制于诸神、受制于上帝。现代性的根本目标就是诸神没了，自然匍匐在人之下，上帝不管用了。怎么办呢？人只能靠自己。达·芬奇代表的也可以说是纯粹的浮士德精神。就是想尽一切办法发现自然的奥秘，利用这个奥秘来让自己做事情。"

从这个角度看，达·芬奇的现代精神必然吸引当代中国文化以及其他文化。不止如此，达·芬奇的现代精神一直是人们反复思考的对象，但有一个方面始终被忽视，即大多欧洲科学史叙事将自身加诸其他文化之上，正是基于达·芬奇体现的同一现代精神观，仿佛此种精神是欧洲人的造物一样[9]。然而细察之下，达·芬奇的知识遗产展示的却是一种非欧洲的、世界性和跨文化的精神。当然，避免历史学中的欧洲中心主义并不意味着将李约瑟等人的成就和其他学术贡献彻底贬为无用。恰恰相反，它们令人意识到，我们都是特定文化语境及其历史的一部分。换句话说，作者不可避免地会受各自学术环境中教育的影响，但这正是通往客观反思的诚实起点[10]。在认识到这些内在局限之后，我们应如何看待达·芬奇在中国的影响，以及他作为意大利文化传播者的身份呢？

意大利驻中国前大使白达宁（Alberto Bradanini）提供了一个很好的思考起点：

> 当我们谈论中国的时候，无论唐朝还是清朝，我们谈论的都是同一个中国。而如果我们谈论意大利，说到马可-波罗或利玛窦，我们以为那是意大利的名人，但实际上，意大利作为一个民族国家在那时并不存在：存在的是威尼斯、热那亚和教皇国，不存在意大利[11]。

因此，达·芬奇与中国文化交流的可能性植根于 15 世纪的意大利。意大

9　Elshakry, op. cit.; Ben-Zaken, op. cit..

10　Ernesto de Martino, *La Fine Del Mondo: Contributo All'Analisi Delle Apocalissi Culturali*, Turin: Einaudi, 1977; Pietro Daniel Omodeo, *Political Epistemology: The Problem of Ideology in Science Studies*, Dordrecht: Springer, 2019, pp. 37–44.

11　意大利语原文为 "quando parliamo della Cina dell'impero Tang o dei Qing, parliamo pur sempre dello stesso paese. Se pensiamo invece all'Italia, quando parliamo di Marco Polo o di Matteo Ricci, ci riferiamo a illustri italiani, ma in realtà in quelle epoche l'Italia come stato nazionale non esisteva: esisteva Venezia, Genova o lo Stato Pontificio, ma non l'Italia." 见 Alberto Bradanini, "Perché dobbiamo capire la Cina | Cinque libri scelti da Alberto Bradanini", 2021, https://www.youtube.com/watch?v=TrSaWtkMcZc.

利，一个通常被视为科学和艺术摇篮的前民族国家，无疑也身处世界历史上最好战、最血腥的时期之一。然而作为人文主义者或工程师，达·芬奇是非典型的。正如彼得·伯克（Peter Burke）所指出的那样："'文艺复兴人'（Renaissance Man）中最著名的人物列奥纳多·达·芬奇也是最不典型的人物之一。他不是一个人文主义者，而且和工程师们一样[⋯⋯]，他缺乏人文主义教育。可能根本没有上过学，到晚年也只能勉强阅读拉丁文。"[12]

有鉴于此，他究竟是如何被视为世界性的天才以及现代精神偶像——从后者中甚至诞生了现代科学的，这个问题值得进一步研究。

15 世纪的意大利半岛曾为好几位史学家和哲学家提供过思想食粮。根据埃德加·齐尔塞尔（Edgar Zilsel）那个颇具影响力的论题，"科学"的诞生得益于世俗学问的代表人物与工匠传统的代表人物的相遇[13]。这一关于"学者与工匠之间的对话是欧洲科学诞生之源"的论题闻名遐迩。值得注意的是，齐尔塞尔的《科学的社会学根源》（The Sociological Roots of Science）启发了李约瑟的研究，使其提出问题：科学为何没有诞生在中国？一方面，这种说法是欧洲中心主义的表现；另一方面，与之相对的是，中国的科学编史学的某种倾向导致一些欧洲学者声称中国早已发现一切，因此并不需要现代科学。意大利马克思主义知识分子葛兰西（Antonio Gramsci）在《狱中札记》（Prison Notes）对这种实证主义编史学进行了反思[14]。他对将文艺复兴时期视为文明摇篮的意大利的实证主义史学进行了批判，并得出结论称，问题应得到重新表述，其焦点不在于书写一部科学艺术领域的意大利民族文本，而在于意大利如何能够与全世界对话——尽管文艺复兴时期的意大利并非民族国家——这正是在白达宁的上述线索之后迈出的理想一步。

> 几个世纪以来，意大利一直扮演着国际的和欧洲的角色——意大利的知识分子和专家（即科学家、工程师、工匠等）是世界主义者，不是意大利人，也不是意大利国民。意大利的政客、船长、海军将领、科学家、航海家没有民族性格，只有世界主义性格。我不认为这会贬损意大

12　Peter Burke, *The Polymath: A Cultural History from Leonardo da Vinci to Susan Sontag*, London: Yale University Press, 2020, p. 40.

13　Edgar Zilsel, "The Sociological Roots of Science", *American Journal of Sociology*, 1942, 47（4）, pp.544–562.

14　Antonio Gramsci, *Quaderni Del Carcere: Edizione Critica Dell'istituto Gramsci*, Turin: Einaudi, 2007.

利人的重要性或有碍于意大利的历史，历史已然是历史，绝不会是诗人或演说家的幻想。发挥"欧洲的"功能，这正是从十五世纪到法国大革命期间意大利式的"天才"扮演的角色[15]。

此外，葛兰西的思想不仅在理解达·芬奇所处时代的历史偶然性方面发挥作用，事实上，他也将达·芬奇视为一种新人类的原型：

> 现代人应该是那些民族性格化身的综合，如美国工程师、德国哲学家、法国政治家，可以说，现代人重新创造了文艺复兴时期意大利式的人，即现代类型的达·芬奇。现代人已然成为一个"人-集体"（uomo-massa）或"集体人"（uomo collettivo），却也保留了强烈的个性和独创性[16]（葛兰西致朱莉娅-舒赫特[1932 年 8 月 1 日]）[17]。

在反思达·芬奇可能为这一时代，即所谓"人类世"（anthropocene）面临的挑战制定策略的思想潜力时，皮埃特罗·丹尼尔·奥莫德奥（Pietro Daniel Omodeo）强调了葛兰西的上述观点[18]。不只"人类世"，在葛兰西看来，达·芬奇式的现代人类也是重新思考一种新的科学编史学的源泉。毫无疑问，达·芬奇充当了打破所谓两种文化（即"科学"与"人文"）之隔阂的角色。他还代表了这样一种观念：要成为"世界的"，就必须是"本地的"。达·芬奇的世界性，以及他引起中国的世界级学术机构关注的能力，很可能在于他是一个真正具有葛兰西和白达宁所说的世界主义精神的"本地人"（local man）。达·芬奇的著作也证明了这种精神。他的语言不是当时的欧洲宫廷学者或政治家使用的拉丁语，而是工匠和工程师所操的意大利方言。正是凭借这门语言，他的天才得以流传至今，该语言也培养了未来的艺术家、科学家、史学家和哲学家的想象力。

---

15 Gramsci, *Quaderni Del Carcere*, pp.359–360.

16 意大利语原文为："L'uomo moderno dovrebbe essere una sintesi di quelli che vengono… ipostatizzati come caratteri nazionali: l'ingegnere americano, il filosofo tedesco, il politico francese, ricreando, per così dire, l'uomo italiano del Rinascimento, il tipo moderno di Leonardo da Vinci divenuto uomo-massa o uomo collettivo pur mantenendo la sua forte personalità e originalità individuale." 本段同时参考了中译本：葛兰西，《狱中书简》，北京：人民出版社，2007 年。

17 Antonio Gramsci, *Lettere dal carcere*, Torin: Einaudi, 1965, p. 654.

18 Pietro Daniel Omodeo, "Rethinking Leonardo for the Anthropocene", in *Leonardo's Intellectual Cosmos*, ed. Becchi A, Hoffmann S, Renn J, et al, Giunti: Firenze, 2021, pp.1–11.

　　总之，这些都是理解达·芬奇所体现的"现代精神"概念的要素。而对达·芬奇的历史-知识语境更仔细的探究还将揭示更多。

在佛罗伦萨、米斯特拉和马拉喀什之间：
达·芬奇文化与自然观的跨文化史

　　有好几位学者研究过达·芬奇将世界视为小宇宙（microcosm）的观点，并将其与文艺复兴时期佛罗伦萨的新柏拉图主义风潮联系起来。达·芬奇关于人与自然的观点也许受到重新发现柏拉图文本的启发，但肯定源于对人类能力的信念，以及借助旨在服务于政治的科学技术改造世界的渴望。这种观点体现在一种自然主义的形式中，即认为人与大地、所有生物以及宇宙（cosmos）都是在物质和结构功能层面彼此缠绕与相互关联的实体。对于地质学尺度上的人类身份认同这一紧迫问题（即"人类世"问题），达·芬奇无疑贡献良多：首先，他提供了将自然与文化视为不可分割的整体视角。其次，这是对眼和手、理论和实践分离的克服或预先排除，因为他将技术造物的创制（poiesis）和集体行动的实践（praxis）融合起来[19]。

　　通过研究达·芬奇时代佛罗伦萨的历史背景，我们可以进一步丰富这幅图景。1439 年，在讨论罗马教会和君士坦丁堡教会统一的公会议上，新柏拉图哲学的种子通过拜占庭学者传入佛罗伦萨[20]。最重要的是，米斯特拉（Mistra）的哲学家格弥斯托士·卜列东（George Gemistos Plethon）正呼吁一种新的人性，以突破犹太教、基督教和伊斯兰教等诸宗教的隔阂[21]。他将古希腊诸神视为人与自然统一的守护者，通过研究占星术，人敢于去获知连接两个世界的事件链。这类研究将导向与命运（heimarmene）吻合的关于至高神性的知识[22]。因此，从决定论中解放出来的，乃是关于事件本身以及如何阻止其发生的知识。他的占星认识论是通往人与自然认识的一种途径，也是对知识的自我追

19　Ibid.

20　Joseph Gill, *The Council of Florence*, Cambridge: Cambridge University Press, 1959.

21　Eugenio Garin, *Lo zodiaco della vita .La polemica sull'astrologia dal Trecento al Cinquecento*, Bari: Laterza, 2007.

22　 Niketas Siniossoglou, *Radical Platonism in Byzantium Illumination and Utopia in Gemistos Plethon*, Cambridge: Cambridge University Press, 2011; Vojtech Hladky, *The Philosophy of Gemistos Plethon: Platonism in Late Byzantium, Between Hellenism and Orthodoxy*, Abingdon: Taylor and Francis, 2017.

求（self-pursuit of knowledge），并不以基督教化的希腊哲学阐释或其他来源作为中介。虽然皮科·德拉·米兰多拉（Pico della Mirandola）驳斥了卜列东的占星学观点，但卜列东的自我教谕精神（autodidacticism）却在佛罗伦萨流传了下来。皮科、菲奇诺以及其他活跃在佛罗伦萨的著名学者都是这种对知识的自我追求的现代精神的代表。当然，达·芬奇也受到了新柏拉图主义氛围的熏陶。问题是，作为一个文化水平不高、专注于手工艺和工程学的人，他在多大程度上受到了这种熏陶？当然，不懂拉丁语并非达·芬奇的劣势。用特鲁斯戴尔（Clifford Truesdell）的话说，"不懂拉丁语不仅使达·芬奇免受柏拉图主义的荼毒，而且使其与学者们关于数学和力学的一手知识相隔绝"[23]。此外，达·芬奇还拥有足够的胆识，不惮于从自己的经验中汲取养分来与文化人争辩或自我辩护。例如，《阿特拉斯抄本》（Codex Atlanticus）[24]中的以下段落就很能说明问题：

> 我当然知道，由于我并非文人，一些自以为是者认为可以理直气壮地指责我，说我完全没有文化。愚不可及！难道他们不知道，我可以像马略对罗马贵族那样反驳说："他们用别人的辛劳成果来装饰自己，却不允许我拥有自己的成果。"他们会说，我没有文化，无法恰当地谈论想要谈论之事。但他们不知道，我的主题应该由经验而非他人的文字来处置，[经验]才是工于文字者的女主人。我把她当作女主人，在任何情况下都会引用她的观点。（Atl. 119v. a）

> 虽然我可能无法像他们一样旁征博引，但通过引述经验，即引述他们那些有文化的主子的女主人，却是一件更伟大、更有价值的事情。他们不是靠自己，而是靠别人的辛劳成果去吹嘘、去浮夸、去打扮、去粉饰，但不允许我拥有自己的成果；他们蔑视我这个发明家，而他们自己呢，连发明家都算不上，仅仅是他人作品的吹鼓手和复述者，这才更应

23　Clifford Truesdell, "The Mechanics of Leonardo da Vinci", in *Essays in the History of Mechanics*, ed. Clifford Truesdell, Berlin: Springer, 1968, pp.1–84.

24　目前国内多译为《大西洋抄本》，但该书与大西洋并无直接关系。书名中的 Atlanticus 源于古希腊语 Ἀτλαντικός，为希腊神话中泰坦神阿特拉斯（Atlas）的形容词，而阿特拉斯之名在文艺复兴后期尤其是墨卡托之后用于指代"地图册"这一文类。该名称源于 16 世纪的抄本编纂者彭佩奥·莱昂尼（Pompeo Leoni）使用了一种在当时专门用于地图册印制的大开本纸张（64.5 cm × 43.5 cm）来编辑抄本书页，因此得名 Codex Atlanticus，即"地图册子本"或"阿特拉斯抄本"。——译者注

受到谴责吧。(Atl. 117r. b)[25]

与柏拉图主义相关，达·芬奇的知识追求最好被理解为对知识的自我追求，这与一位影响深远的穆斯林哲学家的精神相似，他撰写了《觉醒之子哈伊》(Hayy ibn Yaqzan)，将自然描述为被动的器官，有待主动的力量加以征服和控制[26]。自然哲学的实践层面始于保护自然和生态，然后是努力模仿天界。作为对苏菲派激进神学家专制集团的回应，哈伊(Hayy)无需教师即可学习，因为人与自然是相互关联的[27]。达·芬奇也有这种人与自然相互关联的思想，并与自我追求或自我教谕的观念联系在一起。这位穆斯林思想家是柏拉图式佛罗伦萨文艺复兴的先驱，值得关注。

伊本·图菲勒(Abu Bakr Ibn Tufayl)是一位来自 12 世纪马拉喀什(Marrakesh)的安达卢西亚派哲学家，他的《觉醒之子哈伊》是一部以文学形式呈现的中世纪哲学论著，讲述了人类知识从一片空白开始，通过对自然的实践探索，上升到对真主的神秘体验或直接感受的故事。它的核心论点是，人类理性可以不受宗教或社会及其习俗的影响，独立地获取科学知识，这不仅可以导向自然哲学的信条，还能获得作为人类知识最高形式的神秘洞察。15 世纪末，佛罗伦萨流传着该书的一部译本，虽然没有证据表明达·芬奇读过这本书，但他无疑是这种自我教谕精神的化身。所有这一切塑造了达·芬奇的现代精神，并指向达·芬奇天赋中跨文化的一面，这是迄今为止尚未探索过的课题，也构成了 15 世纪意大利人世界主义气息的另一个侧面。正是这些人塑造了法国大革命之前的那段意大利历史。

总之，达·芬奇所体现的现代精神不是欧洲的，也不是意大利的典型精神，因为它可以在《觉醒之子哈伊》追求自然知识的斗争中寻找到踪迹。因此，现代文化中以达·芬奇为偶像的现代精神，实则是由跨文化元素塑造的，这些元素源自伊斯兰文化(伊本·图菲勒)和拜占庭文化(卜列东)。作为现代精神的根源，它们被带到佛罗伦萨，并在那里找到了理想的发展环境，在

25　Truesdell, op. cit..
26　《觉醒之子哈伊》(Hayy ibn Yaqzan)，也可音译为《哈伊·本·雅各赞》，字面意思是"活着的，觉醒之子"，内在含义可理解为人之智慧来自神智。在这本以小说形式呈现的著作中，伊本·图菲勒虚构了一个在荒岛上出生的自然人哈伊，讲述了他如何一步步通过自然探究和理性审视通达世间的至高真理，进而传达了作者自己的哲学理想，即只有通过理性道路和深沉思索才能获得最大的幸福。——译者注
27　Ben-Zaken, op. cit., p. 23.

这座城市中，达·芬奇可以凭借现代精神学习和追求知识。也正是这一现代精神在当下与中国文化产生着对话——这亟待进一步的深入研究。

结　语

本文简要回顾了现代知识分子对达·芬奇的人与自然观的解读。首先，本文讨论了达·芬奇的意大利特征，揭示了达·芬奇是一个世界主义的人物，既具有全球性又具有本地性。其次，本文考察了葛兰西对达·芬奇形象的解读，他视达·芬奇为世界主义的人物、未来之人的原型以及对自然特征新的综合。最后，本文采用"历史采样"的方法，追溯了达·芬奇哲学观点和活动的跨文化因素。编史学通常寓于达·芬奇神话中的现代精神，实则是一种非欧洲的发明。如果我们认为达·芬奇的世界主义和对知识的自我追求仍然吸引着其他文化，正如负责清华大学科学博物馆展览的中国学者所展示的那样，那么从跨文化角度重新思考这一现代精神将变得十分重要。

总而言之，本文建议采用跨文化的思想框架来进一步分析达·芬奇和现代科学史，但绘制一幅完整的跨文化图景仍有必要。这只是起点。无论如何，本文中出现的自我教谕精神和世界主义元素都暗示了一种新的史学态度，以努力通向一种非比较的科学史叙述。这将突破中国科学史与西方科学之间的隔阂，而免于失去其本地特色和传统。

上述由达·芬奇的清华展览引发的简短思考表明，构建跨文化的科学编史学是避免文化对立的重要途径，在其他的思想框架中，这种文化对立最终将引发冲突。此类冲突必然是历史理解贫乏的结果。如果人与自然是相互关联的——正如伊本·图菲勒、卜列东和达·芬奇所示的那样——那么我们理应努力达成该目标，这也要求我们关注到全球与地方之间持续紧张关系中的文化差异。

最后，对现代精神概念的简要考察告诉我们，我们应不惜一切代价避免智识上的怠惰，即使没有上过顶尖大学，一个人也可以取得成功。

人工智能时代的历史式科学观

——从 20 世纪的科学遗产到 2024 年诺贝尔化学奖

/

李文靖[1]

2024 年诺贝尔化学奖和物理学奖揭晓后，世人惊呼：当今时代已不再是人工智能为科学，而是唯人工智能是科学。化学奖一半授予美国华盛顿大学的大卫·贝克（David Baker），因其于 2003 年设计出自然界不存在的、全新的蛋白质分子，另一半授予英国伦敦人工智能公司的戴密斯·哈萨比斯（Demis Hassabis）和约翰·江珀（John M. Jumper），因其于 2020 年底对已知蛋白质分子的三维立体结构进行了较为精确的预测。在这两项解析和应用生物大分子微观结构的重大突破中，真正起到四两拨千斤作用的不是化学合成反应或仪器分析手段，而是计算机程序。贝克利用"罗塞塔"程序给出了蛋白质分子结构对应的氨基酸序列，哈萨比斯与江珀使用"二代阿尔法折叠"的神经网络和深度学习模块得出已知氨基酸序列对应的蛋白质分子结构。所以，尽管此次化学奖的主题是"蛋白质——生命中精妙的化学工具"，实际奖励的却是人工智能。而在自然科学的所有基础学科中，化学称得上是最具活学活用精神、最能发挥科学家个人的直觉与想象，也是最反本质主义的。如果连这样一门学科都开始以算法为先，甚至今后化学家独特的人工造物本领可能完全依赖计算机，那么可见人工智能在整个基础科学研究领域已经不再扮演辅助角色和处于从属地位，而是将全面引领科学前沿。

要应对这一大势，需要与之相匹配的科学观。我们的科学知识可以停留

1 李文靖，1976 年生，陕西西安人，中国社会科学院世界历史研究所副研究员，主要研究方向为西方科学史、化学史，E-mail: liwenjing@cass.org.cn。本文得到国家社科基金一般项目"化学对 20 世纪世界的战争、发展和环境等方面的影响研究"（19BSS057）的支持。

在牛顿力学定律，科学观却不可以。人工智能时代的科学观不应是科学高度
还原主义的简单衍生品，也不应仅仅限于立于潮头既喜且忧的两难情绪，而
是以一种灵活、流变、辩证的视角看待科学进步，承认科学在世界历史进程
中不断展示出的复杂、矛盾的本质。本文借讨论 20 世纪延续至今的自然科学
内部和外部两个相互矛盾的突出特征——方法论上高度的还原主义与实践上
深刻的历史参与，例证了这样一种历史式科学观，并对历史式科学观与固有
的还原主义式科学观进行了比较。

一、从万物皆量子力学、皆化学结构到皆人工智能——
20 世纪科学高度的还原主义

2024 年诺贝尔化学奖尽管在评选标准上备受争议，但在主题设计上却符
合 20 世纪下半叶以来将生命现象还原为物质微观结构的大传统。瑞典皇家
学会在新闻发布会上介绍获奖成果时，评委会成员约翰·奥奎斯特（Johan
Åqvist）一边不断将"天才"之类的字眼归于计算程序，一边总结说"要理解
蛋白质如何工作，就需要知道它们是什么样子"。

将生命的神奇造化还原为简单物质机理，是科学家长久以来的梦想。早
在 18 世纪末，法国化学家安托万-洛朗·拉瓦锡（Antoine-Laurent Lavoisier）
用氧化理论代替燃素说、掀起化学革命时，便研究过呼吸过程中氧气的作用。
20 世纪 50 年代，美国化学家莱纳斯·鲍林（Linus Pauling）发现镰状红细胞
贫血症是由血红蛋白分子结构变形所致，并提出所有疾病本质上都是分子病。
自此，化学与生物学、化学与医学结合，分子生物学兴起，科学家得以在分
子层面解释生命现象，代表性成果是詹姆斯·沃森（James Watson）和弗朗西
斯·克里克（Francis Crick）对脱氧核糖核酸双螺旋结构的发现。

在生物大分子微观结构的研究中，蛋白质结构测定是重要一支。1972 年，
克里斯蒂安·安芬森（Christian Anfinsen）等因证明核糖核酸酶活性中心的分
子化学结构和催化活性之间存在对应关系而获得诺贝尔化学奖。自此，科学
界明确知道蛋白质分子的三维立体结构与其生化功能相对应。然而，蛋白质
分子结构复杂、数量庞大，解析工作整体上进展缓慢。20 世纪下半叶以来，

获得诺贝尔化学奖或者生理学/医学奖的解析工作只有血清蛋白（1948 年）、胰岛素分子（1958 年）、球蛋白（1962 年）、丙种球蛋白（1972 年）、烟草花叶蛋白（1982 年）等少数种类。

因此，2024 年三位诺贝尔化学奖获奖者的贡献就显得意义非凡。他们在蛋白质分子的三维立体结构与氨基酸序列之间建立起实质性的对应关系。所谓实质性，是指贝克算出新蛋白质分子对应的氨基酸序列后，能够在实验室做出这个新分子；哈萨比斯和江珀两人找到已知氨基酸序列对应的蛋白质分子结构，准确率高达 90%。这相当于完成了一个长达 50 年、70 年甚至两个多世纪的科学梦。就此而言，与其说 2024 年诺贝尔化学奖将化学学科的优先权让渡给人工智能，毋宁说它将科学还原主义的对象从化学结构进一步向前推，推至计算代码。

而结构化学之所以能够为 20 世纪下半叶的生物学和医学奠定坚实的理论基础，恰恰是因为它本身是 20 世纪上半叶物理学与化学实现跨学科理论综合的产物。化学吸收 20 世纪初物理学革命中的原子论、量子力学以及 X 射线分析技术，建立起结构化学和量子化学，开始从电子层面理解物质的化学反应和化学性质。特别是鲍林等化学家将化学结构还原为化学键作用，化学键还原为电子行为，电子行为又还原为量子力学方程，真正实现了实验与数学、物质宏观物理性质和化学性质与微观结构的高度统一。1954 年，鲍林因为对于化学键本质的研究以及将化学键理论用于阐明复杂物质的结构而获得诺贝尔化学奖。

也就是说，从 20 世纪初到今天，尽管整个自然科学高度专业分化，科学谱系繁复庞杂、无以复加，但是仍像近代早期科学革命一样具有某些可以把握的整体性发展线索——当代科学除却令人眼花缭乱的术语符号和工具仪器，还没有变得令我们难以辨识。从 20 世纪上半叶，物理学与化学融合，到 20 世纪下半叶化学与生物学、与医学融合，再到今天人工智能全面渗透基础学科，跨学科综合一直发挥整合基本理论的作用。从 20 世纪上半叶的"万物皆量子力学"、20 世纪下半叶的"万物皆化学结构"，到今天的"万物皆人工智能"，科学还原主义一以贯之，影响的范围越推越广。

值得一提的是，20 世纪以来的科学还原主义不应简单看作毕达哥拉斯精神"万物源于数"或者近代机械论的延续或者强化。因为伴随 20 世纪自然科学的全面建制化，跨学科综合和科学还原主义不仅仅限于思想理论层面，其本身就是大量调动社会资源的广泛实践。因而，还原主义方法论的那种浪费式"掐尖"、压缩挤掉大量个人直觉体验的特点更值得深思。

二、20 世纪以来科学对历史的深刻参与

与科学还原主义形成明显矛盾的，是 20 世纪以来自然科学对世界历史进程的深刻参与。

科学进步与技术革新是 20 世纪世界历史的突出特征。现代科学经过 18、19 世纪的建制、分科以及与技术联姻，在 20 世纪两次世界大战、冷战和战后和平期间获得了重要的政治导向、经济后援、文化土壤和制度保障，从而取得巨大的发展，达到了人类智识与创造力的高峰。反过来，20 世纪的科学与技术大大突破了知识的范畴，深刻影响了世界经济全球化与经济不平等、各国内部的政治冲突与社会矛盾、国家之间的对抗与战争以及全球范围内文化价值观的传播与碰撞。

尤其是科学与技术的异化本质在 20 世纪明显地显现出来。火炸药技术的改进和化学武器的出现令战争的残酷程度超过以往所有时代，核武器竞赛给人类带来整体被毁灭的威胁，化肥和农用杀虫剂的应用与推广破坏了地球生物圈，石油产品的大量燃烧导致全球气候变化。整个 20 世纪的世界历史几乎就是人类不断追求知识，又从这种追求中受益或受害，进而面临两难境地的历程。

进入 21 世纪，自然科学在社会实践和历史进程中扮演的角色得以延续，人类非但没有摆脱两难境地，而且难上加难，从 2020 年顶尖科学期刊《自然》的社论主题便可以看出。1 月社论的主题是环境和可持续发展。自 1987年联合国发表《布伦特兰报告》以来，环境危机成为一个熟知而非真知的问题——真知意味着改变。随着发展中国家工业化进程的加快，该问题越来越成为国际关系博弈的筹码。所以社论一方面表达对各国领导人积极解决问题的乐观期待，另一方面也不得不承认，2015 年联合国制定的可持续发展目标（sustainable development goals，SDGs）实际上远远未达到[2]。

---

2 Anonymous, "A Review of 2020 through Nature's Editorials", *Nature*, 2020, 588, pp. 537–538.

2月、4月、5月和12月的《自然》社论主题都围绕当年最大的科学事件，即新冠病毒全球大流行，年初反对病毒政治化、提倡科学中立立场，年尾讨论新冠疫苗在世界各国之间分配的公平问题。这些都呼应了20世纪科学普遍主义与科学民族主义之间的张力关系。3月社论关注东非、中东和南亚的蝗灾以及可能带来的粮食短缺问题。这意味着在哈伯（Fritz Haber）开创合成氨工业100年、对于农药化肥使用过量达成共识的半个世纪后，发展中国家的粮食短缺问题在世界经济秩序没有改善的前提下仍未得到解决。8月《自然》社论的主题为反对核武器，基调不是对第二次世界大战中美国向日本投放原子弹的人文主义关怀，也顾不上讨论对于核能的和平、有效与安全利用，而是直接指出当前消除核武器刻不容缓，列出目前世界上有1335吨高浓缩铀、13410枚导弹弹头等数据。该年的《自然》社论还包括科学界内部的种族偏见与性别歧视问题，而这类问题的提出本身是20世纪科学的全面建制化发展到一定阶段后与发达国家的身份政治相互强化的结果。

上述社论发表时，科学理性正因为疫情肆虐而遭受前所未有的质疑，社论笔调所折射出的科学形象似乎依然是牛顿式的盖世英雄，但已不复存在让万物皆明的勇气和力量，仅仅在自身麻烦不断和世事无奈轮转中尽力而已。所以，纵观20世纪的科学思想史和社会史，人们有理由追问：不断远离人基本感知的自然知识何以越来越深刻地参与到人类的历史创造？方法论上高度的还原主义如何解决大多数社会性问题？即便不能马上回答这个问题，也至少对这种矛盾关系保持一定的敏感度，这是历史式科学观的基本立场。

三、用历史式科学观补充还原主义式科学观

以历史式科学观来看，如今人工智能这一令人既喜且忧的强势角色并非横空出世。它既是对20世纪科学高度还原主义的进一步强化，也是20世纪科学深刻参与世界历史进程的自然延续。

而以历史式科学观来进一步追问科学本质，可以看到现代科学在本质上具有继承性、整体性、复杂性和历史性。继承性是指科学在根本性概念、方法论、理论体系、分科谱系、工具仪器、组织机构、社会参与等方面的发展具有连贯性。整体性是指科学是多个层次、多种活动的统一，理论与实践没

有截然分界，器物、认知、制度层面相统一。复杂性指科学存在矛盾对立，且具有异质性及异化性。历史性分为两个方面：一方面指科学的具体形式为特定的历史条件和文化情境所规定；另一方面指科学直接参与历史的创造。历史性承认历史主义科学哲学，但是与库恩式的科学范式转换不完全相同，前者更强调历史现实的即时性和特殊性，更强调科学对于历史的影响。继承性肯定了科学的普遍主义，历史性则对普遍主义进行了限定。

因此，历史式科学观能够弥补还原主义式科学观的不足。还原主义式的科学观通常将物理学特别是经典力学作为科学典范，关注早期科学，认为重大科学发现来自科学家个人的天才头脑和超脱精神，注重科学在思想概念上的延续或者转折。而历史式的科学观认为物理学方法不是科学研究的唯一标准模式，历史上化学方法也广泛使用，并且始终具有创造活力。由于化学方法本身偏重实践，所以历史式的科学观关注 19 世纪工业革命以来的科学发展，注重科学的社会性本质。

这两种视角分别对应科学思想史和科学社会史两种专业研究。科学思想史研究始于 20 世纪柯瓦雷（Alexandre Koyré）及其著作《伽利略研究》（*Études galiléennes*，1935），科学社会史较晚，兴起于 20 世纪 80 年代。而稍晚一些，科学思想史内部又分化为传统数理科学和新兴的化学、博物学认识论两派。作为理解科学的不同进路，两者各有优缺点。科学思想史研究能够清晰地描述科学发展，特别是科学革命发生的思想脉络，但对于 19 世纪、20 世纪科学成果极大丰富后的科学史却难以把握。科学社会史具有强烈的现实观照意识，但是过于零碎，整体叙事能力弱。而且，如果将科学沿着社会维度推向极端，将科学这一人类智识的高峰完全碾平，彻底压进世俗的尘埃，那么最终摧毁的是人类自身的价值。因此，两种学术进路可以精益求精，两种科学观却不能走极端，而应该互为补充。

许多中国学者持有还原主义式科学观。由于对"李约瑟难题"长达几十年的讨论，人们对于西方科学的关注点常放在近代早期欧洲的科学革命上。即便延长考察的历史时间段，也是向前到古典时期和中世纪，极少联系近现代。而对早期科学史的追溯又多在精神文化层面。似乎科学自诞生之日就五脏俱全，慢慢长大到今天。似乎 19 世纪科学与技术紧密结合后，就失去了其超然于世的纯洁本质，失去了其独特的知识光环。如果说科学还原主义抛弃了人类大量的感官和情感体验，那么还原主义式科学观忽略了人类历史的宝贵馈赠和经验教训。

　　还原主义式科学观代表我们看待知识的理想主义，历史式科学观代表我们合理利用科学的务实性与主动性，两者都不可或缺。今天的科学家不需要构建科学观，任务多交与人文学者、科普作家、科学传播者和科技政策制定者。后者应设法在这两种科学观之间找到恰当的结合点——这个结合点也是根据具体情境而定的，这才是我们应对当下科技潮流的底气。

专栏：
纪念柯瓦雷逝世60周年

与科学革命伴行的神秘主义

——重访柯瓦雷对神秘主义史的早期研究

蒋　澈[1]

摘　要　1921—1930 年，柯瓦雷在法国的高等研究应用学院系统地研究并讲授德国思辨神秘主义的历史，相关的一系列研究促使柯瓦雷转向对科学思想史的深入探索。其中，柯瓦雷对帕拉塞尔苏斯、波墨的研究是突出的例子。柯瓦雷在这些研究中注意到：现代早期的神秘主义学说并不是科学革命的反题，而可能构成了科学革命的一部分，抑或是对科学革命若干思想后果的回应。回顾柯瓦雷的神秘主义史研究，有助于更深入地理解柯瓦雷以"人类思想统一性"为前提的思想史研究规划。

关键词　亚历山大·柯瓦雷；神秘主义；科学革命

一、引　言

在回顾柯瓦雷的工作时，无法绕开的主题是他对"科学革命"的开创性研究。在今天纪念柯瓦雷时，同样无法绕开的还有如何在当下学术情境中思考"后柯瓦雷转向"（le tournant post-koyréen）的可能性——特别是自 20 世纪 90 年代以来，科学编史学的面貌发生了巨大改变，而似乎"柯瓦雷的规划在其中全然未占据地位"[2]，这更加要求我们全面地重新审视柯瓦雷的遗产，考

1　蒋澈，1990 年生，清华大学科学史系副教授，仲英青年学者，主要研究方向为西方早期科学史、博物学史、科学编史学。本文是国家社科基金青年项目"欧洲中世纪博物学文献研究与译注"（21CSS024）的阶段性成果。

2　Antonella Romano, "Fabriquer l'histoire des sciences modernes: Réflexions sur une discipline à l'ère de la mondialisation", *Annales. Histoire, Sciences Sociales*, 2015, 2, pp. 384, 387.

察柯瓦雷在纯粹的"科学革命"研究之外，还留下了何种可供未来学者进一步研究的线索。

在后柯瓦雷时代，重访柯瓦雷遗产的第一步，也许是进一步回顾柯瓦雷的生平。这种做法本身已经超越了柯瓦雷所主张的历史研究方法——柯瓦雷本人对传记性质的历史写作抱有怀疑态度，他的思想史研究关注"心灵向永恒性的旅程"（itinerarium mentis in aeternitatem）或"心灵向真理的旅程"（itinerarium mentis in veritatem），认为传记不过是"对哲学和思想自身价值的掩盖"[3]。然而，柯瓦雷本人的传记材料确实为我们理解柯瓦雷思想的要旨提供了重要的线索。曾在法国长期工作的意大利科学史家彼得罗·雷东迪（Pietro Redondi, 1950— ）汇编了柯瓦雷在教学中使用的各种材料，将之辑成一个集子。雷东迪为这个集子起名为《从神秘学到科学》（De la mystique à la science），指出"正是在这个转变中蕴藏着柯瓦雷所完成的学科转型的关键"[4]。

在雷东迪之外，许多柯瓦雷的研究者也注意到这种关联。例如，法国哲学家热拉尔·若朗（Gérard Jorland, 1946—2018）同样指出，"对于柯瓦雷来说，自然哲学与神秘思想或神秘情感之间的关联是不言而喻的：自然哲学是在一种将自然视为上帝的躯体、显现、化身和表达的神秘思想框架内发展起来的"[5]。马龙·萨洛蒙（Marlon Salomon）等诸多学者也普遍认为，柯瓦雷对神秘主义思想的研究是其科学思想史的重要先导[6]。一直到第二次世界大战结束后，柯瓦雷本人在构想科学革命研究计划时，仍然一以贯之地将宗教神秘主义等"超科学观念"（trans-scientific ideas）纳入科学史研究的范围[7]。

为何神秘学和神秘主义是柯瓦雷塑造科学史的起点呢？一方面，这确乎构成了柯瓦雷早期教学与研究的核心主题，青年柯瓦雷为我们留下了《16 世纪德国的神秘学家、唯灵论者和炼金术士》（Mystiques, spirituels, alchimistes du

---

3　Gérard Jorland, *La science dans la philosophie: Les recherches épistémologiques d'Alexandre Koyré*, Paris: Éditions Gallimard, 1981, p. 11.

4　Alexandre Koyré, *De la mystique à la science: Cours, conférences et documents, 1922–1962*, ed. Pietro Redondi, Paris: EHESS, 2016, p. 12.

5　Jorland, *La science dans la philosophie*, p. 214.

6　Marlon Salomon, "The Origins of Alexandre Koyré's History of Scientific Thought", in *Handbook for the Historiography of Science*, ed. Mauro L. Condé and Marlon Salomon, Cham: Springer, 2023, pp. 33–34.

7　Massimo Ferrari, "Koyré, Cassirer and the History of Science", in *Hypotheses and Perspectives in the History and Philosophy of Science: Homage to Alexandre Koyré 1892–1964*, ed. Raffaele Pisano, Joseph Agassi and Daria Drozdova, Cham: Springer, 2018, pp. 158–159.

XVIe siècle allemand）与《雅各布·波墨的哲学》（*La philosophie de Jacob Boehme*）等早期作品。另一方面，在柯瓦雷的思想中，神秘主义与近代科学有着密切的关联，只有同时理解了二者，才能真正理解人类思想的统一性。柯瓦雷曾宣称：

> 从我的研究伊始，我便为人类思想，尤其是最高级形式的人类思想的统一性的信念所激励。在我看来，将哲学思想史与宗教思想史分离成为相互隔绝的部门似乎是不可能的，前者总渗透着后者，或为了借鉴，或为了对抗。[……]科学思想以及由其决定的世界观的影响不仅出现在诸如笛卡尔或莱布尼茨这些明显依赖科学的体系中，而且也出现在那些似乎与这类考虑颇为疏远的学说，诸如神秘主义学说中。思想，如果它成其为一个体系，总暗含着一种世界图象甚或观念，并相对于此决定自己的位置：不参照由哥白尼创立的新宇宙论，严格地说，波墨（Jakob Boehme，1575—1624）的神秘主义就不可理解[8]。

遗憾的是，在中文学界，对柯瓦雷科学思想史的这一背景及柯瓦雷的具体观点尚缺乏评介。一些研究虽然言及柯瓦雷对科学与宗教关系的关注，但未论及柯瓦雷对帕拉塞尔苏斯（Paracelsus，1493—1541）等人物的研究[9]。在中文出版物中，可以依靠的有关线索并不多。一个可指出的例子是刘胜利翻译的查尔斯·C. 吉利斯皮（Charles C. Gillispie，1918—2015）为《科学家传记辞典》（*Dictionary of Scientific Biography*）写作的"亚历山大·柯瓦雷"词条。但在该词条简短的篇幅内，想要论述神秘主义史研究如何影响柯瓦雷科学编史学这个"令人难以捉摸"的话题，自然是无法详细展开的[10]。鉴于这种研究状况，本文将首先根据传记材料，呈现柯瓦雷早年关注神秘主义的思想路径；随后，本文将概略地介绍柯瓦雷对帕拉塞尔苏斯和波墨的研究。笔者相信，对柯瓦雷这一思想资源的重访，将有助于国内学界依照柯瓦雷本人的研究规划来更全面地理解柯瓦雷的思想遗产。

8　亚历山大·柯瓦雷：《我的研究倾向与规划》，孙永平译，载《科学思想史指南》，吴国盛编，成都：四川教育出版社，1994年，第133页。

9　范莉：《亚历山大·柯瓦雷的科学编史学思想研究》，北京：科学出版社，2017年。

10　查尔斯·C. 吉利斯皮：《柯瓦雷的生平与著作》，载《伽利略研究》，亚历山大·柯瓦雷著，刘胜利译，北京：北京大学出版社，2008年，第409–410页。

二、青年柯瓦雷研究神秘主义史的思想路径

雷东迪等科学史家注意到，柯瓦雷与 20 世纪其他科学史家的不同之处在于，他研究科学史并非从当前科学或科学哲学出发，而是从宗教思想史出发的[11]。柯瓦雷的这一兴趣在巴黎的高等研究应用学院（École Pratique des Hautes Études）得到系统的发展。柯瓦雷在第一次世界大战之前，已经在高等研究应用学院取得了教职。在第一次世界大战结束后，柯瓦雷从前线回到巴黎，继续任教于学院的第五部门（Vᵉ section），该部门最初成立于 1886 年，研究主题是"宗教科学"（sciences religieuses）。

对柯瓦雷来说，进行科学思想史研究与宗教思想史研究一直是并行的。三个例子可以说明这一点。首先，1922 年起，柯瓦雷在第五部门研究与讲授德国的思辨神秘主义（Le mysticisme spéculatif en Allemagne），正是这个主题引发柯瓦雷关注现代科学起源的问题，这是因为波墨的形而上学直接受到哥白尼天文学与帕拉塞尔苏斯炼金术的启发。波墨的哲学并不是某种非理性的思维形式，而是哥白尼天文学对宗教造成的影响之一，并且反过来对牛顿产生了影响[12]。1929 年，柯瓦雷凭借《雅各布·波墨的哲学》得到了博士学位。第二个例子是《伽利略研究》（Études galiléennes）实际上成书于他在 1933—1936 年三次参加"现代欧洲宗教思想史"讨论班（Histoire de la pensée religieuse dans l'Europe moderne）期间。1934—1937 年，柯瓦雷研究的问题可以概括为"伽利略与其前辈分离的确切节点是什么"。柯瓦雷意识到，这个问题将导向对 17 世纪宗教思想的刻画。直到 20 世纪 50 年代后，柯瓦雷仍然在试图讨论伽利略的科学本身浸润在同时代的宗教世界观中[13]。最后，牛顿作为最能体现宗教思想与科学思想关联的科学革命人物，长期以来一直是柯瓦雷在高等研究应用学院的研究对象，直到 1961—1962 学年，柯瓦雷还在第五部门的讨论班上研究牛顿与莱布尼茨在上帝在宇宙中作用方面的争论[14]。由此，在柯瓦雷对科学革命的开端（哥白尼时代）直至顶峰（牛顿时代）的研究中，宗教思

11　Koyré, *De la mystique à la science*, p. 12.

12　Koyré, *De la mystique à la science*, pp. 13–14.

13　Koyré, *De la mystique à la science*, pp. 16–17, 34.

14　Koyré, *De la mystique à la science*, pp. 17–18.

想及神秘主义一直是这种思想史研究不可忽视的轴心之一。

与同时代的其他科学史研究规划相比，柯瓦雷的这一思路颇为特殊。1930 年，化学家阿尔多·米耶利（Aldo Mieli，1879—1950）与埃莱娜·梅茨热（Hélène Metzger，1889—1944）等学者在国际综合中心（Centre international de synthèse）倡导成立了科学史部门（Section d'histoire des sciences）。该部门与国际科学史研究院（L'Académie internationale d'histoire des sciences）及研究院的刊物《档案》（Archeion）联系紧密。1935 年 1 月 23 日，柯瓦雷在梅茨热的推荐下，当选为科学史部门的成员。在同一天的会议上，梅茨热发表了题为《科学史能否解决知识理论提出的问题？》（L'histoire des sciences peut-elle résoudre les problèmes soulevés par la théorie de la connaissance）的报告。柯瓦雷则在大约一年后的 1936 年 1 月 22 日，发表了《伽利略的学徒年代》（Les années d'apprentissage de Galilée）的报告。柯瓦雷等的立场和米耶利冲突，致使柯瓦雷的报告没能刊登在《档案》上[15]。米耶利等更为关注学科史内部的各种发明与发现的归属问题，而梅茨热、柯瓦雷等则主张写作一种哲学性的科学史。米耶利甚至在编辑科学史的文献书目时，将宗教史等材料一概排除。[16]

柯瓦雷在 20 世纪 20—30 年代使用的一些具体教学材料与档案文件可以帮助我们理解在这种编史学背景下，柯瓦雷如何在当时的法国学界打开宗教-科学思想史的研究局面。其中，最为直接的文献，是 1921—1930 年，柯瓦雷在"德国的思辨神秘主义"研讨班上做的年度报告。在 1927 年之前，这一研讨班每周举办一次；在 1928—1930 年，研讨班每周举办两次。这些年度报告曾经分散地刊登于高等研究应用学院的《年鉴》上。

1921—1922 学年的研讨班上，柯瓦雷主要研究波墨，但不是将波墨"视为一种孤立的现象"，而是将之视为"一个漫长演变的结果"，可以在整个 16 世纪的宗教思想和神秘主义思潮中辨认出这一演变的各个阶段。柯瓦雷特别指出塞巴斯蒂安·弗兰克（Sebastian Franck，1499—1542）、瓦伦丁·魏格尔（Valentin Weigel，1533—1588）、卡斯帕·施文克费尔德（Kaspar Schwenckfeld，

15　Danielle Fauque, "Les origines de la *Revue d'histoire des sciences* dans leur contexte national et international", *Revue d'histoire des sciences*, 2022, 75, pp. 303–304.

16　Cristina Chimisso, *Writing the History of the Mind: Philosophy and Science in France, 1900 to 1960s*, Aldershot: Ashgate, 2008, pp. 104–107.

1489—1561）等神学家和路德编辑的《德意志神学》（*Theologia Deutsch*）在上述思想演变中占有重要地位。此外，波墨的魔法学说和炼金术术语促使柯瓦雷进一步在帕拉塞尔苏斯处寻找起源和相关理论解释[17]。施文克费尔德、弗兰克、帕拉塞尔苏斯和魏格尔正是柯瓦雷后来的《16 世纪德国的神秘学家、唯灵论者和炼金术士》所研究的四个人物。

在 1923—1924 学年，柯瓦雷则研究了约翰内斯·舍夫勒（Johannes Scheffler，1624—1677）和约翰·格奥尔格·吉希特尔（Johann Georg Gichtel，1638—1710）的民间神秘主义，以及弗里德里希·克里斯托弗·厄廷格（Friedrich Christoph Oetinger，1702—1782）、弗朗茨·冯·巴德尔（Franz von Baader，1765—1841）的宗教神秘主义。依照柯瓦雷的说法，这一学年的研究"确立了神秘主义和魔法学说不断流传的存在性和持续性"，并揭示了厄廷格等的著作对谢林和黑格尔的深刻影响。柯瓦雷因而认为，在 18—19 世纪，神秘主义学说转化为了宗教哲学和自然哲学[18]。接着，在 1924—1925 学年的研讨班上，柯瓦雷进一步探讨了谢林和施莱尔马赫等德国浪漫主义者的宗教思想如何受到神秘主义学说的影响。费希特和黑格尔的宗教哲学，分别是 1925—1926 学年和 1926—1927 学年研讨班的主题[19]。至此，柯瓦雷的工作构成了一部相对完整的近代德国神秘主义的思想史-哲学史。

1927—1929 年的两个学年中，研讨班的正式题目不再是"德国的思辨神秘主义"，但实质上是前述主题的继续。柯瓦雷考察了东欧的神秘主义思想史。1927—1928 学年的研讨班从夸美纽斯（Johann Amos Comenius，1592—1670）开始，其中讨论了夸美纽斯语言理论与帕拉塞尔苏斯征象（signature）学说的关联。柯瓦雷还涉及玫瑰十字会的问题，他得到的结论是：从未有过玫瑰十字会这一组织，但夸美纽斯及其同道的泛智论（pansophy）是在追求一种德国神学家雅各布·安德烈（Jacob Andreae，1528—1590）所表述的"玫瑰十字会理想"[20]。此后直至 1929 年，柯瓦雷一直在讲授胡斯派及俄罗斯、乌克兰的若干神学家的思想。

值得注意的是，正是在这一系列研讨班上，柯瓦雷自己的研究兴趣最终

17　Koyré, *De la mystique à la science*, p. 61.

18　Koyré, *De la mystique à la science*, p. 62.

19　Koyré, *De la mystique à la science*, pp. 62–67.

20　Koyré, *De la mystique à la science*, pp. 67–68.

转向科学思想史。在 1929—1930 学年的研讨班上，柯瓦雷开始研究 "哥白尼的著作以及《天球运行论》出版的直接影响"。柯瓦雷这样总结此次研讨班的成果：

> 我们惊讶地发现，哥白尼仍是很少为人所知，虽然关于哥白尼国籍有一系列研究，但关于哥白尼物理学的研究几乎不存在 [……]。我们发现，即便在最好的物理学史和天文学史的教科书中，哥白尼的形象也是十分单薄的。对《天球运行论》的深入研究向我们展示，无论人们持有怎样的看法，哥白尼对运动的相对性（物理学）并没有任何概念，他也没有惯性定律；他所谈论的相对性，实际上是光学的相对性，他的物理学直接与中世纪几何光学学派和流体物理学（la physique des fluides）相关。哥白尼的天球是固体的天球，和托勒密的天球一样坚固。这就是他必须承认地球第三种运动的原因（这是开普勒已经无法理解的）。太阳并不位于行星天球的中心；它位于世界的中心，而哥白尼将其置于中心的原因并不是计算方面的数学原因；他的计算并不比托勒密的简单；这是一种几何光学的数学原因，尤其是一种形而上学的原因：太阳作为光源的崇高尊严要求将其置于它照耀的这个世界的中心。
>
> 这也就是为什么哥白尼的学说很快遭到新教徒 [梅兰希顿（Mélanchton）] 的反对，因为它与《圣经》相悖，认为地球是一颗行星，这在宗教上产生了影响，随后才对科学产生了影响，并引发了对太阳的新崇拜，太阳是看得见的无形上帝的形象，因此是圣子的化身。这些教义，在康帕内拉（Campanella）和弥尔顿（Milton）那里尚能找到，也激起了天主教会的反应，而正是神秘主义的危险引起了人们对一部作品的关注，直到它被视为一部纯粹的科学著作时，人们才对它不再感兴趣[21]。

正如若朗所评述的那样，柯瓦雷 "直到 30 年代才成为科学思想的历史学家"，开始翻译和评注哥白尼的《天球运行论》[22]。柯瓦雷在研究哥白尼革命时，"并不是在寻找一种起源（origine），也不相信绝对时间（un temps absolu）"[23]：1543 年这一具体年份和哥白尼本人的个别细节并不值得特别强调，而是思想

21　Koyré, *De la mystique à la science*, pp. 72–73.
22　Jorland, *La science dans la philosophie*, pp. 43–44.
23　Jorland, *La science dans la philosophie*, p. 147.

结构本身的标志性变化——可类比于此后"意向历史"的提法——值得记录和分析。在这个意义上，如果言及柯瓦雷对哥白尼革命的"背景"或"影响"的关注，那么这也绝不限于为哥白尼的思想寻找某种直接的历史继承关系，而是在长时段的非科学思想脉络中寻找可能的思想对话，这种潜在对话关系的总体所导致的思想变革构成了"科学革命"。因此在柯瓦雷版本的科学革命中，不仅仅只有哥白尼、伽利略和牛顿等数理科学的传统代表，帕拉塞尔苏斯和波墨等也是这一思想运动的一部分。

三、柯瓦雷对帕拉塞尔苏斯和波墨的研究

如前文所展示的那样，在 20 世纪 20 年代，柯瓦雷在开始教学与研究工作之初，首先对波墨和帕拉塞尔苏斯这些历来被视为"晦涩"的思想家进行诠释。柯瓦雷在 1921—1922 学年研讨班上讲授的内容，曾在《宗教史与宗教哲学学刊》（Revue d'histoire et de philosophie religieuses）等刊物上发表，后来结集为《16 世纪德国的神秘学家、唯灵论者和炼金术士》一书[24]，包含"施文克费尔德"、"弗兰克"、"帕拉塞尔苏斯"和"魏格尔"四章。其中，论述帕拉塞尔苏斯的一篇长文还作为单行本出版过[25]。

在柯瓦雷对神秘主义思想史的系列研究中，对帕拉塞尔苏斯的研究显然在主题上最为接近一般意义上的科学思想史。在帕拉塞尔苏斯研究已经十分兴盛的今天，柯瓦雷的这部小书可能显得过于简单，甚至在引述的帕拉塞尔苏斯文本上，研究者也难以直接利用柯瓦雷的这本书——该书的俄文译者注意到，在排印柯瓦雷著作时，法国的排版工人并不总能正确地处理 16 世纪德语方言的拼写，尤其是帕拉塞尔苏斯所采用的方言写法在排印时出现了不少错误[26]。然而，在乌特·哈内赫拉夫（Wouter J. Hanegraaff）这样的神秘学研究专家看来，柯瓦雷"关于帕拉塞尔苏斯的一章仍然是对帕拉塞尔苏斯主义世界观极为出色的概述"[27]。

24　Alexandre Koyré, *Mystiques, spirituels, alchimistes du XVIᵉ siècle allemand*, Paris: Éditions Gallimard, 1971.

25　Koyré, *Paracelse* (1493–1541), Paris: Éditions Allia, 1997.

26　Александр Койре, *Мистики, спиритуалисты, алхимики Германии XVI века*, Долгопрудный: Аллегро-Пресс, 1994, c. 166.

27　乌特·哈内赫拉夫：《西方神秘学指津》，张卜天译，北京：商务印书馆，2018 年，第 220 页。

　　柯瓦雷研究帕拉塞尔苏斯的方法论出发点之一，是拒斥关于"类比思维"与现代理性思维的二分法。由于帕拉塞尔苏斯的思想充斥着"大宇宙"与"小宇宙"的类比、上帝与宇宙三位一体结构的对比，常容易令人认为帕拉塞尔苏斯体现了某种"前逻辑"（prélogique）的心态特征[28]，有别于其后现代科学所体现的理性。然而，柯瓦雷却认为，"为了避免误解，我们立即说明：我们不承认思想形式（les formes de la pensée）的可变性，也不承认逻辑的演进"[29]。因此，帕拉塞尔苏斯的思想并不是某种"次等"或者"原始"思维的孑遗，而是一种自身值得专门研究的近代思想史对象。

　　正是在这样的精神的指引下，柯瓦雷希望对帕拉塞尔苏斯的世界观"做出快速的概览"[30]。柯瓦雷注意到，帕拉塞尔苏斯并不是沉迷于书本知识的"博学者"（savant），而是对民间的各种实践知识和传说十分热衷，以此来回应"中世纪科学的解体"[31]。此外，文艺复兴精神与宗教改革的精神也在帕拉塞尔苏斯身上结合在一起，帕拉塞尔苏斯对现实世界多样性的好奇心可以印证这一点。帕拉塞尔苏斯的两大主题与文艺复兴哲学的总体发展趋势一样，是"生命"与"自然"——帕拉塞尔苏斯将生命视为自然最深刻的本质，自然本身也是活的，帕拉塞尔苏斯主义的"自然"观念可以等同于"生命和魔法"[32]。柯瓦雷强调，使得帕拉塞尔苏斯产生类似观念的，并不是思辨推理或者书本阅读本身，而是在制度、教义、信仰崩溃的混乱中，对生命活力的体认。通过这样的体认，精神不是与世界对立，而是与世界共存和亲近。在认识论上，帕拉塞尔苏斯相信事物之间的相似造就了共感（sympathie），而共感产生了知识。此外，由于事物之间的普遍相似性，人自身拥有与宇宙三个层次相对应的部分——体、魂与灵。人所处的世界的一切事物都是双重的：有可见、可触摸的事物，也有无形的存在。与人看不见的灵魂相对应，宇宙也有一个无形的世界灵魂，帕拉塞尔苏斯将之称为"星灵"（Gestirn 或 Astrum）。其他任何事物都有看不见的"灵魂"[33]。

　　在帕拉塞尔苏斯的这种世界观中，事物的外部和内部因而产生了复杂的

28　Koyré, *De la mystique à la science*, p. 19.
29　Koyré, *Mystiques, spirituels, alchimistes du XVIe siècle allemand*, p. 78.
30　Koyré, *Mystiques, spirituels, alchimistes du XVIe siècle allemand*, p. 76.
31　Koyré, *Mystiques, spirituels, alchimistes du XVIe siècle allemand*, pp. 79–80.
32　Koyré, *Mystiques, spirituels, alchimistes du XVIe siècle allemand*, pp. 82–83.
33　Koyré, *Mystiques, spirituels, alchimistes du XVIe siècle allemand*, pp. 86–88.

关系：星体可能对人体产生影响，且人类的灵魂也受到"星灵"的影响；无
星体的精神可能表达为"征象"（signatura）；等等[34]。在此处，帕拉塞尔苏斯
在自己的世界观中吸收了大量同时代的魔法知识。柯瓦雷指出，在帕拉塞尔
苏斯那里，文艺复兴哲学常常使用的"想象力"（imagination）概念是魔法在
思想和存在二者之间起作用的中介[35]。帕拉塞尔苏斯主义的宇宙论则可以概括
为"动态论"（dynamisme）、"生命魔法"（bio-magique）和"征象"观念。帕
拉塞尔苏斯将"创世"理解为上帝不断"外化"为自然世界的过程，首先出
现的是被他称为"伊利亚斯特"（Yliaster）的未分化的原初物质，进而分化出
汞、硫、盐三种基本元素，整个世界逐渐演变出更完美的形式，而炼金术士
只是人为地加快了这一进程。炼金术并不限于金属的嬗变，同时，人生也是
一种炼金术的过程：人类的灵魂和世界上的物质一样经历着净化与嬗变。柯
瓦雷继而指出，类比（analogie）是帕拉塞尔苏斯主义和炼金术的最主要特征
之一——自然和人类、世界和上帝之间的类比关系一再被提及，外部的物质
世界被认为是知识重复和象征灵魂的过程[36]。在具体的做法上，帕拉塞尔苏斯
认为"分离"（séparation），即摧毁具体物质的固有形态——将促使事物变得
完美。在此基础上，帕拉塞尔苏斯对同时代的医学提出了尖锐的批评。

　　在柯瓦雷对帕拉塞尔苏斯世界观的概括与分析中，核心的要点是什么
呢？柯瓦雷认为，人类作为宇宙绝对中心的观念极为重要——"显然，他（帕
拉塞尔苏斯）不想在上帝和人之间有任何中介"[37]。帕拉塞尔苏斯的思想因而
"代表了一种真诚的努力，试图在上帝中看到世界，在世界中看到上帝，并看
到人类参与其中，从而'理解'两者"[38]。

　　帕拉塞尔苏斯等神秘主义者的影响体现在他们最终导向了波墨的思想[39]。
与帕拉塞尔苏斯一样，波墨也是一位晦涩难懂的思想家："没有什么比雅各
布·波墨的著作更为分散、混乱、畸形和无形。除了帕拉塞尔苏斯之外，无
人曾以更不清晰的方式进行写作。"[40]柯瓦雷在 1929 年首次出版的《雅各

34　Koyré, *Mystiques, spirituels, alchimistes du XVIe siècle allemand*, pp. 89–91.

35　Koyré, *Mystiques, spirituels, alchimistes du XVIe siècle allemand*, pp. 95–100.

36　Koyré, *Mystiques, spirituels, alchimistes du XVIe siècle allemand*, p. 114.

37　Koyré, *Mystiques, spirituels, alchimistes du XVIe siècle allemand*, p. 127.

38　Koyré, *Mystiques, spirituels, alchimistes du XVIe siècle allemand*, p. 129.

39　Ibid.

40　Alexandre Koyré, *La philosophie de Jacob Boehme*, New York: Burt Franklin, 1968, p.x.

布·波墨的哲学》一书中成功地重建了波墨哲学的主要内容，至今仍"被广泛认为是 20 世纪关于这位开创性人物最好的研究工作之一"[41]。

若要在科学思想史领域对柯瓦雷的波墨研究作出评价，若朗有一个精准的概括：柯瓦雷关注的是"在帕拉塞尔苏斯和哥白尼之间的雅各布·波墨"[42]。然而，波墨并非某种帕拉塞尔苏斯和哥白尼之间的思想演进的"中间环节"，这样的提法是因为波墨同时受到了帕拉塞尔苏斯和哥白尼的影响——波墨曾经阅读过帕拉塞尔苏斯及其学派的著作，同时也了解哥白尼的学说，承认地球的运动[43]，帕拉塞尔苏斯主义和哥白尼主义构成了波墨思想活动的初始底色。具体来说，哥白尼的天文学革命使得人类不再占据宇宙的中心位置，由此造成的思想问题促使波墨努力消除哥白尼革命的这一推论的思想影响，最终，他采纳了帕拉塞尔苏斯的自然概念。柯瓦雷将这样的思想路径称为"帕拉塞尔苏斯主义的奥古斯丁主义"（augustinisme paracelsiste）[44]。在对此前提到的魏格尔的研究中，柯瓦雷首先识认出了这种奥古斯丁主义和帕拉塞尔苏斯主义的综合[45]。

柯瓦雷波墨研究的另一个重要论断，是波墨用"火的形而上学"（la métaphysique du feu）取代了"光的形而上学"：

> 对于雅各布·波墨来说，火的形象确实是他形而上学的中心。然而，当我们考虑象征意象在哲学史中的作用时，我们相信，现代思想世界中新象征意象的引入（或者，如果更愿意的话，重新引入一个被遗忘的象征意象）是一个至关重要的事件。以至于如果有人要求我们用两句话来定义波墨作品的意义及其他惊人影响的深层原因，我们会说：波墨为形而上学赋予了一个新的象征——他用火的形而上学取代了光的形而上学。[46]

所谓"光的形而上学"，是柯瓦雷从德国哲学史家克莱门斯·博伊姆克（Clemens Baeumker，1853—1924）处借用来的说法。博伊姆克在 1908 年出版

41　Arthur Versluis, *Magic and Mysticism: An Introduction to Western Esoteric Traditions*, Lanham, MD: Rowman & Littlefield Publishers, 2007, p. 123.

42　Jorland, *La science dans la philosophie*, pp. 174–214.

43　Koyré, *La philosophie de Jacob Boehme*, p. 72.

44　Jorland, *La science dans la philosophie*, pp. 178–185.

45　Koyré, *La philosophie de Jacob Boehme*, p. 495.

46　Koyré, *La philosophie de Jacob Boehme*, p. 284.

的《维特罗：一位 13 世纪的哲学家和自然研究者》(*Witelo: Ein Philosoph und Naturforscher des XIII. Jahrhunderts*) 中首先使用了"光的形而上学"一词，用来指称用"光"来类比可理知世界的哲学立场[47]。在波墨看来，火是光的源泉，光无法与其源头——火分离。火"是神圣生命的象征或表现：因此，我们可以通过深入其内在结构来理解神性"。例如，火在元素的多样性中保持统一，可以理解神圣存在如何在三种原则的相互作用中保持统一[48]。经由这种对火的象征性分析，波墨将物理现象的特征转移为绝对者的特征，换言之，这是"依据他在炼金术中发现的关于火的本质的理论来构建他的上帝"[49]。

在着手研究波墨时，柯瓦雷还没有开始他对哥白尼的研究。若朗提出，柯瓦雷"关于哥白尼的发现似乎确实深刻地改变了他对波墨著作的解读方式"[50]。在《雅各布·波墨的哲学》的一个脚注中，柯瓦雷自陈了这一转变："我们在开始研究时坚信，为了理解波墨，我们必须用炼金术的术语来解释他。我们现在认为，从炼金术中寻找他的学说的关键是走错了路。相反，我们必须努力使他的思想摆脱这种借用的外衣。"[51]但不论如何，柯瓦雷仍然相当忠实地评述了波墨如何将炼金术用于形而上学，同时努力把波墨哲学解释为对哥白尼所启发新世界观的回应。遗憾的是，在《天文学革命》(*La révolution astronomique: Copernic, Kepler, Borelli*) 一书中，我们未能看到柯瓦雷再度论及波墨。虽然柯瓦雷主张以人类思想的统一性作为研究的前提，但是在柯瓦雷自己的若干研究主题之间，仍然留下了一些有待衔接的空缺。

四、结　语

在今天重访柯瓦雷的上述研究，是为了从另一个角度理解柯瓦雷对科学革命的刻画：在科学革命前后的若干神秘主义思想，并不是科学革命的反题，而是科学革命的构成部分或回响。

就更广泛的思想史而言，柯瓦雷关于帕拉塞尔苏斯的长篇论文一经发表，

47　Isidoros C. Katsos, *The Metaphysics of Light in the Hexaemeral Literature: From Philo of Alexandria to Gregory of Nyssa*, Oxford: Oxford University Press, 2023, p. 2.

48　Koyré, *La philosophie de Jacob Boehme*, p. 285.

49　Koyré, *La philosophie de Jacob Boehme*, p. 286.

50　Jorland, *La science dans la philosophie*, pp. 196–197.

51　Koyré, *La philosophie de Jacob Boehme*, p. 175.

就因方法论上的新颖受到了年鉴学派的历史学家吕西安·费弗尔（Lucien Febvre，1878—1956）和科学史家梅茨热的重视，这是因为他们此时正在关注文艺复兴时期的"心态"（mentalité）问题[52]。按照柯瓦雷在研讨班上的表述，确乎可以将神秘主义界定为一种"心灵态度"（attitude mentale），其特点是对一种"绝对者"（un absolu）的体认和依附。换言之，就是在自我意识中，用一种"绝对者"代替"自我"。在欧洲思想史上曾存在的宗教神秘主义以多种方式展开了向上帝这个绝对者的超越性追求。然而，在14—17世纪的思想变迁中，世界经历了一个根本的"解体"过程——引用若朗的说法，"随着哥白尼革命和新物理学的兴起，人们所思考的世界发生了变化，以至于它不再提供关于上帝的信息。对于一个无限或不确定的世界，人们必须承认一个无限的创造者，而现在知道，科学革命的另一个结果是，人们无法通过有限的系列来接近他，他将永远保持无限的遥远。再也没有一种本体论的等级结构可以使人通向上帝。人们可以直接抵达至高的存在，而无需展开（déployer）世界，那么也就没有任何事物阻隔在人与上帝之间，阻隔在有限与无限之间。无限的上帝无处不在，因此也存在于灵魂之中；他就像一束光，只能被阻挡。思索他，与他合一，就是消除遮蔽他的障碍。因此，真理的概念不是辩证的，而是直观的，它发展并解释了被遮蔽和隐含的东西"[53]。这样一幅思想史图景，是柯瓦雷留给我们的一份重要遗产。与此同时，柯瓦雷并没有穷尽一切研究的可能，甚至留下了相当多的缺环。上述科学革命与神秘主义的图景毋宁说只是柯瓦雷勾勒的一幅草图——柯瓦雷将一些最为重要的德国神秘主义思想家标定为这幅草图上的"地标"，但对其周边更为广阔的思想史"地貌"尚未开展详细探查。以新的研究细化这一草图，是当下科学思想史研究者可以有所贡献的途径。

另外，今天的研究者可以有所思考的地方在于，在跨越多个知识领域的思想史研究中常常会用"影响"一词来界定思想或观念之间的关联方式。过多的使用使得"影响"一词的所指日益宽泛，有时这个词的使用者对所谓"影响"的含义缺乏反思。对此，柯瓦雷综合起科学与神秘主义的研究范例，可以作出方法上的提醒。《16世纪德国的神秘学家、唯灵论者和炼金术士》的俄

52　Koyré, *De la mystique à la science*, p. 76.
53　Jorland, *La science dans la philosophie*, pp. 175–178.

文译者认为，如果说柯瓦雷和其他哲学史家一样，常常使用"影响"一词来描述思想家之间的关系，这不意味着某种因果关系，而是指问题提出的思想动机存在关联[54]。雷东迪在分析柯瓦雷的研究方法时也认为，柯瓦雷的方法"要求进行比来源分析（l'analyse des sources）更丰富的讨论，它应比学说之间的'影响'和'并行'（mise en parallèle）更为明确。它要求对一个理论、一个作者提出问题：在特定时代，思维的界限是什么，在这些界限内，为什么这种思维而非其他思维会出现？"[55] 柯瓦雷并不总是擅长挖掘思想家之间具体的、直接的接触，但是他对于某一思想是否构成其他某些思想的可能性前提极为敏锐。在试图描绘某些看似遥远的知识领域之间的联系时，这种分析方法可以引出许多富有意义的新问题。

Mysticism Alongside the Scientific Revolution:

Alexandre Koyré's Early Studies on the History of Mysticism Revisited

JIANG Che

Abstract: Between 1921 and 1930, Alexandre Koyré systematically studied and lectured on the history of German speculative mysticism at the École pratique des hautes études in France. This series of studies led Koyré to delve more deeply into the intellectual history of science. His research on Paracelsus and Boehme stands as prominent examples. In these studies, Koyré observed that early modern mystical doctrines were not necessarily the antithesis of the Scientific Revolution; rather, they could be considered part of the Revolution itself or a response to certain intellectual consequences of the Scientific Revolution. Revisiting Koyré's work on the history of mysticism will contribute to a deeper understanding of his intellectual history approach based on the premise of "the unity of human thought".

Keywords: Alexandre Koyré; mysticism; Scientific Revolution

54　Койре, *Мистики, спиритуалисты, алхимики Германии XVI века*, с. 167.
55　Koyré, *De la mystique à la science*, p. 38.

柯瓦雷科学革命观的演变

/

黄河云[1]

摘 要：柯瓦雷在《关于芝诺悖论的评注》中对运动与无限的讨论对其科学革命观产生了重要影响。他在《伽利略研究》中对科学革命的双重表述[宇宙（cosmos）的解体与空间的几何化]的最初形式不能充分地解释科学革命的完成。从精确宇宙取代近似世界到自然的数学化，柯瓦雷将之前的双重表述合二为一，并扩展了科学革命的起止时间，引出了科学革命的哲学后果，即科学世界与生活世界的分离。由此，科学革命所涉及的范围从最初的自然哲学家的理论扩展到普通人的日常生活。在《从封闭世界到无限宇宙》中，柯瓦雷通过回顾其早年对无限概念的讨论阐明了科学革命的神学后果，即上帝的退场。

关键词：亚历山大·柯瓦雷；科学革命；自然数学化；无限；运动

引 言

亚历山大·柯瓦雷（1892—1964）是科学思想史学派的领袖，他以对科学革命的开创性研究而闻名。科恩（H. Floris Cohen）[2]、库梅（Ernest Coumet）[3]、德罗兹多瓦（Daria Drozdova）[4]和吕天择[5]已经讨论过柯瓦雷的科学革命观。

---

1 黄河云，1994 年生，湖南邵阳人，清华大学科学史系博士研究生，主要研究方向为科学思想史。本文得到国家社科基金重大项目"世界科学技术通史研究"（142DB017）支持。

2 H. 弗洛里斯·科恩：《科学革命的编史学研究》，张卜天译，长沙：湖南科学技术出版社，2012 年，第 97–116 页。

3 Ernest Coumet, "Alexandre Koyré: la Révolution scientifique introuvable?", *History and Technology*, 1987, 4, pp.497–529.

4 Daria Drozdova, "Alexandre Koyré's Essential Features of the Scientific Revolution", in *Hypotheses and Perspectives in the History and Philosophy of Science*, ed. Raffaele Pisano, Joseph Agassi and Daria Drozdova, Cham: Springer, 2018, pp.143–156.

5 吕天择：《论无限宇宙与空间几何化的关系》，《科学技术哲学研究》，2020 年第 3 期，第 93–98 页。

然而，这些讨论都没有涉及柯瓦雷早年的论文《关于芝诺悖论的评注》（ *Remarques sur Les Paradoxes de Zénon*，简称《芝诺悖论》）的重要影响。萨洛蒙（Marlon Salomon）虽然提到了这篇论文，但他认为其中对运动的讨论与《伽利略研究》中的讨论截然不同[6]，从而低估了它的影响。笔者认为，尽管这篇论文并不涉及科学革命，但其中包含了后来构成柯瓦雷科学革命观的两个关键要素。因此，本文将按照最初发表的时间顺序依次探讨柯瓦雷论述科学革命的重要著作，并表明柯瓦雷的科学革命观是其近 40 年（1922—1961 年）持续思考的结果，这经历了一个动态演变的过程。

一、《关于芝诺悖论的评注》（1922 年）

根据柯瓦雷本人的说法，他在学术生涯的开端就被人类思想的统一性的信念所激励[7]。事实上，他早期对逻辑悖论的研究确实影响了他后期的科学史研究。柯瓦雷在哥廷根求学期间发表的第一篇论文就是对罗素悖论的讨论[8]。10 年后，为了纪念在第一次世界大战中阵亡的老师莱纳赫（Adolf Reinach），柯瓦雷发表了关于芝诺悖论的论文[最初以德文发表，其法文版后来被收入《哲学思想史研究》（ *Études d'histoire de la pensée philosophique* ）中]。20 世纪 40 年代，柯瓦雷已经成为科学思想史的代表人物，但他还是回顾了他早年感兴趣的主题，发表了关于说谎者悖论的论文[9]。正如孔代（Mauro L. Condé）所认为的，柯瓦雷在回应这些威胁科学基础的悖论的过程中所形成的数学实在论对他后来的科学史观产生了重要影响[10]。笔者认为，这种影响在《芝诺悖论》中得到了比较充分的体现。

在这篇论文中，柯瓦雷标志性的概念分析法已经初露锋芒，他分析了"运动"和"无限"这两个重要概念。

6　Marlon Salomon, "The origins of alexandre koyré's history of scientific thought", in *Handbook for the Historiography of Science*, ed. Mauro L. Condé and Marlon Salomon, Cham: Springer, 2023, p. 34.

7　柯瓦雷：《我的研究倾向与规划》，载《科学思想史指南》，吴国盛编，成都：四川教育出版社，1994 年，第 133 页。

8　Alexandre Koyré, "Sur les nombres de M. Russell", *Revue de métaphysique et de morale*, 1912, pp. 722–724..

9　Alexandre Koyré, "The liar", *Philosophy and Phenomenological Research*, 1946, pp. 344–362.

10　Mauro L. Condé, "The Philosophers and the Machine: Philosophy of Mathematics and History of Science in Alexandre Koyré", in *Hypotheses and Perspectives in the History and Philosophy of Science*,ed. Raffaele Pisano, Joseph Agassi and Daria Drozdova, Cham: Springer, 2018, pp.45–49.

（1）关于运动，在回顾了柏格森等前人对这个主题的研究后，柯瓦雷指出，按照笛卡尔的观点，运动是一种与静止类似的状态，它不影响运动的物体本身，只要它没有被外在原因所阻止，就会一直持续下去[11]。在此基础上，柯瓦雷区分了两种运动，即作为过程的运动和作为状态的运动。前者是一个目的论的过程，必定有始有终，即使清除一切障碍也会最终停止；后者没有要致力于实现的目标，只有要遵循的方向，如果清除所有障碍，就会在时间和空间中无限地持续下去[12]。柯瓦雷进一步指出，亚里士多德物理学与伽利略和笛卡尔的物理学之间的所有分歧都可以归结如下：对前者而言，运动是潜能向现实的转变，而对后者而言，运动变成了一种状态[13]。

（2）关于无限，柯瓦雷断言，在这个问题上，笛卡尔远比康托尔要深刻，因为前者不仅确立了实无限的合法性，而且使之成为有限的理论基础。"无限是首要的和肯定的概念，而有限只能通过对无限的否定来理解。"[14]柯瓦雷指出，笛卡尔最先认识到有限本身不能在它与无限的关系之外被正确地把握。

柯瓦雷在这篇论文中对运动和无限的讨论分别对他后来的著作《伽利略研究》和《从封闭世界到无限宇宙》产生了重要影响。

二、《伽利略研究》(1939 年)

在这部著作中，柯瓦雷以基于惯性原理的经典物理学的诞生为主线，对科学革命作出了经典表述，即宇宙的解体与空间的几何化。这两方面都涉及一种新的运动观。

一方面，"宇宙"的概念涉及"自然处所"（natural place）的概念以及自然运动与受迫运动的区分。每一个物体根据各自的本性都有其自然处所，一旦它离开这个处所都有其自行返回的倾向，而一旦回到其自然处所，运动就会停止。因此，宇宙的存在意味着运动是一个有目的和有终点的有限过程。另一方面，宇宙的空间概念是处处有别的具体的物理空间，天地截然二分，天界的运动是圆周运动，地界的运动是直线运动，重物下落，轻物上升。由

11　Alexandre Koyré, *Études d'histoire de la pensée philosophique*, Paris: Éditions Gallimard, 1971, p.19.

12　Koyré, *Études d'histoire de la pensée philosophique*, pp.32–33.

13　Koyré, *Études d'histoire de la pensée philosophique*, p.32, n.2.

14　Koyré, *Études d'histoire de la pensée philosophique*, p.28.

此，作为状态的新运动观所预设的无限同质空间将会破坏上述两个方面，这是惯性原理的基本要求。

除了延续《芝诺悖论》中对运动的讨论之外，在这部著作中，柯瓦雷的柏拉图主义对其科学革命观的塑造也发挥了重要作用。这体现在两个方面。

（1）两个世界的划分。与柏拉图对理型世界与可感世界的划分一致，柯瓦雷在这部著作中多次提及数学世界（理想世界）与物理世界（经验世界）的划分。惯性定律不是对常识经验的概括，因为经验世界中的运动是曲线运动而非直线运动，而经典物理学却力图用直线运动来解释曲线运动。由此，柯瓦雷得出结论：科学革命的本质在于"从不存在之物，从未曾存在之物，甚至从就不可能存在之物，来解释存在之物"[15]。他称之为"柏拉图的思想路线"。

（2）观念和数学高于实验和经验。柯瓦雷断言，"好的物理学是被先验地做出来的"[16]。作为柏拉图主义者，伽利略通过对精神助产术的运用表明，即使不做实验也可以知道结果必定如此。此外，在柯瓦雷看来，实验方法预设了向自然提问的语言（几何语言），因而这种语言的使用决定并支配着实验。换言之，实验方法的出现是空间几何化的结果[17]。

柯瓦雷认为，思想实验高于实际做过的实验。伽利略物理学的研究对象是经验世界中不存在的物体（例如，一个绝对光滑的平面和一个完美球形的球体），只适用于抽象的几何空间。因此，真正对经典物理学产生重要作用的是伽利略的那些思想实验。虽然柯瓦雷并不否认伽利略确实做过一些真实的实验，但那些实验的结果很不靠谱。而作为一名柏拉图主义者，伽利略对此完全不在意，因为"他根本不是在经验领域中寻求他的理论基础"[18]，他深知只有在理想世界中才能获得他所预测的结果。

柯瓦雷的结论是：经典物理学的兴起是"对柏拉图的回归"，是柏拉图对亚里士多德的报复[19]。

此外，柯瓦雷科学革命观的核心原则，即"人类思想的统一性"在这部著作中得到了充分体现。这在他对开普勒的论述中体现得尤为明显。在他看来，开普勒未能奠定经典物理学的基础是由于哲学层面的原因。尽管开普勒

---

15 亚历山大·柯瓦雷：《伽利略研究》，刘胜利译，北京：北京大学出版社，2008 年，第 235 页。
16 柯瓦雷：《伽利略研究》，第 259 页。
17 柯瓦雷：《伽利略研究》，第 4 页。
18 柯瓦雷：《伽利略研究》，第 176 页。
19 柯瓦雷：《伽利略研究》，第 321，334 页。

是那个时代一流的科学天才，但他在哲学上仍然是一名亚里士多德主义者。"对他来说，运动和静止就像光明与黑暗、存在与'存在的匮乏'那样截然对立。"[20] 在开普勒看来，运动和静止并不处在同一本体论层面，运动及其持续仍然需要一个原因来解释，他拒绝将运动视为一种状态。在这段论述中，《芝诺悖论》中对运动的讨论的影响痕迹清晰可见。

虽然柯瓦雷在《伽利略研究》中给出了科学革命本质的经典的双重表述，但其最初形式并不足以完成科学革命。布鲁诺已经完成了有限宇宙（cosmos）到无限宇宙（universe）的转变[21]，他的无限宇宙也意味着"空间的完全几何化"[22]，其中没有特权位置和特权方向。换言之，宇宙的解体与空间的几何化这两个特征在布鲁诺那里已经得到了体现。即便如此，布鲁诺也未能完成建立经典物理学的任务。同样，将空间的几何化推到极致导致了对时间与因果关系的忽视，伽利略与笛卡尔在推导落体定律时不约而同地犯了相同的错误[23]。由于将物理学完全还原为几何学，并且不懂得在物理因果关系与数学分析之间保持平衡，笛卡尔最终放弃了落体问题，但这种"彻底几何化"使他最先得出了惯性定律[24]。与之相比，伽利略虽然通过重新引入对时间和因果关系的考虑而得出了落体定律的正确表述，但由于未能将几何化进行到底，他无法忽视重性，这使他先后三次错过了惯性定律[25]。

事实上，数学与物理学之间的张力一直是贯穿《伽利略研究》的主题，而柯瓦雷关于科学革命本质的最初表述未能很好地处理这种张力。由此，在这部著作中，宇宙的解体与空间的几何化并不能完全等同于经典物理学的诞生。因此，柯瓦雷的科学革命观还有待于在后续著作中进一步发展完善。

三、《从"近似"世界到精确宇宙》（1948 年）

在《从"近似"世界到精确宇宙》（*Du monde de l'« à-peu-près » à l'univers de la précision*）中，柯瓦雷通过引入技术和仪器的维度，深化了对科学革命的

20　柯瓦雷：《伽利略研究》，第 211 页。
21　柯瓦雷：《伽利略研究》，第 199 页。
22　柯瓦雷：《伽利略研究》，第 201 页。
23　柯瓦雷：《伽利略研究》，第 106–107，112–113，116，128–129，152–153 页。
24　柯瓦雷：《伽利略研究》，第 369–399 页。
25　柯瓦雷：《伽利略研究》，第 298–318 页。

理解。这体现在三个方面：第一方面，为宇宙的解体与空间的几何化之间的关系提供了一种有启发性的见解；第二方面，强调精确测量的观念相对于技术和仪器的支配性；第三方面，关注这种观念的变革对日常生活的影响。

关于第一方面，宇宙的观念将天界与地界划分为本体论上截然不同的两个领域，精确性只适用于天界。在古希腊思想中，对天体的运动进行精确的观测与测量是被允许的，天界空间一直是几何空间。相比之下，地界的情况完全不同，圆、椭圆和直线在自然中并不存在，数学与物理实在之间存在着难以逾越的鸿沟。因此，古希腊人认为，地界（即日常生活的世界）是一个近似的世界，试图对其进行精确测量是荒谬的。尽管毕达哥拉斯断言"万物皆数"并且《圣经》段落也支持上帝创世是基于数、重量和度量的说法，但这些观念在伽利略之前并没有被认真对待[26]。由此，（地界）空间的几何化意味着破除宇宙观念所要求的天地二分，将天界所具有的数学精确性下降到地界。在这个意义上，月下界可以精确测量的观念的出现成功地将之前表述的科学革命的两个方面联系起来。

关于第二方面，柯瓦雷基于柏拉图主义的立场断言，相对于观念的变革而言，技术和仪器方面的进步所起的作用要小得多。例如，在炼金术中从未进行过精确测量，这并不是由于缺乏天平和温度计等仪器，而是缺乏可以进行精确测量的观念；炼金术操作与烹饪食谱类似，二者都满足于近似和定性[27]。光学仪器的情况也类似。尽管眼镜早在 13 世纪就开始使用，但在此基础上稍加改进就能实现的望远镜和显微镜直到 17 世纪才出现，其原因"不是技术上的不足，而是观念的缺失"[28]。钟表的情况也是如此。精密时钟的发明更多地归功于伽利略、惠更斯和胡克这些理论科学家，而非钟表匠，因为后者的钟表从未超出近似的水平。"这些机器是以精确世界取代近似世界为前提的。"[29]柯瓦雷的结论是："仪器的适当功能其本身并不是感官的延伸，而是从更有力和更字面的意义上说，是精神的化身（incarnation），思想的物质化。"[30]

关于第三方面，柯瓦雷以时间测量为例论述了基于观念变革的技术进步

26　Koyré, *Études d'histoire de la pensée philosophique*, p. 349.

27　Koyré, *Études d'histoire de la pensée philosophique*, p. 350.

28　Koyré, *Études d'histoire de la pensée philosophique*, p. 351.

29　Koyré, *Études d'histoire de la pensée philosophique*, p. 353.

30　Koyré, *Études d'histoire de la pensée philosophique*, p. 352.

对日常生活的影响。在农业时代，日出而作日落而息，多一刻钟或少一个小时都不会造成什么影响。中世纪的宗教生活所要求的各种仪式开始使人们养成遵守时间的习惯，使生活的时间转变为吟诵的时间[31]。但这仍然不是测量的时间。文艺复兴时期大型的公共时钟极为昂贵，以至于只有在非常富有的城市或王国的首都才负担得起，它们属于彰显身份的奢侈品，实际用途并非主导因素[32]。直到17世纪，它们才变得不再稀有。随着精确测量的观念日益占据主导地位，精密时钟随之诞生。它们"是科学思想的创造……是一种理论的自觉实现……理论物品一旦形成，就会成为实用物品，成为日常用品。"[33]

由此可见，在这篇论文中，柯瓦雷一方面延续了《伽利略研究》中观念高于实践的柏拉图主义立场，另一方面通过对数学精确性的强调在此前表述的科学革命的两个核心方面之间建立了联系，并且通过对仪器和日常生活的关注加深了对科学革命的理解。然而，柯瓦雷的论述虽然涉及日常生活但尚未进一步阐明科学革命的理论后果对日常生活的重大影响。此外，《伽利略研究》中的双重表述不足以完成科学革命，这一遗留问题也尚未得到解决。柯瓦雷还会在之后的著作中继续发展他的科学革命观。

四、《牛顿综合的意义》（1950年）

在这篇论文中，柯瓦雷从四个方面进一步深化和扩展了他的科学革命观：第一个方面，科学革命起止时间在范围上的扩大；第二个方面，将科学革命的双重表述归结为自然的数学化；第三个方面，在物理-数学潮流之外引入了与之并行的经验-实验潮流；第四个方面，论述了科学革命的重要哲学后果，即科学世界与生活世界的分离。

关于第一个方面，在《伽利略研究》中，柯瓦雷对科学革命的论述集中在伽利略与笛卡尔的贡献上，涉及的时间不过是17世纪的前几十年。如前所述，这种科学革命观有其局限性，双重表述的最初形式不能等同于经典物理

31　Koyré, *Études d'histoire de la pensée philosophique*, pp. 354–355.

32　Koyré, *Études d'histoire de la pensée philosophique*, pp. 355–356.

33　Koyré, *Études d'histoire de la pensée philosophique*, p. 357.

学的诞生。柯瓦雷也意识到这种局限性，因而在这篇论文中将科学革命的时间扩展为从哥白尼的《天球运行论》（1543 年）到牛顿的《自然哲学的数学原理》（1687 年）[34]。由此，科学革命的主角不再局限于伽利略与笛卡尔，而是建构了哥白尼—开普勒—伽利略—笛卡尔—牛顿的主线，此后这条主线开始支配着关于科学革命的经典叙述。这个过程的核心在于运动不再被视为一个过程，而是被视为一种状态；运动遵循数的定律，可以用数学方法来研究运动。牛顿的伟大贡献在于对数学本身进行转变（发明微积分），从而解决了此前在《伽利略研究》中反复出现的数学与物理学之间的张力的问题，成功建立了数学物理学[35]。

　　关于第三方面，柯瓦雷虽然继续沿用宇宙的解体与空间的几何化来刻画科学革命，但他认为"这种刻画近乎等同于自然的数学化（几何化），从而近乎等同于科学的数学化（几何化）"[36]。事实上，将此前的双重表述合二为一是基于《从"近似"世界到精确宇宙》中的思路。因为在将之前的双重表述归结为自然数学化之前的几页，柯瓦雷明确提到科学革命最根本的意义在于用一个精确的、阿基米德的宇宙取代一个定性的"近似"世界（日常生活的世界）[37]。由此，在前一篇论文中将双重表述联系起来的是用精确宇宙取代近似世界，而在这篇论文中则被明确表述为自然的数学化与科学的数学化，其中的思路是一脉相承的。

　　关于第三方面，柯瓦雷指出，在前面提到的基于柏拉图主义的物理-数学潮流之外，还有另一种更为谦逊谨慎的经验-实验潮流，它基于古代原子论，代表人物是伽桑狄、玻意耳和胡克。牛顿的伟大功绩在于成功地将这两种潮流结合："自然之书是用微粒符号和微粒语言写成的……然而，把它们结合在一起并赋予文本意义的句法却是纯粹数学的。"[38]正是通过牛顿的综合，科学革命才最终宣告完成。此后，实验在柯瓦雷的科学革命叙事中占据了相对独立的地位，尽管这场革命的主流仍然是自然的数学化。

　　这也许是柯瓦雷对其科学革命观所做的最重大的一次扩展，这在柯瓦雷

34　亚历山大·柯瓦雷：《牛顿研究》，张卜天译，北京：商务印书馆，2016 年，第 10–14 页。
35　柯瓦雷：《牛顿研究》，第 13 页。
36　柯瓦雷：《牛顿研究》，第 8 页。
37　柯瓦雷：《牛顿研究》，第 5 页。
38　柯瓦雷：《牛顿研究》，第 16 页。

的后续著作中得到体现。在之前的《伽利略研究》中，柯瓦雷将科学革命视为柏拉图对亚里士多德的报复，但在之后的《论哲学观念对科学理论演变的影响》(*De l'influence des conceptions philosophiques sur l'évolution des théories scientifiques*，1955）以及《伽桑狄及其时代的科学》(*Gassendi et la science de son temps*，1957）中，柯瓦雷将科学革命视为柏拉图与德谟克利特联手战胜亚里士多德的重要武器[39]。

这也是柯瓦雷留给科学革命编史学的一项重要遗产。正如科恩所说，科学革命中存在两种潮流的观点对后来的库恩与韦斯特福尔产生了重要影响[40]。库恩对古典科学与培根科学的区分[41]，以及韦斯特福尔将科学革命视为柏拉图主义-毕达哥拉斯主义传统与机械论哲学之间张力的结果[42]都受到柯瓦雷的重要启发。

关于第四方面，柯瓦雷一方面延续了《从"近似"世界到精确宇宙》的思路，将科学革命的影响从自然哲学家群体扩展到普通人的日常生活；另一方面，他首次阐释了科学革命的哲学理论后果，即科学世界与生活世界的分离。虽然柯瓦雷在这里仍然重复《伽利略研究》中关于科学革命的双重表述，但相比于那部著作中简短的描述，柯瓦雷在这篇论文中对科学革命后果的探讨要深入得多。宇宙（的解体）意味着，"所有基于价值、完满、和谐、意义和目的的想法都要从科学思想中消失，或者说被强行驱逐出去，因为从现在起，这些概念只是些主观的东西，在新本体论中没有位置"[43]。空间的几何化同样付出了极其高昂的代价。"它把我们生活、相爱并且消亡于其中的质的可感世界，替换成了几何学在其中具体化的量的世界，在这个世界里，每一个事物都有自己的位置，唯独人失去了位置。于是，科学的世界——真实的世界——变得与生活世界疏离了，并与之完全分开。"[44]

德罗兹多瓦认为，柯瓦雷的双重表述对应于两个层面的转变：空间的几何化是科学理论与方法的转变，局限于自然哲学家的少数群体；宇宙的解体

39　Alexandre Koyré, *Metaphysics and Measurement*, London: Chapman & Hall, 1968, p.119; Koyré, *Études d'histoire de la pensée philosophique*, p. 262.

40　科恩：《科学革命的编史学研究》，第 111 页。

41　托马斯·库恩：《必要的张力》，范岱年，纪树立译，北京：北京大学出版社，2004 年，第 30-64 页。

42　理查德·韦斯特福尔：《近代科学的建构》，张卜天译，北京：商务印书馆，2020 年，第 3 页。

43　柯瓦雷：《牛顿研究》，第 9 页。

44　柯瓦雷：《牛顿研究》，第 31 页。

是宇宙论和世界观的转变，影响涉及整个受教育阶层[45]。然而，这个说法显然是不准确的。即便在《伽利略研究》中，空间的几何化所带来的影响也仅限于自然哲学家的有限群体，但在《牛顿综合的意义》中，柯瓦雷已经将这种影响（科学世界与生活世界的分离）扩大到普通人的日常生活。

从《伽利略研究》到《牛顿综合的意义》，柯瓦雷从多个方面不断地丰富着他对科学革命的理解。在这些扩展中，空间的几何化这条线索占据着主导地位，但《从封闭世界到无限宇宙》中，宇宙的解体这条线索成为焦点。

五、《从封闭世界到无限宇宙》（1957 年）

在这部著作中，柯瓦雷延续了《伽利略研究》中"人类思想的统一性"的核心原则[46]，以及《牛顿综合的意义》中对科学革命哲学后果的讨论[47]。同时，他还阐明了科学革命的神学后果，即上帝的退场。这标志着柯瓦雷进一步深化了对人类思想的统一性和科学革命后果的理解，并将其与他早年在《芝诺悖论》中对"无限"概念的讨论联系起来。

按照柯瓦雷的论述，库萨的尼古拉并没有断言宇宙的无限性，而是认为宇宙是无定限的（indefinite），因为只有上帝才能称得上无限[48]。布鲁诺最先提出了无限宇宙的观念，并认为虽然对于感觉经验来说，无限是无法认识的，但对于理智来说，"无限是其首要的、最确定的概念"[49]。由此可见，柯瓦雷早年在《芝诺悖论》中的立场（即否定的有限概念需要通过肯定的无限概念来理解）在多年后再次得到重申。这在他对笛卡尔的论述中表现得更为明显。与库萨的尼古拉一样，笛卡尔也认为只有上帝才是无限的，宇宙仅仅是无定限的。无限的概念是整个笛卡尔哲学的基础，只有通过上帝这个绝对无限的观念，人的本性这个有限存在才能被定义[50]。

如果阅读柯瓦雷几年后的另一篇论文《牛顿与笛卡尔》（1961 年）中关于上帝与无限的附录，就能更清晰地理解柯瓦雷上述论述的意义。古希腊哲学

45　Drozdova, Alexandre Koyré's Essential Features of the Scientific Revolution, p. 144, p. 147.
46　亚历山大·柯瓦雷：《从封闭世界到无限宇宙》，张卜天译，北京：商务印书馆，2017 年，第 ii–iii 页。
47　柯瓦雷：《从封闭世界到无限宇宙》，第 2 页。
48　柯瓦雷：《从封闭世界到无限宇宙》，第 7 页。
49　柯瓦雷：《从封闭世界到无限宇宙》，第 49 页。
50　柯瓦雷：《从封闭世界到无限宇宙》，第 115 页。

传统认为，无限的概念意味着"不完满、不确定和形式的缺乏"[51]。与之相反，无限的概念在基督教哲学中获得了正面的含义，"用来表示在本质和存在上超越了一切局限性和有效性的上帝所具有的尽善尽美。……无限是上帝完满性的特权，而有限则是必定不完满的受造物的缺陷"[52]。由此，无限与有限的优先性在基督教传统中被完全颠倒。相应地，"一个无限造物的观念被认为是一种语词上的矛盾"[53]。在这样一种背景下，我们就能理解为何库萨的尼古拉与笛卡尔都认为只有上帝才是无限的，宇宙只是无定限的。笛卡尔的革命性不在于断言无限的概念是肯定的，有限的概念是否定的这种基督教传统观念，而是在于挑战了认为上帝的观念超出人类理智所能把握的经院哲学传统的范畴，在他看来，无限的上帝观念不仅可以把握，还是人的心灵中的第一个天赋观念，"自我"这个有限的观念只有通过与无限的上帝观念相对照才能设想[54]。

以上分析充分表明，柯瓦雷关于宇宙无限化的论述深受其早年的论文《芝诺悖论》中所讨论的无限概念的影响。如果忽略了这篇早年的论文就难以理解柯瓦雷之后对科学革命神学后果的阐释。

在《从封闭世界到无限宇宙》的结尾，随着牛顿力学的全面胜利，上帝变得越来越无事可做。这完全违背了牛顿本人力图彰显"上帝对世界的实际统治"的初衷，空间非但没有成为上帝在场的框架，反而成为上帝不在场的框架。受造的世界在时间和空间上都是无限的，而一个无限而永恒的世界没有为上帝的创造留下任何余地。在拉普拉斯的《宇宙体系论》中，已经不再需要上帝这个"假设"。传统上属于上帝这个无限存在的所有属性全都转移到新宇宙论的无限宇宙（造物）上。"这个无限宇宙继承了神的一切本体论属性。不过也只是这些属性——所有其他的属性都被上帝一道带走了。"[55]

至此，柯瓦雷完成了对科学革命神学后果的论述，他的科学革命观在《从封闭世界到无限宇宙》中实现了最终的成熟形式。

51　柯瓦雷：《牛顿研究》，第283页。
52　同上。
53　同上。
54　柯瓦雷：《牛顿研究》，第279页。
55　柯瓦雷：《从封闭世界到无限宇宙》，第302页。

结　论

综上所述，柯瓦雷的科学革命观并非一蹴而就，也非一成不变，而是在其几十年思想发展的历程中不断被丰富和完善的。他从《伽利略研究》到《从封闭世界到无限宇宙》都一再强调，关于科学革命的双重表述不应掩盖其科学革命观所经历的逐渐演变。通过对柯瓦雷论述科学革命本质的几部重要著作的分析，笔者认为可以得出以下结论。

第一，柯瓦雷在早年的论文《芝诺悖论》中对运动（作为过程的运动与作为状态的运动之间的对比）和无限（否定的有限概念只有通过肯定的无限概念才能被定义和理解）的讨论对他后来的科学革命观产生了重要影响，这些影响分别在《伽利略研究》和《从封闭世界到无限宇宙》中得以集中体现。

第二，由于宇宙的解体与空间的几何化这种双重表述的最初形式不能充分地解释科学革命的最终完成，柯瓦雷通过将科学革命重新解释为从近似世界到精确宇宙的转变，由此将宇宙的解体与空间的几何化这两个方面联系起来，并在此基础上通过自然的数学化将它们合二为一，沿着这条线索最终导出了科学革命的哲学后果，即生活世界与科学世界的分离。

第三，虽然自然的数学化这种表述解决了《伽利略研究》中数学与物理学之间张力的问题，但却不能兼顾关于科学革命的双重表述中的宇宙论层面，因而柯瓦雷通过回顾《芝诺悖论》中的关于无限概念的讨论，阐明了科学革命的神学后果，即上帝的退场。

第四，柯瓦雷科学革命观最重要的一次扩展是对两种潮流（物理-数学与经验-实验）的论述，从柏拉图的报复转变为柏拉图与德谟克利特联手战胜亚里士多德。这对于后来的库恩和韦斯特福尔的科学革命观产生了重要影响。

第五，随着柯瓦雷科学革命观的逐渐完善，通过对技术和仪器以及科学革命的哲学和神学后果的关注，他在科学革命叙事中涉及的对象从《伽利略研究》中局限于自然哲学家的有限群体扩展到普通人的日常生活。

The Evolution of Koyré's Concept of the Scientific Revolution

HUANG Heyun

(Department of History of Science, Tsinghua University, Beijing 100084)

Abstract: Koyré's discussion of motion and infinity in his *Remarques sur les paradoxes de Zénon* significantly influenced his concept of the Scientific Revolution. His original dual formulation of the Scientific Revolution (destruction of the Cosmos and the geometrization of space) in *Études galiléennes* could not adequately explain the culmination of the Scientific Revolution. From the replacement of the World of more or less by the Universe of precision to the Mathematisation of Nature, Koyré combined the previous dual formulation into one, and extended the beginning and end of the Scientific Revolution, which led to its philosophical consequences, namely the separation between the world of science and the world of life. As a result, the scope of the Scientific Revolution extends from the initial theories of the natural philosophers to the daily life of common people. In *From the Closed World to the Infinite Universe*, Koyré illustrated the theological consequence of the Scientific Revolution, namely the Retreat of God, by revisiting his earlier discussion of the concept of infinity.

Keywords: Alexandre Koyré; Scientific Revolution; Mathematization of Nature; infinity; motion

亚历山大·柯瓦雷科学思想史的起源

马隆·萨洛蒙 著 黄河云 译[1]

摘 要: 本文试图重构两次世界大战期间使亚历山大·柯瓦雷的科学史研究工作成为可能的一系列条件,同时还必须考虑与当时的思想背景有关的一般条件,以及与这位出生在俄罗斯的法国历史学家的思想轨迹有关的更具体的条件。

亚历山大·柯瓦雷撰写和出版的第一部科学史著作可追溯到 20 世纪 30 年代。1934 年,他将《天球运行论》(*De Revolutionibus orbium coelestium*)第一卷第一章的内容翻译成法文,并为之撰写了导言[后来他又在自己的著作《天文学革命》(*La révolution astronomique*)中再次引用了这篇导言]。正是那次翻译工作引起了他对伽利略的兴趣。次年,他出版了《现代科学的曙光:伽利略的青年时代》(*À l'aurore de la science moderne: la jeunesse de Galilée*),随后又出版了《伽利略研究》(*Études galiléennes*)。1936 年,他在开罗担任客座教授时,出版了《关于笛卡尔的三堂课》(*Trois leçons sur Descartes*),两年后在埃及首都出版了双语版,并于 1944 年在巴黎和纽约重新编辑。

20 世纪最初的几十年,科学史在欧洲(尤其是法国)的兴起与推广以及将其制度化的尝试在很大程度上与这一时期相吻合。专业期刊(*Archeion*、*Thalès*)、研究中心、国际协会和专门研究这门学科的大学教席都是在这一时期创办或设立的。虽然自 19 世纪以来,科学家们和哲学家们主要从启蒙运动的传统角度(我们可以追溯到启蒙运动)研究科学的过去,但两次世界大战

---

1 马隆·萨洛蒙(Marlon Salomon),巴西戈亚斯联邦大学历史系教授,E-mail: marlonsalomon@ufg.br;黄河云,清华大学科学史系博士研究生。原文© Springer Nature Switzerland AG 2023, ed. Mauro L. Condé and Marlon Salomon, Handbook for the Historiography of Science, Historiographies of Science, https://doi.org/10.1007/978-3-031-27510-4_2.

期间，学术历史学家试图将这项研究纳入自己的研究领域。这不仅包括像阿尔多·米利（Aldo Mieli，一位合格的科学家）这样基于传统历史概念的学者，还包括像《年鉴》（*Annales*）的创始人[马克·布洛赫（Marc Bloch）和吕西安·费弗尔（Lucien Febvre）]这样的学科先锋。柯瓦雷的著作就属于这种情况，其重要性在于它为科学史定义了一个有别于哲学家和科学家的研究对象。

尽管如此，他实际上是通过哲学来研究科学史的。在 20 世纪 20 年代，他成为一位合格的哲学家，主要研究宗教思想[勒内·笛卡尔（René Descartes）、安瑟尔谟（Anselmus）]和神秘主义思想[雅各布·波墨（Jakob Boehme）]。这条路把他引向科学史。在他关于德国神秘主义史的博士论文中，他认识到，只有当波墨本人的世界观（Weltanschauung，他将其翻译为"世界概念"）与哥白尼著作中隐含的对世界表征的彻底转变相关联时，波墨的 Weltanschauung 才是完全可以理解的。与研究其他思想形式的过去一样，对于柯瓦雷来说，研究科学的过去也是一个基本问题，因为这涉及重建不同的世界观的历史。同样是在 20 世纪 20 年代，他非常热衷于埃米尔·梅耶松（Émile Meyerson）的科学哲学。每周，他和一群年轻哲学家都会与梅耶松会面，讨论当时困扰科学界的重大问题。

这提醒我们，那是一个被同时代的人们理解为深刻危机的时期。自 20 世纪初以来，新的科学理论（相对论和量子物理学）一直在摧毁基本建立在牛顿力学基础上的传统世界表征。讨论不仅涉及"科学危机"，还涉及西方文明本身的危机[保罗·瓦莱里（Paul Valéry）]。柯瓦雷在 20 世纪 30 年代发表的上述三项研究正是针对这种"危机"背景所做的严谨探讨。其中，关于笛卡尔的那篇文章明确将《方法谈》的作者（即笛卡尔）在 17 世纪经历的"危机"与两次世界大战期间的"危机"相提并论。柯瓦雷在文中对"危机"进行了解释并提供了解决方案。更重要的是，他将"危机"的概念转化为"革命"的概念，并将科学的过去描述为由一系列"革命"和彻底变革构成的。

关键词：亚历山大·柯瓦雷；科学编史学；科学史的理论与方法论；科学革命；危机

导言：一条"几乎不可避免的道路"

亚历山大·柯瓦雷是 20 世纪最重要的科学编史学家之一。用安东尼诺·德拉戈（Antonino Drago）的话说，他对"科学史的真正革命"做出了贡献，"在科学编史学中发挥了革命性作用"，并"催生了一种'新编史学'"。[2]伊冯·贝拉沃尔（Yvon Belaval）认为，他是名副其实的"阅读大师"，负责"重塑"哲学传统中"伟大评论家的技艺"[3]。他对科学思想史的研究深深地影响了第二次世界大战结束后科学编史学的格局及科学编史学作为一门科学学科的结构方式。他关于哥白尼、开普勒、伽利略、笛卡尔和牛顿等的著作成为研究现代科学构成的必读参考书目。20 世纪下半叶，他的研究对乔治·康吉莱姆（Georges Canguilhem）和托马斯·库恩（Thomas Kuhn）等科学编史学界的重要人物产生了影响。因此，有必要追溯柯瓦雷科学编史学的起源，并努力界定在这一尤其以科学革命概念著称的理论构造中起作用的是什么。

"科学革命"这一概念对第二次世界大战结束后科学编史学界（尤其是在美国）的影响无处不在，它主要是由亚历山大·柯瓦雷在 20 世纪 30 年代提出的。人们对追溯其谱系兴趣不大。今天，我们清楚地认识到，这位出生于俄罗斯的法国哲学家的重要性并不在于定义了这一概念，而在于他提出了一种新的科学史理论和方法，在此基础上，这些革命的内容才获得了意义[4]。柯瓦雷不仅摆脱了以编年史形式记录科学发现、其英雄人物和剧情的"事件驱动型"（événementielle）科学编史学的模式，而且突破了所谓"纯"科学史的限制，因为他坚持认为，无论是过去的科学理论还是他所处时代的科学理论，无论是伽利略的科学理论还是爱因斯坦的科学理论，它们的结构都与源自宗教、哲学甚至艺术思想的问题有着内在的联系。

20 世纪初的几十年里，法国的环境对科学史研究十分有利。在奥古斯特·孔德（Auguste Comte）的故乡，人们重视科学史研究绝非新鲜事。皮埃尔·拉菲特（Pierre Laffitte，1823—1903）是孔德最早的学生之一，也是《实证哲学教程》（Cours de philosophie positive）作者（即孔德）的思想继承者和工作延续者；1892 年，他被任命为法兰西学院"科学通史"（general history of

---

2 Antonino Drago, "Koyré's Revolutionary Role in the Historiography of Science"in *Hypotheses and Perspectives in the History and Philosophy of Science*, ed. Raffaele Pisano, Joseph Agassi and Daria Drozdova, Cham: Springer, 2018, pp.123–124.

3 Yvon Belaval, "Les recherches philosophiques d'Alexandre Koyré", *Critique*, 1964, 207(208), pp. 675–704.

4 Pietro Redondi, "Note et documents", in Alexandre Koyré, *De la mystique à la science: Cours, conférences et documents, 1922–1962*, ed. Pietro Redondi, Pairs: EHESS, 1986, pp.36–37.

science）讲座教授，这一教席的构思和灵感均来自孔德哲学[5]。自 19 世纪到 20 世纪，随着皮埃尔·迪昂（Pierre Duhem）和保罗·坦纳里（Paul Tannery）领导的新编史学流派的出现，孔德传统被部分打破[坦纳里本应在拉菲特去世后被提名为"科学通史"教席教授，但由于政治原因，这个教席由格雷瓜尔·维鲁博夫（Grégoire Wyrouboff）获得]。在哲学方面，埃米尔·梅耶松和莱昂·布兰舒维克（Léon Brunschvicg）也坚持认为历史研究对于理解科学哲学非常重要。昂利·贝尔（Henri Berr）的刊物《历史综合杂志》（*Revue de Synthèse Historique*）自创刊以来，就一直鼓励在其版面上传播科学史著作。20 世纪 20 年代末，在科学基金会（Foundation Pour la Science）成立之后，贝尔将国际综合中心（Centre International de Synthèse）分为四个部门，其中一个部门被明确命名为"科学史部门"[6]。自 1929 年，昂利·贝尔的国际综合中心通过国际科学史委员会和《档案》（*Archeion*）杂志（1919 年初，由阿尔多·米利在意大利创办的科学史期刊）得以与阿尔多·米利合作。需要注意的是，自 20 世纪 10 年代中期以来，这个中心的兼职主任吕西安·费弗尔响应贝尔的号召，一直倡导写作一部科学技术史著作并形成一个科学技术"史家群体"[7]。1932 年，阿贝尔·雷伊（Abel Rey）在索邦大学创建了科学史研究所。次年，这个研究所创办了法国第一本科学史杂志《泰勒斯》（*Thalès*）[8]。

这一时期，在不同的思想背景下还发生了体现一门新学科的推广和制度化进程的一系列其他重要事件。1906 年，卡尔·苏德霍夫（Karl Sudhoff）在莱比锡大学创建了医学史研究所，由亨利·西格里斯特（Henry Sigerist）担任所长直至 1925 年[9]。1913 年，乔治·萨顿（Georges Sarton）在比利时创办了《艾西斯》（*Isis*），这是第一本专门研究科学史的期刊，其宗旨是"展示这门新学科的最终成果和方法，它（《艾西斯》）注定要成为这门新学科的官方刊

5 Harry W Paul,"Scholarship and ideology: the Chair of the General History of Science at the College de France, 1892–1913", *Isis*, 1976, 67(3), pp.376–397.

6 Michel Blay, "Henri Berr et l'histoire des sciences", in *Henri Berr et la culture du XXᵉ siècle*,ed. Agnès Biard, Dominique Bourel and Eric Brian, Paris:Albin Michel,1997, pp.121–137.

7 Marlon Salomon, "Entre história das ciências e da religião: o problema da temporalidade histórica em Lucien Febvre e Alexandre Koyré no entreguerras", *Hist Historiogr*, 2015, 19, pp.107–123.

8 Jean-François Braunstein, "Abel Rey et les débuts de l'Institut d'Histoire des Sciences et de Techniques (1932– 1940)", in *L'épistémologie française, 1870–1970*, ed. Michel Bitboland and Jean Gayon, Paris: Matériologiques, 2015, pp.163–180.

9 Tiago Santos Almeida, *Canguilhem e a gênese do possível: estudo sobre a historicização das ciências*. São Paulo: LiberArs, 2018.

物"[10]。除了这些事件之外，我们还可以再加上 1928 年国际科学史学会（International Academy of the History of Science）的成立、次年约翰斯·霍普金斯大学医学史系的成立以及 1936 年哈佛大学科学史博士学位的设立。

显然，亚历山大·柯瓦雷并非对这一背景漠不关心。在他的编史学反思中，我们不难发现他对这一背景的回应、干预或思想动态。然而，他实际上是通过一个体制外的思想小宇宙直接介入当时的认识论争论的。需要特别强调的是，他经常出入埃米尔·梅耶松的知识分子团体的重要性。出生于波兰的梅耶松是犹太人，他在德国完成了中学和大学教育。化学专业毕业后，他于 1882 年移民巴黎。他曾在工业部门工作过一段时间，后因精通多国语言，成为哈瓦斯通讯社的外文编辑。但实际上，从 19 世纪末开始，他一生的大部分时间都在为犹太殖民协会（Jewish Colonization Association）工作，最终于 1923 年在 64 岁时退休。

作为一个外国人和自学成才的哲学家，他缺乏能够让他获得大学职位的学术头衔，他的思想工作在学术领域的外围进行。直到 1909 年，随着《同一与实在》（*Identité et realité*）的出版，梅耶松才被哲学界接纳。这部著作的出版是法国哲学界的一个重要事件。在实证主义约定论盛行的背景下，他提出了一种完全摆脱实证主义影响的科学知识理论[11]。退休后，梅耶松每周都会接待一群年轻的哲学家，并同他们讨论同时代的科学和哲学问题，其中包括安德雷·梅茨（André Metz）、让·巴鲁齐（Jean Baruzi）、勒内·普瓦里耶（René Poirier）、昂利·古耶（Henri Gouhier）和亚历山大·柯瓦雷[12]。柯瓦雷在巴黎重新定居，并恢复了对宗教哲学的研究[13]。

20 世纪 20 年代初，关于相对论的讨论非常流行。1922 年，爱因斯坦访问巴黎，在法国哲学学会（Société Française de Philosophie）和法兰西学院（Collège de France）与许多哲学家（其中包括梅耶松）和科学家讨论了相对论。这次访问引发了一系列思考和讨论——1922 年，《哲学杂志》（*Revue*

10　Georges Sarton, "L'histoire de la Science", *Isis*, 1913, 1(1), p.3.

11　Bernadette Bensaude-Vincent and Eva Telkes-Klein, "Introduction", in *Lettres françaises*, ed. Émile Meyerson, Paris:Centre de recherche français de Jérusalem, 2009; Frédéric Fruteau De Laclos, *L'épistemologie d'Émile Meyerson, Une anthropologie de la connaissance*, Paris: Vrin, 2009.

12　Eva Telkes-Klein, "Meyerson dans les milieux intellectuels français dans les années 1920", *Arch Philos*, 2007, 70 (3). pp.259–373.

13　Paola Zambelli, *Alexandre Koyré, un juif errant?*, Firenze: Museo Galileu, 2021.

philosophique）专门为爱因斯坦和相对论出版了一期专刊。1924 年，梅耶松出版了《相对论的推论》（*La déduction Relativiste*）。这个每周进行"哲学旅行"的小团体关于梅耶松的讨论给其成员留下了深刻印象[14]。1928 年，安德雷·梅茨将一本书献给了《同一与实在》的作者（安德雷·梅茨并非哲学家，他毕业于一所理工学校。在开启军事生涯的同时，他还负责将相对论引入法国，并因此与梅耶松有了接触。他积极宣传其老师的思想）[15]。勒内·普瓦里耶后来写了一本关于物理学哲学和数学哲学的书。柯瓦雷当时正在撰写关于雅各布·波墨的论文，他在与梅耶松的通信中讨论了同时代科学的基本问题。1961 年，柯瓦雷这样评价这段经历对他未来思想的影响：

> ……我非常了解他，就我个人而言，我从他那里受益良多。很可能是在他的影响下，在每周一次的长时间讨论的影响下——我几乎每周四都去见他——讨论过去和现在的科学，讨论过去和现在的哲学，当然还有他自己的著作，我注定最终将哲学思想史定向或重新定向到科学思想史。事实上，当我在第一次世界大战之后的一段时间遇到他时，我正在研究非常不同的东西，安瑟尔谟、笛卡尔、雅各布·波墨……尽管我一直对认识论和科学哲学感兴趣。而从科学哲学到科学史，这条道路几乎是不可避免的[16]。

1939 年，他将当时最重要的关于伽利略的著作献给了"纪念埃米尔·梅耶松"。

笔者无意用这一开头的题外话将某一思想背景与某一哲学圈子联系起来，为亚历山大·柯瓦雷在从事了 10 年的宗教和神秘主义思想史研究之后开始进行科学史研究指出一个可能的解释来源。笔者更愿意首先指出，对古代科学理论之过往的研究兴趣的出现与当时正在进行的重要认识论变革的讨论之间有着多么密切的关系。此外，上述引文的最后一句话摘自当时柯瓦雷寄往美国的《消息》（*Message*），该句话可以在《学会》（*Société*）向梅耶松致敬的章节中

14　René Poirier," 'Lettre à Émile Meyerson', de 13 de junho", in *Lettres françaises,* ed. Émile Meyerson, Paris: Centre de recherche français de Jérusalem, 2009, p.755.

15　André Metz, *Une nouvelle philosophie des Sciences: le causalisme de M Emile Meyerson*, Paris: Alcan, 1928.

16　Alexandre Koyré, Message d'Alexandre Koyré à l'occasion du centenaire de la naissance d'Émile Meyerson, *Bull Soc Franç Philos.* 1961, 53, p.115. (Reedited Koyré, *De la mystique à la science.*)

读到，这句话深刻揭示了思想领域以及特定知识产生背景方面存在的限制：科学哲学"不可避免地"应与其历史相关联。也就是说，对于那些希望从哲学角度反思法国科学的人来说，研究历史是思想领域的必然律令。在此，我们不妨回顾一下，在当时，"不可避免的"和决定性的一面在其他思想背景下是完全陌生的。在这方面，只需记住柯瓦雷本人，当他还是一个对逻辑数学悖论研究感兴趣的德国青年学生时，他是以一种完全远离历史的方式对待科学的[17]。只要观察一下他在德国学习时处理"运动"问题的方式[18]，以及他后来在《伽利略研究》中处理这个问题的方式就可以看出。因此，我们不妨提出这样一个问题：究竟是哪些理论问题使得科学哲学无法回避历史问题？笔者稍后会再谈这个问题，但笔者想在这里解释和研究的是，在科学发生深刻变革的时刻，对其过去的"不可避免的"研究是如何表明它可能对哲学具有某种文化重要性的。

哥 白 尼

20 世纪 30 年代，在对哥白尼、伽利略和笛卡尔的研究中，学界形成了"科学革命"的概念和研究科学过去的新方法。20 世纪 20 年代末，柯瓦雷对这位波兰教士的天文学著作产生了兴趣。热拉尔·若朗（Gérard Jorland）指出了科学思想史是如何与柯瓦雷的工作融为一体的。根据这位法国哲学家的说法，柯瓦雷在写作博士论文之初，就打算根据"炼金术"这一术语来解释雅各布·波墨的文本，从而理解后者[19]。柯瓦雷本人也表示，为了达到这一目的，他的论文中将有一章"关于炼金术和帕拉塞尔苏斯"的内容[20]。然而，柯瓦雷对哥白尼的"发现"，或者说对哥白尼宇宙论的"发现"，使他放弃了这条"错误的道路"，转而认识到"如果不参照哥白尼创造的新宇宙论，波墨的神秘主义是完全不可理解的"[21]。因此，在若朗看来，对科学思想的研究是与他对神

17　Alexandre Koyré, "Observações sobre os paradoxos de Zenão", in Alexandre Koyré, *Estudos de História do Pensamento Filosófico*, Rio de Janeiro: Forense Universit á ria, 1991, pp.1–22.

18　Ibid.

19　Gérard Jorland, *La science dans la philosophie: Les recherches épistémologiques d'Alexandre Koyré*, Pairs: Éditions Gallimard, 1981, p.49.

20　Poirier, Lettre à Émile Meyerson, p.236.

21　Alexandre Koyré, "Orientação e projetos de pesquisa", *in Estudos de história do pensamento científico*, trans. M. Ramalho, Rio de Janeiro: Forense-Universit á ria, 1982 [1951], pp.10–11.

秘主义和宗教思想的研究融为一体的，而不是像按时间和阶段进行的分析所表明的前者取代了后者。此外，正是考虑到哥白尼著作的宗教反响及其转变为文艺复兴时期神秘主义思想的参照物，柯瓦雷才在高等研究应用学院（*École Pratique des Hautes Études*）学习期间开始了对哥白尼的研究。

　　1934 年，他出版了《天球运行论》第一卷前 11 章的译本，并附有注释，译本前还有一篇导言[22]。正是在那里，他提出了"革命"的概念。然而，这并不是一场科学革命。传统的编史学将君士坦丁堡的陷落或哥伦布发现美洲作为中世纪的结束和现代的开始，而柯瓦雷则将《天球运行论》的出版视为"一个世界的终结和一个新世界的开始的标志"[23]。事实上，柯瓦雷强调哥白尼带来的变革所产生的影响更为深远，因为它标志着"一个既包括中世纪也包括古代的时期的终结……只有在哥白尼之后，人类才不再发现自己处于宇宙的中心。宇宙不再为他而旋转"[24]。尽管柯瓦雷并不是没有考虑过这部著作出版的"科学"意义，但他更强调的是其哲学方面的影响（这本书出版于阿贝尔·雷伊 1930 年主编的名为《服务于现代思想史的文本和译本》的文集中）。然而，在美国，这本书当时被视为"对科学史具有重要意义"，在乔治·萨顿创办的期刊上发表的一篇评论几乎预示了柯瓦雷的工作模式自 20 世纪 40 年代开始在美国的接受方式[25]。正如他后来在谈到自己写于 20 世纪 30 年代的那篇文章时所强调的那样，问题并不在于从哥白尼的天文学中找出一个更简单的宇宙表征图式，而是要说明哥白尼的天文学如何产生了"一种新的世界形象和一种新的存在感"[26]。因此，哥白尼革命的问题不是科学问题，而是形而上学和本体论问题。

伽　利　略

　　正是基于对哥白尼的研究，柯瓦雷发现了伽利略。在《天球运行论》的

22　Nicolas Copernic, *Des révolutions des orbes celestes: livre premier (introduction, traduction et notes d'Alexandre Koyré)*, Pairs: Félix Alcan, 1934.

23　Copernic, *Des révolutions des orbes celestes*, p.1

24　Copernic, *Des révolutions des orbes celestes*.

25　Edward Rosen, "Review of 'Des Révolutions des orbes célestes' by Nicolas Copernic", *Isis*, 1936, 24 (2), pp.439–442.

26　Koyré, *Orientação e projetos de pesquisa*, p.11.

导言中，柯瓦雷指出哥白尼的物理学绝不是开普勒或伽利略的物理学的先声。自 1933 年起，柯瓦雷在高等研究应用学院开设的课程中就致力于研究伽利略，并不断努力将伽利略与哥白尼和开普勒区分开。从那时起，他开始系统地使用"伽利略革命"这一术语——在 1933 年的课程摘要中，他已经使用了这一术语[27]。次年，他研究了伽利略思想的形成及其思想的最初反响。1935 年初，柯瓦雷在《巴黎大学年鉴》（Annales de l'Université de Paris）上发表了题为"现代科学的曙光：伽利略的青年时代"的第一部分。第二部分于一年后在同一杂志上发表。后来，对这两篇文章进行了一些增补后便构成了《伽利略研究》的第一卷，书名为《经典科学的黎明》（À l'aube de la science Classique）。

正如彼得罗·雷东迪（Pietro Redondi）所指出的[28]，柯瓦雷进入这个被奉为神圣的机构的时间可以追溯到同一时期。1935 年年中，他在阿尔多·米利领导的国际历史科学委员会（International Committee of Historical Sciences）上发表了题为《伽利略的开端》（Les débuts de Galilée）的论文，次年又在国际综合中心科学史分会上发表了题为《伽利略的学生时代》（Les années d'apprentissage de Galilée）的论文。同年，上述文本的第二部分被提交给了布鲁塞尔的比利时科学史委员会。尽管在这个中心召开的会议之后的辩论承认柯瓦雷的研究相对于迪昂的研究更具有原创性，但科学史的制度化圈子对他关于这位比萨科学家的研究持保留和批评态度。这种历史对传统科学编史学和实证主义方法的影响是显而易见的。[柯瓦雷在他的著作《伽利略与惯性定律》（后来成为《伽利略研究》的第三卷）的最初注释中迅速回应了其中的一些批评意见]。[29]

柯瓦雷将空间几何化和自然定律数学化的努力等同于标志着新物理学问世的"17 世纪科学革命"的特征。在所有关于地界物体的定义，甚至地球本身的运动性的争论中，这不再是一个科学秩序的问题。它涉及的是"哲学、本体论、形而上学，而不仅仅是科学"[30]。因此，科学革命同时表达并意味着

27　Koyré, *De la mystique à la science*, p.43.

28　Redondi, "Préface" in *De la mystique à la science: Cours, conférences et documents, 1922–1962*, ed. Pietro Redondi, Pairs: EHESS, 1986,

29　Koyré, *De la mystique à la science*, pp.36–37.

30　Alexandre Koyré, *Estudos Galilaicos*, trans. N. Ferreira da Fonseca. Lisbon: Dom Quixote, 1992 [1939], p.231.

"深刻的思想转变"[31]。因此，柯瓦雷经常使用"思想转变"（intellectual transformation）和"思想态度"（intellectual attitude）的术语，并在 1935 年再次使用加斯东·巴什拉（Gaston Bachelard）的"思想嬗变"（intellectual mutation）概念来定义科学革命——巴什拉仅在一年前的著作《新科学精神》（*Le nouvel Esprit scientifique*）中提出了这一概念，旨在描述当时科学的深刻转变。

笛　卡　尔

1936—1937 学年，柯瓦雷重返埃及。3 年前，即 1933 年底和 1934 年初，他曾为法国外交部服务，并被安排到开罗大学工作[32]。当时，许多大学都在开展庆祝《方法谈》发表 300 周年的特别活动，因此他在埃及的这所大学出版了他的著作《关于笛卡尔的三堂课》。这本书于 1938 年在开罗以法文和阿拉伯文出版，1944 年在巴黎和纽约出版，书名为《关于笛卡尔的对话》（*Entretiens sur Descartes*）。柯瓦雷参加了巴黎大学的活动：他的文章《伽利略与笛卡尔》（*Galileo and Descartes*）在 1937 年的笛卡尔会议（*Congrès Descartes*）上发表。就在这一年，柯瓦雷在《哲学杂志》专为《方法谈》作者撰写的特刊上发表了他的《落体定律：伽利略与笛卡尔》（*The Law of Falling Bodies: Galileo and Descartes*），这后来成为《伽利略研究》的第二卷。1937 年，他在《巴黎大学年鉴》上发表了论战文章《伽利略与比萨实验：关于一个传说》（*Galileo and the Pisa Experiment: Concerning a Legend*）（然而，这篇文章注定不会出现在上述《伽利略研究》中），他还在埃及的一份杂志上发表了一篇文章《伽利略实验的传说》（*La légende des expériences de Galilée*），其中他谈到了同一主题[33]。

从上段提到的文章标题可以看出，柯瓦雷在写作这些文章时，对笛卡尔的兴趣与他研究伽利略和现代科学诞生的工作密切相关。仅就开罗会议而言，柯瓦雷在文章的开头就将《方法谈》描述为"宣告了一场思想革命，而科学革命将成为这场革命的成果"[34]。"思想革命、科学革命、精神革命、笛卡尔革命，以及笛卡尔改革、观念改革"——这是他在解读《方法谈》时使用的

31　Koyré, *Estudos Galilaicos*, p.14.

32　Koyré, *De la mystique à la science*; Zambelli, op. cit.

33　Alexandre Koyré, La légende des expériences de Galilée, La bourse égyptienne, Cairo, 4 décembre, 1937.

34　Alexandre Koyré, *Considerações sobre Descartes*. trans. H. Godinho, Lisbon: Presença, 1980 [1938], p.12.

术语[在同一时期，柯瓦雷还致力于将《知性改进论》从拉丁文译成法文，这本书于 1938 年问世。1937—1938 年，他开设了"斯宾诺莎研究方法论导论"课程，将这位荷兰哲学家与哥白尼革命、伽利略革命和笛卡尔革命联系起来。17 世纪下半叶，斯宾诺莎面临的哲学形势是"柏拉图的先验论对亚里士多德的（和唯名论的）经验论的决定性胜利；自然数学科学的有效构成；中世纪宇宙论的毁灭"[35]。当时，柯瓦雷为《伦理学》的作者（即斯宾诺莎）专门撰写了大量当时新书的书评]。"不确定的世界"（The uncertain world）、"消失的宇宙"（The vanished Cosmos）和"重新发现的宇宙"（The rediscovered Universe）这三章或三次会议的标题都很好地概括了柯瓦雷这本书及其论证结构。这里出现了一个重要的新概念，在笔者看来，它是柯瓦雷论证的关键："危机"。从根本上说，《方法谈》是对一个关键时期的反映，是对一个"危机时代"的反映[36]，在这个时代，存在、世界和宇宙（Cosmos）都变得不确定了。笔者现在要回到这本书的结构问题上。"危机"的概念迫使我们将柯瓦雷在 20 世纪 30 年代所写的这些文字与两次世界大战期间的哲学和文化问题化的一个重要领域联系起来进行解读。

概念的地貌

在两次世界大战期间，欧洲出现了许多被称为"危机"的问题：文化危机、精神危机、良知危机、科学危机，以及外部的理性危机。就笔者感兴趣的科学而言，当时的看法是科学的基础存在危机。物理学的重大新发现正在摧毁在此之前一直被认为是稳固的和确定的基础。在方法论和哲学上被视为科学的基础在众目睽睽之下正在崩溃。因此，"危机"一词被赋予了一种经验性的问题模式，整整一代人都被卷入其中。与不可能提出一个关于实在的统一理论的形象相伴的是预测性和决定论科学的理想本身也崩溃了。从哲学的角度，甚至从简单的认识论的角度来看，科学危机不仅是方法论的问题，而且是更深层次的问题，它是对理性本身的打击。因此出现了悲观主义，但也出现了乐观主义，进而也出现了非理性主义或进步终结的主题。正因如此，

35　Koyré, *De la mystique à la science*, p.52.
36　Koyré, *Considerações sobre Descartes*, p.20.

那个时代的论述充满了深刻的不安和不适，其思想地貌也显示出其不确定性和不稳定性。

　　然而，我们绝不能将其简单化，或认为它仅仅是那个时期重大发现的产物。自19世纪末以来，科学与进步的等同，以及将科学进步理解为"一个累积的机械过程"的观点受到了质疑。科学失败（faillite de la science）的可能性确实已被宣布[37]。然而，正如莱昂·布兰舒维克后来所说的那样，科学的失败更多的是一种科学哲学的失败[38]，与他所认为的科学危机无关，科学危机等同于机械论和决定论的危机，而后者自19世纪末以来就一直受到类似的质疑。一方面，这向我们展示了，20世纪初物理学的突破性发现是如何在某些科学概念已经成为批判对象的理论和哲学环境中发生的；另一方面，危机的概念必须从其多元性的角度来看待，而不是作为一个"精确限定的历史范畴"[39]。

　　对这一危机的反应多种多样，因所涉及的领域而异，而且必须强调的是，这不仅仅是科学领域的危机，所分析的国家不同，其反应也不同。因此，毫无疑问，正如恩里科·卡斯泰利·加蒂纳拉（Enrico Castelli Gattinara）所提议的那样，有必要用复数来谈论危机。在这位意大利哲学家看来，法国对这一危机的"反应"的独特性在于他所说的"历史问题"。也就是说，要将科学危机问题及其所隐含的理性主义哲学和认识论问题转化为历史问题。如果说科学思想的认识论和哲学研究是历史的，那是因为传统主义的问题已经成为历史问题。（尽管从莱昂·布兰舒维克、埃米尔·梅耶松和阿贝尔·雷伊开始，一种新的历史与认识论的衔接方式已经得到推广，但直到巴什拉和柯瓦雷，理性才被铭刻在历史之中，这也是加蒂纳拉认为的法国认识论和科学哲学的"不归路"。）[40]加蒂纳拉作品的有趣之处在于，它表明这"两代人"实际上有一个共同点，从而使我们有可能在同一平面上思考他们。这种理解模式标志着与20世纪60年代和70年代编史学的明确疏离，后者通过理性的连续性与非连续性、固定性与能动性之间的对立，从断裂的角度来思考这"两代人"。在这方面，它与热拉尔·若朗的解释相一致，后者认为柯瓦雷的思想史是布

37　Anne Rasmussen, "Critique du progrès, « crise de la science »: débats et répresentations du tournant du siècle", *Mil neuf cent*, 1996, 14, pp.89–113.

38　Enrico Castelli Gattinara, *Les inquiétudes de la raison: Épistémologie et histoire en France dans l'entre-deux-guerres*, Pairs:Vrin/EHESS, 1998, p.24.

39　Gattinara, *Les inquiétudes de la raison.*

40　Gattinara, *Les inquiétudes de la raison*, pp.55–57.

兰舒维克（创造性活动）和梅耶松[渐进（cheminement）]思想史的综合[41]。随着危机的到来，理性失去了先验基础。理性的绝对的、确定的、静态的和建筑式的形象崩溃了。因此，理性有成为一个绝对不连贯和毫无意义之物的风险。一个新的理性概念将在那里形成，它是开放的、论辩的和动态的，它的轨迹可以通过对运动科学的研究来实现。因此，对理性历史性的肯定意味着理性基础的时间化。从那时起，理性先验地成为历史。从历史的角度来思考科学并赋予其流动性，就有可能从开放的动态的角度来思考科学，从而认识到科学基本范畴的转变。正是在历史中，理性具有了自己的意义和连贯性。因此，柯瓦雷在前面提到的关于科学哲学不可避免地走向历史的论断中蕴含着深刻的含义：在这一过程中，科学的定义本身就处于危险之中。在史蒂文·夏平（Steven Shapin）看来，这正是柯瓦雷著作的创新性和激进性所在，即"想象一下：科学确实是一种历史现象"[42]。

柯瓦雷的"思想革命"概念是对这一问题领域的哲学回应。因此，这并不是把他的工作舒适地归入一个对历史研究并非漠不关心的所谓科学哲学"传统"中的案例，而是一个用重新配置其景观的"正在发生"（happening）来阐明一种"正在思考"（thinking）的地理学案例。对于科学哲学来说，这是一个有助于理解历史如何成为不可避免和紧迫的理论问题的案例，它使历史不再仅仅是一个可以出于哲学思辨的目的提供材料和获取实例的领域，而是一个有其自身基础的领域。如果说历史对于法国科学哲学来说是"不可避免的"，那是因为在历史中建立了理性本身。柯瓦雷的"科学革命"概念就属于这一范畴，它将自己铭刻在这一思想地形图中。危机的主题与革命的问题相联系：只有通过思想革命，才有可能摆脱危机。

不确定性、混乱和摆脱危机的途径

因此，关于哥白尼、伽利略和笛卡尔的研究似乎与这种地貌相呼应，并在某种程度上实现了某种有问题的统一。然而，这些呼应在开罗会议上得到

41　Gérard Jorland, *La science dans la philosophie: Les recherches épistémologiques d'Alexandre Koyré*, Pairs: Éditions Gallimard, 1981, pp.90–102.

42　Steven Shapin, *Nunca pura*, Belo Horizonte: Fino Traço, 2013, p.6.

了明确的体现。"哲学的现实性（actualité）与哲学本身一样源远流长。也许今天没有比笛卡尔的哲学思想更流行（actuelle）的哲学思想了。"[43]笔者不认为这句话是对笛卡尔主义的承认，也不认为它只是在某一确定事件发生时的修辞装饰，因为柯瓦雷并不喜欢这种华丽的辞藻。那么，笛卡尔文本中的"现实性"从何而来？它的新颖之处在于，它是在 17 世纪针对当时的深刻危机而创作的，这种危机可以用两个词来概括：不确定性和混乱（désarroi）。

《方法谈》讲述了笛卡尔经历的一系列危机。第一次危机发生在青年时期，笛卡尔发现学校教给他的所有知识都无法引导他找到关于世界是什么、灵魂是什么的坚实可靠的理由，于是他陷入了怀疑和欺骗的危机。然而，在柯瓦雷看来，《方法谈》中所说的不确定状态并不是个人的。"这是一种文化危机，而不是笛卡尔的个人危机。"[44]此外，柯瓦雷并没有掩饰这场危机与两次世界大战期间的危机之间的关系。这是笛卡尔时代的问题，"也是我们时代的问题"[45]。

17 世纪的标志不仅是思想的革新、创立新科学的努力、在时间和空间上的一系列发现，而且这些发现丰富了"人类和世界的历史、地理和科学形象"[46]。这也是一个以批判、消解和摧毁那些"曾给予人类知识的确定性和行动的可靠性"[47]的旧信仰、观念和真理为特征的时代。世界变得不确定，生活在这个世界上的人突然感到不安。亚里士多德本体论和中世纪本体论的毁灭将文艺复兴引向了一切皆有可能的魔法本体论。如果一切皆有可能，那么没有什么是真的，"只有错的才是对的"。怀疑确立了自己。准确地说，对文艺复兴做出这种判断的并不是柯瓦雷，而是当时的三位作家，即阿格里帕（Agrippa）、桑切斯（Sanchez）和蒙田（Montaigne），他们对文艺复兴做出了悲观、认命和怀疑的描述。

然而，在柯瓦雷看来，这些人对危机的态度并不是起决定性作用的因素，自 16 世纪末以来，人们对绝望、听天由命和放弃思考世界的现象做出了明显的反应。皮埃尔·夏隆（Pierre Charron）标志着基于信仰的反应，弗兰西

43　Koyré, *Considerações sobre Descartes*, p.9.
44　Koyré, *Considerações sobre Descartes*, p.31.
45　Koyré, *Considerações sobre Descartes*, p.18.
46　Koyré, *Considerações sobre Descartes*, p.19.
47　Koyré, *Considerações sobre Descartes*, p.19.

斯·培根从经验中获得支持，而勒内·笛卡尔则用理性来支持自己。夏隆是教会的人，他没有保留任何怀疑态度，因为他在上帝不是感受到的上帝而是被证明的上帝的时代唤起了人们的宗教情感。弗兰西斯·培根是一位大法官，他建议在经验、行动和实践的基础上进行王权改革。对于理性的不确定性，他否定有序经验的可靠性。对于这位仅仅在文学上取得成功的《新工具》（*Novum Organum*）的作者来说，"人是行动者，而不是思想者"[48]。

柯瓦雷根据艾蒂安·吉尔松（Étienne Gilson）的论点提出，《方法谈》不应追溯到亚里士多德主义者和教士，而应追溯到蒙田，他既是笛卡尔的老师，又是笛卡尔的对手。笛卡尔延续了蒙田解放思想的工作，在这个意义上，蒙田是他的老师：与"'迷信'和'偏见'、'现成的意见'、'错误的经院理性'作斗争"[49]。然而，他之所以延续它，是因为他掌握了"人类所拥有的最强大的战争机器——反对权威和传统的战争"[50]，即伽利略在《关于笛卡尔的对话》中构建的、由笛卡尔着手完善的战争机器。在笛卡尔那里，怀疑不再是一种状态，而是一种方法，它利用新科学的真理，将自身转化为"批判"的工具和辨别真假的方式。笛卡尔反对蒙田的怀疑论态度，在这个意义上，蒙田是笛卡尔的对手。笛卡尔的伟大之处恰恰在于他不顾风险和阻碍，坚持不懈地探索一条道路，在这条道路上，他发现了"精神自由的清晰性"和"知识真理的确定性"。他坚持按照柯瓦雷的术语来思考理性变革的轨迹，我们可以说，笛卡尔的独特之处在于他敢于并大胆地构建了一个科学和宇宙体系，敢于并冒着风险穿越蒙田等走过但以失败告终的迷宫，创造了新逻辑学、新物理学、新形而上学和新世界。然而，要做到这一点，首先必须摧毁自哥白尼以来不断瓦解的科学体系和"宇宙"概念。这就是柯瓦雷所定义的笛卡尔革命，是对科学和哲学理性的改革，他宣称，只有这样才能找到摆脱危机的出路。

柯瓦雷的分析表明，文化危机和理性危机至少不是史无前例的，也不只发生在当代。这并不意味着柯瓦雷将其视为一种典范，因为即使这确实是一场理性危机，它也不会发生在与标志着现代世界诞生的外部危机相同的废墟上。[我们不能不指出，这些文本构成了"哲学发明"的注册。从这里开始，

48　Koyré, *Considerações sobre Descartes*, pp.22–23.
49　Koyré, *Considerações sobre Descartes*, p.24.
50　Koyré, *Considerações sobre Descartes*, p.17.

我们将它称为基于"革命、嬗变、转变、断裂和不连续性"等概念的理性历史。这些概念至少与巴什拉的两本同时代著作《新科学精神》和《科学精神的形成》（*La formation de l'esprit scientifique*）有着不可分割的联系。令人惊讶的是，这两本书写于 1933—1938 年，而它们与柯瓦雷文本的同时代性似乎以前从未被指出过]。尽管如此，通过以一种开放的运动、论战和动态的方式展示过去的思想，柯瓦雷暗示了当时席卷欧洲的思想危机与西方的颓废、理性的终结或消失并不相符，他将历史变成了同时代不确定和混乱场景中的一个重要组成部分。然而，他的分析也使我们在这一特定场景中思考哲学问题成为可能。

哲　学　问　题

因此，柯瓦雷坚持认为，17 世纪出现的笛卡尔主义是一种重要的哲学态度[51]。只是在《关于笛卡尔的对话》的最后一段，柯瓦雷才提出了一系列问题，它们在 1937 年证明了笛卡尔哲学的现实性——不是笛卡尔具体工作本身的现实性，因为到了该书出版 300 周年时，这些工作已荡然无存，与之相伴而生的则是一种态度的现实性。在笔者看来，最重要的一点是，柯瓦雷在《沉思集》的作者（即笛卡尔）那里找到了一种将哲学与危机问题联系起来的模式，而他当时认为这种模式是绝对现实的。科学与哲学之间的关系是其中的关键所在。

基于常识和感官知觉的亚里士多德物理学的发展不需要从形而上学的基础开始，因为它的基础就是形而上学。然而，笛卡尔的几何物理学的发展却离不开形而上学的起点；它反而需要形而上学，因为如果它要确定建构实在的原理是数学原理，那么它就需要在经验材料和感官实在之外的某一点上为自己提供支持。这就是哲学问题、基础问题和知识原理问题。科学在前进的过程中经常忽视这种理解，甚至完全拒绝这种理解。然而，哲学不能没有它，更不能忘记它。那么，什么才是危机？危机的本质又是什么呢？在柯瓦雷看来，"危机时刻"就是"不连续性、剧烈断裂、与过去彻底对立的时刻"[52]。

51　Koyré, *Considerações sobre Descartes*, p.10.

52　Alexandre Koyré, "Intervention", in *Un renouvellement de la métaphysique est-il possible?*, ed. Jean André Wahl, Pairs: Centre de documentation universitaire, 1954, p.52.

这就是笛卡尔在 17 世纪末所面临的问题，也是他提出他的"方法"、为创立物理学和逻辑学的哲学而努力的原因。与这一危机不同的是，在 20 世纪 30 年代初，哲学自身的任务似乎被遗忘了。柯瓦雷在《关于笛卡尔的对话》中指出："我们已经忘记了它。我们的科学不断进步，却不太关心自身的基础。成功对它来说已经足够了，直到有一天，一场危机——'一场原理的危机'——向科学揭示出它还缺少一些东西，即对它所做事情的理解。"[53]

从这个意义上说，上文简要评述的这三篇文章所构成的系列，应该与另一个由较小但同样重要的论文构成的系列相关联。在柯瓦雷撰写有关哥白尼、伽利略和笛卡尔的文章的过程中，他对有关同时代认识论变革的讨论尤为感兴趣，当然这是在他经常与埃米尔·梅耶松的圈子交流的背景下进行的。20 世纪 20 年代，随着量子物理学的出现，学界出现了一系列科学和哲学失序问题。科学家们根据量子模型得出的结果与经典理论不符，而且模型所依据的原理在很大程度上是未知的，"物质"的定义本身就成了一个问题，因为人们肯定了波的微粒行为和微粒的波行为。对亚原子世界随机行为的描述与当时的科学完全不相容[54]。科学领域的这些深刻变革导致新物理学的代表们放弃了科学知识的根本原理，特别是因果律和自然现象的单义确定性[55]。与此同时，由于缺乏能够容纳这些新现象和新结果的基础理论，并且面对量子模型提供的实际结果及其具有预测可测量的行为的能力，一些新知识的参与者过早地放弃了对这些"现象"行为的"真实"认识，从而为新实证主义科学概念的推广开辟了道路。法国对这场争论的接受，即现象主义与实在论概念之间的对立，在 19 世纪与 20 世纪之交主导了认识论的辩论，现在又强势回归了（在柯瓦雷作为科学思想史家的整个历程中，他始终强调的不仅是数学实在论面对现象主义的斗争，而且是对数学实在论给予肯定，尤其是在天文学理论史方面，这一点可以从他 1934 年关于哥白尼的文章中看出）。在那里，我们发现那场战斗的历史阐明了一个在两次世界大战期间非常流行的问题。在柯瓦雷那些较为次要的论文中，我们可以非常清楚地看到，他的立场与他在很大程度上将其等同为亚瑟·爱丁顿[在那些文章中，爱丁顿是柯瓦雷犀利风格的受害

53 Koyré, *Considerações sobre Descartes*, p.58.
54 Yoav Bem-Dov, *Convite à Física*, trans. M. L. Borges, Rio de Janeiro: Jorge Zahar, 1996, pp.128–140.
55 Alexandre Koyré, "Review of 'L'orientation actuelle des sciences'", *Rev Philos*, 1932, CXIV, p.315.

者）的立场的现象主义观念相反，而倾向于他特别将其等同为保罗·朗之万（Paul Langevin）的立场的观念。这些文本也佐证了他对于"不确定性原理的天才作者"海森伯的立场］。柯瓦雷认为，在过去的危机时刻出现的典型的认识论态度正是怀疑、屈服和放弃。

　　自 1930 年以来，他撰写的一系列评论见证了他对这场争论的兴趣，也见证了他对这场争论的实际参与。1930 年，他评论了一期专门讨论科学中"连续性"与"非连续性"问题的期刊特刊[56]；1932 年，他分析了一组科学家召开的关于"当前科学方向"的会议[57]；1934—1935 年，他对三本出版物进行了重新修订：西尔伯斯坦（L. Silberstein）关于因果关系和决定论之间关系的著作[58]；朗之万在关于原子结构问题和量子物理学基本思想的会议上的发言[59]，以及在第五届国际综合周上提交的、专门讨论"定律"这一科学概念的文本；[60]1935—1936 年，他分析了爱丁顿的科学普及的书[61]和海森伯关于物理学基础转变的书[62]。我们还可以列举与这一时期相关的其他文本，但这里重要的是强调贯穿这些文本并与之相关的根本问题：柯瓦雷认为，所有这些文本"很好地展示了当今认识论讨论中的混乱"[63]。因此，"哲学的必要性"是当时科学的特征，它体现在两个相辅相成的方面。

　　物理学提出的、构成科学家讨论核心的问题是"哲学问题"；考虑到科学自身的发展促使其提出这些问题，它们并非科学之外的问题。

　　"当今物理学界和科学家们所讨论的问题……是哲学问题。今天的物理学家提出这些问题并非出于科学之外的原因：正是科学的演变、实验技术令人钦佩的发展、数学发明的卓越成就迫使他（进行）这种原理的转换，并迫切要求修改他的思维逻辑范畴。对于今天的物理学家来说，哲学不能仅限于其作品的序言，它还会渗透到作品本身。确定性、因果性、概率、连续性、非

56　Alexandre Koyré, Review of "Continu et discontinue", *Rev Philos*, 1930, CX, pp.317–319.

57　Koyré, "Review of 'L'orientation actuelle des sciences' ", pp.315–318.

58　Alexandre Koyré, "Review of 'Causality, a law of nature or a maxim of the naturalist?' ", Philos Res, 1934–1935a, IV, pp. 435–436.

59　Alexandre Koyré, "Review of 'La notion de corpuscules et d'atomes' ". *Philos Res*, 1934–1935b, Ⅳ, pp.436–438.

60　Alexandre Koyré, "Review of 'Science et loi' ". Philos Res, 1934–1935c, Ⅳ, pp.438–440.

61　Alexandre Koyré, "Review of 'New pathways in science' ". *Philos Res*, 1935–1936a, Ⅴ, pp.455–456.

62　Alexandre Koyré, "Review of 'Wandlungen in den Grundlagen der Naturwissenschaft' ", *Philos Res*, 1935–1936b, V, pp.457–458.

63　Koyré, "Review of 'La notion de corpuscules et d'atomes' ", p.438.

连续性等，物理学家需要对这些概念进行逻辑阐述：从逻辑上讲，哲学家应该承担这些工作；然而，让我们坦率地承认，哲学一直无法为物理学家提供他所需要的分析和结果。哲学一般都局限于过去，与当今的思想相比落后了 3 个世纪，它宁愿保持距离。那么，鉴于哲学的匮乏，科学本身不得不建立一种哲学。科学家的哲学本身并不总是很幸运的，但如果不是很幸运，那就只能由哲学来负责了。科学家已经完成了自己的工作，甚至开始做哲学家的工作，而哲学家却懒惰地忽略了自己的工作。在阅读物理学家的哲学讨论时，我感受到的不是满足，而是一种不安和尴尬。"[64]

我们可以看到，柯瓦雷对他所认为的哲学家在面对当前科学活动中出现的问题时的缺失、疏忽和疏远的态度是多么严厉。关于第一个方面，他呼吁人们注意修订一系列逻辑思维范畴的必要性，没有这些范畴，世界将变得完全不连贯。也就是说，有必要变更其自身的基础，使人们有可能理解科学运作的原理。

可以看出，这场"危机"并不是科学危机，从根本上说是哲学危机；危机基本上是由哲学造成的；在这种情况下，危机的持续是因为哲学的虚弱。如果我们考虑一下他关于 17 世纪危机的论述，我们就能得出这样的结论：不同于亚里士多德物理学，几何物理学肯定从一开始就离不开形而上学。这意味着，对几何物理学的肯定取决于一种新的世界观，一种没有颜色、没有性质的世界观，完全不同于帕拉塞尔塞苏斯（Paracelse）或雅各布·波墨的世界观。这也是他在 1935 年研究伽利略时提出的论点：使用几何语言来探究自然的"决定""对应于一种形而上学态度的转变"[65]。难道新的量子物理学不正是在呼唤一种新的形而上学吗？对"对逻辑范畴的修正"难道不意味着（至多）一个关于世界的新概念吗？

1946 年 4 月 6 日，柯瓦雷在路易-勒格朗（Louis-Le-Grand）中学为学生上课时，首先评论了哲学对古代科学理论史研究的意义，在谈到伽利略之前（这是他当天演讲的主题），他再次将 17 世纪的危机与当时正在经历的危机联系起来。他重申了之前在 1935 年关于伽利略的文章开头所使用的论点的一部分，即正是因为我们在学校学习了某些难度较大的东西——如落体定律——

64　Koyré, "Review of 'L'orientation actuelle des sciences' ", p.318.

65　Koyré, *Estudos Galilaicos*, p.16.

所以我们习惯了某些思想、命题和观念的范畴，并认为它们是显而易见的、自然而然的，我们忘记了它们。"除非是在某种行动体系、观念和某种世界观的内部，让我们直截了当地说，在某种哲学的内部，否则是说不通的，也是不能接受的。这就是为什么科学思想的大危机、17 世纪的大危机和我们今天正在经历的大危机，归根结底都是哲学思想的危机。"[66]

　　我们可以看到，对于柯瓦雷来说，当年的问题与笛卡尔时代的问题如出一辙。笛卡尔的教导比以往任何时候都更加具有现实性，因为"世界再次变得不确定"[67]。它正在经历一个充满不确定性、混乱、不安和不适的新时代：需要一种新的世界观、本体论、新形而上学和新哲学来适应新科学。这种现实性让人们想起了哲学自身的问题所在（哲学似乎已经忘记了这个问题），以及为什么思想和文化会陷入深刻的危机之中。此时此刻，柯瓦雷的诊断非常明确：危机（不同于 *Krisis*）并非源于科学退出生活世界；相反，危机源于哲学远离了其应有的任务，即理解或界定新科学的特定世界是什么。此外，如果说科学需要哲学，那是因为新物理学的构建意味着对新形而上学的阐释，而在新形而上学中，自 19 世纪以来就已死去的上帝将不再发挥任何作用[他在 1938 年写道，"科学，至少是现代科学，难道不是形而上学的对立面吗？难道它没有理由为自己的自主性甚至专制性感到自豪吗？难道科学自诞生以来就没有确认过这一点吗？笛卡尔难道不是它的创造者之一吗？现在，笛卡尔非但没有宣称科学的绝对独立性，反而告诉我们恰恰相反的道理。他告诉我们，科学实际上需要形而上学。更重要的是，他告诉我们，它（科学）必须从后者开始"[68]。1940 年，巴什拉指出"这种精神可以改变形而上学，但不能没有形而上学"[69]]。

结　　论

　　对于《牛顿研究》的作者来说，哲学在文化领域发挥着重要作用；在他

66　Alexandre Koyré, Cours dactylographié corrigé sur Galilée du 9 avril 1946 donné au Lycée Louis-le-Grand, Centre Alexandre Koyré, Fonds Alexandre Koyré, manus, CAK Koyré AP. c 7 d 2, 1946, p.3.

67　Koyré, *Considerações sobre Descartes*, p.65.

68　Koyré, *Considerações sobre Descartes*, p.54.

69　Gaston Bachelard, *A Filosofia do Não. Filosofia do Novo Espírito Científico*, trans. J. Ramos, 4th ed, Lisbon: Presença, 1987 [1940], p.15.

看来，哲学是摆脱欧洲在两次世界大战期间经历的危机的唯一途径——至少在"科学"危机方面是如此。在这一时刻，哲学的关键在于它是否有能力产生真理、阐明真理，是否有能力使一个模糊和不确定的世界变得清晰起来，从而使人类有可能摆脱再次陷入其中的不确定状态。在柯瓦雷看来，真理并不只存在于科学之中：哲学就是"对真理的探索"（ *itinerarium mentis in veritatem, recherche de la vérité* ）。

在这一背景下，我们可以直观地看到思想革命或科学革命概念的出现，或与肯定这一概念密不可分的问题类型的出现。这向我们展示了亚历山大·柯瓦雷的科学思想史是如何因两次世界大战期间科学的动荡而成为可能的，并且在对新知识的基础以及哲学在这些剧烈变革中的作用进行深刻的认识论和哲学讨论的基础上而形成的。第二次世界大战结束后，特别是在美国，那些使用他的"科学革命"概念的历史学家完全忘记了这一哲学背景。

The Origins of Alexandre Koyré's History of Scientific Thought

Marlon SALOMON

Translated by HUANG Heyun

Abstract: This chapter endeavors to reconstitute the set of conditions in the period between the two world wars that made Alexandre Koyré's work on the history of science possible and general conditions concerning the intellectual context of the day and more specific ones regarding the Russian born French historian's intellectual trajectory must be considered.

The first works on the history of science that Alexandre Koyré wrote and published date back to the 1930s. In 1934, he translated into French the text of the first chapters the first book of De Revolutionibus orbium coelestium for which he prepared an introduction (which he was to take up again in his own work, La révolution astronomique). It was that translation work that aroused his interest in Galileo. In the following year, he published À l'aurore de la science moderne: la jeunesse de Galilée, followed by his *Études galiléennes*. Finally, in 1936, when he was a visiting professor in Cairo, he presented his Trois leçons sur Descartes which were published in the Egyptian capital 2 years later in a bilingual edition and reedited in 1944 in Paris and New York.

The first decades of the twentieth century in France and in Europe corresponded to a considerable extent with the moment of the emergence and promotion of the history of science and the attempts to institutionalize it. Specialized journals (Archeion, Thalès), study centers, international associations, and university chairs dedicated to the discipline were all created during that period. While since the nineteenth century scientists and philosophers had primarily concerned themselves with the study of science's past from the perspective of a tradition that we can trace back to the Enlightenment movement, from the interwar period on, academic historians sought to appropriate the study to themselves. That involved not only those that based themselves on a traditional conception of history like Aldo Mieli (who was a qualified scientist) but also those who were in the vanguard of the discipline such as the founders of the Annales (Marc Bloch and Lucien Febvre). Koyré's work belongs to that context and its importance lies in its definition of an object for the history of science that was distinct from that of the philosophers and the scientists.

Nevertheless, he actually came to the history of science through philosophy. Having qualified as a philosopher, in the 1920s, he basically studied religious thought (Descartes, Saint Anselm) and mystic thought (Jacob Boehme). That was the path that led him to the history of science. In his Doctorat d'Etat thesis on the history of German mysticism, he understood that Boehme's own Weltanschauung could only be entirely comprehensible if it were related to the radical transformation of the representation of the world that was implicit in the work of Copernicus. Just as with the past of other forms of thought, the study of the past of science, to Koyré, was fundamental insofar as it was a question of reconstructing the history of different Weltanschauungen, a term that he translated as "conceptions of the world." During that same decade of the 1920s, he was strongly attached to the philosophy of science of Émile Meyerson. Every week, he and a group of young philosophers met with Meyerson to discuss the great issues that were agitating the science of those days.

That reminds us that the period was understood by its contemporaries to be one of profound crisis. Since the beginning of the twentieth century, the new scientific theories (relativity and quantum physics) had been destroying the traditional representation of the world basically founded on Newtonian mechanics. Discussions addressed not only "the crisis of science" but also the crisis of Western civilization itself (Paul Valéry). The three studies mentioned above that Koyré wrote in the 1930s were strictly dialoguing with that context of "crisis." The text on Descartes, above all, explicitly drew a parallel between the "crisis" experienced by the author of Discours de la Méthode in the seventeenth century with that in the interwar period. In his text, Koyré presented an explanation and a solution for the "crisis." More importantly, he translated the concept of "crisis" as the concept of "revolution" and presented the past of science as having been constituted by a series of "revolutions" and radical transformations.

Keywords: Alexandre Koyré; historiography of science; theory and methodology of the history of science; Scientific Revolution; crisis

论　　文

17—18世纪清宫藏欧制科学仪器及其制造者

/

王哲然[1]

摘 要：本文考察了故宫博物院收藏的17—18世纪进入清代宫廷的35件欧洲制造的科学仪器，依据铭文确定出16位相关的仪器制造者。这些工匠集中于英法两国，其中伦敦工匠12位，巴黎工匠4位。文章对仪器的类型加以辨识并重新命名，确定了更为精确的制造年代，进而讨论了其制造者的职业经历和社会关系。英制仪器不仅在数量上占多数，且品种多样，有较多创新，反映了这一时期两国科学仪器制造水平上的差距。

关键词：清代宫廷；科学仪器；仪器制造者；中西科学交流

清代宫廷是现代早期东西方科技交流的关键场所。据故宫博物院统计，与科技相关的文物总数逾 2000 件[2]，其中科学仪器[3]约 700 件，这些文物成为西学东渐历史进程珍贵的实物见证。清宫科学仪器的历史可追溯至顺治年间，至康熙、雍正、乾隆三朝，入藏仪器数量繁多、种类丰富，规模之大，几乎可与同时期的欧洲王室收藏相媲美[4]。然而，乾隆之后，宫廷对科学仪器的收

---

1 王哲然，1986 年生，清华大学科学史系副教授，Email: wzr@tsinghua.edu.cn。本文的撰写得到了以下学者的文献支持与协助，在此致以诚挚的感谢：苏格兰国家博物馆的退休研究馆员艾莉森·莫里森-洛博士（Dr. Alison Morrison-Low）、现任研究馆员丽贝卡·希吉特（Rebekah Higgitt）、圣母大学在读博士生李霖源同学，以及本系孙承晟教授。本研究受"清华大学基础文科发展项目"资助。

2 刘潞：《清宫西洋仪器》，上海：上海科学技术出版社，1999 年，第 16 页。

3 17—18 世纪实际上并无"科学仪器"这一概括性的术语，而是只有数学仪器、哲学仪器、光学仪器等大类名称及其对应的制造者。数学仪器包括传统的计时、天文、测地、计算、绘图仪器，如日晷、象限仪、半圆仪、比例规、量角器等。哲学仪器多与自然哲学实验相关，如空气泵、气压计、温度计等。光学仪器指用到光学透镜的仪器，如望远镜和显微镜，光学仪器有时也被归于哲学仪器。目前的清宫收藏以数学仪器和光学仪器为主，文献记载 17—18 世纪也有空气泵、气压计等哲学仪器入宫，但现已不存。有关科学仪器概念范畴的历史演化，参见 Deborah Jean Warner, "What Is a Scientific Instrument, When Did It Become One, and Why?",*The British Journal for the History of Science*, 1990, 23 (76), pp. 83–93; Liba Taub, "What Is a Scientific Instrument, Now?", *Journal of the History of Collections*, 2019, 31 (3), pp. 453–467.

4 李迪，白尚恕：《故宫博物院所藏科技文物概述》，《中国科技史杂志》，1985 年，第 1 期，第 95–100 页。

藏渐趋停滞，直至光绪年间，仅入库少量西方医药类器物，未成气候。总体来看，清代宫廷所收藏的科学仪器精品大多集中在 17—18 世纪。这些仪器从来源上大体可分为两类。一是"自制"，即由清宫造办机构仿制、改制或研制，多在宫中西方传教士的指导下完成[5]；二是"进口"，即由外国仪器工匠制造，通过外交使团、传教士和本土官员进献入宫[6]。目前对清宫仪器的研究大多集中于"自制"仪器上。但"进口"仪器是宫内进行仿制和改制的基础，是东西科技交流的第一手物质史料，理应得到更多关注。

本文认为，开展仪器研究应从对仪器的辨认入手，并通过读取仪器上的铭文，确认制造年代和制造者等基本信息。但这项基础性工作几乎完全被现有的研究所忽视[7]。本文基于公开的文献资料[8]，对 35 件欧制仪器展开研究，其中 33 件有清晰的铭文信息，笔者在研究过程中主要聚焦于以下三项工作。

（1）仪器辨识：当下对故宫科学仪器的命名多沿袭《皇朝礼器图式》中的方法，部分仪器的名称及翻译未参考当前学界约定俗成的历史性仪器的命名惯例，这样做不仅容易产生误导，而且也不利于国际交流[9]。对仪器通用类型的确定，一方面是探讨该仪器的功能和原理的基础；另一方面也方便与其他博物馆中的同类、同款仪器加以比较，是判断仪器的稀缺程度和历史价值的重要依据。

（2）仪器断代：当前学术文献中对于欧制仪器的年代鉴定普遍较为粗略，通常仅能给出"17 世纪"或"18 世纪"这样的宽泛时期。然而，通过分析仪器铭文中所包含的制造者信息，并结合仪器史学的现有研究成果，可以对仪器的制造年代进行更为精确的判定。在现代早期，几乎所有的仪器制造者均

5　刘宝建：《传教士与清宫仪器制造》，载《中西初识》，谢方主编，郑州：大象出版社，1999 年，第 96–112 页。

6　郭福祥：《西洋仪器与清代宫廷的科学世界》，《明清论丛》，2016 年第 1 期，第 465–491 页。

7　部分研究工作对欧制仪器的铭文和制造者略有提及，但并未深入讨论，如潘鼐：《彩图本中国古天文仪器史》，太原：山西教育出版社，2005 年。该书第四章第二节"清宫旧藏国外制呈的日月星晷"讨论了清宫引进的各式西方日晷；第十二章"清代天文大地测量所用的仪器"涉及清宫引进的测地仪器。周瞡：《清宫数学仪器研究》，呼和浩特：内蒙古师范大学，2017 年，提及量角器、比例规等引进的数学仪器。

8　主要依据是刘璐主编的《清宫西洋仪器》以及故宫博物院官方网站推出的藏品数据库"故宫博物院藏品总目"，网站地址：https://zm-digicol.dpm.org.cn.

9　《清宫西洋仪器》一书中的命名问题并不鲜见，后文将有所探讨，这里先举一例：巴特菲尔德制"铜镀金单游标女神像半圆仪"，书中给出英文器名为"Gilt-copper semi-circle protractor with a movable pointer and images of goddess"。这类大地测量仪器本有专门名称，英文为 graphometer，法文为 graphomètre，中文可译为"半圆仪"。而另一件让·沙波托制"铜镀金半圆仪"，实际就是几何作图常用的半圆量角器，书中的英译名为"Gilt-copper semi-circle protractor"是正确的，但中文名称却是错误的。考虑到《清宫西洋仪器》是研究者与普通读者接触故宫科学仪器最重要的一部参考书，此类问题亟待更正。

为某个行会的成员，他们的职业生涯，包括加入行会、获得自由身份或师傅资格、退休以及逝世等关键时间点，均有行会档案记录作为依据[10]。此外，铭文中的其他信息也有助于进一步缩小仪器制造的年代范围。

（3）仪器制造者及其相关历史背景：从制造者出发，可以挖掘与仪器相关的更多历史材料。仪器工匠留下的商业卡片（trade card）、产品价目、拍卖清单提供了透视 17—18 世纪科学仪器产业的重要信息。这一时期恰逢欧洲的仪器制造业走向成熟的关键阶段，仪器制造者日益成长为具备科学创新能力的独特群体，成为连接数学家、自然哲学家、宫廷赞助者与收藏家的重要纽带。通过对他们职业生涯和社会关系的考察，可以将清宫仪器纳入更为开阔的全球科学史的叙事之中。

经研究，本文共辨认出 16 位清宫欧制仪器制造者。他们全部来自英法两国，更确切地说来自伦敦和巴黎两座城市，其中伦敦 12 位，巴黎 4 位。在下文，笔者将按国家和行会顺次讨论仪器及其制造者的情况，并将仪器类型名称、制造年代和制作者等关键信息统一汇总于文末表格。

一、英国伦敦的仪器制造者

在清宫收藏中，英制科学仪器占据了显著的比例，这一现象与 17—18 世纪英国在全球精密仪器制造领域的领先地位相一致。伦敦的数学仪器制造行业起源于 16 世纪 40 年代，这项技艺最初由来自佛兰德地区的金属雕刻师传入英国。不久之后，英国本土开始大量出产黄铜和黄铜板材，为仪器制造业

10　现代科学仪器史开山之作，法国科学史家莫里斯·多马（Maurice Daumas）已关注到仪器制造者群体的重要研究价值，并在其著作中进行了充分讨论，此书英译本更是直接将"制造者"写入标题，参见 Maurice Daumas, *Les instruments scientifiques aux XVIIe et XVIIIe siècles*, Paris: Presses universitaires de France, 1953; 英译本 Maurice Daumas, *Scientific Instruments of the Seventeenth and Eighteenth Centuries and Their Makers*, trans. Mary Holbrook. Tiptree, Essex: Courier International Ltd, 1989. 同一时期也出现了对英国仪器制造者的专门研究，伊娃·泰勒（E. G. R. Taylor）将这一群体归之于"数学实践者"（mathematical practitioners）的范畴下加以讨论，并为每位仪器工匠单独立传，参见 E. G. R. Taylor, *The Mathematical Practitioners of Tudor & Stuart England*. Cambridge for the Institute of Navigation at the University Press, 1954;E. G. R. Taylor, *The Mathematical Practitioners of Hanoverian England, 1714–1840*, Cambridge for the Institute of Navigation at the University Press, 1966. 20 世纪 80 年代，迈克尔·克劳福斯（Michael Crawforth）、杰勒德·特纳（Gerard L'E. Turner）等实施了"科学仪器的制造、档案与注释"（Scientific Instrument Making, Observations & Notes, 简称 SIMON）项目，对伊丽莎白时期至 19 世纪的英国仪器制造者进行普查。该项目成果集中发表于 Gloria C. Clifton, *Directory of British Scientific Instrument Makers*, 1550–1851, London: Philip Wilson Publishers Ltd, 1995. 本文对伦敦仪器制造者的研究大量依赖该书，之后引用时简写为 *DBSIM*。

的发展提供了原材料上的保障[11]。随着数学在土地测绘、军事和航海等领域的应用越来越受到重视，人们对精密仪器的需求也随之增长。同时，上层社会也开始将精致的仪器纳入其收藏范畴之中，这些仪器既用于教育，也用于娱乐。这些因素共同促进了科学仪器产业在英国的稳步发展[12]。在中世纪，行会体系中的学徒制对于技艺的传承起到了重要作用。然而，历史上欧洲各地的仪器制造者都未形成独立的行会组织。在英国，14 世纪见证了所谓的"同业公会"（livery company）的形成，这些公会成员在宴会、庆典和游行等社交场合中，通过穿着特定的服饰来标识其身份[13]。伦敦的仪器制造者分散于至少 36 个不同的同业公会中，包括杂货商公会（Grocers' Company）、钟表匠公会（Clockmakers' Company）、眼镜商公会（Spectacle-makers' Company）、刺绣工公会（Broderers' Company）、金匠公会（Goldsmiths' Company）、文具商公会（Stationers' Company）、细木工公会（Joiners' Company）、布料商公会（Drapers' Company）等[14]。就笔者所掌握的清宫仪器的情况来看，其制造者所隶属的公会相对集中，仅来自上述前 4 家公会。以下对英国仪器制造者的说明按其所属公会依次讨论。

1. 杂货商公会

清宫仪器的制造者中有 4 位来自杂货商公会。17—18 世纪，该公会拥有最为庞大的数学仪器制造工匠群体。杂货商公会历史悠久，始建于 1376 年，位列十二大同业公会之中的第二位，仅次于绸布商公会。杂货商最初以经营香料贸易为主业，同时兼营干果、药品及糖果等商品。由于香料主要源自东方，其贸易活动高度依赖于远洋航海技术，因而对航海仪器的需求应运而生。鉴于香料贸易的巨额利润，杂货商公会难以独占市场，无法阻止其他商人进口及销售香料，因此他们逐渐从直接经营者转变为行业监管者的角色。到了 1447 年，杂货商公会获得了王室的特许权，负责对城市内所有销售的香料进行品质和重量的检查，从而对称量仪器产生了需求。这两大因素共同推动了

11　1566 年，德意志人在英格兰的凯西克（Keswick）发现铜矿，在托马斯·格雷欣（Thomas Gresham）出资担保下，该地开始开采并冶炼黄铜，参见 Henry Hamilton, *The English Brass and Copper Industries to 1800*, London: Cass, 1967, pp. 1–20.

12　有关 16 世纪伦敦早期仪器产业及其制造者的情况，参见 Gerard L'Estrange Turner, *Elizabethan Instrument Makers: The Origins of the London Trade in Precision Instrument Making*. Oxford: Oxford University, 2000.

13　Livery 本义即为服装、制服。有关伦敦同业公会的历史，参见 George Unwin, *The Gilds and Companies of London*, London : Methuen & Co., 1908.

14　Clifton, *Directory of British Scientific Instrument Makers*.

原本以贸易为主的杂货商群体向数学仪器制造领域发展，并最终形成了一支自主制造数学仪器的工匠队伍[15]。17 世纪上半叶，杂货商公会中最为杰出的仪器工匠当属伊莱亚斯·艾伦（Elias Allen，活跃于 1610—1653 年），他与数学家威廉·奥特雷德（William Oughtred, 1574—1660）关系匪浅，此后公会内的其他仪器制造者均为艾伦直系学徒的后继者[16]。

　　清宫仪器中有 6 件出自埃德蒙·卡尔佩珀（Edmund Culpeper，约 1670—1737）[17]之手。卡尔佩珀来自一个颇为显赫的家族，其父爱德华（Edward Culpeper）毕业于牛津的默顿学院，后来成为教区牧师。埃德蒙·卡尔佩珀于 14 岁进入杂货商公会，师从沃尔特·海斯（Walter Hayes）。他是一位优秀的雕刻师，精通传统数学仪器的制造工艺，同时也积极研制显微镜。清宫藏品中由他制造的通用提环日晷（universal ring dial）[18]、倾角日晷（inclining dial）、简易经纬仪（simple theodolite）[19]都属于典型的数学仪器。倾角日晷在《皇朝礼器图式》中被定名为"八角立表赤道公晷仪"[20]，该名称有一定的误导性，原因有二：第一，这种日晷本质上是一种晷面角度可变的地平式日晷（horizontal dial），而非通常意义上的赤道式日晷（equatorial dial）；第二，该日晷的测量范围为 0°—60° 纬度，也很难称为"公晷"，即适于任何纬度的通用日晷（universal dial）。在皇家格林尼治博物馆[21]和牛津科学史博物馆[22]各收藏一件同款卡尔佩珀制倾角日晷。

15　在杂货商公会的徽章上，盾徽正面画有 9 支丁子香（Syzygium aromaticum），盾徽上方有一匹骆驼，揭示了该公会早期从事香料贸易的历史。对杂货商公会中数学仪器制造者起源的分析，参见 Mary Margaret Robischon, "Scientific Instrument Makers in London During the Seventeenth and Eighteenth Centuries (England)", Michigan: University of Michigan, 1983, pp. 118–127.

16　有关杂货商公会中的数学仪器制造者，早期的权威研究来自 Joyce Brown, "Guild Organisation and the Instrument-Making Trade, 1550–1830: The Grocers' and Clockmakers' Companies", *Annals of Science,* 1979, 36 (1), pp.1–34; Joyce Brown, *Mathematical Instrument-Makers in the Grocers' Company* 1688–1800: *With Notes on Some Earlier Makers*, London: Science Museum, 1979.

17　Culpeper Edmund (I), in *DBSIM*: 73 有关其生平，参见 W. D. Hackmann, "Culpeper, Edmund", in *The Oxford Dictionary of National Biography*, ed. Anita McConnell, Oxford: Oxford University Press, 2004, 在线版本：https://doi.org/10.1093/ref:odnb/37330, 访问时间：2024 年 8 月 15 日。

18　本文对清宫日晷的类型判断，主要依据被学术界、博物馆机构和收藏领域广泛采纳的凯瑟琳·希金斯（Kathleen Higgins）所建立的日晷分类系统，参见 Kathleen Higgins, "The Classification of Sundials", *Annals of Science,* 1953, 9(4), pp. 342–358; A. J. Turner, "Sun-Dials: History and Classification", *History of Science,* 1989, 27 (3), pp. 303–318.

19　这里采用吉姆·本内特（Jim Bennett）对现代早期测地仪器的分类，他从历史演变与实际功能的角度，对简易经纬仪和觇板罗盘仪（见下文塞缪尔·桑德斯所制仪器）进行了区分，参见 J. A. Bennett, *The Divided Circle: A History of Instruments for Astronomy, Navigation, and Surveying*, Oxford: Phaidon- Christie's, 1987, pp. 48–49.

20　允禄等奉敕撰，福隆安等校补，《皇朝礼器图式·仪器》，乾隆时期武英殿刻本，第 38 页。

21　Inclining dial, ID: AST0176, https://www.rmg.co.uk/collections/objects/rmgc-object-10338.

22　Inclining Dial, by Edmund Culpeper, London, Early 18th Century, Inventory Number 33314, https://hsm.ox.ac.uk/collections-online#/item/hsm-catalogue-2244.

清宫藏卡尔佩珀所造两件显微镜[23]。一件一般被称为螺筒式显微镜（screw-barrel microscope），由克里斯蒂安·惠更斯（Christiaan Huygens，1629—1695）的学生、荷兰物理学家哈索克（Nicholas Hartsoecker, 1656—1725）于 1694 年制造，后被英国人詹姆斯·威尔逊（James Wilson, 1665—1740）改进并推广，曾在 1702 年皇家学会上进行展示。约翰·哈里斯（John Harris，1666—1719）在其《技艺辞典》（Lexicon Technicum, 1704 年）中的介绍使螺筒显微镜迅速流行起来，而卡尔佩珀正是此类显微镜最主要的制造者之一[24]。另一件在 18 世纪流行的三足复式显微镜类型以卡尔佩珀的名字命名[25]，但清宫中并无收藏。值得一提的是，卡尔佩珀是最早将凹面镜应用于显微镜反光镜的先驱，这项看似微小的创新显著提升了显微镜的应用效果[26]。显微镜的技术点滴积累正是靠卡尔佩珀这样的仪器工匠完成的。

清宫藏有多件比例规，其中一件由本杰明·斯科特（Benjamin Scott，活跃于 1712—1751 年）[27]制作。斯科特原本是杂货商公会学徒，师从詹姆斯·安德顿（James Anderton），1706 年转投到刺绣工公会的约翰·罗利（John Rowley，约 1668—1728）名下。他于 1733 年出版了一本小册子，名为《对一种通用且长期有效仪器的描述与使用》[28]，介绍了一种可用于多种算术与天文计算的圆盘式计算尺（circular slide-rule）[29]。斯科特和俄国人关系密切，他于 1733 年迁居俄国，先在海军部工作了 7 年，后为圣彼得堡科学院制造仪器，直到 1751

---

23 《故宫物品点查报告》记载咸福宫第五七九号为"大小显微镜四个"，在故宫博物院文物系统中底账号位"为五七九之 1""为五七九之 2""为五七九之 3"是三台显微镜，"为"字号是咸福宫的文物编号，与记载相对应。以上信息，来自万秀锋：《镜显纤维——清代宫廷显微镜及相关问题的考察》，《明清论丛》，2021 年第 1 期，第 408—423 页。"为五七九之 1"为约翰·卡夫制卡夫式显微镜，详见下文。"为五七九之 2""为五七九之 3"是卡尔佩珀制螺筒显微镜。

24 Gerard L'Estrange Turner, *Collecting Microscopes*, New York: Mayflower Books, 1981, pp. 28–31.

25 Gerard L'Estrange Turner, *Scientific Instruments, 1500–1900: An Introduction*, London: Berkeley: Philip Wilson; University of California Press, 1998, p. 94.

26 Reginald Stanley Clay and Thomas H. Court, *The History of the Microscope: Compiled from Original Instruments and Documents, up to the Introduction of the Achromatic Microscope*, London: Holland Press, 1932, p. 100.

27 SCOTT Benjamin, in *DBSIM*, p. 246.

28 Benjamin Scott. *The Description and Use of an Universal and Perpetual Mathematical Instrument ... By Benjamin Scott*, London: Gale ECCO, 1733. 斯科特将该书献给第五任奥瑞伯爵约翰·玻意耳（John Boyle, Earl of Orrery, 1707–1762），其师傅罗利与第四任奥瑞伯爵的交往，详见后文。

29 这种圆盘式计算尺最早发明人是奥特雷德，但斯科特在书中并未提及他的贡献。有关计算尺的历史，详见 Florian Cajor, *A History of the Logarithmic Slide Rule*. New York: The Engineering News Publishing Company, 1909.

年在那里去世[30]。

斯科特的徒弟托马斯·希思（Thomas Heath, 活跃于 1720—1753 年）[31]也有一件仪器进入清宫。这件在《皇朝礼器图式》中被命名为"地平经纬赤道公晷仪"[32]的仪器出现在希思的商业卡片上（图 1），名为"通用日晷"（the universal dial）。这也从侧面表明这种日晷是其商铺的主打产品之一。该日晷依然属于通用提环日晷的范畴，只是增加了指南针和水平仪，以辅助定位和调平。

图 1　托马斯·希思的商业卡片　©The Board of Trustees of the Science Museum

清宫藏品中有五件望远镜来自吉尔伯特家族，参与制造的工匠有可能是

30　Joyce Brown, *Mathematical Instrument-Makers in the Grocers' Company 1688–1800*, pp. 70–71.

31　HEATH Thomas, in *DBSIM*, p. 131.

32　《皇朝礼器图式·仪器》，第 36 页。

威廉·吉尔伯特（William Gilbert, 活跃于 1776—1813 年）与加布里埃尔·怀特（Gabriel Wright, 活跃于 1782—1803 年）[33]。18 世纪下半叶，世界范围内最知名的望远镜制造商无疑属于多伦德家族。由于约翰·多伦德（John Dollond, 1706—1761）取得了消色差透镜专利，该家族作坊的望远镜产品广受市场欢迎，产量较高[34]。吉尔伯特家族和多伦德家族关系密切，是 1746 年被授权可以出售消色差望远镜的 11 家商铺之一[35]，但相比之下其销量却很少[36]。有关清宫收藏众多吉尔伯特家族制造望远镜的原因，仍有待进一步研究。

清宫所藏吉尔伯特制折射式望远镜中的 2 件，与牛津科学史博物馆收藏的 1 件来自吉尔伯特作坊的望远镜一样[37]，镜筒上均刻有"国王专利"（King's Patent）的铭文字样。这项专利是由约书亚·洛弗·马丁（Joshua Lover Martin）于 1782 年申请的，内容是望远镜镜筒拉管前进行镀金镀银，并且增加布制内衬，以避免抽拉对管身造成划痕[38]。约书亚的父亲本杰明·马丁（Benjamin Marti, 约 1703—1782）是一位学者型仪器制造者，他是牛顿体系最早的一批支持者，还编纂过最早的一部英文字典[39]。然而，就在约书亚申请专利后的一个月，本杰明·马丁因为生意破产而自杀身亡，约书亚离开英国，移居那不勒斯。加布里埃尔·怀特是本杰明·马丁的学徒，跟随后者工作了 18 年之久，他很可能在约书亚临行前获得了这项专利的使用权。这一事实为判断仪器的制造年代提供了线索，即这两架望远镜的生产时间不会早于 1782 年。

2. 钟表匠公会

钟表匠公会是一家相对年轻的小型公会，其源头可追溯至 17 世纪 20 年代。伦敦钟表制造原本属于铁匠公会（Blacksmiths' Company）的经营范围，

33　GILBERT William (I), in *DBSIM*, p. 113; WRIGHT Gabriel, in *DBSIM*, p. 305.

34　例如，牛津科学史博物馆总共有 30 多件多伦德家族的望远镜藏品，清华大学科学博物馆也藏有 3 件。

35　Brian Gee and Anita McConnell, *Francis Watkins and the Dollond Telescope Patent Controversy*, London and New York: Routledge, 2016, p. 253.

36　牛津科学史博物馆、剑桥大学惠普尔博物馆与美国知名望远镜藏家爱德华·沃尔夫（Edward D. Wolf）均只有 1 件吉尔伯特家族的望远镜藏品，参考 Edward D. Wolf, *Wolf Telescopes*: *A Collection of Historical Telescopes*. 2nd . Published by the author, 2017. 沃尔夫的望远镜如今收藏于北京天文馆。

37　Refracting Telescope, by Gilbert & Co., London, c. 1800, Inventory Number 14590, https://hsm.ox.ac.uk/collections-online#/item/hsm-catalogue-30847.

38　D. J. Bryden and David Coffeen, "King's Patent Telescopes-A 'ghost' Busted!", *Bulletin of the Scientific Instrument Society*, 2012, (114), pp. 7–10.

39　有关本杰明·马丁的生平，参见 John R. Millburn, *Retailer of the Sciences*: *Benjamin Martin's Scientific Instrument Catalogues*, 1756–1782, London: Vade-Mecum, 1986.

但随着越来越多的外国制钟工匠移民来到伦敦，铁匠公会受到严重冲击，但是他们拒绝吸纳移民加入他们的公会。于是，一部分原来铁匠公会的成员和移民工匠一起组成了钟表匠公会，并于 1631 年获得王室特许。在该公会的章程中明确将"数学仪器制造"（mathematical-instruments-making）纳入经营范围。1633 年，杂货商公会中的伊莱亚斯·艾伦加入钟表匠公会，并将一部分学徒契约挂在钟表匠公会名下。像艾伦这样同时隶属于两个公会的情况在当时的伦敦并不罕见[40]。

清宫中收藏了钟表匠公会的 2 位制造者的 4 件仪器，均与天文学和计时学相关。丹尼尔·奎尔（Daniel Quare，1649—1724，活跃于 1671—1724 年）[41]的两件仪器均为日行迹日晷（Analemmatic dial）。《清宫西洋仪器》中对它们的解释存在错误，垂直晷针并非中国传统的"圭表"，而是一种特殊的方位日晷（azimuth dial）。计时表盘是天赤道的投影，因此呈椭圆形，椭圆的短轴刻有黄道标尺。在使用时，需要根据日期调整垂直晷针在黄道标尺上的位置。这种日行迹日晷的发明人现已无从考证，最早提及这种日晷的文献是伦敦仪器工匠托马斯·图特（Thomas Tuttell）所写一本小册子《新发明的椭圆双日晷的制造与使用》[42]。奎尔是一位活跃的发明家，他改进了手表的按钮装置，首次采用宝石制造擒纵机构的轴承，并开发出一种确保水银不会溢出的便携式气压计。他与英国王室保持良好的关系，得到英王乔治一世（George Ⅰ）极高的评价。但由于奎尔坚持自己贵格会教徒的身份，不愿公开起誓效忠国教，因而拒绝了国王钟表师的身份与津贴[43]。

理查德·格林（Richard Glynne，1681—1755）[44]制造的铜镀金七政仪、铜镀金经纬赤道公晷仪均是清宫仪器中的精品。铜镀金七政仪是依据哥白尼体系所造的太阳系仪，郭福祥研究员对此已有详细考察[45]。这里重点介绍铜镀

40　有关钟表匠公会的历史及其仪器制造者，参见 Brown, "Guild Organisation and the Instrument-Making Trade, 1550–1830", pp. 26–34; Robischon, "Scientific Instrument Makers in London During the Seventeenth and Eighteenth Centuries (England)", pp. 127–144.

41　QUARE Daniel, in *DBSIM*, p. 226.

42　Thomas, *The Description and Uses of a New Contriv'd Eliptical Double Dial*, London, 1698.

43　E. L. Radford, "Quare, Daniel", in *The Oxford Dictionary of National Biography*, ed. Jeremy Lancelotte Evans, Oxford: Oxford University Press, 2004, 在线版本：https://doi.org/10.1093/ref:odnb/22942. 访问时间：2024 年 8 月 15 日。

44　GLYNNE Richard, in *DBSIM*, p. 114.

45　郭福祥：《清宫藏太阳系仪与哥白尼学说在中国的传播》，《中国历史文物》，2004 年第 3 期，第 23–32 页。

金经纬赤道公晷仪。这台仪器的精妙之处在于，它将通用提环日晷与机械钟表完美地整合到了一起。仪器的主体两根柱子支撑的最外圈是子午环，第二圈与子午环垂直的是赤道环，使用前需要调整到所在地的纬度。最内层的圆盘上配备一个带有玻璃透镜的瞄准器，可在日期刻度上进行移动。使用时，转动机械表盘上的钥匙，使齿轮带动瞄准器指向太阳，即可直接在表盘上的分钟盘和小时盘上读取时间。

这种机械通用赤道式日晷由约翰·罗利发明，其制造的仪器现存至少 3 台[46]。格林制造的同款仪器还有另外 2 台存世。一台是他于 1720 年左右为阿奇博尔德·坎贝尔（Archibald Campbell, 1682—1761）[47]制造的，瞄准器圆盘上的纹饰用代表其姓名首字母 AC 的花押字装饰。这台日晷的高度达到了 59 厘米，几乎是清宫藏品的 3 倍。另一台同款仪器在尺寸上与清宫藏品相仿，却是由纯银打造的。这台仪器的订购者是第二代德文郡公爵威廉·卡文迪许（William Cavendish, 2nd Duke of Devonshire, 1672—1729），瞄准器圆盘上有卡文迪许的家族家徽，如今保存在查茨沃思庄园（Chatsworth House）[48]。

3. 制镜师公会

伦敦的透镜加工与光学仪器制造起步得很早。1609 年，荷兰人发明望远镜的消息不胫而走，英国数学家托马斯·哈利奥特（Thomas Harriot，约 1560—1621）便与工匠克里斯托弗·图克（Christopher Tooke）共同打造了一台天文望远镜，甚至比伽利略还要早几个月。17 世纪 20 年代，荷兰工程师科

46　3 台仪器分别收藏于英国剑桥惠普尔博物馆：Mechanical universal equinoctial ring dial, by John Rowley, English, 1715 (c), Accession No. 0676, https://collections.whipplemuseum.cam.ac.uk/objects/9052/; 俄罗斯圣彼得堡艾尔米塔什博物馆（Hermitage Museum）：Valentin L. Chenakal, "The Astronomical Instruments of John Rowley in Eighteenth-Century Russia", *Journal for the History of Astronomy,* 1972, 3 (2), pp. 119–135; 日内瓦科学史博物馆：Anthony John Turner, *Early Scientific Instruments: Europe, 1400–1800,* London and New York: Sotheby's Publications, 1987, p. 179.

47　阿奇博尔德·坎贝尔出身苏格兰贵族，封号为艾莱伯爵（Earl of Ilay）、后袭阿盖尔公爵三世（third Duke of Argyll）。他是苏格兰现代早期历史中一位举足轻重的人物，1733 年起担任苏格兰国玺大臣（Lord Keeper of the Great Seal of Scotland），曾参与创办英国亚麻公司、爱丁堡大学医学院和苏格兰皇家银行。他的头像曾经出现在苏格兰的纸币上。有关坎贝尔的科学仪器收藏，参见 Alison Morrison-Low, "Two Enlightenment Collections of Scientific Instruments in Hanoverian Britain", *Bulletin of the Scientific Instrument Society,* 2023 (156), pp. 2–11.

48　这台仪器很有可能是公爵买给其次子查尔斯·卡文迪许（Charles Cavendish, 1704—1783）的。查尔斯自幼便对天文观测感兴趣，年轻时曾和后来的皇家天文台台长詹姆斯·布拉德利（James Bradley, 1692—1762）一起观察恒星视差，后成为皇家学会成员。查尔斯的长子亨利·卡文迪许（Henry Cavendish, 1731—1810）曾为他的天文学著作进行注释。有关查茨沃思庄园收藏的这件日晷的历史及其使用，参见 Nicolas Barker, *The Devonshire Inheritance: Five Centuries of Collecting at Chatsworth,* Alexandria: Art Services, 2003, p. 228.

尔内留斯·德雷贝尔（Cornelius Drebbel, 1572—1633）旅居英伦，最早制造出复式显微镜。胡克撰写《显微图志》（*Micrographia*, 1667 年）所用到的显微镜，其镜片来自当时的知名工匠理查德·里夫（Richard Reeve）。1620—1720 年的 100 年中，伦敦一共涌现出大约 53 名光学仪器制造师傅。制镜师公会成立于 1631 年，起初是从酿酒商公会分化出来的。尽管作为日常消费品的眼镜比望远镜和显微镜的市场需求要大得多，但 17 世纪下半叶，公会内的光学仪器制造者比一般的眼镜工匠拥有更大的话语权，占据了公会的领导层。即便如此，制镜师公会实际上从未垄断伦敦的光学仪器制造产业[49]。

清宫收藏了一件由约翰·卡夫（John Cuff, 1708—1772）[50]本人制造的卡夫式显微镜（Cuff-type microscope）。卡夫隶属于制镜师公会，是 18 世纪伦敦首屈一指的显微镜制造商。他的父亲彼得·卡夫（Peter Cuff）是一名钟表匠，是刺绣商人公会的成员，他在前文提到的丹尼尔·奎尔的作坊中负责钟表精细加工工作长达 20 年之久。卡夫的新型显微镜大约发明于 1744 年，那时卡夫的朋友、博物学家亨利·贝克（Henry Baker, 1698—1774）对时下流行的复式显微镜操作上的缺陷提出尖锐批评，贝克本人或许也参与了新仪器的开发工作。卡夫式显微镜在设计上有几处重要的改进：首先，在镜筒材质方面，它用黄铜取代了当时常用的鱼皮和纸板，显著提升了显微镜的坚固性和耐久性；其次，镜筒内壁添加了螺纹结构，使得对焦更加精确；最后也是最为重要的是，它取消了复式显微镜通常采用的双足或三足支撑结构，改用单镜柱支撑，使载物台完全开放，从而方便移动和观察标本[51]。卡夫出版了一份 4 页的小册子，对这种新型显微镜进行全面介绍[52]。

卡夫是一位极富创新精神的仪器制造者。1743 年，他在皇家学会会长马

49　有关伦敦光学仪器制造与制镜师公会的情况，参见 Gloria C. Clifton, "'The Spectaclemakers' Company and the Origins of the Optical Instrument-Making Trade in London", in *Making Instruments Count: Essays on Historical Scientific Instruments Presented to Gerard L'estrange Turner*, ed. R. G. W. Anderson, J. A. Bennett and W. F. Ryan, Brookfield: VARIORUM, 1993, pp. 341–364; Robischon, "Scientific Instrument Makers in London During the Seventeenth and Eighteenth Centuries (England)", pp. 144–152.

50　CUFF John, in *DBSIM*, p. 73. 有关其生平，参见 Stuart Talbot Fras, "The Curious Mr Cuff of Fleet Street (c. 1708–1772)", *Bulletin of the Scientific Instrument Society*, 2017 (134), pp. 32–42; Giles Hudson, "Cuff, John", in *The Oxford Dictionary of National Biography*, Oxford: Oxford University Press, 2004. 在线版本：https://doi.org/10.1093/ref:odnb/48255, 访问时间：2024 年 8 月 15 日。

51　Julian Holland, "John Cuff (1707?–After 1772): 'the Best Workman of His Trade in London' - Part 1", *Bulletin of the Scientific Instrument Society*, 2019 (141), pp. 2–18.

52　John Cuff, *The Description of a New-Constructed Double Microscope: In Which Some Useful Improvements Are Introduced: As Made and Sold by the Inventor, John Cuff... in Fleet-Street, London*, 1744.

丁·福克斯（Martin Folkes, 1690—1754）和瑞士博物学家亚伯拉罕·特朗布雷（Abscoperaham Trembley, 1710—1784）的建议下开发了观水显微镜（aquatic micro），以便观察水螅。这种显微镜采用可调节倾斜镜柱，载物台被替换成了一个微型水池，这样观察时对活体水螅的干扰最小。他开发了最早的显微镜十字丝目镜（eyepiece micrometer），38 条横纵相间的银线打出了边长仅为 0.5 毫米的小方格，这便可以对镜中物体的大小进行测量。卡夫最经典的科学仪器发明是日光显微镜（solar microscope），这是一种最早的投影系统，利用仪器自带的平面镜反射日光，将标本通过螺筒显微镜投影到黑暗房间的墙壁上，从而使显微镜的观察，从孤独的个人行为转变为可供参与和交流的集体活动[53]。由于卡夫在仪器研制上的突出贡献，1744 年，包括福克斯和贝克在内的 9 名成员推荐他进入皇家学会，但他最终未能获得超过 2/3 的赞成票，遗憾落选[54]。

清宫收藏的格雷戈里式反射望远镜的制造者，是另一位来自制镜师公会的工匠，即亨利·皮芬奇（Henry Pyefinch, 活跃于 1763—1799 年）[55]。仪器铭文中的 "Cornhill" 是指其作坊或商铺的所在地康希尔大街。1768 年，约翰·伯努利（Johann Bernoulli, 1744—1807）到访皮芬奇的店铺，称赞这里的仪器品种齐全，价格公道，并详细抄录了部分仪器的价格。根据这份记录可知，与清宫收藏这件类似的约 2 英尺[56]长、配有寻星镜的反射望远镜，其售价为 16 英镑 16 先令，是列表中最为昂贵的一件仪器。[57]

4. 刺绣工公会

刺绣工公会历史悠久，至少在 1376 年便已成立。到了 17—18 世纪，该公会已不限于传统的刺绣技艺，而是吸引了各行各业的手艺人加盟，以满足

---

53 有关日光显微镜在 18 世纪流行科学中的应用，参见 Peter Heering, "The Enlightened Microscope: Re-Enactment and Analysis of Projections with Eighteenth-Century Solar Microscopes", *The British Journal for the History of Science*, 2008, 41 (3), pp. 345–367.

54 Holland, "John Cuff (1707? – After 1772): 'the Best Workman of His Trade in London' - Part 1".

55 PYEFINCH Henry (I), in *DBSIM*, p. 225. 彼得·德克莱尔（Peter de Clercq）根据皮芬奇去世后店铺的拍卖清单等信息确认其去世年份为 1799 年，而非 *DBSIM* 中的 1790 年，参见 Peter de Clercq, "Private Instrument Collections Sold at Auction in London in the Late 18th Century Part 2: Instrument Makers and Watchmakers", *Bulletin of the Scientific Instrument Society*, 2009 (100), pp. 27–35.

56 1 英尺=0.3048 米。

57 作为对比，一件 3 英尺的消色差折射望远镜售价为 3 英镑 3 先令，一对 17 英寸的地球仪和天球仪售价 6 英镑 6 先令，参见 Anthony John Turner, *Early Scientific Instruments: Europe, 1400–1800*, London and New York: Sotheby's Publications, 1987, pp. 204–208.

不断扩大的日常用品与奢侈品的市场需求。在 17 世纪下半叶，公会出现了第一位数学仪器制造者约瑟夫·豪（Joseph Howe），他招收了两位学徒，分别是约翰·罗利和乔纳森·罗伯茨（Jonathan Roberts）。刺绣工公会的人员流动性较大，约翰·罗利的学徒托马斯·赖特（Thomas Wright，活跃于 1715—1748 年）选择留在刺绣工公会，但另一位学徒本杰明·斯科特则回到了杂货商公会。罗伯茨的学徒塞缪尔·桑德斯（Samuel Sauders，活跃于 1708—1743 年）后来去了文具商公会，最后在石匠公会（Masons' Company）取得自由身份[58]。

清宫收藏至少收藏了一件约翰·罗利制造的仪器，即 "铜镀金单千里镜全圆仪"。另有一件 "四游千里镜半圆仪"，疑似也出自他的作坊。罗利[59]无疑是 18 世纪初最重要的数学仪器制造者之一。1704 年，剑桥三一学院兴建天文台，他负责供应仪器，同年受到安妮女王的夫君丹麦的乔治亲王（Prince George of Denmark）的资助。1706—1727 年，他是基督慈善学校（Christ's Hospital School）下设皇家数学学院的数学仪器供应商，收入达 622 英镑[60]。种种迹象表明，罗利与牛顿（Isaac Newton，1643—1727）相识且关系良好。弗拉姆斯蒂德（John Flamsteed，1646—1719）记载，1712 年 8 月 1 日，牛顿带领罗利等突访皇家天文台，名义上是调查台内的仪器情况[61]。1715 年，罗利被英王乔治一世任命为国王机械师，这一职位的转变意味着他放弃了个人作坊，转而直接服务于王室及政府机构。在罗利的仪器制造生涯中，他最为人称道的成就之一是为第四任奥瑞伯爵查尔斯·玻意耳（Charles Boyle, Earl of Orrery，1674—1731）制造的大型太阳系仪[62]。这种仪器最初由伦敦钟表匠乔治·格雷厄姆（George Graham，1673—1751）发明，然而，罗利将其以伯爵的封号

58　有关刺绣工公会中的科学仪器制造者，参见 M. A. Crawforth, "Instrument Makers in the London Guilds", *Annals of Science*, 1987, 44 (4), pp. 319–377.

59　ROWLEY John (I), in *DBSIM*, p. 238. 有关其生平，参见 John H. Appleby, "A New Perspective on John Rowley, Virtuoso Master of Mechanics and Hydraulic Engineer", *Annals of Science,* 1996, 53 (1), pp. 1–27; John H. Appleby, "Rowley, John", in *The Oxford Dictionary of National Biography*, Oxford: Oxford University Press, 2008, 在线版本：https://doi.org/10.1093/ref:odnb/37919，访问时间：2024 年 8 月 15 日。

60　John R. Millburn, "British Archives for the History of Instruments", *Bulletin of the Scientific Instrument Society*, 1989 (21), pp. 3–7.

61　John Flamsteed. Suppressed preface to the Historia cœlestis Britannica, https://www.newtonproject.ox.ac.uk/search/results?keyword=rowley&all=1&sort=relevance&order=desc，访问时间：2024 年 10 月 3 日。

62　如今收藏于英国伦敦的科学博物馆：Orrery made by John Rowley for the Earl of Orrery, Object Number: 1952–73, https://collection.sciencemuseumgroup.org.uk/objects/co56970/orrery-made-by-john-rowley-for-the-earl-of-orrery.

"Orrery" 命名，使之成为此类仪器的通用名称[63]。1715 年，罗利受东印度公司委托，制作了第二台太阳系仪，该仪器原本计划运往印度，后计划运至中国，但不知何故未能成行[64]。

罗利的学徒托马斯·赖特[65]也有一件仪器入宫。这台"铜镀金双千里镜象限仪"上刻有 "Made by Tho Wright Instrument Maker to His Royal Highness George Prince of WALES"（由仪器制造者托·怀特为威尔士亲王乔治所制）。这条铭文为推断仪器的制造时间提供了线索。这里的威尔士亲王乔治是乔治·奥古斯都（George Augustus），他于 1714 年到达英国后受封威尔士亲王，并于 1727 年登基为英王乔治二世（George Ⅱ）。又由于 1715 年赖特才获得自由身份，因此该仪器的制造时间应为 1715—1727 年。

塞缪尔·桑德斯[66]所制造的仪器，在《皇朝礼器图式》中被命名为"定南针指时刻日晷仪"[67]。这是一件稀见的仪器，它有罗盘和一对开放式窥衡，功能上类似于大地测量中使用的觇板罗盘仪（circumferentor），但同时又集合了磁针方位日晷（magnetic azimuth dial）、对数尺、计算尺等功能。根据笔者有限的调查，目前欧美各大科学博物馆中皆无同类型仪器。牛津科学史博物馆收藏一件磁针方位日晷，由伦敦工匠亨利·萨顿（Henry Sutton）于 1650 年前后制造，另有一张萨顿所制磁针方位日晷的印刷图版[68]。

二、法国巴黎的仪器制造者

法国巴黎是 17—18 世纪清宫科学仪器的另一生产地。法国的科学仪器制造比英国起步要早得多。早在 14 世纪末，毕业于巴黎大学艺学院的让·福索

63　有关太阳系仪的发明与命名，参见 Tony Buick, *Orrery: A Story of Mechanical Solar Systems, Clocks, and English Nobility*, New York: Springer, 2013.

64　Henry C. King, *Geared to the Stars: The Evolution of Planetariums, Orreries, and Astronomical Clocks*, Toronto: University of Toronto Press, 1978, pp. 155–157.

65　WRIGHT Thomas (I), in *DBSIM*, p. 306.

66　SAUNDERS Samuel (I), in *DBSIM*, p. 244.

67　《皇朝礼器图式·仪器》，第 43 页。

68　Magnetic Azimuth Dial, by Henry Sutton, London, c. 1650, Inventory Number 54294, https://hsm.ox.ac.uk/collections-online#/item/hsm-catalogue-2900; Print (Engraving) Uncropped Compass and Magnetic Azimuth Dial Card for a Circumferentor, by Henry Sutton, London, 1653, https://hsm.ox.ac.uk/collections-online#/item/hsm-catalogue-10901.

里斯（Jean Fusoris，约 1355—1436）已开始研制星盘等各类天文仪器[69]。15—16
世纪，在钟表匠、金匠、桌饰匠、铸字工与雕刻师中有少数人从事数学仪器
制造，由于需求有限，这项工作几乎从未是全职的[70]。到了 16 世纪末，刀具
师（couteliers）行会首次将数学仪器制造写入章程，正式确立为其经营范围。
但由于铸造师（fondeurs）行会垄断了金属熔炼的权力，而大部分数学仪器又
是金属制品，因此刀具师与铸造师之间不可避免地产生了持续的矛盾。17 世
纪中叶，巴黎最高法院最终裁定数学仪器的生产权归属于铸造师行会。正因
如此，清宫仪器的巴黎制造者全部隶属于该行会。不过，铸造师行会的活动
也受到了限制，他们被禁止研磨镜片或制造望远镜，只能从制镜师那里购买
望远镜，并将其安装在自己的仪器上[71]。这种严格行会经营范围的限制，虽然
有效避免了行业内卷，但也抑制了工匠的活力与创造力，使得巴黎的仪器制
造相较于他们的伦敦同行显得更加保守。1685 年，路易十四派遣国王数学家
来华，自此大量巴黎工匠制造仪器得以进入清朝宫廷[72]。

　　迈克尔·巴特菲尔德（Michael Butterfield，1635—1724）[73]有 3 件仪器进
入清宫。他出生于伦敦，父亲是一名鞋匠。1663 年移居巴黎，并于两年后成
为金属铸造与仪器制造工匠让·舒瓦奇（Jean Choizy）的学徒。他于 18 世纪
70 年代初取得师傅的资格，1703 年前后接替尼古拉·比翁（Nicolas Bion，约
1656—1733）成为铸造行会的董事会员。他在当时法国的著名学术期刊《学
者杂志》（Journal des Sçavans）上发表多篇文章，介绍自己的仪器，宣称自己
与卡西尼（Giovanni Domenico Cassini，1625—1712）关系密切。至少在 1681
年，他已经获得"国王御用数学仪器工程师（Ingénieur du Roy en instruments de

69　Fausto Casi, "A Medieval Astrolabe in the Tradition of Jean Fusoris", *Nuncius,* 2004,19 (1), pp. 3–29.

70　有关巴黎数学仪器制造者群体，参见 Anthony Turner, "Mathematical Instrument-Making in Early Modern
　　Paris", in *Luxury Trades and Consumerism in Ancien Régime Paris: Studies in the History of the Skilled
　　Workforce,* ed. Robert Fox and Anthony Turner, 2016, pp. 63–96.

71　Daumas, *Scientific Instruments of the Seventeenth and Eighteenth Centuries and Their Makers*, pp. 94-96. 这
　　或许能够解释为什么在本研究关注的仪器范围内，产自巴黎的 4 件大地测量仪器中只有 1 件配有望远镜
　　瞄准器，相比之下，产自伦敦的 4 件大地测量仪器中有 3 件都配有望远镜。

72　有关此次使团来华及之后的中法交流，参见韩琦，杨帅：《路易十四的赠礼——"国王数学家"来华与
　　康熙时代科学仪器的传入》，《中国科技史杂志》，2024 年第 1 期，第 1–11 页；詹嘉玲：《18 世纪中国和
　　法国的科学领域的接触》，耿升译，《清史研究》，1996 年第 2 期，第 56–60、69 页。

73　有关巴特菲尔德的生平，参见 Patrick Rocca and Françoise Launay, "Michel Butterfield (London, c. 1643–
　　Paris, 1724), the Parisian Apprentice of Jean Choizy", *Bulletin of the Scientific Instrument Society*, 2018 (136),
　　pp. 14–19; Daumas, *Scientific Instruments of the Seventeenth and Eighteenth Centuries and Their Makers*, pp.
　　78–79.

mathématique）的头衔。1717 年 5—6 月，彼得大帝（Peter the Great）访问巴黎期间曾到访他的商铺，采购了大批仪器。在数学仪器制造领域，巴特菲尔德的独特贡献是创造了以他名字命名的日晷。巴特菲尔德式日晷（Butterfield dial）是一种便携地平式日晷，其晷针的角度可以根据所在地的纬度调整，范围通常为 40°—60°，晷面上相应地给出 3—5 条不同纬度对应的小时线[74]。清宫所藏"铜镀金八角形地平公晷仪"即是这种类型，但现有图片上并无制造者铭文。由于巴特菲尔德式日晷在 18 世纪极其流行，仿者众多，因此无法肯定这件仪器出自巴特菲尔德本人之手[75]。

同时期，巴黎另一位杰出的数学仪器制造者是让·沙波托（Jean Chapot，1637—约 1721）[76]，他有多件仪器被清宫收藏[77]。沙波托出生于法国中部城市讷韦尔（Nevers），1659 年来到巴黎，师从数学仪器制造商罗什·布兰多（Roch Blondeau），1662 年成为熟练工（compagnon），2 年后成为师傅。1672 年前后，他开设了自己的仪器店铺，其商标是一台浑仪（La Sphère）。从店铺的商业名片（图 2）可见清宫收藏的提环日晷、倾角日晷、半圆量角器都是其主要产品。1717 年，彼得大帝同样在沙波托的商铺购买了 7 件仪器，总金额为 856 里弗（livre）。其中的盒装平板仪（Une planchette Carrée dans so etuit）与清宫中的"绘图平板仪"是同一款式，现藏艾尔米塔什博物馆。根据随行人员的记录，该仪器的售价为 100 里弗[78]。沙波托制造的"铜镀金双千里镜全圆仪"是本研究所涉法制大地测量仪器中唯一配有光学望远镜的。1676—1679 年，沙波托曾协助切鲁宾（Cherubin d'Orléans，1614—1697 年）神父制造多架双筒望远镜，

74　Mike Cowham,"The Butterfield Dial", *Bulletin of the Scientific Instrument Society*, 2017 (133), pp. 25–27.

75　巴特菲尔德通常会将其姓氏刻于日晷小时线内侧，但也有例外情况，如牛津科学史博物馆藏品：Butterfield Dial, by Michael Butterfield, Paris, Late 17th Century, Inventory Number 34660, https://hsm.ox.ac.uk/collections-online#/item/hsm-catalogue-3529.

76　多马对沙波托父子的错误表述被众多后续研究所采纳，直到最近才由弗朗索瓦丝·洛奈（Françoise Launay）等几位学者的研究所更新，参见 Françoise Launay, Patrick Rocca, and Guillaume Blanchard, "Jean Chapotot (1637–c. 1721) and His Son François (c. 1670–after 1749): Mathematical Instrument Makers in Paris Between 1670 and 1721," *Bulletin of the Scientific Instrument Society*, 2024(162), pp. 6–21. 该研究同时对让·沙波托仪器铭文的变化进行了仔细的考据，表明 1680 年之前他的签名均为花体，之后改为正体。清宫藏沙波托制仪器的签名全为正体字，故均为 1680 年之后制造。

77　除本文关注的仪器外，从其他文献可知，沙波托进入的清宫仪器还包括用于大地测量、半径约 70 厘米的移动式象限仪（mobile quadrant），参见 Mario Cams, *Companions in Geography: East-West Collaboration in the Mapping of Qing China* (*c.*1685–1735), Brill, 2017, p. 102；标准尺，现收藏于台北故宫博物院，参见韩琦，杨帅：《路易十四的赠礼》，第 6 页脚注。

78　E. A. Kniajetskaia and V.L. Chenakal, "Pierre le Grand et les fabricants français d'instruments scientifiques", *Revue d'histoire des sciences* 1975, 28 (3), pp.243–258.

这些仪器现收藏于巴黎工艺博物馆[79]。此外，沙波托还开发了配有望远镜的水准仪（niveau à lunette），1680 年的《学者杂志》专门报道了这项发明，几年后他再次进行改进，受到了惠更斯等科学院成员的好评，彼得大帝也购买了一件。

图 2　让·沙波托的商业名片©WaddesdonManor

尼古拉·比翁有 2 件仪器收藏于清宫。关于比翁的生平资料较为稀缺，但已知他曾是铸造行会的成员及其管理者，并被授予"御用数学仪器工程师"的称号。比翁所遗留的仪器数量有限，以传统数学仪器为主，工艺精湛[80]。

79　Lunette binoculaire de Chérubin à trois tirages, N° inventaire: 14608-, https://collections.arts-et-metiers.net/?queries=query=search=N°%20d'inventaire=[14608-]&showtype=record.

80　Daumas, *Scientific Instruments of the Seventeenth and Eighteenth Centuries and Their Makers*, pp. 79–81.

清宫所藏的他制造的比例规和半圆仪体现出这一特点。比翁的声誉主要建立在其著作基础上，他共撰写了三部关于仪器制造的专著：《天球仪、地球仪以及依据不同宇宙体系所制浑仪的使用》[81]，该书至 1751 年已出版 6 次，并在 1799 年再次重印；《通用与专用星盘的使用》[82]；《数学仪器的制造与主要用法》[83]，该书至 1752 年共出版 5 次，并被翻译成德语和英语（两个版本）。值得一提的是，这三本著作均被带到北京[84]，很可能在清宫自制仪器时发挥了作用，这一问题仍有待后续进一步考察。

皮埃尔·索托（Pierre Sautout，1660—1714）也有一件半圆仪进入清宫，该仪器上的铭文为"Sautout-Choizy"，颇令人费解。专于法制数学仪器研究的弗朗索瓦丝·洛奈与罗卡·帕特里克（Rocca Patrick）在最近的一篇论文中对此进行了解释。皮埃尔·索托及其两位同姓弟弟都是让·舒瓦齐的侄子和学徒，皮埃尔大约在 1682 年前后取得师傅资格。1682 年之前，他使用的仪器签名为"Sautout l'ainé"（年长的索托）。1682 年，让·舒瓦齐去世，皮埃尔将签名改为"Sautout-Choizy"，以表达对叔叔和师傅的怀念[85]。这项考据工作为推断该半圆仪的制造年代提供了依据。

三、结　语

本文对 17—18 世纪清宫收藏的 35 件欧洲制造的科学仪器及其 16 位制造者进行了分析。研究结果表明，英国制造的仪器不仅在数量上占据优势，而且在种类的多样性、形制的创新性以及功能的先进性方面均显示出领先地

81　Nicolas Bion, *L'usage des globes célestes et terrestres et des sphères, suivant les différents systèmes du monde, précédé d'un traité de cosmographie... Seconde édition revue, corrigée et augmentée par le Sieur Bion...*, 1703, https://gallica.bnf.fr/ark:/12148/bd6t5381809p.

82　Nicolas Bion, *L'usage des astrolabes tant universels que particuliers. Accompagné d'un traité, qui en explique la construction par des manières simples & faciles... par le sieur Bion...*, 1702, https://gallica.bnf.fr/ark:/12148/bpt6k5541382h.

83　Nicolas Bion, *Traité de la construction et des principaux usages des instrumens de mathematique ... Par le Sr N. Bion...*, 1709, https://gallica.bnf.fr/ark:/12148/bpt6k857654v.

84　C. M. H. Verhaeren, *Catalogue of the Pei-T'ang library* (北堂图书馆藏西文善本目录), Beijing: Peking Lazarlst Mission Press; 国家图书馆出版社, 再印, 2009, 条目 107—113。

85　Françoise Launay, Patrick Rocca, Guillaume Blanchard, "Jean Chapotot (1637–c. 1721) and His Son François (c. 1670–after 1749) Mathematical Instrument Makers in Paris between 1670 and 1721", p. 7.

位。这一现象与当时英法两国在科学仪器制造领域的整体发展趋势是一致的。事实上，尽管巴黎的科学仪器产业起步较早，但在巴特菲尔德、沙波托和比翁等一代杰出工匠之后，该产业迅速衰退，在整个 18 世纪几乎无法与英国的科学仪器制造业相抗衡。与此同时，英国的科学仪器制造者在消色差望远镜、航海钟、刻度方式等领域取得了重大的技术突破，这些创新成就了英国在全球高端精密仪器制造业中的领导地位。两国在科学仪器制造水平上的差距是由多种因素造成的。英国在原材料供应、市场环境、行会管理政策、海洋国家对仪器的需求以及皇家学会在保护和激励仪器制造者方面的积极作用等均显示出明显的优势[86]。西方学者对于这些因素已有较为深入的探讨，本文在此不再赘述。

本研究致力于对清宫所藏科学仪器进行辨识、断代及制造者信息的综合整理，旨在为未来的深入研究奠定基础。首先，仪器的辨识与命名工作可扩展至清宫自制仪器，这将为中西方同类型仪器的比较研究提供宝贵的线索。其次，仪器制造时间的确定可通过与其他历史文献或档案资料进行对比分析，从而推断仪器的具体入宫途径及时间。此外，对仪器制造者的考察也留下了众多待解之谜，除前文中已提及的之外，还有不少可供讨论的问题。例如，伦敦仪器制造者虽分散于四个行会，但多数与约翰·罗利存在或明显或隐晦的联系，对清宫仪器的研究，或许能够揭示伦敦仪器工匠之间存在的、尚不为人所知的社会网络。总体而言，对仪器制造者信息的整理不仅为清宫科学仪器的学术研究指明了方向，同时也为未来相关科学仪器展览的策展工作提供了思路和素材。

必须指出的是，针对仪器铭文信息的研究理应基于对器物实物的直接考察。然而，由于各种条件的限制，本研究仅能依赖于公开的图片资料进行分析，因此，研究中不可避免地存在疏漏之处，且无法全面覆盖 17—18 世纪清宫所藏的欧洲制造科学仪器，从而限制了得出更为明确和普遍性结论的可能

---

86 Daumas, *Scientific Instruments of the Seventeenth and Eighteenth Centuries and Their Makers*, pp. 90–135; Turner, *Early Scientific Instruments: Europe, 1400–1800*, pp. 171–230; Richard Sorrenson, *Perfect Mechanics: Instrument Makers at the Royal Society of London in the Eighteenth Century*, Boston, Massachusetts: Docent Press, 2013.

性。尽管如此，本文旨在发挥抛砖引玉之作用，为后续的深入研究铺路，以期更全面地揭示清宫科学仪器的历史价值与文化意义，进而为科学史和文化交流史等研究领域提供新的视角。

European-Made Scientific Instruments of the Seventeenth and Eighteenth Centuries in the Qing Court Collection and their Makers

WANG Zheran

Abstract: This paper examines 35 European-made scientific instruments from the 17th and 18th centuries, which were introduced into the Qing court, and currently housed in the Palace Museum in Beijing. Based on inscriptions, 16 instrument makers have been identified, all of whom originated from England and France—12 from London and 4 from Paris. The study categorizes and renames the instruments, refines production dates, and explores the professional backgrounds and social networks of their makers. English instruments dominate not only in quantity but also in variety and innovation, highlighting the disparity in the level of scientific instrument craftsmanship between England and France during this period.

Keywords： Qing court; scientific instrument; instrument maker; Sino-Western scientific exchange

附表　论文讨论的 35 件清宫欧制仪器详细信息

图鉴序号	现用名称	类别西文名	类别中译名	制造时间	制造者
25	铜镀金计分式提环赤道公晷仪	universal ring dial	通用提环日晷	1700—1737 年	埃德蒙·卡尔佩珀
28	铜镀金八角立表赤道公晷仪	inclining dial	倾角日晷	1700—1737 年	
29	铜镀金八角形赤道公晷仪	inclining dial	倾角日晷	1700—1737 年	
114	铜镀金全圆仪	simple theodolite	简易经纬仪	1700—1737 年	
	"为五七九之 2" 显微镜	screw-barrel microscope	螺筒式显微镜	1704—1737 年	
	"为五七九之 3" 显微镜	screw-barrel microscope	螺筒式显微镜	1704—1737 年	
72	铜镀金刻比重表比例规	sector	比例规	1712—1751 年	本杰明·斯科特
36	地平经纬赤道公晷仪	standing universal ring dial	立式通用提环日晷	1720—1753 年	托马斯·希思
148	紫漆镀铬望远镜	refracting telescope	折射望远镜	1728—1813 年	威廉·吉尔伯特 加布里埃尔·怀特
149	绿漆皮四节望远镜	refracting telescope	折射望远镜	1728—1813 年	
150	橙漆镀铜四节望远镜	refracting telescope	折射望远镜	1728—1813 年	
151	铜镀金条纹望远镜	refracting telescope	折射望远镜	1728—1813 年	
153	银制条纹望远镜	refracting telescope	折射望远镜	1728—1813 年	
43	铜镀金赤道主表合璧仪	analemmatic dial	日行迹日晷	1671—1724 年	丹尼尔·奎尔
44	铜镀金测时主表合璧仪	analemmatic dial	日行迹日晷	1671—1724 年	
7	铜镀金七政仪	orrery	太阳系仪	1712—1730 年	理查德·格林
35	铜镀金经纬赤道公晷仪	mechanical universal equinoctial ring dial	机械通用赤道式提环日晷	1720—1730 年	
	"为五七九之 1" 显微镜	cuff-type microscope	卡夫式显微镜	1744—1770 年	约翰·卡夫
158	铜镀金反射望远镜	Gregorian reflecting telescope	格雷戈里式反射望远镜	1763—1779 年	亨利·皮芬奇
118	铜镀金单千里镜全圆仪	simple theodolite with a telescope	配望远镜的简易经纬仪	1690—1728 年	约翰·罗利
113	四游千里镜半圆仪	graphometer with a telescope	配望远镜的半圆仪	1690—1728 年?	约翰·罗利?
102	铜镀金双千里镜象限仪	quadrant with two telescopes	配双望远镜的象限仪	1715—1727 年	托马斯·赖特
17	定南针指时刻日晷仪	circumferentor with a magnetic azimuth dial	配磁针方位日晷的啣板罗盘仪	1708—1743 年	塞缪尔·桑德斯

续表

图鉴序号	现用名称	类别西文名	类别中译名	制造时间	制造者
24	铜镀金巴黎款提环公晷仪	universal ring dial	通用提环日晷	1665—1724 年	迈克尔·巴特菲尔德
57	铜镀金折叠矩尺	folding square	折叠矩尺	1665—1724 年	迈克尔·巴特菲尔德
111	铜镀金单游标女神像半圆仪	graphometer	半圆仪	1665—1724 年	
14	铜镀金八角形地平公晷仪	Butterfield dial	巴特菲尔德式日晷	1665—1724 年?	迈克尔·巴特菲尔德?
22	铜镀金巴黎款提环赤道公晷仪	universal ring dial	通用提环日晷	1680—1724 年	
30	铜镀金八角赤道公晷仪	inclining dial	倾角日晷	1680—1724 年	
62	铜镀金半圆仪	semi-circle protractor	半圆量角器	1680—1724 年	让·沙波托
117	铜镀金双千里镜全圆仪	simple theodolite with two telescopes	配双望远镜的简易经纬仪	1680—1724 年	
120	绘图平板仪	plane table	平板仪	1680—1724 年	
69	铜镀金比例规	sector	比例规	1675—1733 年	尼古拉·比翁
112	铜镀金单游标半圆仪	graphometer	半圆仪	1675—1733 年	
110	铜镀金巴黎单游标半圆仪	graphometer	半圆仪	1682—1714 年	皮埃尔·索托

注：①"图鉴序号"为该仪器在《清宫西洋仪器》一书中的序号。②"?"表示该信息仅为推断，需进一步核实。

海德格尔"古希腊无世界图像论"刍议

/

鲁博林[1]

摘　要：海德格尔在《世界图像的时代》中提出了"世界图像"的概念，并指出世界被把握为图像标志着现代之本质。他随之作出了"在古希腊，世界绝不会成为图像"的论断。本文就这一论断提出的思想史语境进行了考证，并认为对该论断的阐释必须置于海氏诸概念阐释的基础上进行。而在科学史的意义上，古希腊基于"已知大地""宇宙""一切存在物"等观念，的确存在再现天界与地界图式的广义"世界图像"。该类图像并不能被简单地视为对海德格尔的反驳，相反，我们可在思想史的意义上将之接入海氏的批判路径，进而以海氏视角反观古代西方世界图像的本质规定。本文主张即便作为几何呈现的古代世界图像，也并未规定世界存在之本质，相比之下，"成为图像"却成为现代数理科学主导下世界被摆置和被支配的必然命运。海氏之论，足以作为我们反思古代科学的一把关键钥匙。

关键词：海德格尔；世界图像；古希腊；科学史；思想史；地理学

　　学界常常将反映海德格尔中期思想的名篇《世界图像的时代》（*Die Zeit des Weltbildes*，以下简称《时代》）与其批判现代技术与科学的讲稿《技术的追问》《科学的沉思》等相提并论[2]。作者在此文中首先对近代科学的本质进行了抽丝剥茧的追问，并将其源头确定为人的主体性之确立。但其更为广泛的

1　鲁博林，1987 生，四川广安人，清华大学科学史系助理教授，主要研究方向为西方科学思想史，E-mail: lubolin.789@gmail.com。基金项目：国家社会科学基金一般项目"托勒密地学文献译注及其普世地理观念研究"（24BSS052），清华大学自主科研计划文科专项"中西比较视野下的地理知识与图像对普世空间观构建之研究"（2024Z04W01001）。

2　本文对《世界图像的时代》的援引主要依据德文本 Martin Heidegger, *Holzwege*, Frankfurt am Main: Vittorio Klostermann, 2003 与英译本 Martin Heidegger, *Off the Beaten Track*, trans.Young J, Haynes K, Cambridge: Cambridge University Press, 2002。中译文本则参考了马丁·海德格尔：《海德格尔文集：林中路》，孙周兴译，孙周兴，王庆节主编，北京：商务印书馆，2015 年。部分译文有改动。

影响是紧接着对"世界图像"（weltbild）的论述——这一概念本身的提出在后世引发了巨大的反响，催生了关于"景观社会""图像转向""视觉文化"等的研究[3]。但海氏概念的复杂性和语境特征，使得这一概念很容易被误解，中文译名的通俗理解常常与图像学、制图学乃至科学史的解释发生冲突，其中尤以"古希腊无世界图像"的论断最为突出[4]。在科学史领域，古希腊时代无论是思想史层面的宇宙论或世界观（world view），还是制图意义上以天或地作为世界的图像（world image）都有相当丰富的遗存，这使得史学家很难与海氏的论断形成呼应。以此为出发点，本文主张首先回到海德格尔的现象学语境中去，在其特定的存在论、世界观念和图像作为表象的观照下，澄清"世界图像"一语的哲学内涵；其次则意在引入而非回避科学史领域对一般意义上古希腊世界图像的理解，以阐明历史理解和哲学理解的主要差异。在此基础上，本文试图在思想史层面对海德格尔的论断与科学史的结论之间进行弥合，进而以海氏的哲学批判之锋剖开古希腊世界图像的本质，进一步深化我们对古希腊乃至整个古代科学的理解。

一、什么是"世界图像"？

在本文开篇，首先要对《时代》的整体内容作一简要梳理。作者一开始就提出近代科学的本质是"研究"（Forschung），而研究的本质在于"认识把自身作为程式（Vorgehen）建立在某个存在者领域（自然或历史）上"[5]。该种程式预设了某个得以活动的敞开区域，并通过筹划（Entwurf）预先描画出程式必须以何种方式维系于该区域。这种维系（Bindung）指向了研究的严格性。数学的物理学作为近代科学的严格性，正在于其精确性（Exaktheit）。这

---

3 "景观社会"的概念源自法国学者居伊·德波的同名著作 Guy Debord, *La Société Du Spectacle*, Paris: Gallimard, 1996, 后被吸纳进入鲍德里亚的符号社会与拟像理论之中。"图像转向"在 20 世纪 90 年代由米切尔和博姆等提出，强调当代文化以图像为中心，见 Gottfried Boehm, "Die Wiederkehr Der Bilder", in *Was ist Ein Bild*, Munich: Fink Verlag, 1994, p. 17. 视觉文化则以美国学者阿尔珀斯（Svetlana Alpers）1983 年所著《描述的艺术》为标志，超越了传统的图像学研究并成为独立的研究领域，参考 Svetlana Alpers, *Art of Describing: Dutch Art in the Seventeenth Century*, Chicago: University of Chicago Press, 1983, pp.xvii– xxviii.

4 事实上，海德格尔的原话是 "im Griechentum die Welt nicht zum Bild werden kann"（在[古]希腊，世界不可能成为图像）以及 "(neuzeitliches Weltbild) sagen zweimal dasselbe und unterstellen etwas, was es nie zuvor geben konnte, nämlich ein mittelalterliches und ein antikes Weltbild" 即"（现代世界图像）假定了某种以前绝不可能有的东西，亦即一个中世纪的世界图像和一个古代的世界图像"。本文将两处意思加以综合，但并不偏离其本意。见 Heidegger, *Holzwege*, pp. 90–91.

5 Heidegger, *Holzwege*, p. 7; Heidegger, *Off the Beaten Track*, p. 59.

种精确性的来源不在计算，而恰恰在于前述对对象区域的维系本身。数学的自然研究的程式借助把一个对象区域表象出来的方法，具有基于清晰之物的澄清的特性——这清晰之物正是说明（Erklärung）。说明在探究（Untersuchung）中实行，探究又通过实验来进行。唯有在自然知识已经转换为"研究"的地方，即近代科学的领域内，实验才是可能的。近代科学实验作为方法，乃是奠基于作为基本假设的定律，它借此得以被计算而成为可控，而实验结果反过来支持或反对该定律。另外，科学还具有企业活动（Betrieb）的特性。企业活动自我导向并能建立一种内在统一，由此规定了研究方法和研究对象的专门化。

该文原为作者在弗莱堡大学的演讲，原题为《形而上学对现代世界图像的奠基》。依照海德格尔一贯的文风，甫一开篇他便提出了大量概念，并以本质主义的方式加以规定。显然，对所有这些概念的理解同样需要回到海氏整体的哲学语境中才得以成为可能。不过这并非本文重点。接下来，海德格尔进一步论述道，近代科学的诞生源于人作为主体的转变。一般主体，即"Subjectum"一词其实是古希腊语中"根据"（ὑποκείμενον, hypokeimenon）的翻译，其意为：眼前现成之物，它作为根据将一切聚集于它自己[6]。然而问题在于，笛卡尔之后，人何以成了这种根据呢？作者认为，对人的理解的变化，源于对存在者整体（即世界）理解的变化。这种变化的表征，正是世界图像的诞生——文章直到这时才导向对世界图像的讨论。海德格尔对"世界图像"给出了自问自答式的定义。首先，"世界图像"应拆分成"世界"和"图像"两个概念进行理解。"世界"在海德格尔的哲学体系中是一个相当关键的词汇，早在 1927 年的《存在与时间》（Sein und Zeit）中，他就已经对"世界"的概念进行了四重界分。

（一）世界被用作存在者层次上的概念，因而只能够现成存在于世界之内的存在者的总体。

（二）世界起存在论术语的作用，其意思是指在第一项中所述的存在者的存在……

（三）世界……被了解为一个实际上的此在作为此在"生活""在其

6　海德格尔：《海德格尔文集：林中路》，第 916–920 页。

中"的东西。世界在这里具有一种前存在论的生存上的含义。

（四）世界最后还指世界之为世界的存在论生存论上的概念。世界之为世界本身是考验变为某些特殊"世界"的任何一种结构整体，但是它在自身中包含有一般的世界之为世界的先天性。[7]

在《存在与时间》中，"世界"大多是在第三重意义上被言及的。但在 1938 年的《时代》中，海德格尔依然是在这一意义上指称"世界"吗？海德格尔是这样界定的："但何谓世界呢？所谓图像又意味着什么？世界在这里乃是表示存在者整体的名称。这一名称并不局限于宇宙、自然。历史也属于世界。但就连自然和历史，以及在其沉潜和超拔中的两者的相互贯通，也没有穷尽了世界。在世界这一名称中还含有世界根据的意思，不论世界根据与世界的关系是如何被思考的。"[8]看起来，海氏似乎将之视为"存在者的整体"来理解。这更符合上述的第一重含义。但作者紧接着又说，仅仅自然和历史并不能穷尽"世界"的含义，该概念同时也囊括了世界的根据在其中——这便超越了第一重含义。然而究竟何为"根据"，作者并未进一步阐明，唯在文后"附录五"中略作提示说："在《存在与时间》一书中所阐发的那样，世界概念只有在'此之在'（Da-sein）的问题的视界内才能得到理解。"[9]而该问题又同关于存在（即就非存在者而言之"存在"）意义的基本问题密切联系。就此，我们似乎又可以把该文中的"世界"理解为《存在与时间》里的世界，即一个生存论意义上的、作为此在的源始规定性的世界。

海德格尔在正文中的欲言又止和附录中的旁敲侧击，显示出某种行文的审慎与不可避免的模糊性。事实上，其"世界"无论作"存在者整体"的通俗意义解，还是以现象学的"存在"加以把握，都不太影响"世界图像"的整体含义——因"世界"概念的意义早已被"图像"所约束。在后面的分析中可以看到，海德格尔多数时候仍是从"一切存在者""存在者整体"的角度切入的，而"世界作为图像"的规定性，也令"世界"的存在只能就其作为存在者的表象来领会。那么这就引出了下一个值得重点关注的问题："图像"

7　马丁·海德格尔：《存在与时间》（中文修订第二版），陈嘉映，王庆节译，北京：商务印书馆，2016 年，第 92–93 页。

8　Heidegger, *Holzwege*, p. 89; Heidegger, *Off the Beaten Track*, p. 67.

9　Heidegger, *Holzwege*, p. 100; Heidegger, *Off the Beaten Track*, p. 76.

为何？海德格尔在这里引入了一句德文俗语"了如指掌"（im Bilde），其字面义正是"在图像中"。他由此进一步阐释："'图像'在这里并不是指某个摹本，而是指我们在'我们对某物了如指掌'（wir sind über etwas im Bilde）这个习语中可以听出的东西。这个习语要说的是，事情本身就像它为我们所了解的情形那样站立在我们面前。'去了解某物'（Sich über etwas ins Bild setzen）意味着：把存在者本身如其所处情形那样摆到自身面前来，并持久地在自身面前具有如此这般被摆置的存在者。"[10]但话至此处，他依旧认为对于图像的本质还缺乏一个决定性的规定，因此他接着说：

> "我们对某事了如指掌"不仅意味着存在者根本上被摆到我们面前，还意味着存在者——所有它所包含和在它之中并存的一切东西——作为一个系统站立在我们面前。"在图像中"（Im Bilde sein），这个短语有"了解某事、准备好了、对某事作了准备"等意思。在世界成为图像之处，存在者整体被确定为那种东西，人对那种东西作了准备，相应地，人因此把这种东西带到自身面前并在自身面前拥有这种东西，从而在一种决定性意义上要把它摆到自身面前来[11]。

海德格尔对"图像"的阐释显然要详细得多。简言之，"世界图像"并不意味着"世界的图像"或一般意义上对"世界"的描绘，而是"世界被把握为图像"，更简单地说则是"世界作为图像"——世界系统性地作为图像，站到我们面前。作者紧接着说："唯就存在者被具有表象和制造作用的人摆置而言，存在者才是存在着的。"[12]换句话说，唯有作为表象，存在者才存在；唯有作为图像，世界才存在。作为存在者的整体构成了"世界"概念的本质。海德格尔认为，就"世界作为图像"而诞生的"世界图像"，纯粹是现代性的产物。由此当我们说"现代世界图像"的时候，就只是在同义反复，因为并不存在一个从古代过渡到中世纪再到现代的持续演变的"世界图像"。毋宁说，"世界成为图像，这一回事情标志着现代之本质"[13]。因此，海德格尔根本上

---

10 Heidegger, *Holzwege*, p. 89; Heidegger, *Off the Beaten Track*, p. 67.
11 Ibid.
12 Ibid.
13 Heidegger, *Holzwege*, p. 90; Heidegger, *Off the Beaten Track*, 68.

否认中世纪或古希腊存在"世界图像"。他指出，在中世纪时期，存在者意味着"归属于造物序列的某个特定等级，并作为这样一种造物符合于创造因"；而在古希腊，"存在者之觉知归属于存在"，人只是存在者的觉知者（der Vernehmer）而非直观者——毋宁说，人是被存在者直观的东西，是更被动的接收者和承受者。海德格尔所谓的觉知（Vernehmen）并非对象性的认知，而是作为其常言的"思"（Denken），与近代意义上的"表象"（Vorstellen）相对，该概念又可上溯到拉丁文中的 repraesentatio——在海德格尔看来，这是世界对象化的开端[14]。总之，古代世界在存在者意义上不可能仅仅"作为图像"或作为表象被理解。

海德格尔对古希腊哲学独树一帜的阐释，以及他对笛卡尔以降的二元论的批判构成了一体两面。因此"古代何以没有世界图像"的疑问，也可转化为"何以现代世界才作为图像被把握"的等价问题。就本文的语境而言，海德格尔实则提出了"现代人建构了自身作为主体的地位"这一批判论点。基于以上论述，世界之成为图像与人在存在者之中成为主体乃是同一个过程。所谓"世界图像的时代"，本质上是世界被客体化和表象化的时代，其中世界作为图像而存在，成为被支配和被征服的对象。由是观之，世界观（Weltanschauung）在海德格尔的视角下唯有在"世界图像"的时代才成为可能，同时人也为这一地位而斗争，"力求他能在其中成为那种给予一切存在者以尺度和准绳的存在者"[15]。正因如此，现代世界体现为世界图像/世界观的斗争。该斗争使得现代进入它最关键的时代，即以"庞大之物"（die Riesenhafte）的显现为标志。每个时代都有自己可称为"庞大"的概念。对现代而言，那"庞大之物"一旦通过计划（Planung）、计算（Berechnung）、设立（Einrichtung）和保证（Sicherung）从纯粹的量变为质，便从此成为笼罩在现代性、科学研究和世界图像之上的"不可见的阴影"[16]。

14　海德格尔：《海德格尔文集：林中路》，第 900 页。
15　Heidegger, *Holzwege*, p. 94; Heidegger, *Off the Beaten Track*, p.71.
16　Heidegger, *Holzwege*, p. 95; Heidegger, *Off the Beaten Track*, pp.71–72.

二、古希腊科学语境中的"世界"及"世界图像"

尽管海德格尔斩钉截铁地断言"在古希腊,世界绝不会成为图像"。但这并不意味着,古希腊没有关于"世界图像"的构想。海德格尔那种"六经注我"色彩浓烈的哲学史阐释,自然也和通常意义上哲学视阈中的古希腊思想产生了明显的张力。下文将试图从古希腊哲学的立场出发,对古希腊思想中的"世界"概念作一浅述,由此重新讨论前文提到的"古希腊有无世界图像"及其图像与现代世界图像异同之问题。

海德格尔对希腊哲学的理解奠基于《存在与时间》。在他看来,希腊哲学自柏拉图以降,便走上了关注"存在者"而非"存在"的西方形而上学的歧路。而他更推崇的是巴门尼德等前苏格拉底时期的哲学家对存在问题的探究。事实上,一般认为希腊哲学自米利都学派或伊奥尼亚学派开始,就进入对"存在者"的探讨。从泰勒斯、阿那克西曼德等对本源(ἀρχή, arche)概念的追问,到赫拉克利特对"一切皆流"的肯定和对永恒"存在"的否定,再到恩培多克勒的四根说和初露端倪的"原子论",无不是在寻找存在者意义上的"本体"(οὐσία, ousia)。海德格尔推崇备至的巴门尼德,在哲学史上主要作为与赫拉克利特对立的形而上学家被提到,他对"存在者存在,不存在者不存在"的界说,首先是对赫拉克利特的有力反驳,即批判其"缺乏一个基础来解释普遍的火何以变成其他形式"[17]。而巴门尼德则是要确定变化的实底,即"在这种多样的变动的意见之上,寻求唯一的永恒不变的真理"。在这一意义上,海德格尔引述的巴门尼德与哲学史传统存在一定出入[18]。但两者至少在一点上是一致的,即在人与世界关系的方面,都认为古希腊并不像近代以后那样,将人标举为一切存在者的尺度和准绳;恰恰相反,古希腊思想中的万物是自我生成的。正如亚里士多德所言:"所有思想家都一致认为这个世界是生成的,但生成之后,有些人说它是永恒的;另一些人则说它是可以消灭的,就像其他自然构造物一样;还有一些人则断言它是交替变化的,有时像现在这样,有

---

17 E. 策勒尔:《古希腊哲学史纲》,翁绍军译,济南:山东人民出版社,1992年,第54页。
18 汪子嵩,范明生,陈村富,等:《希腊哲学史·第一卷》,北京:人民出版社,1997年,第591页。该书从希腊语词源出发提供了佐证,认为巴门尼德所述"存在"一词,始终所指都是同一的。而"在同一残篇中,有时译为'存在',有时译为'存在物',似乎巴门尼德使用了两个不同的概念,指两个不同的东西。这是没有根据的,容易引起误解"。

时又不同，处在消灭之中，而且这一过程是永远持续的，阿格里根特的恩培多克勒和爱菲斯的赫拉克利特就是持这种观点。"[19]柏拉图虽则经历了由早期《法律篇》中所提出的万物"不是任何神造的，也不是人为的"的自然生成论到后期《蒂迈欧篇》所代表的神创论的转变，但无论如何，最高之理型（εἶδος, eidos）存在的根据绝不在人——不同于普罗泰戈拉主张的"人是万物的尺度"，柏拉图所标举的乃是可以被转述为"神是万物之尺度"的古代超越论[20]。

而在人并不以"主体"视角统辖万物的古希腊，"世界"的观念又是怎样的呢？下文尝试从海德格尔的提法出发，首先对其加以语源学的追溯。海德格尔所言的"世界"，是现代德语里的"welt"一词，英译则为"world"。无论是 world 还是 welt，均起源于日耳曼语族中表示"人"的前缀 wer 和表示"年龄"的后缀 ald/old 的结合，原意为"人的寿命"。同族的词汇还包括古弗里斯兰语 wrald、古萨克森语 werold、中古荷兰语 werelt（荷兰语 wereld）、古高地德语 weralt、古冰岛语 verǫld 等。此后，该词的含义范围逐渐扩大到"人类"，再到"大地上的一切生命"，再向实体方向——如海德格尔说的那样，向存在者的方向扩展，开始指称"已知世界及其居民"，再扩大到最广泛意义上的"物质世界"乃至"宇宙"。该词的早期应用频繁见于基督教文本，并主要指称两类意思：一是世俗意义上的现实世界或人生；二是指物理意义上的世界及其居民[21]。在早期《新约圣经》的文本中，这两类意思分别用希腊化时期希腊语中的 αἰών（aeon）和 κόσμος（cosmos）来表示，实际促成了 world 对源于古希腊的两个分立词汇及其衍生意义的融合。

回到古希腊尤其是古典时代及更早时期的语境，我们会发现，当时的语言中实则并没有和 world 严格对应的词汇。当然，古代希腊世界中与"世界"相关甚至经常被现代语言翻译成世界的概念，实则还有不少。比如，学界常提及的 οἰκουμένη（oikoumene）、κόσμος（cosmos）、αἰών（aeon）等，就各有其指称和明确的分野。譬如，οἰκουμένη 指的是"居住世界"或"有人居住的世界"，仅就当时希腊人已知的土地范围而言，主要出现在制图学和地理学的

19　Aristotle, *On the Heavens*, trans. W. K. C. Guthrie, Cambridge : Harvard University Press, 1939, pp. 96–97；苗力田：《亚里士多德全集·第二卷》，北京：中国人民大学出版社，1991 年，第 298–299 页。

20　柏拉图：《法律篇》，张智仁，何勤华译，北京：商务印书馆，2016 年，第 124 页。

21　Oxford English Dictionary, "world (n.)," March 2025, https://doi.org/10.1093/OED/1495025216.

语境中；κόσμος 最早指"秩序"，但从毕达哥拉斯时代便开始融入古希腊的宇宙论，指代具有和谐完美秩序特征的"宇宙"之观念，柏拉图在《蒂迈欧篇》中将其建构为一种独特的"和谐整体宇宙"，使之成为希腊宇宙论的核心对象；而 αἰών 则指"人生"意义上的世界或时间跨度上更长的"时代"对应之世界[22]。无论何种意义上，这些词自然都不能和海德格尔所说的 welt 完全相对应。但从流俗的意义上来理解，除去仅有时间跨度含义的"αἰών"一词，οἰκουμένη 和 κόσμος 在古希腊时代作为不同层面的"世界"概念，无论作为理论还是作为创造物而言，都诞生了相应的再现图像。两者各自对应作为地图的"世界图像"和作为天图或天球仪的"球体（模型）"等，相应的观念或实物在古希腊文本中并不鲜见[23]。

在《世界图景的机械化》中，戴克斯特豪斯曾明确地将"wereldbeeld"（英文：world picture，中译即"世界图景"，也可理解为"世界观"）一词赋予古希腊的宇宙论内涵。在论述亚里士多德的"世界图景"时，他写道："他必定知道菲洛劳斯的世界图景，即地球绕着中心火旋转；或许也知道赫拉克利德的世界图景，即地球不仅绕轴转动，而且还沿圆周运动。他拒绝接受所有这些可能性，从而使地心世界图景在未来数个世纪拥有至高无上的地位。"[24]从中可见，无论这一概念是否为古希腊人所拥有，他们的确已经构想出了一系列基于不同宇宙观的图像化的世界。从欧多克斯再到亚里士多德的"同心球模型"，只是诸多天界图像中的一类。其显著的数学特征在后来发展出的"本轮-均论"和"偏心圆"模型中被发挥到极致，并在托勒密的《至大论》中达到巅峰。其中，非数学的一面则进入后世自然哲学的论域，成为一切在世之物讨论的必要前提。相比于天文世界的图像化建构，地理学中对居住世界的描述也不遑多让。从阿那克西曼德开始，文献记载中的古希腊制图学就得以

22　LSJ (Liddell, Scott, Jones Ancient Greek Lexicon), αἰών, A. 1–3, Perseus Project, 2024. https://lsj.gr/wiki/αἰών.

23　拉丁语境为地理意义上的世界图像构拟了一个转述词汇"Imago Mundi"，但从古希腊埃拉托色尼到托勒密时期，对世界的整体描画正是用我们今天更熟悉的"地理学"（geography）一词加以表示；而希腊语境中球体（σφαῖρα，sphaira）在天文领域与力学领域中，主要指天球模型，由此制球（σφαιροποιία，sphairopoiia）也成为古代力学中一个专门的分支。可参考 Elizabeth Anne Hamm, "Modeling the Heavens: Sphairopoiia and Ptolemy's Planetary Hypotheses", *Perspectives on Science*, 2016, 24(4), pp.416–424; Geoffrey E. R. Lloyd, *Greek Science after Aristotle*, London: Chatto & Windus, 1973, p. 93; 杰弗里·劳埃德：《希腊科学》，张卜天译，北京：商务印书馆，2021 年，第 266 页。

24　爱德华·扬·戴克斯特豪斯：《世界图景的机械化》，张卜天译，北京：商务印书馆，2018 年，第 52 页。

发端[25]。而自"地球"的概念出现，关于大地轮廓、周长的测算和图像的绘制，以"地理学之父"埃拉托色尼为代表，出现了质的飞跃。受两球宇宙论和数理天文学的影响，居住世界同样借助数学的途径得到描绘和直观，这一图像体系经过希帕克斯之手，最终在托勒密手中趋于大成。直到今天，托勒密的"世界地图"可以说代表了古代西方关于人类已知世界或居住世界的最具代表性的视觉再现之表象（representation）[26]。

那么，在古希腊就存在的作为视觉再现的表象（representation）与海德格尔笔下作为对存在者的对象化的表象（repraesentatio），果真判然有别吗？制图史上大量存在的关于世界的图像实例，是否与海德格尔的论断之间存在着某种龃龉？

三、海德格尔存在论观照下的古代世界图像本质之辨

从纯哲学的意义上，上述问题并不难回答。由海德格尔重新定义的"表象""图像""世界"等语汇，绝不能在今天的通俗意义上加以理解，作为哲学家，他以一种近乎非历史的方式，构筑了一个作为存在哲学之理想乡的古希腊，并根据他的语源学研究加以重构，以实现扮演现代对立面的功能。因而当海德格尔说"古希腊绝不会产生世界图像"时，他实际表达的是，经由他的词源研究重构的古希腊，绝不会诞生那种他所定义的世界概念，即现代意义上的、作为表象而存在的"世界"。这样的世界也绝不会成为图像，即那种因被把握和摆置才得到其存在之规定性的存在者。海德格尔以其一贯的笔法，名为"谈古"，实为"论今"，对古希腊的重新阐释最终是要指向对现代世界的批判。因此他的真正意思是说，在现代科学主导的世界，"成为图像"构成了具有现代本质的标志：小到任何存在物，大到整个世界，都只有当其

---

25 Diogenes Laertius, *Lives of the Eminent Philosophers*, trans. Pamela Mensch, New York: Oxford University Press, 2018, p. 61; John Brian Harley & David Woodward, *Cartography in Prehistoric, Ancient, and Medieval Europe and the Mediterranean*, Chicago:University of Chicago Press, 1987, p. 134.

26 "再现"或"表象"（representation）的说法在西方托勒密研究界十分常见，也是对其制图的普遍代称。见 Jacqueline Feke, "Ptolemy's Philosophy of Geography", in *Geografía (Capítulos Teóricos)*, ed. Ceceña René, Mexico City：Universidad Nacional Autónoma de México, 2018, pp. 287, 295, 304 以及 Alfred Stückelberger & Gerd Graßhoff, *Klaudios Ptolemaios: Handbuch Der Geographie, Griechisch-Deutsch*, Basel: Schwabe Verlag, 2006, pp. 129, 225, 237.

作为对象被带到人面前，被摆置到人的决定和支配领域之中时，才得以获得其存在之规定。在从胡塞尔一脉相承的现代科学乃至现代性批判的视角来看，海德格尔的这一洞察，无疑是一针见血，且相当精彩的。

但从科学史的角度，这一说法就很难说得通，甚至有些匪夷所思。因图像之为图像，未必因其存在之根柢在此，而完全可能基于外在诉求。一如托勒密对地志学与地理学的区分：“地志学的目标是呈现关于某部分的印象，就像画一幅只有耳朵或眼睛的图像；但是地理学的目标是呈现更具概括性的图像，类似画一幅完整的头部肖像。”[27]可见两者同为图像，一者是基于细节之肖似，二者是基于轮廓之准确，但都旨在模仿，而非出于某种本质之规定。对天文图像的模仿和再现也是同理。无论是在天球仪、浑仪还是在星盘的制作中，世界之为图像从来不是一个问题，甚至可以说，模仿的创制行为中还内蕴了古代西方最独特的世界认知方式，即几何或数学认知。在形诸纸面或器物层面的古希腊世界图像中，以几何方式被把握和绘制者最为突出。在亚里士多德《形而上学》对思辨哲学（φιλοσοφίαι θεωρητικαί, theoretical philosophy）的分类中，数学与神学、物理学相并列。不同于物理学或“自然学”（φυσική，phusike）对万物本源即自然的探究，也不同于神学对超越问题的推演，数学源于对物体中抽象出来的尽管不能独立存在但恒定不变之物的关注[28]。在有的数学家那里，这种恒定性不仅令数学得以确立自身，还是数学高于神学与物理学的关键根据[29]。

这样一来，海德格尔“古希腊无世界图像”之困，似乎仅为语境或视角差异下的理解问题。然而在笔者看来恰恰相反，海德格尔为批判现代性而构筑的论断，反而能为我们洞察历史上的世界图像之几何特质与本质规定之异同提供一个独特切口。海氏哲学虽说从根本上源自古希腊，但尤其本自亚里士多德，可以说是亚氏思想在 2000 多年后的一次最深沉的回响。在亚氏自然哲学

27　J. Len Berggren & Alexander Jones, *Ptolemy's Geography: An Annotated Translation of the Theoretical Chapters*, Princeton : Princeton University Press, 2000, p. 57.

28　Aristotle, *Metaphysics Book 1–9*, trans. Hugh Tredennick, Cambridge: Harvard University Press, 1933, pp. 296–297；苗力田：《亚里士多德全集·第七卷》，北京：中国人民大学出版社，1993 年，第 147 页。需要注意的是，亚里士多德或古希腊意义上的物理学与今天的物理学存在着本质差异，前者基于古希腊的自然观念，意在研究内在于物体本身的运动或静止的本源，即“自然”（φύσις, phusis），由此也构成了整个古代自然哲学的主体。

29　譬如，托勒密《至大论》中对数学位置的至高宣称，见 Gerald J. Toomer, *Ptolemy's Almagest*, London: Gerald Duckworth, 1984, pp. 35–37.

的体系中，"数"和"自然"仍是两个迥异的概念，因而对数的研究（即数学）也同对自然的研究（即物理学）截然两分。亚氏偏重对万物本源或本质的研究，自然更重视物理学（即后世自然哲学），继承亚里士多德衣钵的后世学者，也大多将数学视为一种对现象的描述，无关于本质，遑论存在本身。这一点在亚氏身后的希腊化时代和古代晚期已成为潜在的共识，在中世纪后亚里士多德主义主导的经院哲学中更被确立为一种等级秩序（hierarchy）。这也是为什么从公元 2 世纪的托勒密到 16 世纪的哥白尼时代，无论多么体大思精的几何世界图像，都仅被作为只具描述性而非解释性、只有或然性而非确定性的"假说"（hypothesis）。于是我们看到，当托勒密想要谈论天界的物理构成时，只能在《至大论》外另作《行星假说》，当后者也过于力学化进而靠近数学，又作《占星四书》以接入自然学的正统；而奥西安德尔为《天球运行论》撰写的序言，仍不遗余力地将这一划时代的日心体系归于数学虚构的行列[30]。

然而在现代科学中，数学的依附性地位被彻底扭转，一跃而成为数理科学中最高也最具决定性意义的知识领域。这一局面始自现代早期的科学革命，或用科学史家柯瓦雷的话来说，始于"柏拉图的报复"[31]。以柏拉图为象征的数学还原论的崛起，既引发了现代科学的腾飞和科学技术的爆炸，却也放弃了对自然万物的哲学解释，更将作为客体的世界摆置到了作为主体的人的对立面。在止于现象描述的数理科学视野下，特别是在笛卡尔哲学断然劈开了物我之关联后，"世界"和"人"走向了两个令人不安的极端：人的存在被遗忘了，仅仅被剥离为不在场的一般主体；而作为存在者整体的世界，作为对象被带到人面前，进而必然摆出自身和呈现自身，即成为图像。诚如海氏所言："世界之成为图像，与人在存在者范围内成为主体，乃是同一个过程。"那么，同样始自古希腊的数学应为这一现代转变负责吗？在海德格尔看来，是也不是。他的确额外提到了作为数学传统源头的柏拉图，称尽管"在希腊，世界不可能成为图像。但另一方面，在柏拉图那里，存在者之存在状态被规定为 εἶδος（即外观、样子），这乃是世界必然成为图像这样一回事情的前提条件；这个前提条件远远地预先呈报出来，早已间接地在遮蔽领域中起着作用"[32]。

30　哥白尼：《天球运行论》，张卜天译，北京：商务印书馆，2014 年，第 xvi–xxiv 页。
31　柯瓦雷：《伽利略研究》，刘胜利译，北京：北京大学出版社，2008 年，第 334 页。
32　Heidegger, *Holzwege*, p. 91; Heidegger, *Off the Beaten Track*, p. 69.

但在文后的附录中，他又辩解说，哪怕是普罗泰戈拉这样号称"人是万物的尺度"的智者学派，也不能与笛卡尔等而视之，因为希腊"不可能有任何一种主观主义"。简言之，他批判的并不是"世界图像"本身，而是世界作为被一般主体所摆置和支配的表象这一现代产物。

因此，海德格尔所谓的"古希腊无世界图像"，并非前述科学史意义上历史实存之图像，而是作为他的现代批判的理想镜像。这也是为什么，作为哲学家的海氏认为不可能存在一个中世纪的或古代的世界图像，而科学史家戴克斯特豪斯却毫不犹豫地将世界图像赋予了整个古代世界。两种关于"图像"的叙事显然在各自不同的层面并行不悖。但同时也应看到，海德格尔带有哲学批判色彩的论断，依然具有穿透学科分野与弥补知识隔阂的力量。携海氏之思入于细节纷杂之史，如"批大郤，导大窾"，可开辟出一条反观古代世界图像的独特思想史进路，即如托勒密式的、对天地进行几何再现的"精密"数学图像，在古代知识论中的位置也绝不应等同于近代早期笛卡尔式的、对空间加以几何化的世界图像。因为笛卡尔不仅是心物二分的"始作俑者"，也大力主张所谓"普遍数学"，力图将客观存在的本质还原为纯粹的几何量纲——这一观念即便对高举数学旗帜的托勒密来说，恐怕也过于激进且不可思议了。毕竟在托勒密的数学世界里，奠基于亚里士多德哲学的自然世界和柏拉图所钦定的宇宙论与伦理秩序，依然构成了他的数学研究之基石。也就是说，世界存在之本质早已得到了规定。这也呼应了海德格尔在文中的基本主张：古希腊时期并不存在必然被把握为"图像"的世界。无论天界和地界如何被表征为图像，图像都并不构成世界作为存在者之存在的规定。相反，世界自我生成，自然涌现，如亚里士多德所言，一切事物"必有本原，或为一，或为多"[33]。

结　论

综上可知，海德格尔关于"古希腊无世界图像"的论断，应回到作者本人的哲学语境中加以澄清，尤其应从其存在论出发加以探讨。在现代性批判的思想背景之下，对其更准确地解释应为："古希腊并不存在必然被把握为图

33　Aristotle, *Physics Book* 1–4, trans. Philip H. Wicksteed and Francis M. Cornford, Cambridge: Harvard University Press, 1957, pp. 14–15. 徐开来译本作"必然有一个或者多个本原"。

像的世界。"只不过，"世界图像"这一概念的指称过于广泛，上述论断一旦脱离语境，也极易被断章取义或者望文生义地进行解读。因为古希腊虽无现代意义上的"世界"概念，但基于"已知大地""宇宙""一切存在物"等观念，仍存在大量基于视觉再现的天界与地界图式等广义的"世界图像"。这是无可否认的史实。离开了《时代》一文的语境，海氏之论断难免沦为妄语；而离开具体的科学史史实，他的命题也将面临哲学臆想的质疑。因此本文主张，对"古希腊无世界图像"这一论断的理解与批评，应结合古希腊科学中作为世界之视觉再现的图像加以理解，尤其对古今世界图像中的数学位置、本质规定加以对比辨析，只有这样才能更加深刻地进入海氏现代性批判的场域。无论是地图绘制还是天球制作，作为几何呈现的图像都并未规定古代的世界存在之本质，而相比之下我们却可以说，"成为图像"导向了现代数理科学主导下世界被摆置和被支配的必然命运。

Toward a Reconsideration of Heidegger's Claim: "No World Picture in Ancient Greece"

LU Bolin

Abstract: In "Die Zeit des Weltbildes", Heidegger introduced the concept of Weltbild ("world picture") to signify the essence of modernity, emphasizing the world conceived as picture is a hallmark of the modern age. He argued that "in the age of the Greeks, the world can never become picture". This article examines the historical and intellectual context of Heidegger's assertion and situates it within his broader philosophical framework. From the perspective of the history of science, ancient Greece indeed possessed "world pictures" grounded in concepts like Oikoumene, Kosmos, and Aion. However, these representations should not be viewed merely as a negation of Heidegger's claims. Instead, they may align with his critique of modernity by offering a nuanced understanding of how the ancient worldview diverges from the modern concept of world as picture. This article contends that while ancient representations of the world often had geometric underpinnings, they did not determine the essence of the world's being. In contrast, the world becoming picture under the dominance of modern mathematical science represents a fundamental shift in the world's existence. Heidegger's framework thus provides a critical lens through which to reflect on ancient science and its intellectual legacy.

Keywords: Heidegger; world picture; ancient Greece; history of science; intellectual history; geography

开普勒《宇宙的奥秘》中的天球观

/

于丹妮[1]

摘 要： 现代早期，欧洲天文学家普遍认为携带行星运动的天球真实存在。在开普勒接受天文学教育的时代，出现了第谷对固体天球的拒斥和对天球性质的争论。在这一背景下，开普勒在 1596 年首次出版的《宇宙的奥秘》一书中已经开始表明他提出的宇宙体系中的天球和正立体形并非实际存在，而是几何原型，尽管在书中他的表述并不明确，但这样一种"没有实体天球的天文学"是开普勒向寻找行星运动物理原因的新天文学转变的重要基础。

关键词： 开普勒；《宇宙的奥秘》；天球

在现代早期的欧洲，天球的性质问题属于自然哲学的范畴，数理天文学和自然哲学之间的划界比较分明。然而在哥白尼的日心体系模型出现后，随之而来的自然哲学解释上的困境使二者之间开始产生交集，明显地体现在对天球性质问题的探讨上。固体天球观念的取消是开普勒天文学工作中非常关键的一个环节，这在他 1596 年首次出版的《宇宙的奥秘》一书中已经有所体现。他将传统的"天球"视为纯粹几何的边界，这为他之后从事物理天文学工作打下了坚实的基础。本文将从开普勒所处时代的天文学背景入手，分析他在《宇宙的奥秘》一书中的天球观念。

一、天球天文学的历史背景

天球的观念可以追溯到古希腊宇宙论中假想的天界的球壳（spherical shell），行星镶嵌于其上，随着天球的匀速圆周运动而旋转。现代早期以前的

---

1 于丹妮，1987 年生，清华大学科学史系 2023 级博士研究生，E-mail: ydn23@mails.tsinghua.edu.cn。

天文学和宇宙论均以这一基本假设为前提。古希腊天文学家为解释天界现象提出过不同的宇宙模型，流传较广泛的是由欧多克斯（Eudoxus）在公元前 4 世纪提出并被卡里普斯（Callippus of Cyzicus）改进的同心球模型。该理论的目的是为行星的不规则运动提供数学说明，以便计算和预测其位置，但并不探讨天体运动的力学机制、天球的本性以及球的运动如何传递等问题[2]。亚里士多德在欧多克斯和卡里普斯的同心球数学模型基础上解释天球的相关自然哲学问题。他将天球视为真实存在，由第五元素"以太"构成，他尝试为行星运动进行一种机械的和真实的说明[3]。

希腊化时期，天文学的主要目标在于"拯救现象"，即设计数学模型，用规则而均匀的运动来解释行星运动的不规则性。流传最为广泛、一直影响到中世纪的模型是由阿波罗尼乌斯（Apollonius of Perga，公元前 3 世纪）提出并由托勒密（Ptolemy）继承的偏心圆（eccentric circle）和本轮-均轮（deferent-epicycle）模型。根据托勒密在《天文学大成》（*Almagest*）中的描述，这一理论属于"数学"的范畴[4]。而在他的另一本著作《行星假说》（*Planetary Hypotheses*）中，他更多地从自然哲学的层面对天体运动的原因进行物理解释。由此可以看出，古代希腊的天文学中的天球属于两个不同的范畴：一方面是出于拯救现象目的而构造的数理天球，另一方面是对其性质和运动进行解释的物理天球。这两个范畴之间有明显的划界，但在天界问题上很多时候依然难以完全区分。艾顿（E. J. Aiton）认为，物理学和天文学的分野是在公元前103 年由盖米诺斯（Geminus）对波西多尼奥斯（Posidonius）的评注中明确划分的[5]。即便是欧多克斯、托勒密等，在构造拯救现象的数学模型时，他们的最终目标也是构建一种在数学上精确，并且在物理上可能真实的模型，即至少要有代表行星真实运动的可能性，并非纯虚构的数学工具[6]。

阿拉伯学者对希腊科学遗产进行了翻译、保存和改进。9 世纪末，阿拉伯世界已经熟知托勒密的行星理论。《天文学大成》和《行星假说》均有阿拉伯文译本。大多数阿拉伯天文学家都接受天球的实在性，并且努力调和托勒密

2　杰弗里·劳埃德：《希腊科学》，张卜天译，北京：商务印书馆，2021 年，第 95 页。

3　乔治·萨顿：《希腊黄金时代的古代科学》，鲁旭东译，郑州：大象出版社，2010 年，第 636 页。

4　杰弗里·劳埃德：《希腊科学》，第 287 页。

5　E. J. Aiton, "Celestial Spheres and Circles", *History of Science,* 1981,19 (2), pp.75–114.

6　Ibid.

的数学模型和亚里士多德的自然哲学。12 世纪，希腊天文学经由阿拉伯世界传入拉丁西方。关于数学天文学和物理天文学的区分在 13—14 世纪拉丁西方引发了激烈的争论。在天球的物理本性（physical nature）问题上，中世纪的天文学家之间存在争论。现代学者对于中世纪天球性质的问题进行过专门研究。例如，格兰特曾指出，大多数中世纪天文学家和自然哲学家接受天球的实在性，并讨论关于天球性质的自然哲学问题，但认为出于数学计算目的而设计的偏心圆和本轮等装置并不具有实在性[7]。托勒密在《行星假说》中提出的"物理天球"（physicalsphere）模型成为一个较为被广泛接受的方案[8]。该模型被称为"三天球体系（three-orb system）"，在这个体系中，每颗行星有三个偏心天球和携带行星的本轮，行星的视运动是由三个天球的运动叠加而产生的。15 世纪，普尔巴赫（Georg Peuerbach, 1423—1461）在其《新行星理论》（*Theoricae Novae Planetarum*）中介绍了三天球体系，并尝试将该模型从二维的圆变为三维的球。由于《新行星理论》及其评注成为现代早期天文学教学使用最广泛的教材之一，这种三天球体系也被现代早期天文学家所熟知。

"本轮-偏心圆"是否具有实在性的问题在 16 世纪仍然被广泛讨论[9]。俄克拉荷马大学彼得·巴克（Peter Barker）认为，现代早期大多数天文学家接受天球是一种真实存在的说法[10]。迪昂（Pierre Duhem，1861—1916）在《拯救现象》一书中将 16 世纪的天文学家分为两类：实在论者和工具论者。实在论者认为，天文学模型代表物理实在，而工具论者认为，天文学家的任务就是预测和计算天界的现象，不需要涉及深奥的自然哲学问题，即宇宙结构究竟是什么样子。这种划分所引发的争论在天球是否真实存在这个问题上体现得尤为突出。概括而言，现代早期天文学家对天球的态度可以分为以下几类：①认为天球和本轮等构造是纯粹的数学结构，完全不具有实在性；②接受数学模型，不考虑天球是否为实体，持不可知论立场；③接受数学模型，

7 Edward Grant, "Celestial Orbs in the Latin Middle Ages", *Isis*, 1987, 78(2), pp.153–173.

8 戴维·林德伯格：《西方科学的起源：公元 1450 年之前宗教、哲学、体制背景下的欧洲科学传统》，张卜天译，北京：商务印书馆，2019 年，第 374 页。

9 Nicholas Jardine, "The Significance of the Copernican Orbs", *Journal for the History of Astronomy*, 1982, 13(3), pp.168–194.

10 Peter Barker, "The Reality of Peurbach's Orbs: Cosmological Continuity in Fifteenth and Sixteenth Century Astronomy", in *Change and Continuity in Early Modern Cosmology*, ed. Patrick J. Boner, Baltimore: Springer, 2011, pp.7–32.

认为天球是实体。开普勒正是在这样一个大的背景下开始他的天文学学习和工作。

二、开普勒早年接受的天球观

开普勒于1589—1594年在图宾根大学（University of Tübingen）神学院学习，天文学作为必修的科目，仅仅是为了满足神学院学习的需要，他并没有对之进行非常深入的研究。由于具体的教材和教学情况的资料留存得很少，几乎无法直接找到开普勒曾经阅读过哪些天文学书籍，但我们可以从其他的信息中推断开普勒在图宾根所接受的天球的观念。例如，当时最普遍使用的天文学教材包括萨克洛博斯克（Jonh of Sacrobosco，1195—1256）的《论天球》（De sphaera）和普尔巴赫的《新行星理论》以及维滕堡大学的莱因霍尔德（Erasmus Reinhold，1511—1553）撰写的《关于普尔巴赫〈新行星理论〉的评注》等。莱因霍尔德将天球看作具有实在性的，但那些为了解释现象而添加的本轮却只是纯数学的建构，是出于教学目的方便计算的辅助工具。根据韦斯特曼的研究，"最晚至1594年，在格拉茨任教的开普勒可能还在使用莱因霍尔德的《评注》备课"[11]。因此有理由推断，开普勒在写作《宇宙的奥秘》之前已经了解莱因霍尔德的《关于普尔巴赫〈新行星理论〉的评注》，以及《论天球》和《新行星理论》中对天球实在性问题存在的争论。而在他学习期间，两个关键的人物对他的天球观念也产生了重要的影响。

1. 梅斯特林的影响

开普勒的老师，天文学家梅斯特林（Michael Maestlin，1550—1631）无疑是对开普勒日后的天文学工作影响最深远的人物。梅斯特林在公开发表的教材和课程中只讲授托勒密体系，但他实际上是哥白尼体系的支持者。他发现了开普勒在数学方面的才能，并私下里向他介绍了哥白尼体系。开普勒认为，该体系的简单性以及对天界现象的解释远胜于其他复杂的模型，于是公开表示支持哥白尼体系。尽管开普勒在图宾根期间公开为哥白尼体系辩护的资料或已丢失，但他在《宇宙的奥秘》前言中声明了自己的立场：

---

11 罗伯特·S. 韦斯特曼：《哥白尼问题：占星预言、怀疑主义与天体秩序》，霍文利，蔡玉斌译，桂林：广西师范大学出版社，2020年，第361页。

6年前，当我跟随杰出的导师迈克尔·梅斯特林在图宾根学习的时候，我经常为许多常用的关于宇宙的概念而困扰，令我开心的是，梅斯特林先生经常在他的讲座中提到哥白尼。我不仅多次在辩论中支持他的观点，还写了一篇详尽的文章论述了第一运动产生于地球的自转[12]。

梅斯特林与当时大多数天文学家类似，认为天球是真实存在的。在他编写的教科书《天文学概要》（*Epitome Astronomiae*）中，也提到了天球的物理理论，认为天球具有其自身的本性，并非纯数学计算装置[13]。这一立场在梅斯特林对 1577 年彗星轨迹的分析中可以找到线索。韦斯特曼在《开普勒对哥白尼假说的接受》（1973 年）中分析了梅斯特林对彗星轨迹的计算方式，并对之做出如下总结。

梅斯特林采取了重要的理论步骤，即假设彗星位于其中一个行星天球中。这当然是一个自然的假设，因为它不需要对宇宙结构进行彻底的调整（例如，不需要增加额外的天球），也不需要丢弃固体天球[14]。

尽管他在这本公开出版的教科书中并没有讨论哥白尼体系的物理问题，但他认为哥白尼体系中的天球是具有物理实在性的。开普勒也曾表示，梅斯特林对彗星位于金星天球的论证是他接受哥白尼体系的重要原因之一[15]。因此可以推测，开普勒在跟随梅斯特林学习期间，了解他的老师对天球实在性的观点。

2. 第谷的影响

在开普勒接受天文学教育的年代，关于天球的观念出现了一个重要的变化，第谷在关于 1577 年彗星的著作《论以太世界的最新现象》（1588 年）中提出了他的"地静-日心体系"（geoheliocentric system），在该体系中，火星与太阳天球有相交的部分，只有当天球非固体时才可使该体系成立，于是第谷指出：

---

12 Johannes Kepler, *Mysterium Cosmographicum: The Secret of the Universe*, trans. A.M. Duncan, intro. and comm. E.J. Aiton, New York:Abaris Books, 1981, p. 63.

13 Fritz Krafft, "Begriffsverfälschungen Durch Vermeintlich Modernisierende Übersetzungen: Das Beispiel, Orbis (Kugel, Sphäre)/Orbita (Bahn)", *Berichte zur Wissenschaftsgeschichte*, 2016, 39 (1), pp. 52–78.

14 Robert S. Westman, "The Comet and the Cosmos: Kepler, Mästlin and the Copernican Hypothesis",in *The Reception of Copernicus' Heliocentric Theory*, ed. J.Dobrzycki, Wroclaw: Ossolineum, 1973,pp. 7–30.

15 Ibid.

天界实际上并没有任何梅斯特林公开认为存在的天球[orbs（spheres）]，作者们为拯救现象而发明的那些天球仅存在于想象中，以便行星的运动轨迹可以被人们理解，并且可以（在几何解释之后）通过数据来计算。因此，试图发现一个真正的天球，彗星附着在这个天球上旋转，这似乎是徒劳的[16]。

16 世纪末至 17 世纪初，随着第谷体系越来越普及，更多的人接受了固体天球不存在的观点。第谷的著作出版于 1588 年，梅斯特林在这本书出版不久后就收到了第谷送给他的副本。韦斯特曼推断，开普勒在图宾根学习期间，已经从梅斯特林那里了解到了第谷体系以及第谷对固体天球的拒斥[17]。然而，梅斯特林对第谷的体系以及对固体天球的拒斥都持反对态度，在他出版的一本小册子《关于天文学假说或关于球面及天球》（De Astronomiae Hypothesibus Sive de Circulis Sphaericis Et Orbibus）中，也明确反驳了关于天球实在性的怀疑论[18]。并且，在《第一报告》（Narratio Prima）[19]的序言中梅斯特林表达了这个观点[20]。由此可见，开普勒很有可能从梅斯特林那里了解过第谷的体系以及对固体天球的拒斥，但我们不能确定他了解多少细节，而开普勒本人在写作《宇宙的奥秘》之前也并没有公开表示接受这一观念。

综上所述，在开普勒 1594 年被派往格拉茨（Graz）教授数学，正式开始自己的天文学工作之前，他支持哥白尼体系，并且认为哥白尼体系中的天球是具有实在性的，从他所接触到的天文学教育和受到梅斯特林与第谷的影响来看，他对当时数学天文学和自然哲学的划分，以及对天球性质的争论也是了解的。在这样一种背景下，开普勒开始了他的数学教师生涯，他于格拉茨任教期间写作了《宇宙的奥秘》，在书中提出著名的正立体形镶嵌于天球之间的宇宙模型，而这个模型中天球与正立体形的性质反映出了开普勒在对待天球的观念上的微妙转变。

16　Marie Boas Hall, *The Scientific Renaissance 1450–1630*, New York: Harper & Brothers, 1962, p.114.

17　Westman, op. cit.

18　Ibid.

19　《宇宙的奥秘》在 1596 年出版时附上了雷蒂库斯（Rheticus）的《第一报告》，由梅斯特林撰写了序言，主要是介绍哥白尼的体系。这部分内容在杜坎的英译本中并没有收录。

20　Johannes Kepler, *Mysterium Cosmographicum: De Stella Nova, Johanes kepler Gesammelte Werke: 1*, ed. Max Caspar and Walther von Dyck, München, 1938, pp.82–85.

三、《宇宙的奥秘》中的天球

当代的开普勒研究者对《宇宙的奥秘》中的宇宙模型形成了一个较为普遍的共识，即这一模型中的天球和正立体形并非实体，而是纯几何构造[21]。《宇宙的奥秘》一书首次出版于 1596 年，1621 年再版。在第二版中，开普勒并没有修改 1596 年的原文，而是在每一章后加了注释。结合两个版本可以看出，开普勒在第二版的注释中多次明确指出书中的天球和正立体形都是指几何构造的，不具有实在性。但这样的表述在第一版的原文中并不明显。究竟是 1596 年首次出版时开普勒就已经持有此观点但没有明确表达，还是在 1596—1621 年开普勒的想法才发生变化？这需要回到 1596 年《宇宙的奥秘》的原文中去进行分析。根据艾顿在《宇宙的奥秘》一书英译本的引言中对开普勒通信的分析，开普勒大约在 1595 年 7 月至 1596 年 6 月期间完成全部书稿，过程中他多次与梅斯特林通信交换关于这一宇宙模型的意见和相关的计算数据。因此，通过分析 1596 年第一版《宇宙的奥秘》和 1595—1596 年的通信，可以看出开普勒在写作《宇宙的奥秘》过程中形成的一些重要思想。

开普勒在《宇宙的奥秘》的前言中记录了自己构思这一模型的过程。起初他尝试为哥白尼体系的天球之间的空隙寻找合理的解释。当他发现在表示天球的圆形上镶嵌不同的平面图形，却都与数据不符后，他写道："为什么在立体球（ *solidos orbes* ）之间会有平面图形？更合适的方法是用立体图形。"[22]这便是他最终的正立体形镶嵌模型的来源。从这里可以看出，至少他在构思这个体系的时候，认为天球是三维的，更接近普尔巴赫将平面的几何构造三维化成实体模型的思路。

在 1595 年 8 月 2 日到 10 月 30 日期间，开普勒一共给梅斯特林写过 4 封

---

21 Kepler, *Mysterium Cosmographicum: De Stella Nova*, pp.17–30; Alexandre Koyré, *The Astronomical Revolution: Copernicus, Kepler, Borelli*, Paris: Hermann, 1973, p.193; Bernard R. Goldstein and Peter Barker, "The Role of Rothmann in the Dissolution of the Celestial Spheres", *The British Journal for the History of Science*, 1995, 28(4), pp. 385–403; Bernard R. Goldstein and Giora Hon, "Kepler's Move from Orbs to Orbits: Documenting a Revolutionary Scientific Concept", *Perspectives on Science,* 2005, 13(1), pp. 74–111; Fritz Krafft, "Orbis (Sphaera), Circulus, Via, Iter, Orbita－Zur Terminologischen Kennzeichnung Des Wesentlichsten Paradigmawechsels in Der Astronomie Durch Johannes Kepler", *Beiträge zur Astronomiegeschichte*, 2011,11, pp.25–99.

22 Kepler, *Mysterium Cosmographicum:The Secret of the Universe*, p.67.

信，论述自己的发现。在 1595 年 10 月 3 日的信中，开普勒基本上完整地表述了他的正立体形镶嵌于天球之间的宇宙模型。当探讨月亮天球是否包含在地球所在天球范围之内时，开普勒遇到了困难，他设计出了两种模型：一种是地球天球很厚，将月亮天球包含进来；另一种是月亮天球在地球天球之上，与地球天球相交[23]。然而相交的问题并没有困扰到他，他指出："谁能确定那些天球真的存在呢？"[24]关于月球的内容在书的第十六章"关于月球运动的评论，以及天球和正立体形的性质"中进行了论述：

> 我们也不应该担心如果月亮天球(lunares orbes)不隐藏起来或压进地球的天球中，则可能会被紧密排列的正立体形挤压出来。实际上，认为这些立体被包裹在这样一种不允许其他物体穿过的质料上，那么将它们放在天上是荒谬和可怕的。当然，许多人敢于质疑天上的球体是否完全具有坚硬的性质，或者认为是否由于某种神圣的力量，这些行星可以理解支配其运行的几何比例，在以太和空气中运动，不受球体的束缚[25]。

这说明，开普勒至少在这个时候的确已经开始质疑天球的实在性。韦斯特曼也认为，这是开普勒首次明确表示对实体天球的拒斥[26]。虽然第谷已经在他自己的体系中表明，由于没有固体天球，所以天球之间可以相交，但似乎开普勒在写作《宇宙的奥秘》的时候并不知道第谷关于火星天球和太阳所在天球相交的细节。在那个时候他并没有看过第谷本人的著作，对第谷的了解完全来自梅斯特林，而梅斯特林并不认同第谷体系，因此也无法确定究竟他给开普勒讲了多少关于第谷体系的细节。韦斯特曼也认为，开普勒很有可能是自己得出天球并不是必须存在的结论的[27]。

梅斯特林在 1596 年 2 月 27 日给开普勒的回信中表示，他的模型中需要给哥白尼体系的本轮留出空间，而正立体形所在的位置挤占了本轮的空间，因此在计算时所用的天球厚度应该是现在的两倍[28]。梅斯特林始终坚持实体天

23　Kepler, *Mysterium Cosmographicum:The Secret of the Universe*, pp.165–167.

24　Johannes Kepler, *Gesammelte Werke. Briefe 1590–1599. Kepler. Gesammelte Werke: 13*, ed. Max Caspar and Walther von Dyck, München, 1945, p.43.

25　Kepler, *Mysterium Cosmographicum:The Secret of the Universe*, p. 167.

26　Westman, op. cit..

27　Ibid.

28　Kepler, *Gesammelte Werke. Briefe 1590–1599*, p. 55.

球观，开普勒在信中表明的天球可能不存在的猜想并没有引起梅斯特林的重视。由此推断，梅斯特林并不认为开普勒的宇宙结构是纯粹的几何构想，他依然按照普遍的理解将开普勒的天球视作一种实体。开普勒本人也表示，梅斯特林的批评只有在依然相信天球为实体的情况下才成立[29]。在收到梅斯特林的回信后，或许开普勒意识到了对于天球是否存在的问题需要进行澄清，于是在《宇宙的奥秘》的第 22 章，开普勒提到了梅斯特林这封信中对天球厚度的批评，并且指出这些正立体形都是几何的，并不真实存在。

> 这些正立体形并非真实存在；因此它们与天球的位置相交也并非荒谬，即便没有天球，行星轨迹的不规则性也可以被理解。
> 我看到伟大而杰出的丹麦数学家第谷·布拉赫也持有相同的观点。[30]

随后，开普勒重申了在第 16 章中所讨论的关于正立体形的性质的问题。他明确表示，所谓的五个正立体形并不是以实体的形式存在的。然而，对于天球是否是实体，他并未明确表述。不过从以上内容可以推断，开普勒在写作《宇宙的奥秘》的过程中，已经开始抛弃了天球具有实在性的观点，认同第谷的非固体天球观。但或许出于某些原因，他在 1596 年出版的书中并没有非常坚定地表述这一观点。开普勒的同时代人，特别是第谷，就不认为开普勒书中的天球是指几何构造。第谷看过《宇宙的奥秘》后，在 1598 年 4 月 1 日写给开普勒的信中指出，"所有真实的天球都应该从天界消除"[31]。开普勒在信件旁批注："在我的书中已有这样的观点。"[32]然而第谷在 1599 年 12 月 9 日写给开普勒的信中再次表示，仔细阅读《宇宙的奥秘》一书后，他仍然认为开普勒赋予了天球"一定的实在性"（a certain reality）[33]，并对此提出了批评[34]。显然，这本书里的内容并没有成功地使第谷完全相信他的模型中的天球并非实体。这或许是因为开普勒所使用的概念依然是传统天文学中的概念，如天球（*orbis*，*sphaera*）、本轮等。克拉夫特（Fritz Krafft）认为，开普勒在《宇

29　Kepler, *Mysterium Cosmographicum: The Secret of the Universe*, p. 20.

30　Kepler, *Mysterium Cosmographicum: The Secret of the Universe*, p. 127.

31　Kepler, *Gesammelte Werke. Briefe 1590–1599*, pp. 198–199.

32　Kepler, *Gesammelte Werke. Briefe 1590–1599*, p. 201.

33　英文译文参考 Westman. op. cit..

34　Westman. op. cit.; Johannes Kepler, *Gesammelte Werke. Briefe 1599–1603, Kepler. Gesammelte Werke: 14.* ed. Max Caspar and Walther von Dyck, München, 1949, pp.92–94.

宙的奥秘》中开创了"没有天球的天文学"，但同时他也指出，开普勒以一种"小心谨慎"的方式表达了他的观点[35]。也就是说，开普勒在写作《宇宙的奥秘》的过程中已经开始产生了天球并非实体的观念，但他对此尚没有十分确定的表述。

四、没有实体天球的天文学

当代一些研究者认为，开普勒使用这些词汇的含义在《宇宙的奥秘》中已经发生了变化，如在第 14 章中，开普勒介绍了"本书的主要目标，以及五种正立体形嵌于天球之间的天文学证据"。

> 众所周知，行星的路径（vias planetarum）是偏心圆，这就使得自然哲学家认为，天球需要具有厚度来表示运动的变化。到目前为止，（1）[36]哥白尼与自然哲学家们是一致的；但我们也能看到一个相当重要的差异。自然哲学家认为，从月亮天球的内表面到第十层天球（decimam sphaeram）之间并没有空隙，天球彼此之间相接触，外层天球的内表面与内层天球的外表面是完全一体的。[37]

戈德斯坦和洪（Goldstein and Hon）认为，这里的"天球"已经是一个几何的概念，所谓的厚度不是真正的天球厚度，而是代表一个空间范围，即行星的路径所覆盖的范围[38]。菲尔德（J.V.Field）和克拉夫特也有类似的观点，认为尽管开普勒使用了 orbis 和 sphaera 这两个传统天文学中表示天球的词汇，但它们指代的是行星围绕太阳运动的一片空间区域，而非传统的意义上携带行星运动的固体天球[39]。

从今天的视角看来，这样的解释的确是合理的，然而需要注意的是，如果回到开普勒首次写作这本书的年代，即便开普勒本人认为这些概念仅代表

35　Krafft, "Orbis (Sphaera), Circulus, Via, Iter, Orbita-Zur Terminologischen Kennzeichnung Des Wesentlichsten Paradigmawechsels in Der Astronomie Durch Johannes Kepler", in *Kepler's Geometrical Cosmology*,ed. Field J V, London: Bloomsbury Publishing, 2013, p. 86.
36　括号为第二版《宇宙的奥秘》开普勒所加的注释序号。
37　Kepler, *Mysterium Cosmographicum:The Secret of the Universe*,p.155.
38　Goldstein and Hon, op. cit..
39　Krafft, "Orbis (Sphaera), Circulus, Via, Iter, Orbita‐Zur Terminologischen Kennzeichnung Des Wesentlichsten Paradigmawechsels in Der Astronomie Durch Johannes Kepler".

一种几何上的空间范围，但在阅读他的著作的人看来或许依然会将它们理解为普遍意义上的"实体天球"。加上他在第一版《宇宙的奥秘》中没有明确地表达他所持有的观点，因此也造成了一定的误解。如果对比他在 1621 年新版中的注释就会明显看出，他在语言表达的程度上已经有了明显的不同。例如，在上文所引的第 14 章处，1621 年的注释就明确做出以下表述。

【1621 年版注释】（1）*哥白尼与自然哲学家们是一致的*[40]需要知道这里指的是天球之间的几何空间：至于构成它们的质料，也就是它们的物质实在性，即便是托勒密也没有做如此愚钝的哲学假设。[41]

在第二章的注释中同样也作出了如下解释：

【原文】*如果假设行星可以获得运动，那么（3）它们必须在圆形的天球[42]上来获得运动。*

【1621 年版注释】（3）它们必须在圆形的天球上来获得运动并非指固体天球（第谷·布拉赫对我有所误解），而是空间是完整的圆，这样行星的运转可以持续地回到同样的位置。从极点方向看，它们似乎是圆形的，也就是说，表面是球形，这是由它们运动的纬度决定的……并非因为它们像在实体天球（material sphere）上那样需要轴来固定。[43]

从中可以看出，对于天球是几何空间，1621 年版的注释比 1596 年版原文要更加确定。这或许是由于，在刚开始写作《宇宙的奥秘》的时候，开普勒还仅仅是 24 岁的年轻教师，在天文学家群体中还没有什么地位和名气，并且他对第谷拒斥固体天球的细节尚不清晰。而在 1621 年则不同，那时他已经完全了解了第谷的工作，并提出了基于物理原因的新天文学理论。在他随后的著作，如 1601 年写作但并未出版的《为第谷反驳乌尔苏斯辩护》（*Kepler's Defence of Tycho against Ursus*）和 1609 年出版的《新天文学》中都可以多次看到开普勒明确表示"固体天球不存在"[44]。但实际上开普勒在写作《宇宙的

40　斜体内容为开普勒引用的 1596 年版原文，下同。

41　Kepler, *Mysterium Cosmographicum: The Secret of the Universe*, p. 159.

42　杜坎的英译本在这里将 orbes 翻译为了 orbit，笔者认为是错误的。

43　Kepler, *Mysterium Cosmographicum: The Secret of the Universe*, p. 103.

44　Nicholas Jardine. *The Birth of History and Philosophy of Science: Kepler's Defence of Tycho against Ursus with Essays on Its Provenance and Significance*. Cambridge: Cambridge University Press, 1984, p.155; Johannes Kepler, *New Astronomy*, trans. William H. Donahue, Cambridge: Cambridge University Press, 1992, pp.94,134, 176, 377, 404.

奥秘》时就已经意识到，他所做的事情与当时的天文学家和自然哲学家都有所不同。他没有像数学天文学家那样纯粹用数学模型来解释天界现象，也没有参与自然哲学家们对天球的构成和性质等一系列难以有所定论的问题的讨论。在《宇宙的奥秘》的前言中，开普勒告诉读者，他的这本书旨在探寻三件事情的起因：天球的数量[45]、大小和其运动[46]。尽管这些问题也是中世纪经院哲学家们讨论过的问题，但开普勒并未从亚里士多德物理学角度出发来探讨，而是坚定地认为正立体形镶嵌模型先验地（ a priori ）解释了哥白尼体系的正确性，提供了解释天球数量和大小的方法，天球之间的距离不再由物质填充，而是被只有思维可以领会到的几何形式填充。在这样的体系中，开普勒所揭示的是宇宙结构背后的几何原型（archetype）。也就是说，在开普勒的宇宙论中，关于天界的自然哲学问题不再以"实体天球"作为基本前提。

由于天球一直以来作为行星运动的动力，一旦取消了天球，就需要为行星运动寻找其他原因。这一点第谷没有做到，第谷体系的追随者们即便有人开始思考这个问题，但也并未成功地给出更为合理的解释。关于天球的自然哲学讨论依然围绕天球的性质、动力等问题展开[47]。开普勒实际上采取了和同时代的天文学家与自然哲学家都不同的思路，在《宇宙的奥秘》中，他尝试将"施动灵魂"（anima movens）赋予太阳，将之作为行星运动的动力来源，且这种动力随着距离增加而减弱。他这样一种立场很难被当时的天文学家所认同。实际上梅斯特林也对此提出了批评。梅斯特林始终认为，寻找行星运动的物理原因并非天文学家的工作，而这样一种"施动灵魂"很可能会毁掉天文学[48]。因此也可以理解，在这样一种背景下，年轻的开普勒在 1596 年首版《宇宙的奥秘》中对自己的各种主张都不是非常坚定的。或许正是因为同时代人的误解和不理解，开普勒在后来意识到自己需要对天文学中所使用的概念做一些调整，这为后来他将数学天文学与物理天文学结合，并提出行星运动的"轨道"概念奠定了基础。

45　开普勒主要研究的是行星天球的数量。他依然认为恒星天球是存在的，且持有一种有限宇宙观。对于恒星天球和宇宙有限的问题在他 1604 年的著作《论新星》（ De Stella Nova ）中有所论述，并非本文研究的重点。本文所提到的开普勒取消的是行星天球。

46　Kepler, *Mysterium Cosmographicum:The Secret of the Universe*, p.63.

47　Goldstein and Hon, op. cit..

48　Kepler, *Gesammelte Werke. Briefe 1590–1599*, p.111.

The idea of celestial spheres in Kepler's *Mysterium Cosmographicum*

Yu Danni

Abstract: Most astronomers in early modern Europe believed in the real existence of celestial orbs that carried the movements of planets. During the time when Kepler was receiving his education, there was a rejection of solid celestial orbs by Tycho Brahe and a debate over the nature of these orbs. In his first published work, *Mysterium Cosmographicum* (1596), Kepler began to suggest that the celestial orbs and regular solids in the cosmic system he proposed were not actually real, but geometric archetypes. Although his expression in the book was not clear, such an "astronomy without solid orbs" was an important foundation for Kepler's transition towards seeking the physical causes of planetary motion in the new astronomy.

Keywords: Kepler; *Mysterium Cosmographicum*; celestial orbs

科学仪器史的诞生

——科学史家与博物馆馆长的相遇

/

李鸿宇[1]

摘　要： 20世纪90年代，英语世界出现的科学仪器史研究风潮是科学史与仪器研究结合的产物。一方面，它是受建构主义影响的内部主义科学史书写强调实验实践的必然结果；另一方面，部分仪器收藏专家也在同时呼吁科学史家关注博物馆中的仪器藏品。代表前一个群体的彼得·盖里森在细致考察科学实验的实际运行情况时，发现实验室中的仪器在实验和理论的复杂互动中发挥着关键作用。代表后一个群体的吉姆·本内特则论证了仪器藏品对科学史家的重要意义。这股书写科学仪器史的风潮不仅在时间上延伸到了当下，而且在空间上也传播到了中国。

关键词： 科学仪器史；科学史；彼得·盖里森；吉姆·本内特；博物馆

如果科学史家对仪器研究产生兴趣是科学仪器史研究诞生的关键条件，那么就不难理解，为什么不少学者会在谈论相关主题时特别指出《奥西里斯》（*Osiris*）1994年《仪器》特刊的出版[2]。在这之后，不仅科学史协会（History of Science Society）[3]1998年两个最重要的奖项都与科学仪器史紧密相关，而且科

1　李鸿宇，1997年生，四川资阳人，清华大学科学史系博士研究生，主要研究方向为科学仪器史，E-mail：lihy21.thaa@vip.163.com。

2　Paolo Brenni, "The Evolution of Teaching Instruments and Their Use Between 1800 and 1930", *Science and Education*, 2012, 21, pp. 191–226; Marta C. Lourenço, and Samuel Gessner, "Documenting Collections: Cornerstones for More History of Science in Museums", *Science and Education*, 2014, 23, pp.727–745; Lynn Nyhart, "Historiography of the History of Science", in *A Companion to the History of Science*, ed. Bernald Lightman, Hoboken:John Wiley & Sons, Inc., 2016, pp. 7–22; Liba Taub, "What is a Scientific Instrument, Now?", *Journal of the History of Collections*, 2019, 31, pp. 453–467.

3　科学史协会主办的两大科学史知名期刊分别是《爱西斯》（*Isis*）和这里提到的《奥西里斯》。该协会每年都举办一次学术年会。

学仪器委员会（Scientific Instrument Commission）[4]也于同年选举了极为推崇仪器研究与科学史结合的博物馆馆长做新任主席。进入 21 世纪，在科学仪器哲学[5]被正式提出后，科学仪器更是成为科学史界不可绕开的一个重要主题[6]。如今，这股潮流甚至扩散到了中国。在不断涌现的科学仪器史研究的基础上，科学仪器史专业委员会于2022年正式成立，并于2024年召开了首届全国科学仪器史学术会议。

本文将通过回顾荣获上述科学史协会1998年辉瑞奖（Pfizer Award）的彼得·盖里森（Peter Galison，1955—）以及吉姆·本内特（Jim Bennett，1947—2023）——他于同年被选为科学仪器委员会主席——的相关学术经历来重现科学仪器史的诞生过程。仪器之所以在20世纪末得到科学史家的广泛关注，是因为20世纪80年代盛行所谓的"实用主义转向"和"物质转向"[7]。前者体现在科学思想史家重新审视实验实践在科学理论演进中不可忽略的作用——实验室中的仪器显然在这个过程中充当着重要角色，而盖里森本人正是从科学史内史写作的角度强调仪器的代表性。"物质转向"则与频繁同仪器进行物质接触的博物馆馆长的呼吁密切相关，他们希望科学史家能改变对理论和文本的偏好，关注长期以来被忽略的科学仪器，而本内特正是这股推动仪器研究介入科学史风潮的主要领导者。事实上可以说，当1989年两人在同一本实验史文集中从不同角度强调仪器对科学史的重要性时[8]，科学仪器史的诞生便已呼之欲出。

一、盖里森与补充科学史的仪器史

科学仪器史诞生的条件之一，是科学思想史家不再局限于关注科学家、

4　科学仪器委员会是国际科学技术史与哲学联盟（International Union of History and Philosophy of Science and Technology, IUHPST）科技史分会的重要组成部分。除了每年举办研讨会，以及不定期举行工作坊以外，该委员会还与科学史期刊《信使》（*Nuncius*）合作有特设专栏。

5　Davis Baird, *Thing Knowledge: A Philosophy of Scientific Instrument*s. Oakland:University of California Press, 2004.

6　Bernald Lightman, *A Companion to the History of Science*. Hoboken:John Wiley & Sons, Inc., 2016.

7　Liba Taub, "Introduction: Reengaging with Instruments", *Isis*, 2011, 102, pp. 689–696.

8　Peter Galison and Alexi Assmus, "Artificial Clouds, Real Particles", in *The Uses of Experiment: Studies in the Natural Sciences*, ed. David Goodings, Trevor Pinch, and Simon Schaffer, Cambridge: Cambridge University Press, 1989, pp. 225–274; Jim Arthur Bennett, "Viol of Water or a Wedge of Glass", in *The Uses of Experiment: Studies in the Natural Sciences*, ed. David Goodings, Trevor Pinch and Simon Schaffer, Cambridge :Cambridge University Press, 1989, pp.105–114.

科学理论以及科学文献，而是转而承认实验实践在科学发展中也起着重要作用，进一步讲，就是要正视仪器在科学（实验）史中所发挥的作用。

上述"实用主义转向"实际也可以被视为内部和外部两个方向推动的结果。一方面，库恩（Kuhn，1922—1996）带来的科学革命前后范式不可通约的问题使科学进步的"理性"根基不再稳固。这就导致了遵循逻辑、理念等原则进行纯粹内部的科学思想或理论历史的写作遭到质疑。当然，库恩同时也反复强调，自己并非反对理性，而只是试图与时俱进地调整"我们的理性概念"——他希望将"我们以前认为是非理性的行为"[9]纳入其中。实际上，对他而言：

> 在不同范式（就目前而言，也可以说是不同理论）之间进行选择，不能仅仅依靠逻辑和实验来强制决定……范式之间的选择是一种由科学共同体做出的决策，即在整个科学共同体转变观念或围绕一种新范式重新形成共识之间，在科学领域中所谓的证明、证实或证伪其实并未真正发生[10]。

这显然在很大程度上为以"考虑……科学团体与更广泛文化之间的关系……不断变化的宗教或经济传统在科学发展中的作用……科学机构和教育，以及科学与技术之间关系"[11]为核心的外部主义写作介入科学史敞开了大门。而众所周知，20世纪70年代的科学史界的确受到了社会建构主义者[12]的猛烈冲击。不过，从另一个角度看，恰恰也是这些社会学家对科学实验（室）实践的独特偏好[13]使以往被忽略的科学实验进入了内史写作者的视野。盖里森就是后者的典型代表。

盖里森于1983年获得哈佛大学的科学史和物理学双料博士学位。据说，他为了完成其科学史博士论文（后经修改成为他的第一本专著），才选择高能物理作为自己的第二个博士学位[14]。如今的盖里森有多重身份。在学术上，他

9　Thomas Samuel Kuhn, "Notes on Lakatos", in *PSA 1970. Boston Studies in the Philosophy of Science*, vol. 8, ed. Roger Buck and Robert Sonné Cohen, pp. 137–146. Dordrecht: D. Reidel Publishing Company, 1971.

10　Ibid.

11　Ibid.

12　Peter Kores, "Science, Technology and Experiments: The Natural Versus the Artificial", *PSA: Proceedings of the Biennial Meeting of the Philosophy of Science Association*, 1994, 2, pp.431–440.

13　Bruno Latour and Steve Woolgar, *Laboratory Life: The Construction of Scientific Facts*, Princeton: Princeton University Press, 1986.

14　Harry Collins, "Review: How experiments end by Peter Galison", *The American Journal of Sociology*, 1989, 94, pp. 1528–1529.

是哈佛大学科学史系和物理系双聘教授；在物质实践方面，他是历史科学仪
器收藏馆（Collection of Historical Scientific Instruments）的创始馆长（founding
director），该馆现属哈佛大学科学史系；而在社会活动方面，他则指导了多部
科学纪录片的拍摄，并且创作了装置艺术及相关的歌剧作品。值得一提的是，
他还参与了人类第一张黑洞图像摄影项目。

仅从其公开出版的学术作品（表1）来看，我们可以将盖里森1981年的《库
恩和量子争议》（*Kuhn and the Quantum Controversy*）视为他开始从物理学家
转变为科学史家的标志。如其标题所示，这种转变首先体现在对库恩带来的
"科学理论继承问题"[15]的回应上。事实上，由于实验在现代物理学中的突出
作用众所周知，当盖里森以量子学史研究者的身份介入范式革命的讨论时，
他就很容易关注到以往被理论物理学家的光辉所遮蔽的实验物理学家。对于
盖里森来说，这种"实验转向"意味着，如果要更加细致全面地还原科学理
论的实际演进过程，尤其又涉及学科基础发生动摇的历史时刻的话，就必须
改变库恩那种试图"通过展示关键科学家工作的连贯性、他们作品内部的连
贯性以及与过去典范问题解决方案的连贯性，寻找科学变革的解释"[16]的倾向，
转而正视日常科研生活中实验与理论的复杂互动。这种互动在盖里森看来总
是"创新但不太有序的"[17]。事实上，这种对实践而非理念或意向的特别关注，
正是"实用主义转向"的关键。

表1 盖里森20世纪80年代出版物一览

年份	标题	类型	相关信息
1981	《库恩与量子争论》（*Kuhn and the Quantum Controversy*）	书评	期刊:《英国科学哲学杂志》（*The British Journal for the Philosophy of Science*） 书名:《黑体理论和量子不连续性 1894—1912》（*Black Body Theory and the Quantum Discontinuity 1894—1912*） 作者:托马斯·库恩（Thomas Kuhn）
1982	《实验物理学中的理论预设: 爱因斯坦与旋磁比实验，1915—1925年》（*Theoretical Predispositions in Experimental Physics: Einstein and the Gyromagnetic Experiments*, 1915—1925）	期刊	期刊:《物理科学中的历史研究》（*Historical Studies in the Physical Sciences*）

15　Peter Galison, "Kuhn and the quantum controversy", *The British Journal for the Philosophy of Science*, 1981, 32, pp.71–85.
16　Ibid.
17　Ibid.

续表

年份	标题	类型	相关信息
1983	《实验如何终结？二十世纪物理学中实验与理论互动的三个案例研究》（*How Experiments End: Three Case Studies of the Interaction of Experiment and Theory in Twentieth-Century Physics*）	博士学位论文	学位：科学史
1983	《大弱同位旋与W质量》（*Large Weak Isospin and the W Mass*）	博士学位论文	学位：物理学
1983	《评论：罗伯特·米利肯的崛起》（*Review of The Rise of Robert Millikan*）	书评	书名：《罗伯特·米利肯的崛起：美国科学中的一部人生画像》（*Rise of Robert Millikan: Portrait of a Life in American Science*） 作者：罗伯特·卡冈（Robert H. Kargon）
1983	《首次中性电流实验如何终结》（*How the First Neutral-Current Experiments Ended*）	期刊	期刊：《现代物理评论》（*Reviews of Modern Physics*）
1985	《气泡室和实验工作场所》（*Bubble Chambers and the Experimental Workplace*）	文集	书名：《现代物理中的观察、实验和假设》（*Observation, Experiment, and Hypothesis in Modern Physical Science*） 主编：彼得·阿钦斯坦（Peter Achinstein）、欧文·汉纳韦（Owen Hannaway）
1986	《评论：表征与干预》（*Review of Representing and Intervening*）	书评	期刊：《爱西斯》 书名：《表征与干预：自然科学哲学导论专题》（*Representing and Intervening: Introductory Topics in the Philosophy of Natural Science*） 作者：伊恩·哈金（Ian Hacking）
1987	《实验如何终结》（*How Experiments End*）	专著	评论：阿兰·富兰克林（Allan Franklin）、大卫·布鲁尔（David Bloor）、凯瑟琳·索普卡（Katherine R. Sopka）、特里弗·平齐（Trevor Pinch）、伊恩·哈金（Ian Hacking）、约翰·亨得瑞（John Hendry）、安迪·皮克林（Andy Pickering）、柯林斯（H. M. Collins）、哈克曼（W. D. Hackmann）
1988	《物理学大尺度研究的演变》（*The Evolution of Large-Scale Research in Physics*）	会议	会议：高能物理咨询小组（High Energy Physics Advisory Panel） 主题：高能物理实验研究的未来模式（Future Modes of Experimental Research in High Energy Physics）
1988	《实验室中的哲学》（*Philosophy in the Laboratory*）	期刊	期刊：《哲学杂志》（*The Journal of Philosophy*）
1988	《历史、哲学和中心隐喻》（*History, Philosophy, and the Central Metaphor*）	特刊	期刊：《语境中的科学》（*Science in Context*） 主编：蒂莫西·勒努瓦（Timothy Lenoir） 主题：实践、语境以及理论与实验之间的对话（Practice, Context, and the Dialogue Between Theory and Experiment）

续表

年份	标题	类型	相关信息
1988	《实验的概率》（*Experimental Probability*）	特刊/书评	期刊:《爱西斯》 主编: 杰弗里·斯特奇奥（Jeffrey L. Sturchio） 主题: 人工制品和实验（Artifact and Experiment） 原著:《被忽略的实验》（*The Neglect of Experiment*） 作者: 阿兰·富兰克林（Allan Franklin）
1989	《万全之策: 科学家与制造超级炸弹的决定，1952—1954 年》（*In Any Light: Scientists and the Decision to Build the Superbomb, 1952—1954*）	期刊	期刊:《物理和生物科学的历史研究》（*Historical Studies in the Physical and Biological Sciences*）
1989	《人造云与真实粒子》（*Artificial Clouds, Real Particles*）	文集	书名:《实验的运用: 自然科学研究》（*The Uses of Experiment: Studies in the Natural Sciences*） 主编: 大卫·古丁（David Gooding）、特里弗·平齐（Trevor Pinch）、西蒙·谢弗（Simon Schaffer）

不过，一旦以往被科学史家忽视的实验[18]显示出对科学进步及其历史写作的用途[19]，那么，科学仪器——作为实验与理论以及实验室中科学家之间互动之必要组成部分——的重要性也必然凸显出来。这种从实验实践到仪器实践的转变在盖里森的第一本专著《实验如何终结》（*How Experiments End*）（1987年）中有非常清晰的体现。在深入考察爱因斯坦–德哈斯实验引起的争论后，盖里森以"终结实验时的进退两难"（The Scylla and Charybdis of Ending an Experiment）为题作结[20]。其中，他精准地指出了简单地利用实验/理论框架来分析具体科研活动时会面临的窘境:标题中的"斯库拉"（Scylla）代表理论偏见，指的是在实验时科研人员必须具备的对当前实验操作的理论认知;然而，这往往会使我们错过那些不符合现有理论理解的观察证据。而"卡律布狄斯"（Charybdis）则表示无关性，指的是科学家始终在追求有科研价值的实验现象——然而不幸的是，其中绝大部分都是仪器制造的假象。总之，盖里森在这里是想强调，在实际科研中，科学家根本无法事先预知理论偏见和仪器假象，更不可能回避它们。要想自身实验取得进展，他们就不得不在"会吃人"的"斯库拉"和"卡律布狄斯"中间艰难前进。于是，要想回答实验如何（或者在哪里）可以被视作暂时告一段落，就"不得不从对实验结果的

18　Allan Franklin, *The Neglect of Experiment*, Cambridge: Cambridge University Press, 1986.

19　David Gooding, Trevor Pinch, and Simon Schaffer, *The Uses of Experiment: Studies in the Natural Sciences*, Cambridge: Cambridge University Press, 1989.

20　Peter Galison, *How Experiments End*, Chicago: University of Chicago Press, 1987.

简单叙述中走出来，转而探究实验实践中所包含的多种仪器和理论信念"[21]。换言之，实验所固有的、在真正进行操作之前不可预料的偶然性与实验室中的仪器息息相关。要依据实验与理论的复杂关系来解答科学进步问题，科学史家就必须正视实验仪器的作用。所以，在完成这部实验史著作后，盖里森便向科学史界发出书写仪器史的号召：

> 我们需要一部科学物质文化史，但这部历史不应只是对废弃仪器的死板罗列。取而代之的是，我们需要一部记录科学家如何运用各种物件达成实验目标的历史，无论这些目标是否由高深的理论所设定；一部将仪器制造史与技术史相联系的历史；一部涵盖仪器与演示形式之间关系的历史；一部追溯科学工作组织形式发展历程的实验室史；以及一部阐述理论如何在硬件中得以体现的历史[22]。

1997年，盖里森自己响应了这份号召，完成了科学仪器史的经典[23]之作《图像与逻辑：一部微观物理学的物质文化》（*Image and Logic: A Material Culture of Microphysics*）。盖里森在书中开门见山地指出，他主要关注的是"物理学机器"[24]而非理论，他撰写的是将"仪器置于前线和中心位置"[25]的"仪器史"[26]著作。显然，他关注仪器的目的在于批判以往科学史叙事的传统主题——科学实体的发现与科学理论的演进。前者侧重于观察实验如何证实或证伪科学实体的存在，如"为原子核提供了论据"的"著名的[卢瑟福]阿尔法散射实验"。后

21　Galison, *How Experiments End*, p.74.

22　Peter Galison, "History, Philosophy, and the Central Metaphor", *Science in Context*, 1988, 2, pp. 197–212.

23　简单来说，该书是综合科学（实践）史和研究物质文化、以仪器为核心的科学史著作。在笔者看来，后续科学仪器史的标准书写思路（如 Scheffler, Robin Wolfe, "Interests and Instrument: A Micro-History of Object Wh. 3469 (X-ray Powder Diffraction Camera, ca. 1940)", *Studies in History and Philosophy of Science: Part A*, 2009, 40 (4), pp.396–404; de Oliveira, Maria Alice Ciocca, and Marcus Granato, "The historical instruments from Valongo Observatory, Federal University of Rio de Janeiro", *Proceedings of the 11th Conference of the International Committee of ICOM for University Museums and Collections (Lisbon, Portugal, 21st–25th September 2011)*, 2012, 5,pp. 53–64; Barford, Megan, "D. 176: Sextants, Numbers, and the Hydrographic Office of the Admiralty", *History of Science*, 2017, 55, pp.431–456; Charlotte Connellyand Hasok Chang, "Galvanometers and the Many Lives of Scientific Instruments", in *The Whipple Museum of the History of Science*.eds.by Joshua Nall, Liba Taub, and Frances Willmoth, pp. 159–186. Cambridge: Cambridge University Press, 2019 等）与盖里森这里的示范大同小异。它们的两个共同点在于：①作者往往以仪器为跳板或路标，反映科学理论的发展/科学共同体之间实际交往的情况；②作者往往倾向于借用物质文化研究或人类学资源，其中比较典型的是对科学仪器进行传记式（微观史）研究，如 Samuel Alberti, "Objects and the Museum", *Isis*, 2005, 96, pp.559–571 等。

24　Peter Galison, *Image and Logic: A Material Culture of Microphysics*, Chicago:The University of Chicago Press, 1997, p. xvii.

25　Galison, *Image and Logic: A Material Culture of Microphysics*, p. 5.

26　Galison, *Image and Logic: A Material Culture of Microphysics*, p. 51.

者的核心线索是理论实践而非实验室实践，如"从伽利略到牛顿再到爱因斯坦"的"万有引力的历史"[27]。显然，仪器在这两种叙事中始终处于边缘地带。针对以往编史学的不足，盖里森认为，通过将线索锚定为实验室中的仪器物质文化，而非与实体相关的观察实验或与科学家相关的理论，不仅历史学家能够挣脱理论与实验必须同步变动的思想束缚，而且 20 世纪微观物理学中不同亚文化（实验亚文化、理论亚文化、仪器亚文化等）及其代表群体（理论物理学家、实验物理学家、数学家、仪器制造商、工程师等）的斗争与和谐也能够得到揭露。实际上，盖里森在书中甚至仿照哈金的名言"实验有其自身生命"[28]直言："仪器也有其自身生命"[29]。当然，需要说明的是，在这里，盖里森并非要倡导一种拜物教，而是强调"以理论为中心的单一文化的物理学观点"[30]是片面的，尤其对于当代物理学来说，科学实践不仅跟实验室内部负载着理论（theory-laden）的观察有关，也与实验室外部的政治文化密切相关。与传统观点相对，盖里森版本的物理学图景由实验、理论和仪器三种亚文化组成。其中，仪器与其他两种亚文化之间是准自治的平等关系，而非一般科学史家所认为的那样——要么理论控制实验，同时经由实验控制仪器[31]，要么实验既向上链接理论又向下深入仪器[32]。

总之，可以说，正是在盖里森这样的科学史家的反复呼吁和亲自实践之下，科学仪器才有可能真正被科学史家视为值得关注的研究对象。难怪有学者会在阅读《图像与逻辑》后这样总结：

> 实验在本质上涉及物质领域的创新：必须创造新的仪器，或者对现有仪器进行修改和调整，以适应新的需要。大部分实验科学史都是仪器史。[33]

二 本内特与介入科学史的仪器藏品研究

随着 20 世纪 80 年代的科学史家开始积极在内部主义叙事中关注实验实

27　Galison, *Image and Logic: A Material Culture of Microphysics*, p. 51.
28　Ian Hacking, *Representing and Intervening: Introductory Topics in the Philosophy of Natural Science*. Cambridge:Cambridge University Press, 1983, p.150.
29　Galison, *Image and Logic: A Material Culture of Microphysics*, p. 424.
30　Galison, *Image and Logic: A Material Culture of Microphysics*, pp. 781–782.
31　Galison, *Image and Logic: A Material Culture of Microphysics*, pp. 54–55.
32　Galison, *Image and Logic: A Material Culture of Microphysics*, p.xix.
33　Davis Baird, " Internal History and the Philosophy of Experiment", *Perspectives on Science*, 1999, 7, pp.383–407.

践，长期与博物馆中仪器藏品接触的专家们也顺势呼吁，科学史家不应该因为仪器的物质性而忽略它们。具体而言，不少博物馆馆长认为：科学史家不仅要深入实验室，而且应该重视玻璃柜中展示的（甚至库房中储藏的）科学仪器。这些来自博物馆的声音正是科学史学界受到人文学科"物质转向"影响的重要体现——作为科学史子研究领域的科学仪器史恰恰诞生于其中。

与"实用主义转向"的情况类似，博物馆馆长的呼吁首先也表现为通过实验史研究来回应科学革命问题。基于复原藏品和实验[34]的传统，这些与仪器有密切物质性接触的学者强调重演历史实验的重要性。当我们尝试对那些据称推动了科学史发展的关键实验进行真实还原而非仅仅局限于书面探讨时，诸如该（思想）实验是否真实存在、实验的某些（关键）要素是否得到了有效记录、难以通过文字描述的具身知识等一系列思想史书写不太会触及的问题就会不断涌现出来。如果承认这种书面探讨和实践重演之间存在差异，进而从仪器收藏实践——而非历史学文献研究——的角度出发，那么紧接着要处理的问题就是，如何像库恩呼吁修正"理性"一词的含义那样去修正或者说丰富科学仪器的定义。因为，对于这些仪器专家而言，仪器有物质个体而非仅仅字面隐喻[35]意义上的完整生命周期。换言之，单个或者某类仪器的历史研究价值不仅在于实验室中的使用和调整阶段，或基于实验需求及理论指导的设计阶段，而且也体现在诸如不再使用后被遗弃或被封存、被重新发掘或在各地流通，乃至进入博物馆得到修复并最终得以展出等历程之中。

除了对单个或某类仪器整个流通过程的强调，博物馆馆长还呼吁历史学家不仅要关注不那么惹人注目的前现代数学仪器（如天文仪器、航海仪器等），而且要关注19—20世纪那些"那个时代的大多数科学家及许多科学史家都会认定为科学仪器的大部分仪器"[36]。这自然会导致科学仪器与科学之间的关系[37]变得异常复杂：仪器不止可以被抽象地视作辅助实验的观察道具或蕴含理论的物质模型，而且它们还是蕴含着丰富科学文化的历史事物。现在，似乎科

34　Thomas Brackett Settle, *Galilean Science: Essays in the Mechanics and Dynamics of the Discorsi.* Ithaca: Cornell University, 1966.

35　Alun Christopher Davies, "The Life and Death of a Scientific Instrument: The Marine Chronometer, 1770–1920", *Annals of Science*, 1978, 35, pp. 509–525.

36　Deborah Jean Warner, "What Is a Scientific Instrument, When Did it Become One, and Why?", *The British Journal for the History of Science*, 1990, 23, pp. 83–93.

37　Judith Veronica Field, "What is Scientific about a Scientific Instrument?", *Nuncius*, 1988, 3, pp. 3–26.

学实践的概念也需要修正了——不仅需要包括科学家的实验和理论实践，而且还得包括科学教育和科学传播。最终，科学仪器得以从实验室中解放出来，成为连接更丰富历史研究空间的路标。本内特正是其中的典型代表。

本内特于 1974 年在剑桥大学获得博士学位，自 1979 年开始担任剑桥惠普尔博物馆馆长，从 1994 年开始任牛津科学史博物馆馆长，直到 2012 年退休。如果对于盖里森而言，学术著作撰写、科学纪录片拍摄以及科学前沿的探索等工作都围绕一个核心理念，即关注（20 世纪）物理学中仪器、实验和理论的复杂关系，而且，相较于以往科学史家对理论的过分重视，他更突出仪器在实验中的作用，那么本内特的诸多工作也可以视为有着一个明确重点，即增进科学史家和博物馆工作者之间的交流：他一边向科学史家论证仪器的重要性，一边呼吁博物馆工作人员重视学术研究。2020 年，本内特正是凭借推动博物馆研究和历史学更加关注物质实践而获得了当年科学史协会颁发的科学史学科的最高荣誉——萨顿奖（Sarton Medal）。

当然，正如上文一再强调的，在当时的大环境下，要介入科学史或者吸引科学史家的关注，最直接的方法便是回应库恩所提出的科学革命问题。于是，我们可以看到，同样在 20 世纪 80 年代，本内特在《科学史》（*History of Science*）杂志发文，论证了仪器在科学革命中的作用。这是一次科学史和仪器藏品研究相结合的典范。本内特首先在文章开头明确指出，他在这里关注的是科学史研究的重要主题：17 世纪末的自然哲学。不过接下来，他指出，科学内史书写者由于轻视实践的历史，故而一直忽略了当时新自然哲学（机械论哲学）的来源，即"机械技艺和数学科学"[38]。很明显，本内特这里的用意是，先顺应科学史学界对实验实践的关注风潮，然后指出，一旦我们关注当时的数学科学及其实践，那么就会发现，对"抽象理论和实际应用"[39]进行简单区分很难实现，因为"实践者本身并没有这样做"[40]。换言之，"数学科学必然涉及实践领域和那些在实践层面开展工作的人"[41]。不过，这里更为关键的是，这就意味着，16—17 世纪数学科学实践中的大量仪器被忽略了，而实际上它们对科学革命的影响不亚于以往受历史学家青睐的"个别思想家的

38　Jim Arthur Bennett, "The Mechanics' Philosophy and the Mechanical Philosophy", *History of Science*, 1986, 24, pp.1–28.
39　Ibid.
40　Ibid.
41　Ibid.

有力表述"[42]或者"光学和自然哲学仪器（望远镜、显微镜、气压计、气泵、温度计、电动机等）"[43]。也正是在这里，本内特和盖里森颇为"殊途同归"地通过强调科学的实践维度，提出了仪器的重要性——两人甚至同样将科学分成理论、实验和仪器三个部分。本内特表述如下："我们应该允许当代数理科学的实践层面在自然哲学新关系的演变中发挥作用，并将之反映在新自然哲学实践的特征（机械论、实验、仪器）中"[44]。简言之，在本内特看来，科学史不应忽略古代数学仪器。

必须注意的是，这里所提及的被科学史家忽略的古代数学仪器恰恰为科学（史）博物馆馆长所熟悉。于是，我们可以看到，到了1998年，本内特鉴于科学史界越来越多地参与仪器研究的现状，开始更加呼吁博物馆馆长和私人收藏家等所谓"仪器专家"更多地参与历史研究：

> 科学史家越来越关注仪器所提供的证据，或者至少越来越多地投身于对仪器的研究。这里需要补充一个提醒，因为这一学科领域的发展并不总是得到那些负责管理仪器藏品的人（也就是博物馆馆长）的认可，更不用说私人收藏家了。如今，仪器研究专家抱怨科学史家对他们的藏品缺乏兴趣，这种抱怨几乎和过去一样常见，而在过去，他们的抱怨或许是有道理的。……对待仪器的这两种方式似乎差异巨大，以至于双方之间很难有共同语言。这对于双方来说既是错误的，也是有害的。科学史家可以从现存仪器藏品的全貌以及从精心挑选的仪器类别或实例中学到很多东西；而馆长们则需要在专业技术能力和鉴赏力之外，拓展他们的阐释能力[45]。

事实上，为了使科学史家走出书斋和实验室，走进博物馆，同时使博物馆馆长有更大兴趣参与历史研究，本内特甚至在这里以博物馆收藏的16世纪的星盘举例，"说明如何将仪器作为资料来源，用于编写更具包容性的科学革命史"[46]。值得一提的是，由于此时科学仪器史已成气候，所以本内特在此能够同本文开头提及的《仪器》特刊的卷首语那样[47]，直接将批评矛头指向以科

42　Bennett, The Mechanics' Philosophy and the Mechanical Philosophy.

43　Ibid.

44　Ibid.

45　Jim Arthur Bennett, "Practical Geometry and Operative Knowledge", *Configurations*, 1998, 6, pp. 195–222.

46　Ibid.

47　Albert van Helden and Thomas Leroy Hankins, "Introduction: Instruments in the History of Science", *Osiris*, 1994, 9, pp.1–6.

瓦雷（Koyré ，1892—1964）为代表的"把'科学思想'的彻底变革作为科学革命'经典'论述重点"[48]的科学史内史叙事传统，进而更加自信地强调，做（doing）科学与认识（knowing）科学同样重要[49]，明确要求科学（革命）史的关注"重点从思想转向行动"[50]。

无论如何，如果没有像本内特这样的博物馆馆长不断向科学史界呼吁对仪器藏品投以更多关注，不仅很难想象科学史家能这么迅速且广泛地接受科学仪器，而且仪器研究专家们或许仍然会对介入历史学研究兴味索然。

三、科学仪器史的诞生及其中国实践

总之，从 20 世纪 80 年代开始，科学史学界出现了关注实验实践的"实用主义转向"——以盖里森为代表的内部主义科学史书写者开始关注科学实验实际运行的情况，借此解释科学革命叙事中的连续和断裂问题。在这个过程中，实验室中的仪器在实验和理论复杂互动中的关键作用逐渐浮现出来。与此同时，在整个人文学科范围内兴起的关注物质性的风潮使得以本内特为代表的、涉猎科学史的博物馆馆长能够通过指出以往科学史书写中存在的问题，即过度关注思想观念而忽略物质实践，进而有针对性地突出博物馆中的仪器的科学史研究价值。

于是，由两位科学史家合编的《仪器》特刊在 1994 年出版也就不足为奇了。正如前文所述，在这个标志着科学史家开始重视仪器研究的特刊的卷首引言《科学史中的仪器》（Instruments in the History of Science）中，以往忽略实验和仪器的传统编史学思路遭到激烈批判[51]。对于如今可以自称为科学仪器史家的学者来说，科学原理不仅存在于理论和实验方法中，也同样"存在于仪器中"[52]，甚至可以说（尤其对于当代科学家和科学研究而言）仪器"决定了可以做什么，也在一定程度上决定了可以想什么"[53]。

现在，科学史家很难再忽视仪器的作用，无论仪器处于其生命周期的哪

48　Bennett, Practical Geometry and Operative Knowledge.
49　Ibid.
50　Ibid.
51　van Helden and Hankins, Introduction: Instruments in the History of Science.
52　Ibid.
53　Ibid.

个环节，也无论只是在概念上讨论仪器还是同时也关注仪器的物质特性。这可以通过学科内奖项、会议和期刊情况体现出来（表2）。

表2　期刊中的仪器史

时间	主题	期刊	主编
1988	人工制品和实验（Artifact and Experiment）	《爱西斯》	杰弗里·斯特奇奥（Jeffrey L. Sturchio）
1988	实践、语境以及理论与实验之间的对话（Practice, Context, and the Dialogue Between Theory and Experiment）	《语境中的科学》（Science in Context）	蒂莫西·勒努瓦（Timothy Lenoir）
1994	仪器（Instrument）	《奥西里斯》	范·海尔登（A. Van Helden）、托马斯·哈金斯（T. L. Hankins）
1995	无主题	《收藏史杂志》（Journal of the History of Collections）	彼得·德克莱克（Peter De Clercq）、安东尼·特纳（Anthony Turner）
2005	博物馆和科学史（Museums and the History of Science）	《爱西斯》	塞缪尔·阿尔贝蒂（Samuel J. M. M. Alberti）
2007	科学史中的客体、文本和图像（Objects, Texts and Images in the History of Science）	《科学史与科学哲学研究》（Studies in History and Philosophy of Science）	亚当·莫斯利（Adam Mosley）
2009	论科学仪器（On Scientific Instruments）	《科学史与科学哲学研究》	利巴·陶布（Liba Taub）
2011	科学仪器史（The History of Scientific Instruments）	《爱西斯》	利巴·陶布（Liba Taub）
2019	塑造科学仪器收藏（Shaping Scientific Instrument Collections）	《收藏史杂志》	塞缪尔·阿尔贝蒂（Samuel J. M. M. Alberti）

在1998年科学史协会年会上，辉瑞奖颁给了广受好评的仪器史著作《图像与逻辑》（作者盖里森），而当年的萨顿奖更是颁给了《仪器》特刊的主编之一托马斯·汉金斯（Thomas L. Hankins，1933—）。同年，本内特被选为著名仪器研究组织——科学仪器委员会的新任主席。科学仪器史甚至在2000年以后被定性为"时下风尚"[54]。

最后，从机构的角度来看，盖里森所在的哈佛大学以及本内特所在的剑桥和牛津大学都有一个共同点：科学史系与科学（史）博物馆连体运作。在中国，清华大学2017年成立的科学史系以及筹建中的科学博物馆也是如此。

54　Jim Arthur Bennett, "Knowing and Doing in the Sixteenth Century: What Were Instruments for?", *The British Journal for the History of Science*, 2003, 36, pp. 129–150.

在西方科学仪器史风潮的影响下，基于其馆藏的科学仪器史研究不断涌现[55]。在此仅举两例。

在其研究中，马玺首先精炼地总结了来自人类学的"物品传记"思想——"以历史的方法考察它［指科学仪器］的'传记'、关注它［的］人造物和商品的属性、同时揭示它与人的关联"[56]。然后在这种观念的驱使下，马玺撰写了清华大学科学博物馆收藏的一台高压蒸汽灭菌器的传记。正是由于该传记的主角是仪器，作者才得以穿行于 19 世纪高压蒸汽灭菌器的发明和演进的宏大历史，以及目前存放于清华大学科学博物馆的这台作为个体的仪器所经历的生产、流通和使用的微观历史之间[57]。类似地，刘年凯[58]以清华大学科学博物馆保存的中国第一台自制激光多普勒测速仪为绝对叙事中心，围绕它的广泛资料——阐释流体测量和多普勒效应的理论文献、与清华大学合作研发激光多普勒测速仪的宁夏银河仪表厂的厂志及研发主要负责人沈熊教授的口述访谈资料——勾连出近半个世纪的中国文化史、外交史、工业史与经济史，"在某种程度上描绘出一幅即使亲历者也不能窥其全貌的历史图景"[59]。刘年凯认为，以科学仪器为中心的叙述视角不仅有资格成为科学史其他编史学视角的"补充"，而且值得它们"借鉴"[60]。

最后，在上述研究成果基础上，中国科学技术史学会科学仪器史专业委员会成立大会于 2022 年 4 月在清华大学科学博物馆召开。显然，该机构的成立意味着（科学）博物馆学和仪器史研究在中国得到更多关注，中国科学（技术）史研究领域也得到了拓展。2024 年 10 月，该机构召开了首届全国科学仪器史学术会议，时任科学仪器委员会主席罗兰·维特杰（Roland Wittje）也参

---

55 司宏伟:《近代航海导航技术的见证——六分仪》,《自然科学博物馆研究》, 2019 年第 4 期, 第 1–95 页; 刘年凯:《中国第一台三自由度飞行模拟实验台的"诞生"与"重生"》,《自然科学博物馆研究》, 2019 年第 3 期, 第 65–70, 95–96 页; 刘年凯:《谈科学博物馆的藏品分类: 立足德意志博物馆和英国科学博物馆集团的经验》,《科学教育与博物馆》, 2020 年第 6 期, 第 400–404 页; 刘年凯:《从科学仪器发现历史: 以中国首台自制激光多普勒测速仪为中心》,《中国科技史杂志》, 2021 年第 42 卷第 1 期, 第 1–11 页; 刘年凯:《清华大学科学博物馆藏 19 世纪英国袖珍金币秤》,《中国计量》, 2022 年第 1 期, 第 60–63 页; 马玺:《高压蒸汽灭菌器: 一件科学仪器的历史》,《自然科学博物馆研究》, 2020 年第 3 期, 第 87–89 页; 马玺:《科学仪器研究中的藏品、文献与历史阐释: 以清华大学科学博物馆为例》,《自然科学博物馆研究》, 2021 年第 6 期, 第 28–37 页。
56 马玺:《科学仪器研究中的藏品、文献与历史阐释: 以清华大学科学博物馆为例》。
57 马玺:《高压蒸汽灭菌器: 一件科学仪器的历史》。
58 刘年凯:《科学仪器研究中的藏品、文献与历史阐释: 以清华大学科学博物馆为例》。
59 同上。
60 同上。

加了此次会议。

四、余　论

随着科学仪器被逐步从实验室和展览柜中解放出来，它们已经成为当下科学史的重要主题。然而，仪器地位的上升以及概念的泛化并非没有问题：哪怕颇为推崇仪器的学者也仅仅止步于一种"仪器与实验和理论的平等"[61]、仪器力量与人类力量共同推动科学进步的"后人类中心主义"[62]，而不愿意损害作为人类力量代表的科学家群体在科学实践中的能动性[63]。于是，我们想追问的是，仪器的地位还可以上升吗？它可能做历史的主角吗？当然，这个问题其实要求我们进一步澄清"科学物质文化、以藏品为基础的科学史、以仪器为导向的研究和仪器研究"[64]等关键概念。

另外，这也引出另一个不那么明显却值得科学史家警惕的问题——科学仪器史中的建构主义倾向的限度在哪里？虽然科学史家的确不仅应该承认仪器在科学实践中的关键作用，而且应该尝试走出实验室同博物馆中的仪器进行物质接触，但仍需要注意目前仪器史研究中显然存在的消解科学仪器之科学性的倾向：

> 对仪器的研究能让历史学家从仪器这个物件出发向外拓展视野，其他一些人也持有同样的观点，尤其是那些研究保存在博物馆和私人收藏中的仪器的人。进行这类研究的往往不是那些特别关注过去所谓科学"内部主义"历史的人，而是关注仪器的生产、销售和消费的经济史学家或社会文化史学家……一些人认为，只有充分考虑"纯粹科学之外"的背景因素，才能书写仪器的历史[65]。

61　Galison, *Image and Logic: A Material Culture of Microphysics*, pp. 799–800.

62　Andrew Pickering, *The Mangle of Practice: Time, Agency, and Science*. Chicago: University of Chicago Press, 1995.

63　David Gooding. *Experiment and the Making of Meaning: Human Agency in Scientific Observation and Experiment*. Dordrecht: Kluwer Academic Publishers, 1990; Davis Baird and Thomas Faust, "Scientific Instruments, Scientific Progress and the Cyclotron", *The British Journal for the Philosophy of Science*, 1990, 41, pp.147–175; Alberti, "Objects and the Museum"; Jim Arthur Bennett, "Museums and the History of Science: Practitioner's Postscript", *Isis*, 2005, 96, pp.602–608.

64　Marta C. Lourenço, "Gessner S. Documenting Collections: Cornerstones for More History of Science in Museums", *Science and Education*, 2014, 23, pp. 727–745.

65　Liba Taub, "On scientific instruments", *Studies in History and Philosophy of Science: Part A*, 2009, 40, pp.337–343.

The Birth of the History of Scientific Instruments

The Encounter of Historians of Science with Museum Curators

Li Hongyu

Abstract: The trend in the research on the history of scientific instruments, emerging in the English-speaking world in the 1990s, is the product of combining the history of science and the instrument study. On the one hand, this is an inevitable result of the constructivist-influenced internalist writing on the history of science that emphasises experimental practice. On the other hand, specialists in instrument collections are simultaneously asking historians of science to turn to instrument collections in museums. Peter Galison, the representative within the former group, in his meticulous examination of the actual operation of scientific experiments, has found that instruments in the laboratory play a key role in the complex interaction between experiment and theory. Jim Bennett, representing the latter, highlights the importance of instrument collections for the history of science writing. This trend in writing the history of scientific instruments extends not only in time to the present, but also spreads spatially to China.

Keywords: history of scientific instruments; history of science; Peter Galison; Jim Bennett; museums

微观史视角下我国第一条
进口氦氖激光器生产线

/

刘元兴　　刘年凯[1]

摘　要： 现当代从事科学研究的基层工作者，无论是社会境遇，还是在传统科学史叙事中的地位，都与微观史学的研究对象相似。北京科学仪器厂于20世纪80年代引进了我国第一条进口氦氖激光器生产线，通过微观史与科学史的交叉，笔者对全程参与此项目的基层科学工作者——苏华钧的手稿与口述史，并结合大量档案、工业志等信息进行研究。一方面，从苏华钧的视角可以看出，这条生产线并非被毫无保留地出口给中国，美方仍对关键技术有所保留，目的是控制中方，使中方不断进口散件才能维持生产；另一方面，借助微观史的视角可以发现，苏华钧虽在这一引进项目中是起到决定性作用的参与者，却没有决定这条生产线命运的话语权。

关键词： 科学史　微观史　氦氖激光器　北京科学仪器厂

微观史学是对历史学与人类学的碰撞做出的反应[2]，并于20世纪70年代逐渐进入历史学家的研究视野。微观史有两个主要特点：一是关注普通人，二是有故事和细节[3]。同样，科学史也在不断与人类学发生碰撞[4]，自微观史学诞生后，学界就尝试将科学史与微观史进行交叉研究。其中，2023年米凯尔

1　刘元兴，清华大学科学史系助理研究员；刘年凯，清华大学科学史系副教授。本研究受"国家资助博士后研究人员计划"（GZC20231383）、国家社科基金一般项目"新中国初期北京和上海科学仪器行业史料整理与研究"（24BZS106）资助。
2　彼得·伯克：《什么是文化史》（第三版），蔡玉辉译，杨豫校，北京：北京大学出版社，2021年，第59页。
3　王笛：《碌碌有为：微观历史视野下的中国社会与民众 上卷》，北京：中信出版集团，2022年，第6页。
4　沙伦·特拉维克：《物理与人理：对高能物理学家社区的人类学考察》，刘珺珺译，上海：上海科技教育出版社，2003年。

（Mikael）出版了《技术的微观史》（*Microhistories of Technology*）一书，该书收集了世界各个角落的人们如何应对全球化带来的生产技术和产品发展方面的故事[5]，通过全世界范围内普通人的视角，重新审视技术全球化这一传统的科学史问题。

在现当代科学高度职业化的背景下，科学史实际上遇到了与历史学相似的问题。科学家虽常被视作社会精英的代表，然而基层科学工作者，如一般的工程师、技术人员等，这些在科学技术发展中占据大多数的群体，却长期处于科学史叙事的边缘。他们在工作中所面临的处境，在社会中所遇到的问题，往往与微观史所关注的研究对象有共通之处。因此，借鉴微观史的研究视角，针对具体的基层科学工作者这一研究对象，可以提出如下三个问题：①上层政策是如何影响基层科学工作者的工作的？②基层科学工作者是如何看待及推动科学发展的？③在时代的浪潮中，个体命运的轨迹是什么样的？

本文正是基于这些问题，通过北京科学仪器厂的前工程师苏华钧的视角，结合他在引进过程中的工作与日常生活[6]，来回顾我国第一条进口氦氖激光器生产线的引进及后续发展的历史。

苏华钧，生于1941年，浙江省杭州人，1961年进入浙江大学精密仪器系学习，1966年毕业，其毕业论文的研究方向为1米激光测长机。正是自苏华钧读书前几年起，北京地区开始组建自己的光学仪器设计与制造团队。在1963年时，已经有浙江大学、上海机械学院和长春光学机械学院等大专院校的50多名光学仪器专业毕业生被分配到北京市光学仪器行业[7]。正是在这一时代背景下，1966年苏华钧毕业后被分配至北京。苏华钧回忆，当时浙江大学精密仪器系共有3人被分配至北京，他是第一个到北京的毕业生，可以优先选择工作单位，于是苏华钧便说哪有激光我就去哪，因此来到了北京科学仪器厂[8]。

一、北京科学仪器厂的氦氖激光器生产史

北京科学仪器厂前身是1956年由几个私营小厂合并而成的公私合营东华

5　Mikael Hård, *Microhistories of Technology*, Springer: Palgrave Macmillan, 2023, p.vi.

6　与苏华钧相关的文献除了公开的出版物与档案以外，还有四本本人的手稿，以及三次口述史访谈。

7　《当代北京工业丛书》编辑部：《当代北京仪器仪表工业》，北京：北京日报出版社，1989 年，第 28–29 页。

8　2023 年 11 月 4 日与 2024 年 4 月 15 日，于北京市朝阳区中粮可益康（外大街店）。

仪器厂，后于1958年与东风仪器厂合并改称北京科学仪器厂[9]。该厂最开始时仅有100多名工人，生产的科学仪器为101森林罗盘仪（图1）、106工程水准仪和410袖珍光弹性仪等几种简单产品[10-11]。虽然在建立之初北京科学仪器厂规模较小，生产效率不高，质量一般，但在光学仪器的制造上却是强项。并且，北京科学仪器厂也是北京市最早建立的两家光学仪器厂之一[12]，无论是玻璃制造上的设备支持，还是工人在吹制玻璃上的技术积累，在20世纪50年代末60年代初的北京，都具备一定优势，这也为日后氦氖激光器的生产埋下了伏笔。

图1　北京科学仪器厂生产的101森林罗盘仪
注：藏于清华大学科学博物馆

1963年7月，在邓锡铭的带领下，中国科学院长春光学精密机械研究所（简称长春光机所）成功研制出了我国第一台氦氖激光器。随后，长春光机所将制造氦氖激光器所需的高反射镀膜提供给了中国科学院电子学研究所（简称电子所），电子所在长春光机所所作研究的基础上，进一步对氦氖激光器的镀膜和制造进行研究。电子所通过对银质镀膜和十三层氟化镁与硫化锌介质膜输出特性以及氦氖激光器制作工艺的研究，发现研制增益比较高的激光器，在技术上的要求并不像以前报道的那么严格[13]。这项研究对当时科学仪器制造

9　北京市地方志编纂委员会：《北京志 工业卷 电子工业志 仪器仪表工业志》，北京：北京出版社，2001年，第547页。
10　北京科学仪器厂革命委员会关于调整管理机构的请示报告及中国共产党北京市仪器仪表联合厂委员会的意见及北京市仪器仪表工业局革命领导小组、中国共产党北京市仪表工业局委员会的审批意见新机构方案，1972年，档案号：171-001-00284-00207，北京市档案馆藏。
11　北京科学仪器厂：《1960年新产品》，《人民日报》，1960年10月7日第7版。
12　黄友强：《北京科学仪器厂简介》，《力学与实践》，1983年第3期，第59-60页。
13　林俊琛、陈禾兴、王敬蕊，等：《银膜与介质膜的氦氖受激光发射器》，《科学通报》，1965年第1期，第73-74页。

处于落后的中国来讲至关重要，它使得氦氖激光器的制造具有了从实验室研发走向工业化生产的可能。

1964 年在电子所对氦氖激光器的制作工艺有了一定的研究后，具有一定光学科学仪器生产基础的北京科学仪器厂接收了电子所的科研成果，并在年底量产了我国第一批气体激光器——GSL-1A 型氦氖激光器[14-15]。虽然北京科学仪器厂在电子所的帮助下成为我国最早生产氦氖激光器的工厂[16]，但氦氖激光器在实际生产中的复杂程度还是远远超过实验室中的研究。因此，在 20 世纪 60 年代末 70 年代初的北京科学仪器厂，氦氖激光器依旧是一件不成熟的科学仪器。我们可以通过以下三点一窥北京科学仪器厂早期氦氖激光器产品的生产状况。

第一，产品信息少。根据一份 1971 年北京科学仪器厂的《产品样本》来看（图 2），氦氖激光器被排至最后一位，是 19 种产品中唯一没有任何型号信息的科学仪器（第 18 项制版镜头在目录中没有标明型号，但在介绍页有具体型号，分别为 J28 型和 J55 型）。不仅如此，对比同一册中其他仪器的介绍，氦氖激光器的介绍极少，只标注了用途和主要技术指标，连基本的尺寸、重量等数据都没有提供。

第二，生产比例小。根据 1973 年 2 月 9 日的一份北京科学仪器厂的生产纲领表可见，在生产 5 类共 4115 件仪器中，与激光有关的仪器只有 70 件[17]。其中，测量显微镜类占比约 4.37%，测长仪类占比约 2.43%（其中激光测长仪 15 台，占比约 0.36%），投影仪类占比约 1.94%，激光器类占比约 1.33%（其中全部为激光平面干涉仪，共 55 台），军品占比约 89.9%。可见，激光器类即便加上测长仪中的激光测长仪，也是全部品类中占比最小的。

第三，实用性差。一方面，1975 年以前的国产氦氖激光器一般工作寿命仅 1000 小时，存放期只有半年[18]，而此时美国同一时期所产的氦氖激光器常用

14　黄友强：《北京科学仪器厂简介》。

15　邓锡铭：《中国激光史概要》，北京：科学出版社，1991 年，第 21 页。

16　北京市仪器仪表工业总公司关于 He-Ne 激光器生产技术及生产线的立项报告，1984 年 4 月 5 日，档案号：283-002-00043-00060，北京市档案馆藏。

17　北京市仪器仪表工业局革命领导小组关于科学仪器厂技术改造任务书批复的通知、北京科学仪器厂生产纲领表，1973 年 2 月 9 日，档案号：171-001-00420-00033，北京市档案馆藏。

18　胡志强，施迎难，赖淑蓉：《高可靠性中功率氦氖激光器寿命试验报告》，《光电子·激光》，1984 年第 1 期，第 41-44 页。

图2　左上为北京科学仪器厂1971年《产品样本》封面、右上为目录、左下为氦氖激光管产品图片页、右下氦氖激光管产品介绍页[19]

商品的一般寿命可达10 000小时以上，最高可达30 000小时[20]。另一方面，从北京科学仪器厂1971年《产品样本》中氦氖激光管产品图片（图2左下）可以看到，这一时期北京科学仪器厂所产的氦氖激光器采用的是全外腔设计，且没有提供配套的透镜系统。全外腔设计虽然在使用寿命上相较于全内腔或半内腔的设计要略有延长，但全外腔设计的氦氖激光器需要外置反射镜和半反射镜，光路调节较为烦琐，调节技术要求远高于全内腔或半内腔的氦氖激光器。

<hr />

19　北京科学仪器厂：《产品样本》，北京：北京科学仪器厂，1971年。该文献为广告。
20　中国科学技术情报研究所：《出国参观考察报告 美国、加拿大激光技术发展情况》，北京：科学技术文献出版社，1975年，第78页。

从整体背景来看，20 世纪 60 年代中后期北京在全国居于领先位置，70 年代逐渐落后[21]，而 70 年代初期北京科学仪器厂也确实没将氦氖激光器作为主力仪器进行生产与销售。为加强仪器生产中的交流，以提高仪器的生产质量，北京科学仪器厂于 1972 年起创办了《光学与计量》期刊[22]。对于氦氖激光器的研制而言，从该期刊中我们也看到北京科学仪器厂是如何逐渐重视起氦氖激光器的生产的。1972 年的第一期中，共 6 篇文章 1 个附录，其中无激光器相关文章；1973 年第一、二期（合刊）中，4 篇文章中有 2 篇与激光器相关；1973 年第三期中，4 篇文章中有 3 篇与激光器相关；1976 年是激光测长仪专辑。在《光学与计量》的几期刊物中，不仅能从与激光器有关的文章比例中看出其重要性越来越高，从具体文章内容中我们也可以看到北京科学仪器厂对于氦氖激光器制造的发展与反思。1973 年第三期中，北京科学仪器厂对氦氖激光管的试制工艺进行了小结，其中包含了一根氦氖激光管制作的几乎全部流程。从玻璃工艺，如玻壳吹制、磨制布鲁斯特窗口，到具体的清洗、胶合、真空处理、充气等，再到体积比公式和分压计算公式的推导都有较为完整的叙述，并从工厂生产的角度出发，对制作工艺与细节展开了非常详细的研究，如介绍玻璃外壳阴极端的吹制工艺时，不仅强调了封接时的技术细节，还在图中标注了排气口与阴极管连接处应增加连接处玻璃的厚度（图 3）。正是在这种研究与制作并行的进程中，北京科学仪器厂的氦氖激光器逐渐有了发展为主力产品的趋势。

一方面，北京科学仪器厂是最早的氦氖激光器生产厂家，有了一定的技术积累；另一方面，北京科学仪器厂对氦氖激光器的研究与制造能力逐渐增强，产品质量得到了提升。一机部、北京市"七三——八〇年激光科学技术发展规划"确定北京科学仪器厂为气体激光器件试制和小批生产点。为配合

21　北京市仪器仪表工业总公司关于 He-Ne 激光器生产技术及生产线的立项报告，1984 年 4 月 5 日，档案号：283-002-00043-00060，北京市档案馆藏。

22　此期刊 1972 年出版 1972 年第一期；1973 年出版 1973 年第一、二期（合刊）与第三期；1976 年出版激光测长仪专辑。北京科学仪器厂在"文化大革命"这一特殊时期为加强学术与技术交流，创办这一期刊，并将自身部分科技工作做一报道，以求得各位兄弟单位的指导，同时达到相互促进、共同提高的目的（北京科学仪器厂：《说明》，《光学与计量》，1972 年，第 1 期）。不仅如此，《光学与计量》也有对国外前沿科学仪器研究成果的综述和外文文章的翻译，总体来讲是具备国际视野的有关仪器制造的期刊。但由于稿件来源单一，只接收本厂、兄弟单位和翻译类文章，所以未完成其成为季刊的目标，并最终只出版了四期（1973 年两期为合刊）。该期刊可在国家图书馆查阅，1972—1973 年编号为：3124146089，1972 年第 1 期，1973 年第 1—3 期；1976 年编号为：3124146006，1976 年，第 1 期。

这一任务顺利完成，1974年2月27日北京科学仪器厂向一机部提交建立气体激光器中间实验室的申请报告[23]。随后得到审批，获批经费10万元，用于添置气体激光放电管及其应用装置、批量试生产所需的基本仪器和设备以及支付气体激光器中间实验室基础建筑费，并要求力争在1976年[24]上半年建成，达到年产气体激光放电管360支、气体激光器装置120台的能力[25]。

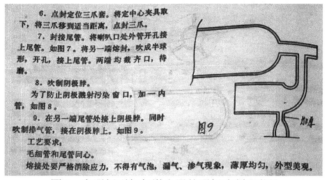

图3 旁阴极型氦氖激光器的阴极吹制工艺[26]

1977年，苏华钧作为北京科学仪器厂光学车间主任，在气体激光器中间实验室的基础上，组建了激光研究室。70年代中后期，北京科学仪器厂先后生产出JDJ-1000型激光测长机、CLS-95型激光平面干涉仪、双频氦-氖激光器、HN-T4型氦氖激光器等产品。

20世纪80年代初，在北京科学仪器厂激光研究室的努力下，氦氖激光器与以其作为光源的计量光学仪器已经成为北京科学仪器厂的主要产品。通过一份1982年北京科学仪器厂氦氖激光器的产品介绍可以看出，在当时售卖的33种（若不包括云纹光栅、偏光镜等这类小型光学仪器，则为26种）仪器中，与氦氖激光器相关的产品共有11种[27]，约占总体的1/3。从具体的氦氖激光器种类来看，北京科学仪器厂已经可以提供满足各类需求的氦氖激光器，构建

23 北京市仪器仪表工业局革命领导小组关于北京科学仪器厂建立气体激光器中间实验室的报告，1974年2月27日，档案号：171-001-00510-00010，北京市档案馆藏。

24 原档案中为1966年，根据时间推测应是笔误，实际时间应为1976年。

25 北京市仪器仪表电器工业公司关于批复气体激光器及应用装置中间试验费用的函，1965年11月16日，档案号：171-001-00023-00083，北京市档案馆藏。该档案时间应为当时笔误。

26 北京科学仪器厂：《氦氖气体激光管试制工艺小结》，《光学与计量》，1973年第3期，第3页。

27 其中以氦氖激光器为光源的计量光学仪器产品分别为：JDJ-1000型激光测长机、JDJ-3000型激光测长机、CLS-95型激光平面干涉仪、JSC-I型双频激光干涉仪；氦氖激光器产品可见图3。

了较为完善的氦氖激光器产品体系（图 4）。其中，既有适合全息摄影、全息诊断、拉曼光谱、信息处理存储使用的大功率 QJH-1800 型激光器[28]，也有适合中学物理教学演示、医疗中治疗眼科和皮肤科常见病、农业育种、工业加工、铁路交通指向使用的价格低廉的小功率 QJH-250 型激光器[29]。

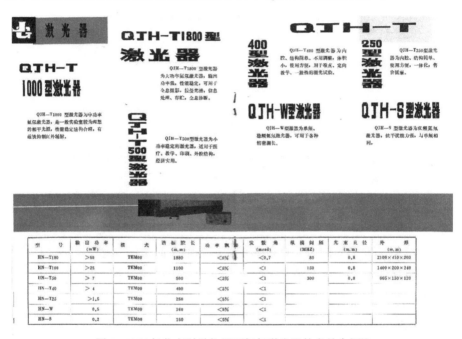

型 号	输出功率 (mW)	模 式	谐振腔长 (mm)	功率飘移	发散角 (mrad)	模横间隔 (MHZ)	光束直径 (mm)	外 形 (mm)
HN-T180	>50	TEM00	1800	<6%	<0.7	80	0.8	2100×410×200
HN-T100	>25	TEM00	1100	<6%	<1	150	0.8	1400×200×240
HN-T50	>7	TEM00	500	<3%	<1	300	0.8	665×150×120
HN-T40	>4	TEM00	400	<3%	<1			
HN-T25	>1.5	TEM00	250	<5%	<1			
HN-W	0.5	TEM00	160	<5%	<1			
HN-S	0.2	TEM00	160	<5%	<1			

图 4　1982 年北京科学仪器厂氦氖激光器的产品介绍[30]

　　纵观北京科学仪器厂从 1964 年起开始制造氦氖激光器的历史，虽然北京科学仪器厂是全国第一家生产氦氖激光器的厂商，但在生产初期，技术和产品都发展得较为缓慢，因此在 60 年代末到 70 年代初逐渐落后。在政策的支持下，苏华钧在气体激光器中间实验室的基础上组建了激光研究室，针对氦氖激光器及相关产品展开了广泛的研究，并进行了改进，使得氦氖激光器在 70 年代中后期到 80 年代初成为北京科学仪器厂的主力产品，进而有效提高了北京科学仪器厂整体的产值。80 年代中期，北京科学仪器厂的产值利税率达

28　北京科学仪器厂：《产品介绍》，北京：北京科学仪器厂，1982 年。该文献为广告。

29　北京科学仪器厂：《QJH-T250D-A 激光器使用说明书》，北京：北京科学仪器厂，1983 年。该文献为使用说明书。

30　北京科学仪器厂：《产品介绍》。

77.02%，在全国200家企业产值利税率排行中位列第11名[31]。激光产值在1986年为327万元，位列北京市第一，全国第三名；1987年为344万元，位列北京市第一，全国的第四名[32]。

二、杨振宁的到访

1984年9月30日上午，杨振宁突然到访北京科学仪器厂。此时正值国庆节的前一天，杨振宁被邀请回国参加国庆活动，而苏华钧本来在休假，但接到通知的他立刻赶回了北京科学仪器厂，因为此时他是厂里唯一一有激光研究室钥匙的人。

回到厂里后，苏华钧首先为杨振宁着重讲解了大功率HN1880型氦氖激光器（图5）。这款激光器是当时北京科学仪器厂最具代表性的氦氖激光器之一，它不仅为全息照相等方向的科学研究提供了较好的光源，被金国藩院士的全息照相课题组使用过，还在医疗上起到了关键作用，如在与协和医院和同仁医院的合作中，四台HN1880型氦氖激光器的激光耦合被用来治疗癌症。随后，苏华钧在给杨振宁介绍250 mm氦氖激光管的工艺技术时（图6），杨振宁向一同而来的仪器仪表工业总公司的领导说道："苏华钧到美国开工厂，大有前途！"在参观激光研究室的最后，苏华钧向杨振宁详细介绍了四米大功率氦氖激光器的研制过程（图7），杨振宁或许是对苏华钧这种完全由国内培养的工程师[33]在氦氖激光器上的研究略感震惊，于是在听苏华钧介绍四米大功率氦氖激光器时，便询问他是否去过美国。苏华钧回答没有去过，杨振宁便提到了一些关于美国尤尼菲斯（Uniphase）公司制造氦氖激光器的情况。

31　《全国1985年200家产值物耗率和产值利税率最佳企业》，《企业管理》，1987年第11期，第43–48页。

32　郑德基：《从1986、1987年我国激光产品产值的统计分析看我国激光产业的发展》，《激光与红外》，1988年第8期，第1–3页。

33　此时的苏华钧还只是一名工程师，在之后1989年6月17日才被评为高级工程师。相关材料可见：北京市仪器仪表工业总公司关于北京科学仪器厂龚仕炎、苏华钧、高崇中、李尚文、苏东等19名同志高级专业技术职务资格审批的通知，1990年4月10日，档案号：283-001-0024-00037，北京市档案馆藏。

图5 苏华钧（左二）正在为杨振宁（右二）讲解HN1880型氦氖激光器
资料来源：苏华钧先生供图

图6 苏华钧（左二）正在为杨振宁（左三）讲解250 mm氦氖激光管的工艺技术[34]
资料来源：苏华钧先生供图

图7 苏华钧（左一）正在为杨振宁（左二）讲解四米大功率氦氖激光器[35]
资料来源：苏华钧先生供图

同日下午，苏华钧与仪器仪表工业总公司的领导一起，在北京台基厂大

---

34 因原始照片噪点过多，此处使用的图6为Wink软件AI降噪后的照片。
35 因原始照片噪点过多，此处使用的图7为Wink软件AI降噪后的照片。

街新开业的松鹤楼[36]招待杨振宁。在松鹤楼，杨振宁介绍了美国尤尼菲斯公司的氦氖激光器制造技术引进项目（图8）。美国尤尼菲斯公司成立于1979年，起初通过为芯片制造商、超市扫描仪和其他低端设备制造激光器，勉强维持生计[37]。但随后其激光器产品逐渐完善，迅速发展为北电（Nortel）、新泽西州的朗讯科技（Lucent Technologies Inc.）和法国的阿尔卡特（Alcatel SA）等电信设备公司的供应商[38]。从尤尼菲斯公司之后的发展情况来看，此时的尤尼菲斯公司正处于大量收购其他小型科技公司的前夕，需要大量资金支持，这或许也是它能够与中国合作的重要原因之一[39]。而正是由于杨振宁的牵线，北京科学仪器厂开始与美国尤尼菲斯公司接触，邀请尤尼菲斯公司的高层参观北京科学仪器厂的氦氖激光器制造技术[40]，着手引入氦氖激光器的生产线。

图8　正在介绍美国尤尼菲斯公司的杨振宁，其中左一为李希汉，左二为李永安，
左三为杨振宁，左四为叶培松
资料来源：苏华钧先生供图

然而，此刻我们必然存在这样一个疑惑：为什么杨振宁会在此时突然到访北京科学仪器厂？为什么将美国尤尼菲斯公司的合作项目交给北京科学仪器厂？这或许需要结合更加宏大的视角来分析杨振宁的这次到访。

第一，国际环境的改善。1978年以前，我国与发达国家之间的科技交流

36　松鹤楼是中国著名的苏帮菜饭店，已有200余年的历史。台基厂大街的这家松鹤楼是开在北京的第一家分店，正式开业时间为1984年7月15日。

37　Om Malik, *Broadbandits: Inside the $750 Billion Telecom Heist*, New Jersey: John Wiley & Sons, 2003, p. 284.

38　Ross Laver, "An Empire Built on Light", *Maclean's Magazine*, 2000, 113(13), p. 46.

39　从苏华钧提供的相册来看，此时的尤尼菲斯公司中有亚裔员工，其中至少有一名中国人（华裔）和一名韩国人，这或许也是尤尼菲斯公司愿与中国合作的原因之一，但缺乏具体的文献证据，因此只做脚注。2023年11月7日，在清华大学蒙民伟人文楼，苏华钧回忆道：这名当时在尤尼菲斯工作的中国人是一名已经加入美国国籍的留学生，并在之后一路做到了公司高层。

40　对于尤尼菲斯公司而言，其主要目的一方面是考察北京科学仪器厂是否有足够的能力运营尤尼菲斯公司的1007型氦氖激光器生产线，另一方面是考察玻璃吹制工艺如何。

只有民间交流[41]，从合作形式上来看，除了出国考察、参加学术会议、技术座谈、合作研究等之外，还从西方引进了成套设备和专利技术[42]。对于中美而言，在两国关系趋于正常化的历史进程中，虽然中美之间开展了一系列富有成效的民间科技交流，但民间科技交流始终是重要的中美外交工具，并受到双方政府的掌控[43]。在这样的背景下，我国尽管能够进口当时西方先进的仪器设备，但精密仪器的制造不同于一般的科学技术，由于其具有极高的商业价值，制造工艺或专利技术通常保密性极强，因此引进制器之器是一件极为困难的事。随着1979年中美正式建交并签订政府间科技合作协定，1982年签订《八·一七公报》，中美之间的关系得到了较大程度的改善，这不仅改变了之前两国只有民间交流这一种科技交流渠道的局面，还为之后两国间科技的深入合作奠定了必要的政策基础。

第二，杨振宁是有备而来的。首先，杨振宁于1971年夏访问中国，是美籍学者访问中华人民共和国的第一人，他的访问标志着中华人民共和国成立以后，中西方科学技术交流的开始[44]。这一时期即便杨振宁的国籍为美国，但从美国的视角来看，他始终代表着中国。1978年在邓小平的提议下，我国决定派遣一批中国科学家去美国学习，同年年底，美国总统的科学顾问普莱斯（Frank Press）找到杨振宁、林家翘和丁肇中询问此事。根据杨振宁的回忆，在谈话之前，美国政府已经决定要做这件事了，原因包括以下两个：其一，曾经20世纪初来美国留学的学生为中美关系做出了巨大贡献，他们希望下一代也能培养这样的人；其二，从长远的眼光看，对美国也是有利的[45]。其次，杨振宁在美国科学界以诺贝尔物理学奖得主的身份有能力促成中美科学家交流活动，如1980年，杨振宁在美国纽约州立大学石溪分校策划、创办并主持了与中国教育交流委员会（Committee on Educational Exchange with China, CEEC），由美国和中国香港募捐，建立访问学者项目，截至1993年共有83名

41 中国科学技术部国际合作司，中国国际科学技术合作协会：《中国国际科学技术合作协会编. 当代中国国际科技合作史》，内部资料无出版信息，1999 年，第 42 页。
42 中国科学技术部国际合作司，中国国际科学技术合作协会：《中国国际科学技术合作协会编. 当代中国国际科技合作史》，第 35 页。
43 张静：《中美民间科技交流的缘起、实践与叙事(1971～1978)》，《美国研究》，2020 年第 5 期，第 122–160 页，第 7–8 页。
44 高策：《走在时代前面的科学家》，太原：山西科学技术出版社，1999 年，第 254 页。
45 梁伯枢：《杨振宁谈人才交流与培养》，《国际人才交流》，2008 年第 11 期，第 38–39 页。

学者参与了这一访问项目[46]。最后，杨振宁对科技产业的中美交流也十分关注，在1986年的一次访谈中，他曾说，中国要派人去学习国外管理工厂的实际经验以及市场学等，更为有效的方法是派人跟美国做生意的人一块儿工作，吸取他们的经验[47]。杨振宁将科学研究分为三种投资[48]，其中激光正好符合产品研究的短期投资需求[49]。从杨振宁这次访问北京科学仪器厂的谈话内容也能看出，他很可能是事先就与美国尤尼菲斯公司有了一定的接触，并且凭借自己顶级科学家的身份得到了尤尼菲斯公司的一些合作承诺，才在回国后寻找合适的科学仪器生产厂，与美国尤尼菲斯公司合作，引入进口的氦氖激光器生产线。

第三，北京科学仪器厂自身的氦氖激光器生产经验以及与国外的合作基础。一方面，上文已经充分论述了北京科学仪器厂的氦氖激光器在80年代初，无论从生产条件还是从工艺水平来看，都处于全国领先的地位，完全具有运作进口生产线的能力。另一方面，在杨振宁到访前，北京科学仪器厂已经与国外的仪器制造商开展了生产合作。1983年7月26日与日本三洋公司签约，引进SFT-1150ZE型普通纸台式静电复印机的设备与技术，进行合作生产；1983年末至1984年初与荷兰océ公司接触，并前往荷兰与联邦德国进行考察[50]；1984年7月3日与océ公司签约引进208型半干法晒图机（图9）[51]。在激光方向上，1984年2月14日北京市仪器仪表工业总公司批复了北京科学仪器厂进口激光反射镜膜片的申请[52]；1984年4月5日，北京市仪器仪表工业总公司同意了北京科学仪器厂与美国休斯（Hughes Aircraft）和光谱（Spectra-Physics）公司接触后，购买休斯公司氦氖激光器工业生产线的全部技术，或光谱公司生产线设备的建议[53]。北京科学仪器厂在这时所具备的条件十分适合

---

46 杨振宁，翁帆：《晨曦集》（增订版），北京：商务印书馆，2021年，第412–416页。

47 葛耀良：《杨振宁教授纵谈科技发展问题》，《中国科技论坛》，1986年第5期，第28–31页。

48 参见杨振东，杨振武，杨存泉，等：《杨振宁谈读书教学和科学研究》，合肥：安徽大学出版社，2011年，第65–66页。

49 尹传红：《杨振宁漫话创新与科教》，《科技日报》，2000年9月18日第1版。

50 北京市仪器仪表工业总公司关于北京科学仪器厂赴荷兰、西德考察的报告，1984年4月25日，档案号：283-001-00032-00028，北京市档案馆藏。

51 北京市仪器仪表工业总公司技术引进成果介绍会材料之九——北京科学仪器厂技术引进工作的汇报，1984年10月29日，档案号：283-002-00027-00063，北京市档案馆藏。

52 北京市仪器仪表工业总公司关于进口激光反射镜膜片给北京科学仪器厂的批复，1984年4月14日，档案号：283-001-00031-00152，北京市档案馆藏。

53 北京市仪器仪表工业总公司关于He-Ne激光器生产技术及生产线的立项报告，1984年4月5日，档案号：283-002-00043-00060，北京市档案馆藏。

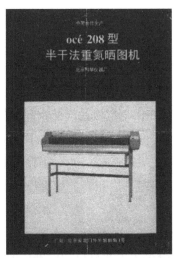

图9　北京科学仪器厂引进荷兰 océ 公司208型半干法晒图机的产品海报[54]

承接外国的氦氖激光器生产线的引进工项目，或许这也是杨振宁将这一项目交给北京科学仪器厂的重要原因。

第四，人际关系中的推荐。根据苏华钧的回忆[55]，这次陪同杨振宁一起来访的领导中，叶培松（图8中左四）跟杨振宁似乎是旧相识。叶培松曾在北京科学仪器厂的激光研究室工作过，他非常了解北京科学仪器厂在氦氖激光器上的研究与生产情况。除了叶培松，北京市仪器仪表工业总公司经理李永安（图8中左二）曾担任过北京科学仪器厂党委书记，对北京科学仪器厂的总体情况也甚是了解。因此，很有可能正是这二人向杨振宁提议到北京科学仪器厂参观。

三、与尤尼菲斯公司的谈判及项目的启动

1981年1月7日，我国引进了波音747SP客机，开启了大陆第一条通往美国纽约的航线，随后又引进了波音747-200B COMBI 客机并增加了通往洛杉矶和旧金山的航线[56]。1985年春，中方派出代表团踏上了前往美国的飞机（图10），

54　2023年12月2日，笔者购于孔夫子旧书网，年代未知，交易快照可见：https://book.kongfz.com/410473/2332597124/1701447972/。

55　2023年12月3日，于北京市朝阳区中粮可益康（外大街店）。

56　1985年，通往洛杉矶的飞机型号为波音747SP，通往纽约的飞机型号既有波音747SP，也有波音747-200B COMBI。

先前往旧金山，后抵达芝加哥与尤尼菲斯公司谈判氦氖激光器生产线引进项目。此次的出行团队共有7人，分别是北京市仪器仪表工业总公司经理李永安、北京市仪器仪表工业总公司生产部长平国壁、清华大学无线电电子学系甄汉生、北京科学仪器厂厂长刘汉文、北京科学仪器厂总工程师管善偿、北京科学仪器厂激光研究室主任苏华钧，以及一名随行翻译。

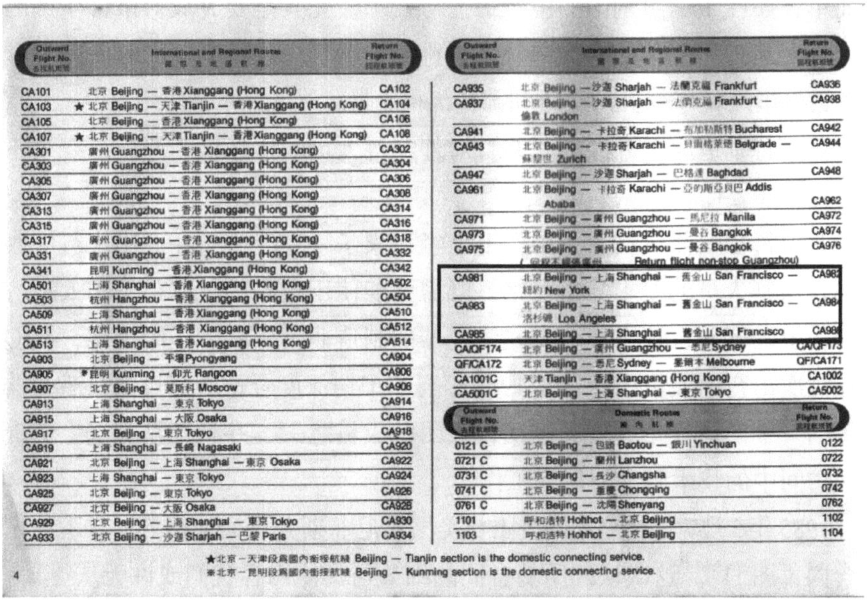

Outward Flight No.	International and Regional Routes	Return Flight No.
CA101	北京 Beijing — 香港 Xianggang (Hong Kong)	CA102
CA103	★北京 Beijing — 天津 Tianjin — 香港 Xianggang (Hong Kong)	CA104
CA105	北京 Beijing — 香港 Xianggang (Hong Kong)	CA106
CA107	★北京 Beijing — 天津 Tianjin — 香港 Xianggang (Hong Kong)	CA108
CA301	廣州 Guangzhou — 香港 Xianggang (Hong Kong)	CA302
CA303	廣州 Guangzhou — 香港 Xianggang (Hong Kong)	CA304
CA305	廣州 Guangzhou — 香港 Xianggang (Hong Kong)	CA306
CA307	廣州 Guangzhou — 香港 Xianggang (Hong Kong)	CA308
CA313	廣州 Guangzhou — 香港 Xianggang (Hong Kong)	CA314
CA315	廣州 Guangzhou — 香港 Xianggang (Hong Kong)	CA316
CA317	廣州 Guangzhou — 香港 Xianggang (Hong Kong)	CA318
CA331	廣州 Guangzhou — 香港 Xianggang (Hong Kong)	CA332
CA341	昆明 Kunming — 香港 Xianggang (Hong Kong)	CA342
CA501	上海 Shanghai — 香港 Xianggang (Hong Kong)	CA502
CA503	杭州 Hangzhou — 香港 Xianggang (Hong Kong)	CA504
CA509	上海 Shanghai — 香港 Xianggang (Hong Kong)	CA510
CA511	杭州 Hangzhou — 香港 Xianggang (Hong Kong)	CA512
CA513	上海 Shanghai — 香港 Xianggang (Hong Kong)	CA514
CA903	北京 Beijing — 平壤 Pyongyang	CA904
CA905	※昆明 Kunming — 仰光 Rangoon	CA906
CA907	北京 Beijing — 莫斯科 Moscow	CA908
CA913	上海 Shanghai — 東京 Tokyo	CA914
CA915	上海 Shanghai — 大阪 Osaka	CA916
CA917	北京 Beijing — 東京 Tokyo	CA918
CA919	上海 Shanghai — 長崎 Nagasaki	CA920
CA921	北京 Beijing — 上海 Shanghai — 東京 Osaka	CA922
CA923	上海 Shanghai — 東京 Tokyo	CA924
CA925	北京 Beijing — 東京 Tokyo	CA926
CA927	北京 Beijing — 大阪 Osaka	CA928
CA929	北京 Beijing — 上海 Shanghai — 東京 Tokyo	CA930
CA933	北京 Beijing — 沙迦 Sharjah — 巴黎 Paris	CA934

Outward Flight No.	International and Regional Routes	Return Flight No.
CA935	北京 Beijing — 沙迦 Sharjah — 法蘭克福 Frankfurt	CA936
CA937	北京 Beijing — 沙迦 Sharjah — 法蘭克福 Frankfurt — 倫敦 London	CA938
CA941	北京 Beijing — 卡拉奇 Karachi — 布加勒斯特 Bucharest	CA942
CA943	北京 Beijing — 卡拉奇 Karachi — 貝爾格萊德 Belgrade — 蘇黎世 Zurich	CA944
CA947	北京 Beijing — 沙迦 Sharjah — 巴格達 Baghdad	CA948
CA961	北京 Beijing — 卡拉奇 Karachi — 亞的斯亞貝巴 Addis Ababa	CA962
CA971	北京 Beijing — 廣州 Guangzhou — 馬尼拉 Manila	CA972
CA973	北京 Beijing — 廣州 Guangzhou — 曼谷 Bangkok	CA974
CA975	北京 Beijing — 廣州 Guangzhou — 曼谷 Bangkok (回程不經停廣州 Return flight non-stop Guangzhou)	CA976
CA981	北京 Beijing — 上海 Shanghai — 舊金山 San Francisco — 紐約 New York	CA98
CA983	北京 Beijing — 上海 Shanghai — 舊金山 San Francisco — 洛杉磯 Los Angeles	CA98
CA985	北京 Beijing — 上海 Shanghai — 舊金山 San Francisco	CA98
CA/QF174	北京 Beijing — 廣州 Guangzhou — 悉尼 Sydney	CA/QF173
QF/CA172	北京 Beijing — 悉尼 Sydney — 墨爾本 Melbourne	QF/CA171
CA1001C	天津 Tianjin — 香港 Xianggang (Hong Kong)	CA1002
CA5001C	北京 Beijing — 上海 Shanghai — 東京 Tokyo	CA5002

Outward Flight No.	Domestic Routes	Return Flight No.
0121 C	北京 Beijing — 包頭 Baotou — 銀川 Yinchuan	0122
0721 C	北京 Beijing — 蘭州 Lanzhou	0722
0731 C	北京 Beijing — 長沙 Changsha	0732
0741 C	北京 Beijing — 重慶 Chongqing	0742
0761 C	北京 Beijing — 沈陽 Shenyang	0762
1101	呼和浩特 Hohhot — 北京 Beijing	1102
1103	呼和浩特 Hohhot — 北京 Beijing	1104

★北京－天津段爲國內銜接航綫 Beijing — Tianjin section is the domestic connecting service.
※北京－昆明段爲國內銜接航綫 Beijing — Kunming section is the domestic connecting service.

4

图10　1985年中国民航的班期时刻表[57]，其中用框圈出的内容为北京通往美国的三条航线

这一时期的北京仪器仪表制造行业正处于对技术引进的情绪高涨时期，1979年北京市仪器仪表工业总公司通过许可证贸易、技贸结合等方式，开始从美国、联邦德国和日本等国家引进先进技术[58]，1979—1983年引进各类合作项目共8项。1983年11月，在北京市仪器仪表工业总公司召开技术引进工作号召会议后，1984—1985年引进各类合作项目的数量一跃增长至38项。

其中，北京科学仪器厂作为早期就开始进行技术引进的单位之一，对于技术引进工作已有较多的合作经验。以与日本三洋公司合作为例，北京科学

57　此中国民航的班期时刻表国际及地区航班于1985年4月1日至10月31日实行。本中国民航的班期时刻表是2023年12月11日，笔者购于孔夫子旧书网，年代约为1984年末或1985年初，交易快照可见：https://book.kongfz.com/23794/6140157810/1702302598/。

58　《当代北京工业丛书》编辑部：《当代北京仪器仪表工业》，第105页。

仪器厂采用的引进方式为技贸结合，以进口散件为筹码，以引进技术为条件（生产装配线及测试仪器，设备采用补偿贸易，即50%产品返销，以加工费偿还），引进内容包括全套技术资料图纸、加工工艺、装配工艺、调试大纲、检验标准、有关设备等，转让1—2项关键技术[59]。当完成生产流水线引进后，通过对进口散件的组装完成返销与内销。技术引进不仅仅是完成组装和销售这么简单，还在于学习别国的生产工艺与技术，尤其是要完成对散件生产的国产化。在与三洋公司的合作中，北京科学仪器厂仅用了半年的时间就生产出了含25%国产化零部件的样机和部分部件、散件[60]。另外，在外贸中，北京科学仪器厂特别成立了外经科，并且对外经科人员的挑选极为严格，要求不仅懂贸易，还要懂技术。

北京科学仪器厂在引进工作上已经积累了一定经验，在此次出行中，对于同行谈判人员的要求异常严格，既需要能使用流利的英文与美国人进行商业合作上的谈判，还需要对氦氖激光器的制造非常了解。正因如此，我们看到在这次出行的人员中，曾于1981年与苏华钧深度合作研究过氦氖激光器锆石墨消气剂的甄汉生，便是这次代表团的成员之一，并且正是甄汉生负责了此次访问中的技术翻译与谈判工作[61]。

1985年5月7日，中方代表团与美国尤尼菲斯公司完成谈判，签下技术引进合同（图11）。这次谈判所签合同的细节与具体内容我们或许无从得知[62]，

---

59 北京市仪器仪表工业总公司技术引进成果介绍会材料之九——北京科学仪器厂技术引进工作的汇报，1984年10月29日，档案号：283-002-00027-00063，北京市档案馆藏。

60 北京市仪器仪表工业总公司技术引进成果介绍会材料之九——北京科学仪器厂技术引进工作的汇报，1984年10月29日，档案号：283-002-00027-00063，北京市档案馆藏。

61 由于清华大学校档案馆规章制度规定，非直系亲属无权查看甄汉生的人事档案，关于其掌握英语的程度有以下几项证据可供佐证。首先，甄汉生是当时清华大学研究氦氖激光器的研究者中，最先发表英文论文的人之一（内容与氦氖激光器无关），分别为：Chen K Q, Zhang E L, Wu J F, et al, "Microwave Electron Cyclotron Resonance Plasma for Chemical Vapor Deposition and Etching", *Journal of Vacuum Science & Technology A: Vacuum, Surfaces, and Films*, 1986, 4(3), pp.828–831. 与 Zhen H S, Wu J F, Zhang E L, "Determination of Electron Temperature in Plasma via Deionized Period Measurement by Optical Delay Method", *Journal of Electronics (China)*, 1988, 5, pp. 16–19. 另外，从苏华钧的相册中可以得知，甄汉生的舅舅当时已经移民至美国；清华大学电子工程系熊兵对本系退休老教师廖延彪进行了询问，廖延彪回复：我印象中，甄汉生前几年已在美去世。甄为人踏实肯干，工作能力强。当年我和他共同负责激光实验室。在绵阳分校和回京搬迁过程中我负责激光实验室的仪器装箱、搬迁和到清华园火车站接运，以及开箱、仪器设备的调试等工作。后因家庭原因离校去美居住。根据这两条信息可以得知，甄汉生的家族成员应该也具备一定的海外背景，这或许能从侧面证明他熟练掌握英语，并能够进行口语交流。

62 根据档案：中国电子技术进出口公司北京市分公司关于申请审批"氦-氖激光器技术转让合同书"给北京市对外经济贸易委员会的报告，1985年10月21日，档案号：380-001-00115-00006，北京市档案馆藏。可知，此合同的编号为85EMKCR/4180121MR，但在档案中并未公开其具体内容。

但从公开的档案、苏华钧的访谈和提供的照片，以及《北京工业志》中，可以尝试还原这一历史事件。

图11　1985年5月7日项目谈判合影，其中左一为甄汉生，左二为苏华钧，
左三为管善偿，左四为刘汉文，左五为平国璧
资料来源：苏华钧先生供图

北京科学仪器厂在谈判策略上延续了先进口后返销的技贸结合方式，双方商定在氦氖激光器达到尤尼菲斯公司的质量标准后，返销比例为80%，其合同中具体数量为进口10 000套散件，并返销8000台成品氦氖激光器。在具体的引进内容上，尤尼菲斯公司要承担对我方人员的技术培训及为我方生产现场提供技术服务等义务，并提供相应设备、仪器、工装及原辅材料等，最终保证我方通过上述引进掌握该项先进生产技术[63]。在引进设备上，共进口6台设备，并购置国内配套设备22台，工装90套，包括端帽压装设备、阳极和阴极端帽封装设备、真空排气台、充气设备以及离子交换纯水系统、金属零件清洗机、铝型材清洁室、EMP-10检漏仪等[64]。在引进费用上，主要分为先后两笔支付，其中第一笔为62.5万美元的技术转让费，第二笔为62.5万美元的设备、散件、人员培训、组装等费用。

1985年10月，中国电子技术进出口公司北京市分公司向北京市对外经济贸易委员会递交了《关于申请审批"氦-氖激光器技术转让合同书"的报告》，后于1986年初得到北京市的审批，同意了该引进项目。虽然项目可以顺利进行是一件值得开心的事，但此时北京科学仪器厂不得不面临支付第一笔62.5

---

[63]　中国电子技术进出口公司北京市分公司关于申请审批"氦-氖激光器技术转让合同书"给北京市对外经济贸易委员会的报告，1985年10月21日，档案号：380-001-00115-00006，北京市档案馆藏。

[64]　北京市地方志编纂委员会：《北京志·工业卷·电子工业志、仪器仪表工业志》，北京：北京出版社，2001年，第474页。

万美元技术转让费的问题，这对当时还要兼顾生产刚引进的复印机、晒图机、分色机和国产氦氖激光器等仪器的北京科学仪器厂来讲不是一笔小数目。

因此，1986 年初北京科学仪器厂本想暂时延缓氦氖激光器引进项目，但相关人员商讨后认为此项目的经济利润相当可观，还是决定尽快执行合同条款，交付第一笔款项。同年 4 月，北京科学仪器厂向北京市仪器仪表工业总公司和中国电子技术进出口公司北京市分公司对该项目的执行情况进行了汇报。针对偿还贷款，北京科学仪器厂计划将每支内销的氦氖激光管摊入 100 元的技术费，则需销售 20 000 支才能将技术费分摊完，具体执行周期则为四年：第一年内销 1000 支能摊入技术费 10 万元；第二年内销 5000 支能摊入技术费 50 万元；第三年内销 7000 支能摊入技术费 70 万元；第四年内销 7000 支能摊入技术费 70 万元[65]，这样便可还清贷款来的技术费，若是再开发与之对应的应用产品，那么还贷时间可缩短至 3 年。针对这笔技术转让费，北京科学仪器厂还想进一步申请贴息贷款，来减少 4 年贷款带来的利息压力，或是采取横向联合的方式来支付这笔款项。除此之外，在与尤尼菲斯公司进一步协商中，虽该项目所需的资金总额 125 万美元并无变化，但第一笔技术转让费用可以先付 50 万美元，第二笔再付 75 万美元，这也适当缓解了北京科学仪器厂在当时的付款压力。

为了能尽快交付第一笔款项以尽快实施该项目，苏华钧与厂里的负责人先后前往深圳、惠州、大连等地寻求合作或赞助，但最终都只停留在了谈判阶段，没能达成正式的合作。直到王大珩院士看到了这条生产线的资料后，事情才有了转机。王大珩 1936 年毕业于清华大学物理系，随后到英国学习应用光学，并专攻光学玻璃的制造。王大珩作为我国最早的光学玻璃和激光方向的研究专家之一，对激光器这一既具备国家战略意义又具备实际生产意义的光学仪器的制造异常关心，1986 年 3 月，王大珩联合王淦昌、杨嘉墀、陈芳允共同向中共中央递交了《国家关于高新技术研究发展计划的报告》（也被称为"863 计划"），其中激光领域正是这一发展计划中的重点关注对象。不仅如此，王大珩与北京科学仪器厂的合作可以追溯到 1965 年，当时北京科学仪器厂接收中国科学院光学精密机械研究所自动记录双光束红外分光光度计及反射式单色光计研究成果时，甲方中国科学院光学精密机械研究所的负责人正

65　北京科学仪器厂关于"He-Ne 激光器技术转让和购置生产线设备合同"执行情况的报告，1986 年 4 月 3 日，档案号：283-002-00132-00167，北京市档案馆藏。

是王大珩院士[66]。在这样的背景下，王大珩院士对北京科学仪器厂的尤尼菲斯公司氦氖激光器生产线引进工作非常感兴趣，立刻让大恒公司[67]联合北京科学仪器厂引入这条生产线，并支付了此项目所需的大部分资金。而大恒公司对于这条生产线的投资显然也有自己的打算，在与北京科学仪器厂的这次联合中，要求以这条生产线为中心，独立成立一家公司。该公司拥有自己独立的经营权，既不挂靠北京科学仪器厂，也不挂靠大恒公司，而是独立负责生产和销售从这条生产线产出的氦氖激光器。

自此，北京科学仪器厂与尤尼菲斯公司的氦氖激光器生产线引进项目正式启动。

四、第二次到访美国：技术培训、个人工作与日常生活

1987年2月，苏华钧与北京科学仪器厂的管善偿、李尚义、徐长恒到美国尤尼菲斯公司接受技术培训。此次项目引进的是1007型氦氖激光器生产线，具有体积小巧、寿命长、应用场景广泛等优点。在为期56天的技术培训中，苏华钧作为一名研究、生产激光机经验丰富的中国工程师，在美国的这段时间并非只是学习流水线中的工艺与操作这种简单技术。一方面，他仔细分析了尤尼菲斯公司流水线（特别是散件制作）中用到的几乎每一种设备，为1007型氦氖激光器的完全国产化作准备；另一方面，结合自己的制造经验与对尤尼菲斯公司氦氖激光器制作工艺的理解，提出了自己的改进建议。有趣的是，当时的尤尼菲斯公司对这位来自中国的普通工程师提出来的改进意见，产生了两种不同的声音。因此，在此次事件中，我们既可以看到一位来自中国的普通工程师[68]如何改进了美国尤尼菲斯公司氦氖激光器流水线中一项关键的工艺技术，降低了产品报废率；也可以看到，当时的美国人在面对科学仪器生产相对落后的国家的工程师向他们质疑时，展现出了两种截然不同的态度。

1007型氦氖激光器虽然整体长仅15厘米，直径2.36厘米，但制作工艺极

---

66 局有关承接科研成果的文件及通知，1965年3月4日，档案号：078-001-00970，北京市档案馆藏。（该档案中"局"指"中国科学院新技术局"。）
67 大恒公司的名字取自王大珩中"大珩"的谐音，王大珩是该公司的第一任名誉董事长。中国大恒（集团）有限公司成立于1987年，与北京科学仪器厂联合引进尤尼菲斯生产线时该公司还未正式成立。
68 正如上文所提到的，此时的苏华钧还没有被评为高级工程师。

为烦琐。整根激光管所需的零件共20个，这些零件都要经过严格的清洗与检测后才可以进行安装。由于氦氖激光器中的主要工作物质为氦气与氖气，因此对密封性要求极高，在安装过程中每个步骤都要在熟悉相应的配套仪器后小心操作，任何细微的偏差或失误都会导致激光管的密封性减弱或存留杂质气体，从而影响氦氖激光器的功能与寿命。从苏华钧的手稿中，我们可以看到一台1007型氦氖激光器具体的工艺流程图（图12）。

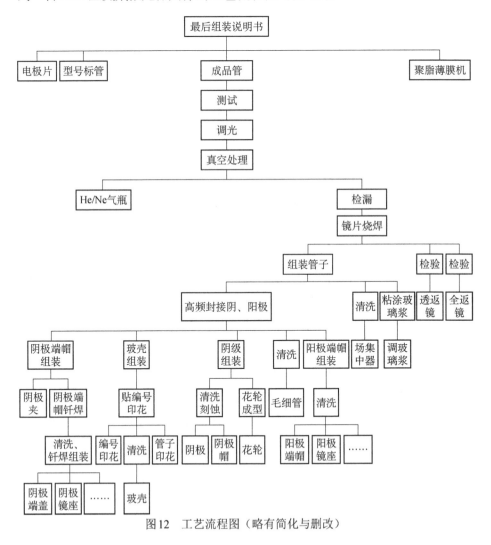

图12 工艺流程图（略有简化与删改）

在整套的工艺培训中，苏华钧意识到在射频封结工装这一环节中，无论是新工装还是旧工装都有不合理的地方。旧工装在处理端帽的封接上，会发生上面紧、下面松的情况，从而导致同心度较差，结果废品率会达到将近4%。新工装则是存在很多手动操作的工序，既麻烦又容易出错。随后，苏华钧与李尚义向尤尼菲斯公司提出了改进工装的方案，旧工装由外径定位改为通过内壁来定位。在二人提出意见后，尤尼菲斯公司内部的人对这件事呈现出两种截然不同的态度，此时尤尼菲斯公司的总裁克莱恩（Dale E. Crane）很生气，且展现出了不负责的态度，但另一位负责培训的总工程师鲍勃（Bob）却严肃且认真地对待了苏华钧和李尚义所提出的意见，苏华钧手稿记录如下：

> ……但是UC[69]为了省钱，增加了许许多多的手动控制，很复杂，很不方便，Del[70]不负责，但Bob是很不错的，花费了3000元美元，让业余工程师设计加工来解决。当时空气是十分紧张的，为此尚义和我是首当其充[71]，寸步不让，Bob也服气。

这件事在当时的协商结果为，尤尼菲斯公司同意了苏华钧与李尚义的改进意见，但表示改进后的工装仍有一定的缺点，仍存在一定的报废率。最终，苏华钧和李尚义在结合旧工装和新工装各自的优点后，提出了较为完善的工装改进方案，并最终被应用于实际生产之中，而改进后的工装方式直接将报废率降低至1%。苏华钧在一次访谈中曾说[72]，这一时期虽然美国的工艺技术确实要比我们领先非常多，但是双方的理论水平的高度是相同。由此可见，虽然苏华钧手稿中称自己是"业余工程师"，但实际上正是由于苏华钧拥有国内在氦氖激光器制造上的丰富经验，以及良好的仪器制造理论基础，在面对美国工程师时，能够做到不卑不亢，并提出对尤尼菲斯公司不合理的工艺步骤进行改进的建议。

回国后，结合1985年和1987年两次在美国的考察，苏华钧和同事运用自己的所见所学，于1985—1989年对这条氦氖激光器生产线中相当一部分配套的机器进行购买或国产化。其中，苏华钧设计了国产超净红外线灯烘干工作台，878厂的苏华铠设计制造了国产金属零件脱脂清洗机，除此之外1007型氦

69　指 Uniphase，下文中重复出现皆为 Uniphase。
70　此处应是 Dale。
71　此处应是首当其冲。
72　2023 年 12 月 3 日，于北京市朝阳区中粮可益康（外大街店）。

氖激光器所需的阴极夹也实现了国产化。而另一些设备则是从全国各个厂商购买的，如从电子工业部第十设计研究院试验工厂购买了蜂房式过滤器和滤筒、从天津市自动化仪表十四厂购买了玻璃转子流量计、从北京市塑料二厂购买了塑料离心泵、从镇江无线电专用设备厂购买了电焊机等。在做好一系列准备工作后，这条生产线可以正式从美国引入到中国了。

不仅如此，1987年除在美国接受为期56天的技术培训外，从一名工程师的身份来看，当时美国的日常生活对于我们理解这段历史是同样有益的。在饮食上，苏华钧回忆，美国人不仅带他们去唐人街吃过中餐，还带他们去吃过美国的自助餐。虽然对于一个生活在80年代的北京人来讲，自助餐这一用餐形式并不多见，但很快于1990年必胜客在北京开设了第一家拥有自助餐吧的西餐店，在1993年北京取消了粮票制度后，1998年从美国留学归来的牟骧在北京创立了第一家主打比萨自助的餐饮品牌好伦哥。在美国的众多饮食中，令苏华钧印象最深刻的是西式快餐肯德基。中国的工业化进程起步较晚，很长一段时间里人们的观念仍然停留在传统的饮食习惯上，并且改革开放前社会发展节奏也较慢，因此西式快餐虽起步于20世纪30年代，但直到八九十年代才传入我国[73]。非常巧合的一点，也正是在1987年，肯德基在北京前门开设了第一家分店。

在节假日的日常娱乐中，尤尼菲斯公司的员工除了邀请苏华钧等到家里做客吃饭外，还带他们去了美国的"赌城"[74]，在"赌城"里分给了他们每人20美元进行游戏。根据苏华钧的回忆，在"赌城"里，他们并没有参与赌博活动，而是玩儿了一些简单的投币游戏机。最早的街机游戏是美国的布什奈尔在1971年研发的《电脑时空》[75]，而街机成为最早的以电子游戏为中心的公共娱乐场所，当时的街机品牌主要有美国雅达利、日本世嘉、任天堂等公司。中国最初接触到的电子游戏也正是街机，大致在1983年时从香港引进了第一批100台街机[76]。根据一些报道[77-78]也不难看出，80年代末90年代初以游戏厅为代表的公共娱乐场所也渐渐走入老百姓的日常生活中，并引起了诸多

73 万建中，李明晨：《中国饮食文化史 京津地区卷》，北京：中国轻工业出版社，2013 年，第 185 页。
74 根据苏华钧的回忆，其所言赌城并非拉斯维加斯。根据后面的描述，很可能是大西洋城（Atlantic City）或一般的赌场。
75 鲍鲲：《网游：狂欢与蛊惑》，苏州：苏州大学出版社，2012 年，第 8 页。
76 苗新宇：《中国人的"游戏"精神——商家说》，《软件》，1997 年第 5 期，第 12–15 页。
77 伍海谷，孙芒：《"外星人"夺走了我们的孩子吗？》，《南风窗》，1986 年第 7 期，第 24–26 页。
78 马鸿诚：《电子游戏机带来的喜与忧——关于西安市电子游戏机活动的调查》，《社会》，1989 年第 3 期，第 17–18 页。

与青少年身心健康有关的社会话题。

结合一名工程师对当时美国印象深刻的生活片段的回忆，以及对这一时期的历史进行分析可以看出，苏华钧对美国有深刻记忆的一些日常活动，也正好是中美关系缓和后，于80年代先一批传入中国的具有代表性的西方日常活动。自80年代以来，与西方的互动体现出自上而下传播的特点，先在政治活动与科学技术上与以美国为代表的西方国家进行着频繁的互动，然后伴随着各类饮食、大众文化在与西方进行着紧密的互动。

五、流水线在中国的建立与北京科学仪器厂和大恒公司关系的破裂

1989年，在国内已准备好配套的设备以及结清所需款项后，1007型氦氖激光器制造流水线所需的进口设备运到中国，并进入到最后的设备安装、调试环节，与此同时，尤尼菲斯公司的总裁与负责安装的人员也来到中国。

由于前期苏华钧等为进口流水线机器的配套设备做了充分的准备工作，这一流水线的安装过程非常顺利，仅用时两周就完成了组装，并且很快完成了第一根1007型氦氖激光器的制造，10月份左右便可以开始投入生产，根据苏华钧的手稿：

> ……1989年10月，大恒公司董事长张鹏[79]带领大恒公司的领导班子参观……氦氖激光器生产线……中午我们联合厂班子宴请美国的 Bob 和 Bill 及张董事长，总公司李希汉在……北海的仿膳，这是最开心的时期。[80]

自1989年10月起，这条生产线开始执行1007型氦氖激光器的生产任务。但谁也想不到，仅仅过了一年零五个月，北京科学仪器厂与大恒公司关系破裂，宣布撤销联营合同。然而这一切的发端，可以一直追溯到1984年。

---

79 根据天眼查网站，此时中国大恒（集团）有限公司的董事长是张家林，这里应该是苏华钧的笔误。

80 苏华钧还回想起一则趣事。在美国时，尤尼菲斯公司的员工请中国一行人去唐人街吃了中餐，苏华钧等非常开心。这次尤尼菲斯的员工来中国参与流水线的安装工作，北京科学仪器厂的员工也想回请他们吃西餐（因为在美国，他们请苏华钧一行人在唐人街吃了中餐），于是便带他们去了两年前刚在北京开业的肯德基。但苏华钧回忆说，可能是美国人他们吃腻这个东西了，他们看起来并不开心。不过另一种可能是，在当时北京工薪阶级月收入在100元左右，而1987年肯德基一块原味鸡的售价就为2.5元，因此当时中国人并不完全把肯德基当作廉价的"洋快餐"，而是西餐，1990年时甚至还有人在肯德基举办了婚礼。但此时尤尼菲斯的员工可能并不清楚中国人对肯德基的看法，以为只是请他们吃了个廉价快餐。

1984 年北京市经济委员会、仪器仪表工业总公司决定将北京科学仪器厂、北京光学仪器厂等几家科学仪器生产厂商作为试点单位，实行厂长负责制。这一时期的档案显示，此时北京科学仪器厂的自主权确实相应的变大了。其中，北京科学仪器厂针对这一政策做出了如下改革：①厂长有权"组阁"，厂级行政副职由厂长提名，报主管部门批准；②厂长有权任免中层行政干部，有权根据需要从工人中选拔干部，对不称职的行政管理干部有权下放到车间当工人；③厂长有权根据需要从外单位招聘技术、管理人员，并有权确定报酬；④厂长有权给有特殊贡献的职工晋级，年晋级面为 3%，并有权对表现恶劣或犯有严重错误的职工给予降级处分；⑤厂长有权使用厂长基金[81]。与此同时，实行厂长负责制并不意味着北京科学仪器厂可以全面脱离北京市仪器仪表工业总公司的管控，每年仍有相应的指标需要完成。正是在这一背景下，北京科学仪器厂中经济效益较高的生产线得到了更好的发展，经济效益低的则逐渐被取缔或取消。正好也是在这一时期，北京科学仪器厂与三洋等外国合作的生产线带来了很高的经济效益。因此在 1988 年前，北京科学仪器厂将产品生产与销售的重心放在引进的仪器与设备上[82]。如图 13 所示，1985 年 12 月 18 日《中华广告报·北京科学仪器厂专辑》展示的是，其中主要介绍的四项产品中，有三项是引进或相关的产品。

1987 年，国务院通过了外经济贸易部《一九八八年外贸体制改革方案》，进一步实行鼓励出口、限制进口的政策[83]。此时的北京科学仪器厂因主要靠进口零件组装成品销售的方式盈利，受到国家政策导向的影响较大，再加之自身缺乏其他高盈利产品，四条主要盈利的生产线中，三条受到限制，因此在 1988 年受到重创。据统计，北京科学仪器厂 1988 年产品销售收入由 1987 年的 2684.1 万元，降低到 1964.2 万元，下降 27%；实现利润由 1987 年的 400.2 万元，降低到 95.2 万元，下降 76.2%；上缴利润仅完成 72.3 万元，为当年承包责任目标 168.7 万元的 42.9%；归还专项贷款指标为 100 万元，但也因经济效益下降而

---

81 北京市仪器仪表工业总公司关于北京科学仪器厂改革方案的批复及北京科学仪器厂关于改革工作的初步安排，1984 年 8 月 12 日，档案号：283-001-00029-00008，北京市档案馆藏。

82 此结论根据苏华钧 2023 年 12 月 3 日，于北京市朝阳区中粮可益康（外大街店）口述史采访与图 13 报纸信息推断而来。在采访中，苏华钧回忆当时北京科学仪器厂主要的盈利商品为三洋的复印机、océ 的晒图机、引进的分色机、氦氖激光器和激光产品。

83 中华人民共和国国务院：《国务院关于批转对外经济贸易部一九八八年外贸体制改革方案的通知》，https://www.gov.cn/zhengce/zhengceku/2012-02/22/content_3807.htm，2012-02-22。

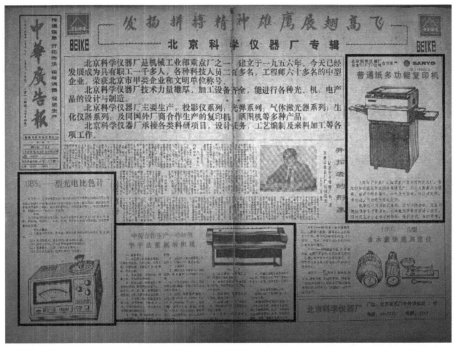

图13　1985年12月18日《中华广告报·北京科学仪器厂专辑》[84]，其中用框圈出的内容为引进或根据引进所生产的产品

分文未还[85]。1989年年中，北京科学仪器厂难以"自救"，被划拨给了北京照相机总厂。

虽然氦氖激光器的引进项目在大恒公司的支持下并未受到很大的影响，但在1990年时北京科学仪器厂已是负债累累，于是新厂长决定出售北京科学仪器厂的整栋光学楼用于还债。而从尤尼菲斯公司进口的这条氦氖激光器生产线刚好在这栋大楼的4层，这就意味着这条生产线若想继续生产，就必须搬迁。对于氦氖激光器这种精密仪器的制造而言，其生产线上的每一台机器都可谓是"牵一发而动全身"，具有一定的搬迁风险，任何一个环节的失误都有可能造成整条生产线所生产的产品不合格。因此，大恒公司与北京科学仪器

84　《北京科学仪器厂专辑》，《中华广告报》，1985年12月18日，第24期。
85　北京市仪器仪表工业总公司关于北京科学仪器厂承包人解除经营承包合同经济责任审计评议结果的通知，1989年5月23日，档案号：283-002-00267-00081，北京市档案馆藏。

厂产生了矛盾，双方在谈判桌上剑拔弩张，谁也不肯让步[86]。最终双方于1991年3月11日签订终止联营合同的协议书，北京大恒科乐仪器联合厂[87]也就此夭折。最后由北京科学仪器厂归还大恒公司全部投资，并将原北京大恒科乐仪器联合厂的贷款担保单位由大恒公司变更为北京科学仪器厂，并主持收尾工作，标志着双方终止了合作[88]。

之后在苏华钧和同事们的努力下，这条生产线在搬迁后并未受到过多影响，仍可以完成批量生产任务。而真正接管了这条生产线的则是北京科学仪器厂后来成立的北京科学仪器厂激光分厂。直到1999年在一次"产业结构调整"中，这条从美国尤尼菲斯公司进口的氦氖激光器生产线被拉至废品站当作废铁卖掉，自此"烟消云散"，苏华钧自1985年起耗费10年[89]的心血就此付诸东流。

六、苏华钧眼中的进口氦氖激光器流水线

北京科学仪器厂在与尤尼菲斯公司签订合同之时，便有一项返销条款，进口的10 000套散件在组装成成品后，需返销8000台氦氖激光器。一则档案显示，1991年时，共进口6550套散件，出口5600支激光管，内销410支，上交厂利润52万元，销售额为182万元，约占全厂[90]销售额的1/3，达到人均72 000多元[91]。而国产尤尼菲斯1007型氦氖激光器（图14）在1991年中国仪器仪表

---

86 一方面，根据苏华钧回忆，双方的谈判并不像档案中所写的那般"友好协商"；另一方面，通过下文数据不难看出，这条生产线的经济收益极高，但由于合同在签约之初便规定了其归属于独立经营的北京大恒科乐仪器联合厂，因此这条生产线带来的收益并不能被完全用于偿还债务。新厂长卖楼这一举动既可以帮其偿还债务，也可以在与大恒公司解约后利用这条生产线获益，可谓一举两得，这自然引起了大恒公司的极度不满。此推测并非空口无凭。一则档案（北京科学仪器厂关于申请和美国夏洛特有限公司合资建立"北京联合通用激光有限公司"项目建议书的请示及北京市仪器仪表总公司的批复+项目建议、意向书、调研报告、外文资料，1992年12月28日，档案号：283-001-00338-00136，北京市档案馆藏）显示，1992年底北京科学仪器厂尝试与美国夏洛特有限公司合资建立"北京联合通用激光有限公司"，其中中方投资比为66.67%，外方投资比为33.33%，外方负责全套散件及烧H2钎焊和85%的成品返销，中方负责提供设备、厂房配套设施及10%的内销。虽然此项目没能推动下去，但从中可以看出北京科学仪器厂不仅投资占比更大，并且可以直接从中受益。

87 北京大恒科乐仪器联合厂正是前文提到的独立公司。

88 北京市仪器仪表工业总公司关于撤销北京科学仪器厂与中国大恒公司联营合同的批复+协议书（复印件），1991年3月11日，档案号：283-001-00279-00016，北京市档案馆藏。

89 苏华钧于1995年提前内退，从1985年算起正好10年。

90 这里仍指北京科学仪器厂。

91 北京市仪器仪表工业总公司1991年度工会先进集体登记表——北京科学仪器厂激光分会，1991年12月9日，档案号：283-001-00261-00005，北京市档案馆藏。

产品博览会部分展品述评中被描述为：……技术上较为先进，生产能力比较高，年产十几万只……是目前国内最高水平的产品，并在国内保持领先地位[92]。在这些傲人的数据、极高的评价背后，我们自然要进一步追问，全程参与谈判、培训、建设的苏华钧是如何看待这条生产线的？

图14　国产尤尼菲斯1007型氦氖激光器[93]

首先最重要的一点是，苏华钧本人肯定对这件事感到无比的自豪，但对这条生产线并不完全乐观，在其手稿中有这样一段话：

　　……阴极端盖组装部件和阳极端盖组装部件，这始终是引进线缺少的关键工序，一直使我忧心重重，我认为自己解决有困难，外协加工没有保证。直到1987年培训时提出了一个方案，即这一万套散件由美国UC提供组装烧H2（氢）钎焊好的部件，才确保了生产线的启动运行以及较高的合格率，否则还不知如何渡过难关呢！严格地说这条引进生产线在技术工序上是缺腿的生产线，必须依赖美国UC的散件和返销才能有生机，否则将是废铁一堆。

通过苏华钧的视角，我们可以看出，这条生产线虽然已经引进了相当多的关键技术，但美方仍有保留，没将烧氢钎焊这项工艺同整条生产线一起打包出售给中国。一方面，这样做可以保证中方必须从美国不断进口散件才能维持正常生产；另一方面，通过对这种关键技术的保留可以实现对出口生产

92　李之友，周希慈：《中国仪器仪表产品博览会部分展品述评》，《仪器仪表与分析监测》，1991年第4期，第1–25页。

93　图片摘自苏华钧手稿。

线的控制，并一直保持制作工艺上的领先地位。这一情况或许是当时与国外合作引进各类仪器生产时的一个缩影，既让我们可以通过进口散件正常生产销售，又对关键技术有所保留。不过从与苏华钧的谈话中得知，这项技术在国内很快就被攻克了，并在后期我们可以实现散件的全部国产化。虽然一些进口产品完全实现了国产化，但是对于氦氖激光器这种更新速度虽快，但老产品依旧有市场的产品来说不会受到很大影响。但对于一些更新速度较快的产品而言，很可能面临着没有销售市场的尴尬境地。

七、尾声与结论

苏华钧在1995年退休后，并没有停下对氦氖激光器的研究，清华大学、北京大学、北京师范大学、中国计量科学研究院等科研院校和企业单位都曾邀请他协助研制氦氖激光器。其中，清华大学物理系的傅云鹏将苏华钧介绍给了精密仪器系的张书练，张书练正好在校企合作中筹划建立一条氦氖激光器的生产线。在苏华钧被邀请至张书练的科研团队后，大约花费了14年的时间，他将从美国尤尼菲斯公司氦氖激光器生产线中总结的一套技术思路毫无保留地交给了该技术团队。最终，张书练领导的科研团队研制出了一条完全国产化的氦氖激光器生产线，并由北京镭测科技有限公司生产至今（图15）。因此，从某种意义上来讲，这条在20世纪80年代所引进的耗资百万的氦氖激光器生产线，其生命以这种特殊的方式延续至今。

图15　北京镭测科技有限公司生产的单频激光器[94]

94　北京镭测科技有限公司：《单频激光器》，https://www.leice.com/show.asp?id=129，2024-06-11。

通过北京科学仪器厂氦氖激光器产品、档案等信息，我们可以拼凑出 20 世纪 60 年代以来北京科学仪器厂对于氦氖激光器的生产、研究情况。加之当时北京科学仪器厂有与外企的合作经验，不难看出这为之后杨振宁的到访提供了更多的可能性。通过以苏华钧的视角来书写、分析这条氦氖激光器的引进过程以及在美国培训时的日常生活，我们也可以看到这一时期所反映出的中美频繁互动的时代特征以及美方在出口生产线时的有所保留。最后，通过这条生产线在国内的建设、搬迁，北京科学仪器厂与大恒公司间的关系破裂所导致的北京大恒科乐仪器联合厂夭折，可以看出，对于苏华钧这样一位虽然从始至终都处于这条生产线引进的核心位置，但在话语权上却处于边缘位置的基层科学工作者而言，是无力左右这条生产线的命运的。

苏华钧一生挚爱氦氖激光器的研究，倘若他走上管理岗位[95]，他便再无法全身心地投入到氦氖激光器的研究之中；但倘若他全身心地投入到氦氖激光器的研究中，便无法决定这条耗费了他 10 年心血的氦氖激光器生产线的存亡。这或许便是一名处于基层的科学工作者不得不面对的境况。苏华钧在面临这一选择时，显然是毅然决然地选择了后者，正如他手稿中所表达的一样（图16）：只要身体好，课题组有经费，我想再干三年矣！[96]

图16　苏华钧手稿的部分截图

最后，应该强调的一点是，本文的研究对象并不符合微观史学的定义，更多的是关注微观史学视角下所关心的问题。正因如此，基于本文研究也可以讨论这样一个问题：微观史作为一种看待历史的视角，它似乎也可以被运用到研究某种人类活动的底层群体之中。如本文所关注的，科学技术研究作

95　在 2024 年 4 月 15 日，于北京市朝阳区中粮可益康（外大街店）的采访中，苏华钧告诉笔者，曾经北京大学邀请他去做老师，朗兰芝（1990 年任北京科学仪器厂厂长）也曾邀请他担任北京科学仪器厂激光分厂的厂长，但是苏华钧都拒绝了。

96　约为 2016 年前后所写，此时苏华钧已 75 岁。这句话中的课题组指清华大学张书练的课题组。

为一种人类活动，其对应的底层群体正是这些基层科学工作者。这说明，一方面对于微观史学而言，或许可以尝试与科学史进行交叉研究，扩展研究对象的范围；另一方面对于科学史而言，可以通过与微观史学的交叉研究，提供一种自下而上重新审视科学史的新视角。

致　谢：首先，要感谢苏华钧先生对本研究的大力支持，包括他参与三次口述史的采访、一次到清华大学科学博物馆的参观交流，还提供了四本手稿和一本相册集。其次，本研究分别于 2023 年 12 月 19 日和 2024 年 4 月 3 日在清华大学蒙民伟人文楼科学史系厅进行汇报，吴国盛、孙承晟、林聪益、沈宇斌、徐军等师生为本文的撰写提出了许多建设性意见，在此一并表示感谢。最后，感谢清华大学电子工程系的熊兵和罗菲老师为本研究提供了相关系史资料；感谢中国科学院大学杭州高等研究院的国荣祯老师为本文纠正了些许语言表述问题并提出了富有建设性的修改意见；感谢西雅图华盛顿大学的王晨博士为本研究提供了美国文化背景的相关信息；感谢游研社创始人楚云帆先生为本研究提供了 20 世纪 80 年代我国公共娱乐场所，尤其是电子游戏厅的相关知识和文献信息。

From the Microhistory Perspective of China's First Imported He-Ne Laser Production Line

LIU Yuanxing, LIU Niankai

Abstract: Modern and contemporary marginal scientific workers, both in terms of social situation and their position in the traditional narrative of the history of science, are analogous to the object of microhistory. In the 1980s, the Beijing Scientific Instrument Factory imported China's first imported He-Ne lasers production line. Through the intersection of microhistory and history of science, the study of the manuscripts and oral history of Su Huajun—a marginal scientific worker who was fully involved in this project, and combined with archives, industrial chronicles and other historical materials. On the one hand, from the perspective of Su Huajun, it can reflect that this production line was not exported to China without reservations, and the United States still had reservations on key technologies to withhold the purpose of controlling China's continuous import of bulk parts to maintain production. On the other hand, from the perspective of microhistory, it can be found that although Su Huajun was a key participant in this project, he did not possess the decision-making power to influence the final fate of the production line.

Keywords: history of science; microhistory; He-Ne laser; Beijing Scientific Instrument Factory

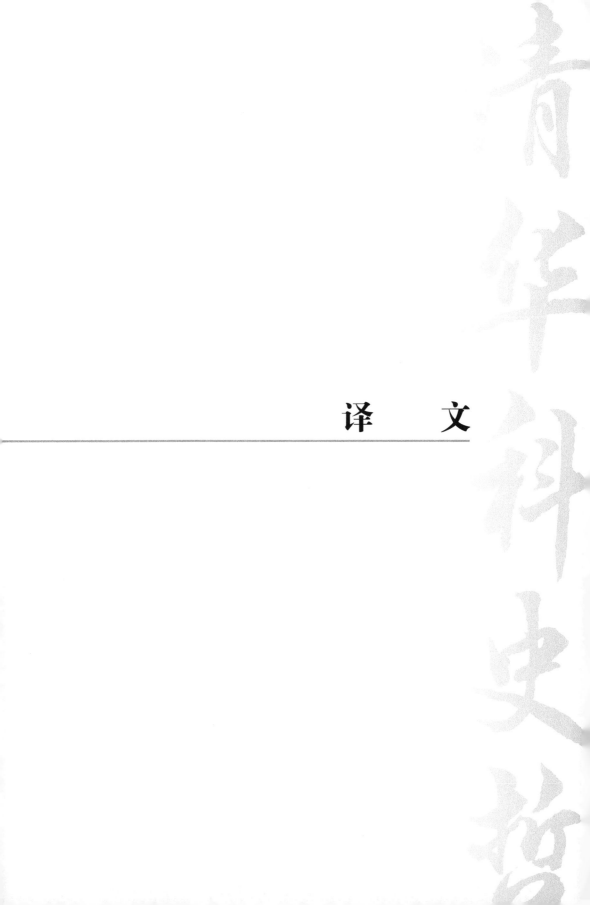

译　文

托勒密《至大论》第二卷[1]

克劳狄乌斯·托勒密 著

张 楠 吕 鹏 王哲然 译[2]

一、关于人居世界中我们所在区域的大致位置

在本书的第一卷中，我们讨论了关于宇宙结构的一些必须加以简要处理的基础概念，以及一些关于"直球"（sphaera recta）的定理，这些定理可能对我们计划进行的研究有所帮助。在接下来的内容中，我们也将尝试以最便捷的方式推导更为重要的关于"斜球"（sphaera obliqua）的定理。

那么，在这个问题上，我们必须首先引入以下一般性的说明。如果有人【H88】认为地球被赤道和穿过赤道两极的〈大〉圆〈划〉分为四个象限，那么我们所居住的这部分世界就相当于被两个北方象限中的一个所包围。就纬度方面（即南北方向）的主要证据来说，春秋分日正午时的表影始终朝北，从不朝南。就经度方面（即东西方向）的主要证据而言，处于我们所居住世界最西端和最东端地区的人们，在观测同一次（发生在同一[绝对]时间）交食（特别是

---

1 本译文基于图默（G. J. Toomer）的英译本《托勒密的〈至大论〉》（Toomer G J, *Ptolemy's Almagest*, Princeton: Princeton University Press, 1984），同时参考托利弗（R. C. Taliaferro）的英译本《托勒密所著〈至大论〉》（*The Almagest by Ptolemy, Encyclopaedia Britannica*, 1952）与佩里（B. M. Perry）的英文节译本《至大论：天界数学导论》（*The Almagest: Introduction to the Mathematics of Heavens*, Santa Fe: Green Lion Press, 2014）译出。方括号【】为海贝格（J. L. Heiberg）编校的希腊文版《天文学大成》（*Syntaxis Mathematica, Teubneri*, 1898）页码。圆括号（）与中括号[]均沿袭图默译文，其中方括号中的内容为译者图默所加，是对希腊文原文的扩充；而圆括号只是为了更好地表达文意。尖括号〈〉为中译者所加，起补充说明、文通句顺之作用。

2 张楠，中国科学技术大学科技史与科技考古系特任副研究员；吕鹏，上海交通大学科学史与科学文化研究院副教授；王哲然，清华大学科学史系副教授。本卷由张楠翻译初稿，三人共同研讨，并进行逐字校改，最后由张楠汇总整理。本文为国家社科基金重大项目"汉唐时期沿丝路传播的天文学研究"（17ZDA82）阶段性成果。

月食）的时候，其〈观测结果的〉差异从不超过 12 个赤道小时（equinoctial hours）[3][以当地时间]；而四分之一[的地球]包含经度上 12 个小时的区间，因为它以赤道的两半之一作为边界。

对于我们所研究的主题，[关于斜球]最值得探讨的要点，主要涉及赤道【H89】北部各纬线及其正下方地球区域的重要现象。这些现象是：

[1]第一运动[即赤道]的极点与地平圈之间的距离，或[换言之]，天顶与赤道之间沿子午圈测得的距离；

[2]对于那些太阳到达天顶的地区，〈这一现象〉发生的时间和频率；

[3]分日、至日正午表影与表长的比值；

[4]白昼最长日和最短日与昼夜平分日之间〈昼长〉差异的大小，以及所有其他[通常]被研究的附加现象；

[5]昼夜长度的每日消长；

[6]与（给定）黄道弧同时升落的赤道弧；

[7]更为重要的〈天球〉大圆之间的角的性质和数量。

二、给定最长白昼的时长，如何求出地平圈上赤道和黄道间的弧长

让我们以经过罗德岛的，且与赤道平行的大圆作为示例的通用形式，其【H90】极点的高度为 36°，最长白昼为 $14\frac{1}{2}$ 个赤道小时。令[图 1 中]ABGD 代表子午圈，BED 为地平圈的东半部，同样的，AEG 代表赤道的[东]半部，南极点为 Z。假设黄道上的冬至点在 H 处升起。过点 Z 和 H 画出大圆的四分之一象限 ZHΘ。

首先，已知最长白昼的时长，求地平圈弧 EH 的长度。

现在，由于（天）球的旋转是围绕赤道的极点进行的，很明显，H 和 Θ 两点将同时位于子午圈 ABGD 上。因此，从 H 升起到其上中天的时间由赤道【H91】弧 ΘA 给出，从其下中天到再次升起的时间由（赤道弧）GΘ 给出。由此可知，

---

3 equinoctial hours，这里翻译为 "赤道小时"，也可翻译为 "等分小时"，强调其基于昼夜平分的特点，以春分、秋分时，昼夜等长（各 12 小时）为基准进行确定，体现在天球上，即对天赤道大圆的 24 等分。

昼长是弧 ΘA 所对应时间的两倍，而夜长则是弧 GΘ 所对应时间的两倍。因为每个与赤道平行的圆都有两个对称的部分，分别在地上和地下，被子午圈一分为二。

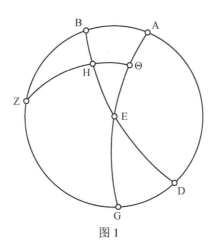

图 1

因此，弧 EΘ 是最长或最短白昼和昼夜平分日之间〈昼长〉差值的一半，在问题所述纬线上是 $1\frac{1}{4}$，或 18；45 时-度（time-degrees）。因此，其补弧 ΘA，是 71；15 时-度。

那么根据之前的定理，作两个大圆弧 EB 和 ZΘ，并与〈另外〉两个大圆弧 AE 和 AZ 在 H 点彼此相交。

弧 2ΘA 的弦：弧 2AE 的弦=

（弧 2ΘZ 的弦：弧 2ZH 的弦）×（弧 2HB 的弦：弧 2BE 的弦）。

[梅涅劳斯定理I]

但弧 2ΘA=142；30°，所以弧 2ΘA 的弦=113；37，54ᵖ

又弧 2AE=180°，所以弧 2AE 的弦=120ᵖ。

且弧 2ΘZ=180°，所以弧 2ΘZ 的弦=120ᵖ，

又弧 2ZH=132；17，20°，所以弧 2ZH 的弦=109；44，53ᵖ。

所以弧 2HB 的弦：弧 2BE 的弦=（113；37，54：120）/（120：109；44，53）

=103；55，26：120。

因为弧 2BE=120ᵖ，既然弧 BE 是一个四分之一圆，

所以弧 2HB 的弦=103；55，26ᵖ。

【H92】

所以弧 2HB≈120°，弧 HB≈60°。

所以当地平圈为 360°时，弧 HE 的余弧为 30°。

证毕。

三、如果给定相同的量，如何求极高，反之亦然

接下来，假设问题是，再次给定相同的量［即最长白昼的时长］，求极高，即子午圈弧 BZ 的长度。现在，在同一图中［图 1］，

弧 2EΘ 的弦：弧 2ΘA 的弦 ＝

（弧 2EH 的弦：弧 2HB 的弦）×（弧 2BZ 的弦：弧 2ZA 的弦）。

【H93】　　　［梅涅劳斯定理Ⅱ］

但弧 2EΘ=37；30°，所以弧 2EΘ 的弦=38；34，22^p，

又弧 2ΘA=142；30°，所以弧 2ΘA 的弦=113；37，54^p。

且弧 2EH=60°，所以弧 2EH 的弦=60^p，

又弧 2HB=120°，所以弧 2HB 的弦=103；55，23^p。

所以弧 2BZ 的弦：弧 2ZA 的弦=（38；34，22：113；37，54）（60：103；55，23）

≈70；33：120。

再有弧 2ZA 的弦=120^p，所以弧 2BZ 的弦=70；33^p。

所以弧 2BZ=72；1°，弧 BZ≈36°。

【H94】　　　反之，在同一图中［图 1］，极点的高度弧 BZ 已知观测值为 36°。求最短或最长白昼与昼夜平分日之间〈昼长〉的差值，即弧 2EΘ 的长度。

现在，基于同样的考虑，

弧 2ZB 的弦：弧 2BA 的弦=

（弧 2ZH 的弦：弧 2HΘ 的弦）×（弧 2ΘE 的弦：弧 2EA 的弦）。

［梅涅劳斯定理Ⅱ］

但弧 2ZB=72°，所以弧 2ZB 的弦=70；32，3^p，

又弧 2BA=108°，所以弧 2BA 的弦=97；4，56^p。

且弧 2ZH=132；17，20°，所以弧 2ZH 的弦=109；44，53^p，

又有弧 2HΘ=47；42，40°，所以弧 2HΘ 的弦=48；31，55^p。

所以弧 2ΘE 的弦：弧 2EA 的弦=（70；32，3：97；4，56）/（109；44，53：48；31，55）

=31；11，23：97；4，56≈38；34：120。 【H95】

再有弧 2EA 的弦=120ᵖ，所以弧 2EΘ 的弦=38；34ᵖ。

所以弧 2EΘ≈37；30°，或者 $2\frac{1}{2}$ 赤道小时。

证毕。

以同样的方式可以确定地平圈弧 EH 的长度。因为

弧 2ZA 的弦：弧 2AB 的弦 =

（弧 2ZΘ 的弦：弧 2ΘH 的弦）×（弧 2HE 的弦：弧 2EB 的弦）。

[梅涅劳斯定理 I]

因为（弧 2ZA 的弦：弧 2AB 的弦）是一个已知比率，

以及（弧 2ZΘ 的弦：弧 2ΘH 的弦）同样已知，

所以，既然弧 EB 已知，那么弧 EH 的量也已知。

很明显，如果我们假设 H 不在冬至点，而是在黄道上的任何其他度数，通过类似的推理，弧 EΘ 和 EH 的长度都将被确定，因为我们已经在"倾角表"中列出了子午圈上黄道和赤道之间截取的每一度的弧长：该弧对应于[图 1 中的]HΘ。

由此可知，黄道上被同一纬线切割的各点，即与同一至点等距离的各点，在[黄道和赤道之间]截取的地平圈弧长相等，并且都位于赤道的同一侧。它 【H96】们还使昼长与[相应点]的昼长相等，夜长与[相应点]的夜长相等。

同样可以推测，由相等的纬线截取的[黄道]上的点，即与同一分点等距的点，它们在黄道和赤道间截取的地平圈弧长相等，但位于赤道的两侧。这些点的昼长等于对面[对应]点的夜长，而夜长等于[其对应点]的昼长。

在已经绘制好的图 2 中，我们取 K 点，该点位于与经过 H 点切割地平圈的半圆 BED 相等的纬线上；我们作纬弧 HL 和 KM：它们显然是相等但〈方向〉相反的。我们通过 K 和北极点作四分之一[大圆]NKX。然后

弧 ΘA=弧 XG（弧 ΘA 平行于弧 LH，且弧 XG 平行于弧 MK）。

所以弧 EΘ=弧 EX（它们分别是弧 ΘA 和弧 XG 的余弧）。

然后，在两个相似的球面三角形 EHΘ 和 EKX 中，两对对应的边相等， 【H97】即 EΘ=EX 和 HΘ=KX，而且 Θ 和 X 处的两个角都是直角，所以，底边 EH 等

于底边 KE。

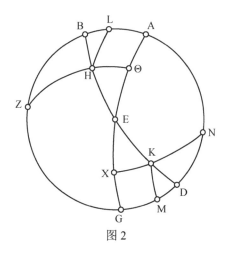

图 2

四、如何计算太阳到达天顶的区域、时间和频次

一旦上述数值已知，就可以通过简单的计算来确定太阳到达天顶的区域、时间和频次。很明显，对于那些距离赤道比（近似于）23；51，20°——这个代表着夏至点[到赤道]间的距离——对于更远的纬线下方的人来说，太阳永远不会到达天顶。而对于那些恰好处于这个[到赤道]距离的纬线下方的人来说，太阳[每年]精准地在夏至日时到达天顶一次。此外，对于位于比上述距[赤道]距离度数更少的纬线下方的那些人来说，太阳[每年]到达天顶两次。从我们列出的倾角表[I 15]中很容易查到这种情况发生的具体时间。我们把所论及的纬线（显然必须位于夏至的[纬线]以内）与赤道的距离，以度为单位，输入第二列；我们在第一列中取 1°—90°相应的变量参数；这样就能得到当太阳在天顶时，对于那些位于所论及纬线下方的人来说，太阳从每个分点到夏至点的距离。

【H98】

五、如何根据上述数值推导出分、至日正午表
与日影的长度比率

一旦已知至点之间的弧以及地平圈和极点之间的弧，就可以很简单地求

得所需的表与表影的长度比值：具体可以通过以下方式进行推导。

设子午圈为 ABGD［见图 3］，圆心为 E。设 A 为天顶，作直径 AEG。在子午面上，作与直径 AEG 成直角的 GKZN：显然，GKZN 将与地平圈和子午【H99】圈的交线平行。现在，由于整个地球在感觉上相对于太阳的比例仅为位于中心的一点，所以圆心 E 可以被认为是表的尖端，假设 GE 是表长，正午时日影尖端落在线 GKZN 上。过 E 作出分点正午射线和［二个］至点正午射线：让 BEDZ 代表分点线，HEΘK 代表夏至线，LEMN 代表冬至线。因此，GK 即夏至日的表影，GZ 是二分日的表影，GN 是冬至日的表影。

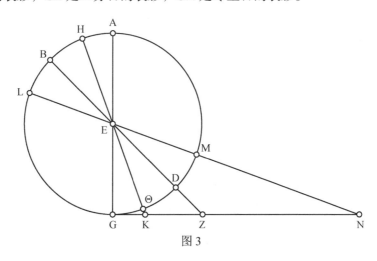

图 3

然后，既然弧 GD，即北极的高度角，在所讨论的纬度上是 36°（假设子午圈 ABG 为 360°），而弧 ΘD 和弧 DM 都为 23；51，20°。通过减法，弧 GΘ=12；8，40°，通过加法，弧 GM=59；51，20°。

因此，当 4 个直角=360°时，相应的

∠KEG=12；8，40°

∠ZEG=36°

∠NEG=59；51，20°

以及当 2 个直角=360°时，

∠KEG=24；17，20°

∠ZEG=72°。

∠NEG=119；42，40°

【H100】　　　　因此，在关于直角三角形 KEG、ZEG、NEG 的圆中，

　　　　　　弧 GK=24；17，20°

　　　　　　弧 GE=155；42，40°（补弧），

　　　　　　弧 GZ=72°

　　　　　　以及弧 GE=108°，类似地[作为补弧]，

　　　　　　弧 GN=119；42，40°

　　　　　　及弧 GE=60；17，20°（作为补弧）。

　　　　　　因此，当弧 GK 的弦=25；14，43^{p}时，弧 GE 的弦=117；18，51^p，

　　　　　　以及，当弧 GZ 的弦=70；32，4^{p}时，弧 GE 的弦=97；4，56^p，

　　　　　　当弧 GN 的弦=103；46，16^{p}时，弧 GE 的弦=60；15，42^p。

　　　　　　因此，当表长 GE=60^p，并使用相同单位时，

　　　　　　夏[至]表影长 GK≈12；55^p，

　　　　　　分点表影长 GZ≈43；36^p，

　　　　　　以及冬[至]表影长 GN≈103；20^p。

　　　　　很明显，相反的过程也是可行的。也就是说，只要已知上述三个表长 GE 与

【H101】　表影长比值中的任意两个，就可以确定极高，以及至点之间的弧度。因为如果已
知 E 点的任意两个角度，则第三个角度也可以确定，因为弧 ΘD 和弧 DM 相等。
然而，就观测的准确性而言，前述数值[极高和 2ε]可以按照我们解释的方式被
精确确定；但所讨论的表影与表的长度比值则无法保持同样的精度，因为分点时
刻本身是难以被精准确定的，而且在冬至时表影的端点也很难被辨识。

六、逐一阐述各纬线的特征

　　通过同样的方法，我们还发现了上述其他[与赤道]平行的纬线圈的一般
性特征。我们以[最长白昼时长的]$\frac{1}{4}$小时为间隔来对纬线进行计算，并认为
这样的精度已经足够。在处理具体问题之前，我们将先列出这些一般特征。

　　1. 我们首先从赤道下方的纬线开始，它近似地构成了包括我们所居住世
界所在四分之一[地球的]南部边界。这是唯一一条每个白昼与黑夜都相等的
纬线，因为只有在这种情况下[即在赤道上]，所有的纬线都被地平圈平分，

因此，地球上方的每一段弧的大小都是相同的，并且与地球下方各自相应的部分相等。这种情况在其他任何纬度都不会发生：只有赤道在地球的任何地方都被地平圈完全平分，所以[当太阳在]其上时，昼夜时长完全相等。因为赤道也是一个大圆。所有其他[纬线]都被[地平圈]分成不相等的部分。由于天球在我们所居住的世界这部分是倾斜的，赤道以南的纬线使地球上方的部分小于地球下方的部分，因此昼比夜短，而赤道以北的[纬线]则相反，使地球上方的部分更大，所以昼比夜长。【H102】

这条[赤道的]纬线上的日影同样也有两个方向：对于生活在它下方的人来说，太阳[每年]有两次到达天顶，分别在太阳到达黄道和赤道的两个交点时。只有在这[两个时间]，正午时立表无影；当太阳穿过[黄道的]北半圈时，表影朝向南方，而当它通过南半圈时，表影朝向北方。在那个区域，长度为 60^p 的表，在夏至和冬至正午的影长均为 $26\frac{1}{2}^p$（当我们说"日影"的时候，我们通常指的是正午的日影；虽然一般来说，二分和二至点不会恰好发生在正午，但这并没有什么显著的影响）。

对于生活在赤道正下方的人来说，那些进入天顶的恒星在赤道上空旋转，但所有恒星的升落都能被看见，因为天球的两极正好位于地平圈上，因此，任何一条纬线圈都不可能始终可见或始终不可见，或者任何一条经线圈都不可能是黄道经圈[即永远有一部分是不可见的]。有人认为，赤道下方的区域可能有人居住，因为气候一定是相当温和的。由于太阳在天顶附近停留的时间并不长，它在倾斜地围绕春、秋分点运动时非常迅速，因此，夏季应该是温和的；此外，太阳在至点时距离天顶并不太远，所以冬天也不会过于严寒。但是，我们没有可靠的依据可以用来指明这些可居住区域的具体位置。因为至今这些地区尚未被来自我们这个居住区域的人类探索过，关于它们的说法必须被视为猜测而不是确凿的事实。无论如何，总的来说，这就是赤道正下方纬线的特征。【H103】

至于其他纬线，根据一些权威人士的说法，包括居住区域，我们将提出如下一般性观察结果，以免在每一个案例中重复相同的内容。对于它们（这些纬线）中的每一条，按顺序沿着通过赤道两极的圆测量那些进入天顶的恒星与赤道间的距离，就等于所讨论的纬线[与赤道]的距离。此外，以赤道的【H104】

北极为极点，以极点[在该纬线上]的高度为半径的圆，总是可见的，且所有在该圆内的恒星永远可见。[同理]，以南极为极点，半径与[前者]相同的圆，总是不可见的，其圆内的恒星也永远不可见。

2. 第二条是最长白昼时长为 $12\frac{1}{4}$ 赤道小时的纬线，距离赤道 $4\frac{1}{4}$°，穿过塔普罗班岛（Taprobane）。这也是日影朝两个方向移动的纬线之一：对于其下方的人来说，太阳[每年]经过天顶两次，并使正午时刻表下无影，此时它任意一侧与夏至点的距离为 $79\frac{1}{2}$°。因此，当它通过这 159°时，日影朝向南方；而当它通过另外 201°时，日影朝北。在这个区域，对于 60ᴾ 的表长，春、秋分的影长是 $4\frac{5}{12}$ᴾ，夏[至]影长是 $21\frac{1}{3}$ᴾ，而冬[至]影长是 32ᴾ。

【H105】 3. 第三条是最长白昼时长为 $12\frac{1}{2}$ 赤道小时的纬线，距离赤道 8；25°，穿过阿瓦利特湾（Avalite）。这也是日影双向变化的纬线之一：对于其下方的人来说，太阳[每年]经过天顶两次，并使正午时刻表下无影，此时它任意一侧与夏至点的距离为 69°。因此，当它通过这 138°时，日影朝南；而当它通过另外 222°时，日影朝北。在这个区域，对于 60ᴾ 的表长，春、秋分的影长是 $8\frac{5}{6}$ᴾ，夏[至]影长是 $16\frac{7}{12}$ᴾ，而冬[至]影长是 $37\frac{9}{10}$ᴾ。

4. 第四条是最长白昼时长为 $12\frac{3}{4}$ 赤道小时的纬线，距离赤道 $12\frac{1}{2}$°，穿过阿杜利斯海峡（Adulitic）。这也是日影双向变化的纬线之一：对于其下方的人来说，太阳[每年]经过天顶两次，并使正午时刻表下无影，此时它任意一侧与夏至点的距离为 $57\frac{2}{3}$°。因此，当它通过这 $115\frac{1}{3}$°时，日影朝南；而当它

【H106】 通过另外 $244\frac{2}{3}$°时，日影朝北。在这个区域，对于 60ᴾ 的表长，春、秋分的影长是 $13\frac{1}{3}$ᴾ，夏[至]影长是 12ᴾ，而冬[至]影长是 $44\frac{1}{6}$ᴾ。

5. 第五条是最长白昼时长为 13 个赤道小时的纬线，距离赤道 16；27°，穿过麦罗埃岛（Meroe）。这也是日影双向变化的纬线之一：对于其下方的人来说，太阳[每年]经过天顶两次，并使正午时刻表下无影，此时它任意一侧

与夏至点的距离为45°。因此，当它通过这90°时，表影朝南；而当它通过剩下的270°时，日影朝北。在这个区域，对于60ᵖ的表长，春、秋分的影长是$17\frac{3}{4}$ᵖ，夏[至]影长是$7\frac{3}{4}$ᵖ，而冬[至]影长是51ᵖ。

6. 第六条是最长白昼时长为$13\frac{1}{4}$个赤道小时的纬线，距离赤道20；14°，穿过纳帕塔（Napata）。这也是表影双向移动的纬线之一：对于其下方的人来【H107】说，太阳[每年]进入天顶两次，并使正午时分表下无影，此时它任意一侧与夏至点的距离为31°。因此，当它通过这62°时，表影朝南；而当它通过剩下的298°时，日影朝北。在这个区域，对于60ᵖ的表长，春、秋分的影长是$22\frac{1}{6}$ᵖ，夏[至]影长是$3\frac{3}{4}$ᵖ，而冬[至]影长是$58\frac{1}{6}$ᵖ。

7. 第七条是最长白昼时长为13个半赤道小时的纬线，距离赤道23；51°，穿过塞伊尼（Soene）。这是第一条所谓的"单向日影"纬线。因为在这个区域，正午表影从不朝南。对于其下方的人来说，只有在真正的夏至时刻，太阳才会到达天顶，使得表下无影。因为它们与赤道的距离和与夏至点的距离完全相同。在其他任何时间，表影都是朝北的。在这个区域，对于长60ᵖ的表，春、秋分影长是$26\frac{1}{2}$ᵖ，冬[至]日影长是$65\frac{5}{6}$ᵖ，夏[至]日影长是0。此外，在该圈【H108】以北的所有纬线，直到我们所居住区域的北界的纬线，其日影都朝向单一方向。因为在这些区域，正午表下既不会无影，表影也不会朝南：它们总是朝北，因为太阳对他们来说也永远不会到达天顶。

8. 第八条是最长白昼时长为$13\frac{3}{4}$赤道小时的纬线，距离赤道27；12°，穿过底比斯的托勒密城（Ptolemais in the Thebaid），也称为赫尔墨斯托勒密城（Ptolemais Hermeiou），在这个区域，对于60ᵖ的表长来说，夏[至]影长是$3\frac{1}{2}$ᵖ，春、秋分影长是$30\frac{5}{6}$ᵖ，而冬[至]影长是$74\frac{1}{6}$ᵖ。

9. 第九条是最长白昼时长为14赤道小时的纬线，距离赤道30；22°，穿过下埃及。在这个区域，对于长度为60ᵖ的表来说，夏[至]影长是$6\frac{5}{6}$ᵖ，春、秋分影长是$35\frac{1}{12}$ᵖ，而冬[至]影长是83；12ᵖ。

10. 第十条是最长白昼时长为 $14\frac{1}{4}$ 赤道小时的纬线，距离赤道 33；18°，

【H109】 穿过腓尼基（Phoenicia）的中部。在这个区域，对于长度为 60ᴾ 的表来说，夏 [至]影长是 10ᴾ，春、秋分影长是 $39\frac{1}{2}$ᴾ，而冬[至]影长是 $93\frac{1}{12}$ᴾ。

11. 第十一条是最长白昼时长为 $14\frac{1}{2}$ 赤道小时的纬线，距离赤道 36°，穿 过罗德岛（Rhodes）。在这个区域，对于长度为 60ᴾ 的表来说，夏[至]影长是 $12\frac{11}{12}$ᴾ，春、秋分影长是 $43\frac{3}{5}$ᴾ，而冬[至]影长是 $103\frac{1}{3}$ᴾ。

12. 第十二条是最长白昼时长为 $14\frac{3}{4}$ 赤道小时的纬线，距离赤道 38；35°， 穿过士麦那（Smyrna）。在这个区域，对于长度为 60ᴾ 的表来说，夏[至]影长 是 $15\frac{2}{3}$ᴾ，春、秋分影长是 $47\frac{5}{6}$ᴾ，而冬[至]影长是 $114\frac{11}{12}$ᴾ。

13. 第十三条是最长白昼时长为 15 赤道小时的纬线，距离赤道 40；56°， 穿过赫勒斯滂（Hellespont）。在这个区域，对于长度为 60ᴾ 的表来说，夏[至]

【H110】 影长是 $18\frac{1}{2}$ᴾ，春、秋分影长是 $52\frac{1}{6}$ᴾ，而冬[至]影长是 $127\frac{5}{6}$ᴾ。

14. 第十四条是最长白昼时长为 $15\frac{1}{4}$ 赤道小时的纬线，距离赤道 43；1°， 穿过马萨利亚（Massalia）。在这个区域，对于长度为 60ᴾ 的表来说，夏[至] 影长是 $20\frac{5}{6}$ᴾ，春、秋分影长是 $55\frac{11}{12}$ᴾ，而冬[至]影长是 $140\frac{1}{4}$ᴾ。

15. 第十五条是最长白昼时长为 $15\frac{1}{2}$ 赤道小时的纬线，距离赤道 45；1°， 穿过本都（Pontus）的中部。在这个区域，对于长度为 60ᴾ 的表来说，夏[至] 影长是 $23\frac{1}{4}$ᴾ，春、秋分影长是 60ᴾ，而冬[至]影长是 $155\frac{1}{12}$ᴾ。

16. 第十六条是最长白昼时长为 $15\frac{3}{4}$ 赤道小时的纬线，距离赤道 46；51°， 穿过伊斯特洛斯河（Istros）。在这个区域，对于长度为 60ᴾ 的表来说，夏[至] 影长是 $25\frac{1}{2}$ᴾ，春、秋分影长是 $63\frac{11}{12}$ᴾ，而冬[至]影长是 $171\frac{1}{6}$ᴾ。

17. 第十七条是最长白昼时长为 16 赤道小时的纬线，距离赤道 48；32°，

穿过博里斯忒尼河口（Borysthenes）。在这个区域，对于长度为60ᵖ的表来说，【H111】夏［至］影长是 $27\frac{1}{2}$ᵖ，春、秋分影长是 $67\frac{5}{6}$ᵖ，而冬［至］影长是 $188\frac{7}{12}$ᵖ。

18. 第十八条是最长白昼时长为 $16\frac{1}{4}$ 赤道小时的纬线，距离赤道50;4°，穿过迈俄提斯湖（Maiotic）的中部。在这个区域，对于长度为60ᵖ的表来说，夏［至］影长是 $29\frac{7}{12}$ᵖ，春、秋分影长是 $71\frac{2}{3}$ᵖ，而冬［至］影长是 $208\frac{1}{3}$ᵖ。

19. 第十九条是最长白昼时长为 $16\frac{1}{2}$ 赤道小时的纬线，距离赤道 $51\frac{1}{2}$°，穿过不列颠的最南端（Brittania）。在这个区域，对于长度为60ᵖ的表来说，夏［至］影长是 $31\frac{5}{12}$ᵖ，春、秋分影长是 $75\frac{5}{12}$ᵖ，而冬［至］影长是 $229\frac{1}{3}$ᵖ。

20. 第二十条是最长白昼时长为 $16\frac{3}{4}$ 赤道小时的纬线，距离赤道52;50°，穿过莱茵河口（Rhine）。在这个区域，对于长度为60ᵖ的表来说，夏［至］影长是 $33\frac{1}{3}$ᵖ，春、秋分影长是 $79\frac{1}{12}$ᵖ，而冬［至］影长是 $253\frac{1}{6}$ᵖ。

21. 第二十一条是最长白昼时长为 17 赤道小时的纬线，距离赤道54;1°，穿过塔奈斯河口（Tanais）。在这个区域，对于长度为60ᵖ的表来说，夏［至］【H112】影长是 $34\frac{11}{12}$ᵖ，春、秋分影长是 $82\frac{7}{12}$ᵖ，而冬［至］影长是 $278\frac{3}{4}$ᵖ。

22. 第二十二条是最长白昼时长为 $17\frac{1}{4}$ 赤道小时的纬线，距离赤道55°，穿过大不列颠布里甘蒂姆（Brigantium in Great Brittania）。在这个区域，对于长度为60ᵖ的表来说，夏［至］影长是 $36\frac{1}{4}$ᵖ，春、秋分影长是 $85\frac{2}{3}$ᵖ，而冬［至］影长是 $304\frac{1}{2}$ᵖ。

23. 第二十三条是最长白昼时长为 $17\frac{1}{2}$ 赤道小时的纬线，距离赤道56°，穿过大不列颠中部。在这个区域，对于长度为60ᵖ的表来说，夏［至］影长是 37【H113】 $\frac{2}{3}$ᵖ，春、秋分影长是 $88\frac{5}{6}$ᵖ，而冬［至］影长是 $335\frac{1}{4}$ᵖ。

24. 第二十四条是最长白昼时长为 $17\frac{3}{4}$ 赤道小时的纬线，距离赤道57°，穿过不列颠的卡图拉克托尼翁（Caturactonium in Brittania）。在这个区域，对于长度为 60ᴾ 的表来说，夏[至]影长是 $39\frac{1}{6}$ ᴾ，春、秋分影长是 $92\frac{5}{12}$ ᴾ，而冬[至]影长是 $372\frac{2}{3}$ ᴾ。

25. 第二十五条是最长白昼时长为 18 赤道小时的纬线，距离赤道 58°，穿过小不列颠（Little Brittania）南部。在这个区域，对于长度为 60ᴾ 的表来说，夏[至]影长是 $40\frac{2}{3}$ ᴾ，春、秋分影长是 96ᴾ，而冬[至]影长是 $419\frac{1}{12}$ ᴾ。

26. 第二十六条是最长白昼时长为 $18\frac{1}{2}$ 赤道小时的纬线，距离赤道 $59\frac{1}{2}$°，穿过小不列颠中部。从这里开始，我们不再使用 $\frac{1}{4}$ 小时的增量，因为[以最长白昼 $\frac{1}{4}$ 小时为间隔]的纬线现在靠得很近，而且极高的差异不再超过一个整度。此外，对于更北的点，也不需要同样的细节。因此，我们认为列出影长与表长的比率是多余的，就好像它是针对某个明确的地点一样。

【H114】

27. 这条是最长白昼时长为 19 赤道小时的纬线，距离赤道 61°，穿过小不列颠北部。

28. 这条是最长白昼时长为 $19\frac{1}{2}$ 赤道小时的纬线，距离赤道 62°，穿过被称为埃布达的岛屿（Eboudae）。

29. 这条是最长白昼时长为 20 赤道小时的纬线，距离赤道 63°，穿过图勒岛（Thule）。

30. 这条是最长白昼时长为 21 赤道小时的纬线，距离赤道 $64\frac{1}{2}$°，穿过未被记载的斯基泰人的所在地。

31. 这条是最长白昼时长为 22 赤道小时的纬线，距离赤道 $65\frac{1}{2}$°。

32. 这条是最长白昼时长为 23 赤道小时的纬线，距离赤道 66°。

33. 这条是最长白昼时长为 24 赤道小时的纬线，距离赤道 66；8，40°。这是第一条日影整圈变化的[纬线]。因为在这条纬线上，在夏至（并且只有

【H115】在夏至时），太阳不会落下，表影[依次]指向地平圈的各个方向。在该地区，夏至点所在的纬线永远可见，而冬至点的纬线则永远不可见，因为两者在相

对的两侧与地平圈相切。当春分点在黄道上升起时，黄道与地平圈重合。

如果纯粹从理论上讲，人们要研究更北的纬度地区的一些一般特征，就会发现以下情况。

34. 在北极出地约为67°的地方，黄道上夏至点两侧15°的（区域）永不落下。因此，最长白昼日和表影依次指向地平圈上各个方向的时间大约持续一个月。这也可以很容易从[上面]列出的倾斜表中看出。我们可以取一条纬线，如在至点任意一侧15°处切断[黄道的一段]的纬线（在这一点上，它要么永远可见，要么永远不可见）。显然，与黄道的那一段相对应的赤道的距离将给出北极高度与一象限90°的差量。　　　　　　　　　　　　　　　　　　　【H116】

35. 因此，在极高为$69\frac{1}{2}$°的地方，人们会发现夏至两侧30°〈的区域〉永远不会落下。因此，最长白昼日和表影朝向各个方向的时间大约持续两个月。

36. 在极高为$73\frac{1}{3}$°的地方，人们会发现夏至两侧45°〈的区域〉永远不会落下。因此，最长白昼日和表影朝向各个方向的时间大约持续三个月。

37. 在极高为$78\frac{1}{3}$°的地方，人们会发现夏至两侧60°〈的区域〉永远不会落下。因此，最长白昼日和表影方向依次转过一整圈的时间大约持续四个月。

38. 在极高为84°的地方，人们会发现夏至两侧75°〈的区域〉永远不会落下。因此，在这种情况下，最长白昼日大约是五个月，表影朝向各个方向的时间也是一样的。

39. 当北极从地平线上升起至一个完整象限的90°时，位于赤道以北的整个黄道半圆永远不会低于地球，而位于赤道以南的整个半圆则永远不会高于地球。因此，每年只包含一个白昼和一个夜晚，每个白昼或夜晚大约持续六【H117】个月，而且表影总是指向所有方向。这一纬度的其他特征包括：北极位于天顶，赤道既与恒显圈的位置重合，也与恒隐圈和地平圈重合。因此，赤道以北的整个半球始终位于地球之上，而赤道以南的整个半球始终位于地球之下。

七、关于在斜球上同时升起的黄道弧与赤道弧

在我们如此列出了可以从理论上推导出的各纬线的一般特征之后，下一个任务是展示如何计算每条纬线上与特定的黄道弧同时升起的赤道弧，以

"时-度"为度量单位。由此，我们将系统地推导出各个[纬度带]的所有其他特征。我们将使用黄道宫的名称来表示黄道的十二个区域（30°），〈这十二个区域〉按照以至点和分点起始的系统进行划分。我们称第一个区域为"白羊

【H118】 宫"，其以春分点为起点，相对于宇宙的运动逆行，第二个是"金牛宫"，其余的按照传统十二宫的顺序依次排列。

我们首先要证明，与同一分点等距的黄道弧总是与相等的赤道弧同时升起。

设 ABGD 为子午圈[见图 4]，BED 是地平圈的半圆，AEG 是赤道的半圆，ZH 和 ΘK 为两条黄道弧，其中点 Z 和 Θ 皆可被看作春分点，并且在[该分点]相对的两侧截取了相等的弧，即弧 ZH 和 ΘK，它们分别从 K 点和 H 点升起，我说，随它们同时升起的赤道弧，即 ZE 和 ΘE，是相等的。

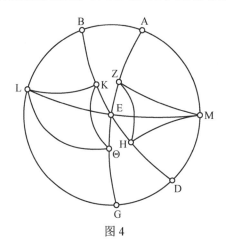

图 4

【H119】 [证明:]设点 L 和 M 代表赤道的两极,并通过它们作大圆的弧 LEM、LΘ、LK、ZM 和 MH。然后因为通过 K 和 H 的纬线在赤道的两侧等距分布，有

弧 ZH=弧 ΘK，

弧 LK=弧 MH，

弧 EK=弧 EH，

[球面三角形]LKΘ≌[球面三角形]MHZ，

[球面三角形]LEK≌[球面三角形]MEH，

所以∠KLE=∠HME，

∠KLΘ=∠HMZ，

因此，通过加法，∠ELΘ=∠EMZ。

所以 EΘ=EZ，[全等三角形 ELΘ，EMZ 的]底边。

证毕。

同样，我们将证明，如果两条黄道弧是相等的，并且与同一至点等距，则随之同时升起的两条赤道弧之和，等于 [这两条相等的黄道弧]在直球上升起所需时间的总和。

设 ABGD 为子午圈[见图 5]，半圆 BED 代表地平圈，半圆 AEG 代表赤道。作两条相等并与冬至点等距的黄道弧 ZH（其中 Z 取为秋分点）和 ΘH（其【H120】中 Θ 取为春分点）。

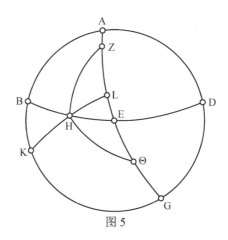

图 5

因此，H 是地平圈上同时对应两条黄道弧的升交点，因为弧 ZH 和 ΘH 都以赤道和同一个纬线圈为界。因此，显然弧 ΘE 与弧 ΘH 同时升起，弧 EZ 与弧 ZH 同时升起。然后显而易见，整个弧 ΘEZ 等于弧 ZH 和弧 ΘH 在直球上升起所需时间之和。

[证明：]因为如果我们以 K 作为赤道的南极，并通过 K 和 H 画出代表直球地平圈四分之一大圆的 KHL，那么弧 ΘL 是在直球上与弧 ΘH 同时升起之弧，同理，弧 LZ 是在直球上与弧 ZH 同时升起的弧。因此，弧长的总和（ΘL + LZ）等于弧长的总和（ΘE + EZ），并且两者都包含在弧 ΘZ 中。

证毕。

以上我们已经证明，如果能够计算出在任意纬度上单个四分之一圆单独升起的时间，那么我们实际上将同时解决其余三个象限的问题。【H121】

既然如此，让我们再次以穿过罗德岛的纬线为范例，其中最长白昼是 $14\frac{1}{2}$ 赤道小时，北极出地 36°。

设 ABGD 为子午圈［见图 6］，BED 为地平圈的半圆，AEG 为赤道的半圆，ZHΘ 为黄道的半圆，取 H 点为春分点的位置。以 K 为赤道的北极，过 K 和 L，即黄道和地平圈的交点，作四分之一大圆 KLM。

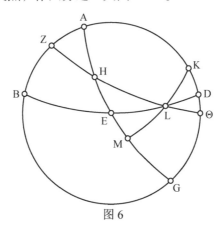

图 6

假设问题是，已知弧 HL，求其同时升起的赤道弧 EH。

首先让弧 HL 包含白羊宫。

然后，由于在图中，相交的两个大圆的弧 ED 和 KM，与另外两个相交的大圆的弧 EG 和 GK，相交于 L 点，

弧 2KD 的弦：弧 2DG 的弦 ＝

（弧 2KL 的弦：弧 2LM 的弦）×（弧 2ME 的弦：弧 2EG 的弦）。

【H122】　　　［梅涅劳斯定理 Ⅱ］

但弧 2KD=72°，所以弧 2KD 的弦=70；32，4ᵖ；

弧 2GD=108°，所以弧 2GD 的弦=97；4，56ᵖ。

以及弧 2KL=156；40，1°，所以弧 2KL 的弦=117；31，15ᵖ；

弧 2LM=23；19，59°，所以弧 2LM 的弦=24；15，57ᵖ。

所以弧 2ME 的弦：弧 2EG 的弦=（70；32，4：97；4，56）/（117；31，15：24；15，57）

=18；0，5：120。

以及弧 2EG 的弦=120ᵖ。

所以弧 2ME 的弦=18；0，5ᵖ

所以弧 2ME≈17；16°，弧 ME=8；38°

由于整个弧 HM 与整个弧 HL 在直球上同时升起，如上所示，值为 27；50°。

因此，通过减法可得，弧 EH 为 19；12°。

我们同时证明了双鱼宫的升起时间（以度为单位）是 19；12°，并且处女 【H123】宫和天秤宫各自升起的时间是 36；28°，这是[取 19；12°]在直球上升起时间两倍的余值。

证毕。

其次，让弧 HL 包括白羊和金牛这两宫的 60°。然后，根据我们的假设，其他数量将保持不变。

所以弧 2KL 的弦=112；23，56^p，

又弧 2LM=41；0，18°，所以弧 2LM 的弦=42；1，48^p。

弧 2ME 的弦：弧 2EG 的弦 =（70；32，4：97，4，56）/（112；23，56：42；1，48）

=32；36，4：120。

因为弧 2EG 的弦=120^p，所以弧 2ME 的弦=32；36，4^p。

所以弧 2ME≈31；32°，弧 ME≈15；46°。

而整条弧 MH 之前显示为 57；44°

因此，通过减法，弧 HE=41；58°。

因此，白羊宫和金牛宫的升起时间之和是 41；58 时-度，其中 19；12°被证明属于白羊宫的升起时间。因此，金牛宫本身的升起时间为 22；46 时-度。 【H124】

根据与之前同样的推理，水瓶宫将在同样的时间 22；46°升起，而狮子宫和天蝎宫各自将在 37；2°的时间升起，这是[取 22；46°]在直球上升起时间两倍的[余值]。

现在，由于最长白昼为 14 1/2 赤道小时，最短白昼是 9 1/2 赤道小时，显然，从巨蟹宫到人马宫的[黄道]半圆升起时将对应赤道的 217；30°，而从摩羯宫到双子宫的半圆升起时则对应〈赤道的〉142；30°。因此，春分点两侧的每个象限都将以 71；15 时-度的时间升起，而秋分点两侧的每个象限都将以 108；45 时-度的时间升起。因此，[每个象限]余下的双子宫和摩羯宫，将各自以 29；17 时-度升起，这与该象限升起的 71；15°相差[19；12°+22；46°]，

余下的巨蟹宫和射手宫将各自以 35；15 时-度的时间升起，这与该象限的升起时间 108；45°相差 [36；28°+37；2°]。

【H125】 很明显，我们也可以用完全相同的方法来计算黄道上[比十二宫]小的弧的升起时间。但我们也可以通过另一种更简单、更实用的步骤来计算它们，如下所示。

首先设子午圈 ABGD[见图 7]，BED 代表地平圈的半圆，AEG 代表赤道的半圆，ZEH 代表黄道的半圆，交点 E 为春分点。在[黄道]上截取一个任意弧 EΘ，并画出通过 Θ 的平行于赤道的弧段 ΘK。以 L 为赤道的[南]极，通过它画出大圆的四分之一象限 LΘM、LKN 和 LE。

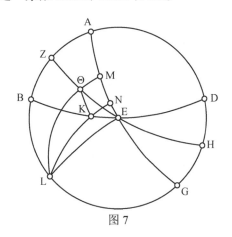

图 7

那么，显然黄道弧 EΘ 在直球上与赤道弧 EM 同时升起，在斜球上与弧 NM 同时升起，因为与弧 EΘ[在斜球]同时升起的纬线上的弧 KΘ 与赤道弧 NM 相似，且纬线上的相似弧在任何地方升起的时间相同。因此弧 EN 是弧 EΘ 在斜球和直球升起时间之差。因此，我们已经证明，对于由点 E 和通过 K 的纬线为界的黄道弧，在任何情况下，如果画出与 LKN 相对应的大圆的弧，弧 EN 将包括该弧在直球和斜球的升起时间的差值。

证毕。

【H126】

在初步确立这一点后，让我们绘制图 8，只包含子午圈和地平圈半圆 [BED]，以及赤道半圆[AEG]；通过赤道南极 Z，作两个大圆象限弧 ZHΘ 和 ZKL。将 H 作为地平圈与通过冬至的纬线的交点，把 K 作为[地平圈]与纬线——比如通过双鱼宫的起点，或者[从摩羯宫的起点到双鱼宫的终点的]象限上任意指定点的纬线的交点。

【H127】

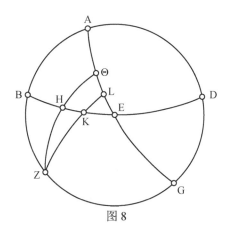

图 8

然后，再次绘制分别与大圆弧 ZΘ 和 EG 相交的大圆弧 ZKL 和 EKH，交点为 K。因此，弧 2ΘH 的弦：弧 2ZH 的弦=（弧 2ΘE 的弦：弧 2EL 的弦）×（弧 2KL 的弦：弧 2KZ 的弦）[梅涅劳斯定理Ⅱ]。

但在不同纬线上，弧 2ΘH 已知并且是相同的。因为它是至点之间的弧，因此，它的补弧 2HZ 也是已知的。同样，对于黄道上的同一段弧，弧 2LK 在所有纬线上都是相同的，并可以从倾角表[I 15]中得到；然后又得到它的补弧 2KZ。因此，通过[上述部分]的除法运算，（弧 2ΘE 的弦：弧 2EL 的弦）被发现在所有纬线上都是相同的（对于[黄道的]四分之一大圆上的同一段弧）。

既然如此，我们在从春分点到冬至点的象限，在[黄道]上每间隔 10° 依次取弧 KL 的不同值（因为对于实际用途而言，细分到这个大小的弧[10°]就已经足够了）。然后在每一种情况下 【H128】

弧 2ΘH=47；42，40°，弧 2ΘH 的弦=48；31，55ᵖ，

弧 2HZ=132；17，20°，弧 2HZ 的弦=109；44，53ᵖ，

然后，对于[黄道]上从春分点到冬至点方向的 10°，

弧 2KL=8；3，16°，以及弧 2KL 的弦=8；25，39ᵖ，

弧 2KZ=171；56，44°，弧 2KZ 的弦=119；42，14ᵖ。

对于从春分点开始的 20°，

弧 2KL=15；54，6°，弧 2KL 的弦=16；35，56ᵖ，

弧 2KZ=164；5，54°，弧 2KZ 的弦=118；50，47ᵖ。

对于 30°，

弧 2LK=23；19，58°，弧 2LK 的弦=24；15，56ᵖ，

弧 2KZ=156；40，2°，弧 2KZ 的弦=117；31，15^p。

【H129】 对于 40°，

弧 2LK=30；8，8°，弧 2LK 的弦=31；11，43^p。

弧 2KZ=149；51，52°，弧 2KZ 的弦=115；52，19^p。

对于 50°，

弧 2LK=36；5，46°，弧 2LK 的弦=37；10，39^p，

弧 2KZ=143；54，14°，弧 2KZ 的弦=114；5，44^p。

对于 60°，

弧 2LK=41；0，18°，弧 2LK 的弦=42；1，48^p，

弧 2KZ=138；59，42°，弧 2KZ 的弦=112；23，57^p。

对于 70°，

弧 2LK=44；40，22°，弧 2LK 的弦=45；36，18^p，

弧 2KZ=135；19，38°，弧 2KZ 的弦=110；59，47^p。

对于 80°，

弧 2LK=46；56，32°，弧 2LK 的弦=47；47，40^p，

弧 2KZ=133；3，28°，弧 2KZ 的弦=110；4，16^p。

由上我们发现，如果我们把比值（弧 2ΘH 的弦：弧 2HZ 的弦），即（48；31，

【H130】 55：109；44，53），除以比值（弧 2LK 的弦：弧 2KZ 的弦），如前所述，在每个 10°的间隔，我们将得到比值（弧 2ΘE 的弦：弧 2EL 的弦），这在所有纬线上是相同的。

对于 10°弧，它是 60：9；33。

对于 20°弧，它是 60：18；57。

对于 30°弧，它是 60：28；1。

对于 40°弧，它是 60：36；33。

对于 50°弧，它是 60：44；12。

对于 60°弧，它是 60：50；44。

对于 70°弧，它是 60：55；45。

对于 80°弧，它是 60：58；55。

很明显，对于每条纬线，弧 2ΘE 都是一个已知弧，因为它在度数上是昼夜平分日与最短白昼之间的时-度差。因此，从弧 2ΘE 的弦长和比值（弧 2ΘE 的弦：弧 2EL 的弦），将得到弧 2EL 的弦长，以及[因此]得到弧 2EL。我们将

其减去一半，得到弧 EL，即上述[直球和斜球的升起时间的]差，从所讨论的黄道弧在直球的升起时间，可以得到同一弧在给定纬度上的升起时间。

作为一个范例，让我们再次以通过罗德岛的纬线为例。这里

弧 2EΘ=37；30°，所以弧 2EΘ 的弦≈38；34ᵖ。 【H131】

然后因为 60：38；34=9；33：6；8

$$=18；57：12；11$$
$$=28；1：18；0$$
$$=36；33：23；29$$
$$=44；12：28；25$$
$$=50；44：32；37$$
$$=55；45：35；52$$
$$=58；55：37；52,$$

由于弧 2EL 的弦在上述每个间隔 10°的值都等于以上数量[6；8ᵖ，等]，它所对应的弧的一半，即弧 EL，将得到以下数值：

第一个 10°	2；56°
直到第二个结束	5；50°
直到第三个结束	8；38°
直到第四个结束	11；17°
直到第五个结束	13；42°
直到第六个结束	15；46°
直到第七个结束	17；24°
直到第八个结束	18；24°
直到第九个结束，显然，	18；45°

所以直球相应的升起时间如下：

第一个 10°	9；10°
直到第二个结束	18；25°
直到第三个结束	27；50°
直到第四个结束	37；30°
直到第五个结束	47；28°
直到第六个结束	57；44°
直到第七个结束	68；18°

【H132】

| 直到第八个结束 | 79；5° |
| 直到第九个结束 | 90°（整个象限的时间度数） |

很明显，通过从每种情况下直球相应的升起时间中减去弧 EL 所给出的差值，我们就可以得到相同的弧在所讨论纬度的升起时间。它们是

第一个 10°	6；14°
直到第二个结束	12；35°
直到第三个结束	19；12°
直到第四个结束	26；13°
直到第五个结束	33；46°
直到第六个结束	41；58°
直到第七个结束	50；54°
直到第八个结束	60；41°
直到第九个结束	71；15°

（即整个象限）（相当于[最短]白昼日的一半长度）。

每个 10°段将在以下时-度内升起：

第一个	6；14°
第二个	6；21°
第三个	6；37°
第四个	7；1°
第五个	7；33°
第六个	8；12°
第七个	8；56°
第八个	9；47°
第九个	10；34°。

【H133】 一旦我们确定了上述情况，其余象限的相应升起时间将随即在相同的基础上，通过上述定理确定。

我们以同样的方式计算了在实际情况中可能遇到的所有其他纬线的每 10°间隔的升起时间。为了便于今后使用，我们将以表格的形式将其列出，从赤道正下方的纬线开始，一直到最长白昼日为 17 小时的纬线结束。各纬线以[最长白昼日]的 $\frac{1}{2}$ 小时为间隔，因为[精密计算]与以[半小时间隔]的线性内插所得出的结果差异可以忽略不计。在第一列中，我们把圆周的 36 个 10°间

隔放在一起，在下一列中是该 10°弧在所讨论纬线上的相应时间度数，在第三列是累计的总和，如下所示。

八、每十度间隔的升起时间表

II 8. Rising-time tables: M = 12 to M = 13

TABLE OF RISING-TIMES AT 10° INTERVALS

SIGNS	10° Inter-vals	SPHAERA RECTA 12ʰ	0°	AVALITE GULF 12½ʰ	8;25°	MEROE 13ʰ	16;27°
		° ′	Accumulated ° ′ Time-Degrees	° ′	Accumulated ° ′ Time-Degrees	° ′	Accumulated ° ′ Time-Degrees
ARIES	10	9 10	9 10	8 35	8 35	7 58	7 58
	20	9 15	18 25	8 39	17 14	8 5	16 3
	30	9 25	27 50	8 52	26 6	8 17	24 20
TAURUS	10	9 40	37·30	9 8	35 14	8 36	32 56
	20	9 58	47 28	9 29	44 43	9 1	41 57
	30	10 16	57 44	9 51	54 34	9 27	51 24
GEMINI	10	10 34	68 18	10 15	64 49	9 56	61 20
	20	10 47	79 5	10 35	75 24	10 23	71 43
	30	10 55	90 0	10 51	86 15	10 47	82 30
CANCER	10	10 55	100 55	10 59	97 14	11 3	93 33
	20	10 47	111 42	10 59	108 13	11 11	104 44
	30	10 34	122 16	10 53	119 6	11 12	115 56
LEO	10	10 16	132 32	10 41	129 47	11 5	127 1
	20	9 58	142 30	10 27	140 14	10 55	137 56
	30	9 40	152 10	10 12	150 26	10 44	148 40
VIRGO	10	9 25	161 35	9 58	160 24	10 33	159 13
	20	9 15	170 50	9 51	170 15	10 25	169 38
	30	9 10	180 0	9 45	180 0	10 22	180 0
LIBRA	10	9 10	189 10	9 45	189 45	10 22	190 22
	20	9 15	198 25	9 51	199 36	10 25	200 47
	30	9 25	207 50	9 58	209 34	10 33	211 20
SCORPIUS	10	9 40	217 30	10 12	219 46	10 44	222 4
	20	9 58	227 28	10 27	230 13	10 55	232 59
	30	10 16	237 44	10 41	240 54	11 5	244 4
SAGITTARIUS	10	10 34	248 18	10 53	251 47	11 12	255 16
	20	10 47	259 5	10 59	262 46	11 11	266 27
	30	10 55	270 0	10 59	273 45	11 3	277 30
CAPRICORNUS	10	10 55	280 55	10 51	284 36	10 47	288 17
	20	10 47	291 42	10 35	295 11	10 23	298 40
	30	10 34	302 16	10 15	305 26	9 56	308 36
AQUARIUS	10	10 16	312 32	9 51	315 17	9 27	318 3
	20	9 58	322 30	9 29	324 46	9 1	327 4
	30	9 40	332 10	9 8	333 54	8 36	335 40
PISCES	10	9 25	341 35	8 52	342 46	8 17	343 57
	20	9 15	350 50	8 39	351 25	8 5	352 2
	30	9 10	360 0	8 35	360 0	7 58	360 0

II 8. Rising-time tables: $M = 13\frac{1}{2}$ to $M = 14\frac{1}{2}$

SIGNS	10° Inter- vals	SOENE $13\frac{1}{2}^h$ 23;51°		LOWER EGYPT 14^h 30;22°		RHODES $14\frac{1}{2}^h$ 36:0°	
		° ′	Accumulated Time-Degrees	° ′	Accumulated Time-Degrees	° ′	Accumulated Time-Degrees
ARIES	10	7 23	7 23	6 48	6 48	6 14	6 14
	20	7 29	14 52	6 55	13 43	6 21	12 35
	30	7 45	22 37	7 10	20 53	6 37	19 12
TAURUS	10	8 4	30 41	7 33	28 26	7 1	26 13
	20	8 31	39 12	8 2	36 28	7 33	33 46
	30	9 3	48 15	8 37	45 5	8 12	41 58
GEMINI	10	9 36	57 51	9 17	54 22	8 56	50 54
	20	10 11	68 2	10 0	64 22	9 47	60 41
	30	10 43	78 45	10 38	75 0	10 34	71 15
CANCER	10	11 7	89 52	11 12	86 12	11 16	82 31
	20	11 23	101 15	11 34	97 46	11 47	94 18
	30	11 32	112 47	11 51	109 37	12 12	106 30
LEO	10	11 29	124 16	11 55	121 32	12 20	118 50
	20	11 25	135 41	11 54	133 26	12 23	131 13
	30	11 16	146 57	11 47	145 13	12 19	143 32
VIRGO	10	11 5	158 2	11 40	156 53	12 13	155 45
	20	11 1	169 3	11 35	168 28	12 9	167 54
	30	10 57	180 0	11 32	180 0	12 6	180 0
LIBRA	10	10 57	190 57	11 32	191 32	12 6	192 6
	20	11 1	201 58	11 35	203 7	12 9	204 15
	30	11 5	213 3	11 40	214 47	12 13	216 28
SCORPIUS	10	11 16	224 19	11 47	226 34	12 19	228 47
	20	11 25	235 44	11 54	238 28	12 23	241 10
	30	11 29	247 13	11 55	250 23	12 20	253 30
SAGITTARIUS	10	11 32	258 45	11 51	262 14	12 12	265 42
	20	11 23	270 8	11 34	273 48	11 47	277 29
	30	11 7	281 15	11 12	285 0	11 16	288 45
CAPRICORNUS	10	10 43	291 58	10 38	295 38	10 34	299 19
	20	10 11	302 9	10 0	305 38	9 47	309 6
	30	9 36	311 45	9 17	314 55	8 56	318 2
AQUARIUS	10	9 3	320 48	8 37	323 32	8 12	326 14
	20	8 31	329 19	8 2	331 34	7 33	333 47
	30	8 4	337 23	7 33	339 7	7 1	340 48
PISCES	10	7 45	345 8	7 10	346 17	6 37	347 25
	20	7 29	352 37	6 55	353 12	6 21	353 46
	30	7 23	360 0	6 48	360 0	6 14	360 0

II 8. Rising-time tables: M = 15 to M = 16

SIGNS	10° Intervals	HELLESPONT 15ʰ 40;56°			MIDDLE OF PONTUS 15½ʰ 45;1°			MOUTHS OF BORYSTHENES 16ʰ 48;32°		
		° ′	Accumulated Time-Degrees		° ′	Accumulated Time-Degrees		° ′	Accumulated Time-Degrees	
ARIES	10	5 40	5 40		5 8	5 8		4 36	4 36	
	20	5 47	11 27		5 14	10 22		4 43	9 19	
	30	6 5	17 32		5 33	15 55		5 1	14 20	
TAURUS	10	6 29	24 1		5 58	21 53		5 26	19 46	
	20	7 4	31 5		6 34	28 27		6 5	25 51	
	30	7 46	38 51		7 20	35 47		6 52	32 43	
GEMINI	10	8 38	47 29		8 15	44 2		7 53	40 36	
	20	9 32	57 1		9 19	53 21		9 5	49 41	
	30	10 29	67 30		10 24	63 45		10 19	60 0	
CANCER	10	11 21	78 51		11 26	75 11		11 31	71 31	
	20	12 2	90 53		12 15	87 26		12 29	84 0	
	30	12 30	103 23		12 53	100 19		13 15	97 15	
LEO	10	12 46	116 9		13 12	113 31		13 40	110 55	
	20	12 52	129 1		13 22	126 53		13 51	124 46	
	30	12 51	141 52		13 22	140 15		13 54	138 40	
VIRGO	10	12 45	154 37		13 17	153 32		13 49	152 29	
	20	12 43	167 20		13 16	166 48		13 47	166 16	
	30	12 40	180 0		13 12	180 0		13 44	180 0	
LIBRA	10	12 40	192 40		13 12	193 12		13 44	193 44	
	20	12 43	205 23		13 16	206 28		13 47	207 31	
	30	12 45	218 8		13 17	219 45		13 49	221 20	
SCORPIUS	10	12 51	230 59		13 22	233 7		13 54	235 14	
	20	12 52	243 51		13 22	246 29		13 51	249 5	
	30	12 46	256 37		13 12	259 41		13 40	262 45	
SAGITTARIUS	10	12 30	269 7		12 53	272 34		13 15	276 0	
	20	12 2	281 9		12 15	284 49		12 29	288 29	
	30	11 21	292 30		11 26	296 15		11 31	300 0	
CAPRICORNUS	10	10 29	302 59		10 24	306 39		10 19	310 19	
	20	9 32	312 31		9 19	315 58		9 5	319 24	
	30	8 38	321 9		8 15	324 13		7 53	327 17	
AQUARIUS	10	7 46	328 55		7 20	331 33		6 52	334 9	
	20	7 4	335 59		6 34	338 7		6 5	340 14	
	30	6 29	342 28		5 58	344 5		5 26	345 40	
PISCES	10	6 5	348 33		5 33	349 38		5 1	350 41	
	20	5 47	354 20		5 14	354 52		4 43	355 24	
	30	5 40	360 0		5 8	360 0		4 36	360 0	

II 8. Rising-time tables: $M = 16\frac{1}{2}$ and $M = 17$

SIGNS	10° Inter-vals	SOUTHERNMOST BRITTANIA		MOUTHS OF TANAIS	
		$16\frac{1}{2}^{h}$ ° '	51;30° Accumulated Time-Degrees	17^{h} ° '	54;1° Accumulated Time-Degrees
ARIES	10	4 5	4 5	3 36	3 36
	20	4 12	8 17	3 43	7 19
	30	4 31	12 48	4 0	11 19
TAURUS	10	4 56	17 44	4 26	15 45
	20	5 34	23 18	5 4	20 49
	30	6 25	29 43	5 56	26 45
GEMINI	10	7 29	37 12	7 5	33 50
	20	8 49	46 1	8 33	42 23
	30	10 14	56 15	10 7	52 30
CANCER	10	11 36	67 51	11 43	64 13
	20	12 45	80 36	13 1	77 14
	30	13 39	94 15	14 3	91 17
LEO	10	14 7	108 22	14 36	105 53
	20	14 22	122 44	14 52	120 45
	30	14 24	137 8	14 54	135 39
VIRGO	10	14 19	151 27	14 50	150 29
	20	14 18	165 45	14 47	165 16
	30	14 15	180 0	14 44	180 0
LIBRA	10	14 15	194 15	14 44	194 44
	20	14 18	208 33	14 47	209 31
	30	14 19	222 52	14 50	224 21
SCORPIUS	10	14 24	237 16	14 54	239 15
	20	14 22	251 38	14 52	254 7
	30	14 7	265 45	14 36	268 43
SAGITTARIUS	10	13 39	279 24	14 3	282 46
	20	12 45	292 9	13 1	295 47
	30	11 36	303 45	11 43	307 30
CAPRICORNUS	10	10 14	313 59	10 7	317 37
	20	8 49	322 48	8 33	326 10
	30	7 29	330 17	7 5	333 15
AQUARIUS	10	6 25	336 42	5 56	339 11
	20	5 34	342 16	5 4	344 15
	30	4 56	347 12	4 26	348 41
PISCES	10	4 31	351 43	4 0	352 41
	20	4 12	355 55	3 43	356 24
	30	4 5	360 0	3 36	360 0

九、基于升起时间的特定性质

既然我们已经以上述表格列出了升起时间，那么与这一主题相关的所有 【H142】
其他问题也将易于解决，我们无需通过几何证明或构建特殊表格来解决每个
问题。这一点将通过下面描述的实际方法变得清晰。

首先，我们可以按以下方法找到给定白昼或夜晚的长度。取适当纬度的
升起时间；对于白昼，从太阳所在的度数算起，沿着黄道宫逆向数到与之正
好相反的度数；对于夜晚，从太阳对面的度数算起到太阳所在的度数。将[相
关的 180°]的升起时间之和除以 15：这将得出与赤道小时相关的时间间隔。如
果我们取[升起时间之和]的 $\frac{1}{12}$，我们将得到该间隔的季节小时的长度，[即白
昼或夜晚]的时-度。

我们还可以更方便地找到[季节]小时的长度，方法是从之前的升起时间
表[II 8]中，在赤道正下方的纬线[即直球]和相关纬度上，取与白昼的太阳所
在度数（或相对的夜晚的太阳度数）对应的总升起时间，并计算其差值。取 【H143】
该差值的 $\frac{1}{6}$，对于[黄道]北半圆上的点，将其加到一个赤道时的 15 时-度上，
或者对于南半圆上的点，将其从 15°中减去：结果将是相关季节小时的时-度数。

接下来，我们可以将给定日期的季节小时转换为赤道小时，方法是用季
节小时乘以所述相关纬度白昼的时间度数（如果它们是白昼的时间），或乘以
所讨论的有关夜晚的时间度数（如果它们是夜晚的时间），然后用这个乘积除
以 15，就可以得出赤道小时的总数；反之亦然，我们可以通过乘以 15 并除以
相关间隔时-度数，将赤道小时转换为季节小时。

此外，给定一个日期和该日期上以季节小时表示的任何时间，我们首先
可以找到那一刻的黄道升起的度数。我们从白昼的日出或夜晚的日落时起算，
通过将小时数乘以相关的以时-度表示的[季节]时长度，并将这个乘积加到所 【H144】
讨论纬度的太阳度数在白昼的升起时间（或夜晚太阳的相对度数）上：与总
和相应的[黄道]度数将在此时刻升起。

[其次]，如果我们想到[给定时刻]的上中天点，我们会考虑在每一种
情况下[即白昼和夜晚]都取从上一个正午到给定时间的季节小时总数，乘以

相应的以时-度表示的小时长度，然后将乘积与直球下太阳度数的升起时间相加。该总和等于直球上[黄道]的升起时间，即中天时刻。

同样，我们可以从升交点得到上中天点，方法如下：从相关纬度的升起时间表中找到与升起度数相对应的累计时间值。在每种情况下，从中减去[地平圈和子午圈之间的赤道]象限的90°。与直球升起时间列中的结果相对应的度数，即为该时刻的上中天点。反之亦然，我们可以通过中天点得到升交点，

【H145】 方法是在直球升起时间列中取与上中天点相对应的度数，在每一种情况下都加上上述的90°，并在所讨论的纬度的升起时间列中找到与结果相对应的度数，此度数即为该时刻正在升起的升交点。

显然，对于生活在同一子午圈下的人来说，以赤道小时计算，太阳到正午或午夜的距离是相同的，而对于生活在不同子午圈下的人来说，太阳到正午或午夜的距离有一定的差异，这个差异以时-度计算，相差的量等于两条子午圈之间的距离度数。

十、关于黄道与子午圈之间的角

当前理论中尚未讨论的议题，是关于在黄道上形成的角。首先需要明确的是，我们对[两个]大圆之间夹角的定义如下：当以〈两个〉大圆的交点为极点，以任意距离为半径的圆在形成该夹角的〈两个〉大圆弧段之间[正好]

【H146】 截取一个象限弧时，我们说[这两个]大圆构成直角；一般来说，以上述方式截取圆弧与整个圆的比值，等于[两个大圆的]平面之间的角度与四个直角的比值。因此，由于我们将圆周设定为360°，在一个直角包含90°的系统中，截取弧所对应的角将包含与弧相同的度数。

就我们目前的研究而言，黄道上最有用的角是在以下情况下形成的。

[1]黄道与子午圈的交点；

[2]适用于黄道所有位置的，黄道与地平圈的交点；

[3]黄道与穿过地平圈两极所作大圆的交点[即等高圈]；

计算后者的过程也将产生这个[等高]圈上的弧段，该弧在黄道和地平圈的极点（即天顶）之间被截取。上述每个角的计算，除了作为理论本身最适合的主题外，也在关于月亮视差的必要知识中构成非常重要的部分：如果不

首先了解如何计算这些角，就不可能在这个问题上取得任何进展。

现在，在两个圆（我指的是黄道和与之相交的任何[上述]圆）的交点处有四个角。由于我们将[始终]只讨论其中的一个，这个角总是占据相同的相 【H147】对位置，因此我们必须做出以下初步定义。一般来说，当我们在下文中展示一个角的特征和大小时，我们指的是[四个可能的]角中位于圆交点的后面且位于黄道以北的那个角。

子午圈与黄道之间的角的计算比较简单，所以我们将从这一点开始，并首先证明黄道上与同一分点等距的各点会产生上述类型的相等的角。

设 ABG 是赤道上的弧[见图 9]，DBE 是黄道弧，Z 是赤道的极点。在分点 B 的两侧截取相等的弧 BH 和 BΘ，并通过极点 Z 和点 H、Θ 作子午圈弧 ZKH 和 ZΘL。我说

【H148】

∠KHB=∠ZΘE。[定理 10.1]

[证明：]这是显而易见的。球面三角形 BHK 的所有角都与球面三角形 BΘL 的角相等，因为每个三角形中的三条对应边都相等，即 HB=BΘ，HK=ΘL，BK=BL。所有这些在之前已经得到了证明。

因此∠KHB=∠BΘL=∠ZΘE，

证毕。

其次，我们必须证明，在黄道上与同一至点等距的各点处，黄道与子午圈之间的角度之和等于两个直角。

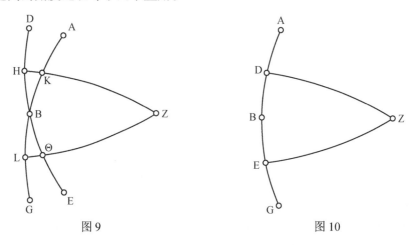

图 9   图 10

设 ABG 为黄道弧[见图 10]，以 B 为一个至点。让我们在它的两侧取相等

【H149】 的弧 BD 和 BE，并通过赤极点 Z，以及点 D、E 作子午圈弧 ZD 和 ZE。我说

∠ZDB +∠ZEG=2 个直角。［定理 10.2］

［证明：］这也是显而易见的。因为点 D 和点 E 与同一至点的距离相等，弧 DZ=弧 ZE。

所以∠ZDB=∠ZEB。

但是∠ZEB +∠ZEG=2 个直角，

所以∠ZDB +∠ZEG=2 个直角，

证毕。

在建立了这些预备定理之后，让我们作［见图 11］子午圈 ABGD 和黄道半圆 AEG（以 A 为冬至点），然后以极点 A 和［内接］正方形的边为半径作出半圆 BED。那么，由于子午圈 ABGD 穿过 AEG 的两极和 BED 的两极，弧 ED 为一个四分之一圆。

因此，∠DAE 是直角。

而从之前的定理［10.2］来看，夏至点位置的角也是直角。

证毕。

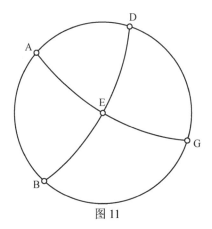

图 11

【H150】 同样，设 ABGD 为一个子午圈［见图 12］，AEG 为赤道半圆，AZG 为黄道半圆，A 为秋分点。然后以极点 A 和［内接］正方形的一边为半径作半圆 BZED。

根据同样的推理［如上］，由于 ABGD 穿过［圆］AEG 和 BED 的两极，AZ 和 ED 是四分之一圆。因此，Z 点是冬至点，并且

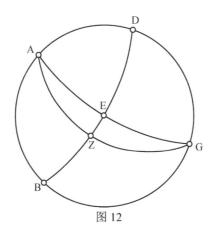

图 12

弧 ZE≈23；51°〈根据第一卷中的相关证明〉，通过加法，弧 ZED=113；51°

以及∠DAZ=113；51°，其中一个直角=90°。

再有，根据之前的定理[10.2]，在春分点处的角是其补角，即 66；9°。

再如[见图 13]，设 ABGD 为一子午圈，AEG 为赤道半圆，BZD 为黄道半圆，在这样的位置下，Z 点为秋分点，弧 BZ（首先）为一个黄道宫即处女宫的长度；因此，B 点显然是处女宫的起点。同样，以 B 为极点和[内接]正【H151】方形的一边为半径，作半圆 HΘEK。

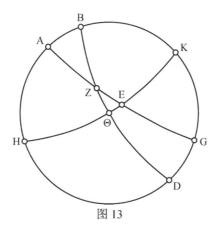

图 13

设问题为求∠KBΘ。

现在，由于子午圈 ABGD 穿过[圆]AEG 和 HEK 的两极，弧 BH、弧 BΘ和弧 EH 都是四分之一圆。

而且，从图 13 中可以看出，

弧 2BA 的弦∶弧 2AH 的弦=

（弧 2BZ 的弦∶弧 2ΘZ 的弦）×（2ΘE 弧的弦∶2EH 弧的弦）。

[梅涅劳斯定理Ⅱ]

但如前文所述弧 2BA=23；20°，所以弧 2BA 的弦=24；16^p，

弧 2AH=156；40°，所以弧 2AH 的弦=117；31^p，以及弧 2ZB=60°，所以

【H152】　弧 2ZB 的弦=60^p，

弧 2ZΘ=120°，所以弧 2ZΘ 的弦=103；55，23^p。

所以弧 2ΘE 的弦∶弧 2EH 的弦=（24；16∶117；31）/（60∶103；55，23）

≈42；58∶120。

又有，弧 2EH 的弦=120^p，弧 2ΘE 的弦≈42；58^p，

所以弧 2ΘE≈42°，弧 ΘE≈21°。

因此，通过加[四分之一圆]，弧 ΘEK=∠KBΘ=111°，天蝎宫起点的角度

也是 111°，金牛宫和双鱼宫起点的角度是其补角，各为 69°，可由已经证明的

定理[10.1 和 10.2]推论得出。

证毕。

接下来，在同一个图[13]中，让弧 ZB 代表两个黄道宫，这样 B 点就是狮

子宫的起点。然后，在[其他]量不变的情况下，

弧 2BA=[2δ（60°）]=41°，所以弧 2BA 的弦=42；2^p 。

以及弧 2AH=139°，所以弧 2AH 的弦=112；24^p；而且弧 2ZB=120°，所

【H153】　以弧 2ZB 的弦=103；55，23^p。

又弧 2ZΘ=60°，所以弧 2ZΘ 的弦=60^p。

因此，弧 2ΘE 的弦∶弧 2EH 的弦=（42；2∶112；24）/（103；55，23∶

60）=25；53∶120。

所以，弧 2ΘE 的弦=25；53^p，弧 2ΘE≈25°，弧 ΘE≈12$\frac{1}{2}$°。

因此，通过加法，弧 ΘEK=∠KBΘ=102（$\frac{1}{2}$）°。

所以，人马宫起点的角度也是 102$\frac{1}{2}$°，而双子宫和水瓶宫起点的角是其

补角，即 77$\frac{1}{2}$°。

我们已经完成了设定的计算。尽管同样的方法适用于黄道上更小的部分，但对于实际使用来说，显示每个黄道宫的[结果]就足够了。

十一、关于黄道与地平圈之间的角

接下来，我们将说明在任何给定的纬度下，如何计算黄道在地平圈上形成【H154】的角度。这些角度也可以用一种比计算[黄道和地平纬线圈之间角的]余角更简单的方法推导出来。

显然，（黄道与）子午圈之间【所形成】的角度与那些直球时与地平圈之间【形成】的角度是相同的。但是，为了计算出斜球时的这些角度，我们必须首先证明黄道上与同一分点等距的点在同一地平圈上形成的角相等。

设 ABGD 为子午圈[见图 14]，AEG 为赤道半圆，BED 为地平圈半圆。作两段黄道弧 ZHΘ 和 KLM，使点 Z 和 K 都均代表分点，且弧 ZH 等于弧 KL。

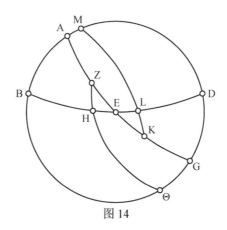

图 14

我说∠EHΘ=∠DLK。 　　　　　　　　　　　　　　　　　　　　【H155】

[证明：]这是显而易见的。球面三角形 EZH 全等于球面三角形 EKL。因此，由上面的证明可知，对应的边是相等的：

ZH=KL

HE=EL（由地平圈 [与黄道] 的交点截取的弧）

EZ=EK（升起时间弧）。

所以∠EHZ=∠ELK

所以∠EHΘ=∠DLK（补弧）。

证毕。

我还认为，如果（黄道上的）两个点完全径向相对，那么（黄道和地平圈之间的）一个升角和另一个降角之和等于两个直角。

[证明：]如果我们作地平圈 ABGD[见图 15]，黄道圈 AEGZ，它们相交于 A、G 两点，那么

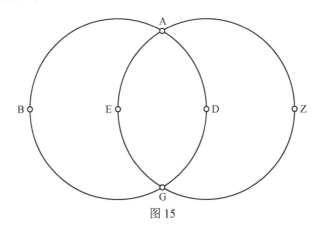

图 15

∠ZAD+∠DAE=2 个直角。

但是∠ZAD=∠ZGD，

【H156】 所以∠ZGD+∠DAE=2 个直角。

证毕。

既然我们也已经证明，在同一地平圈上，与同一分点等距的（黄道上的）点形成的角度是相等的，那么进一步推论可知，对于与同一至点等距的点，一个点的升角和另一个点的降角之和将等于两个直角。

因此，如果我们已知从白羊宫到天秤宫的升角，那么我们将同时找到另一个半圆的升角和两个半圆的降角。我们将简要地说明如何进行计算，再次以同一纬线为例，其中北极出地为 36°。

至于分点处黄道与地平圈的夹角，可以简单地计算出来。因为如果我们

【H157】 作子午圈 ABGD[见图 16]，AED 为所讨论的地平圈的东半圆，EZ 为赤道的四分之一圆，EB 和 EG 为两个四分之一黄道圆，设 E 点相对于 EB 点是秋分点，相对于 EG 点是春分点（因此 B 点是冬至点，G 点是夏至点），我们可以得出如下结论：

根据假设，弧 DZ=54°[36°的余角]，

而弧 BZ=弧 ZG≈23；51°，

所以 GD=30；9°，以及弧 BD=77；51°。

因此，由于 E 是子午圈 ABG 的极点，

白羊宫的起点角∠DEG 为 30；9°，以及天秤宫的起点角∠DEB 为 77；51°，

其中，1 个直角=90°。

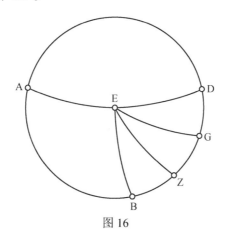

图 16

为了说明求其他点上角的方法，让我们以求金牛宫起点与地平圈形成的升角度数为例进行说明。

设 ABGD 为子午圈［见图 17］，BED 为所讨论的地平圈的东半圆。在黄道上作半圆 AEG，使点 E 代表金牛宫的起点。在这个纬度，当金牛宫开始升起 【H158】时，♋17；41°处于下中天（我们已经展示了如何通过表列的升起时间轻松解决这样的问题）。因此，弧 EG 小于一个象限弧。所以，以极点 E 和半径为［内接］正方形的边作大圆弧 ΘHZ，并作出象限弧 EGH 和弧 EDΘ。DGZ 和 ZHΘ 都是四分之一圆弧，因为地平圈 BEΘ 经过子午圈 ZGD 和大圆 ZHΘ 的极点。此外，沿赤道两极的大圆测量，赤道以北的♋17；41°位于 22；40°（我们也为此制定了一个表［I 15］）；沿同一弧线 ZGD 测量，赤道距地平圈的极点 Z 为 36°。因此弧 ZG=58；40°。已知这些量，从图中可以得出，

弧 2GD 的弦：弧 2DZ 的弦=

（弧 2GE 的弦：弧 2EH 的弦）×（弧 2HΘ 的弦：弧 2ZΘ 的弦）。

［梅涅劳斯定理 I］

【H159】

由上可知，

弧 2GD=62；40°，所以弧 2GD 的弦=62；24ᴾ，

弧 2DZ=180°，所以弧 2DZ 的弦=120ᴾ，

弧 2GE=155；22°，所以弧 2GE 的弦=117；14ᴾ，

弧 2EH=180°，所以弧 2EH 的弦=120ᴾ。

所以弧 2ΘH 的弦：弧 2ZΘ 的弦=（62；24：120）/（117；14：120）

=63；52：120。

又弧 2ΘZ 的弦=120ᴾ。

所以弧 2HΘ 的弦=63；52ᴾ

弧 2HΘ=64；20°

弧 HΘ=∠HEΘ=32；10°。

证毕。

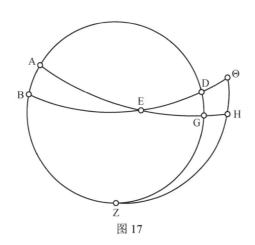

图 17

　　为了避免不断重复这一过程而延长本文的解释部分，我们将对其余的黄道宫和纬度采用相同的方法。

十二、关于黄道与通过地平圈极点绘制的圆所形成的角和弧

【H160】　　接下来[需要描述]一种方法，通过这种方法我们可以计算出任何纬度和任何位置[相对于等高圈]的黄道与通过地平圈两极的大圆[即等高圈]之间形成的角度。正如我们所说，这种方法还可以计算出穿过地平圈极点的圆在天顶

和该圆与黄道交点之间截取的弧长。我们也将再次为这一主题设定初步定理：
我们将首先证明，如果黄道上的两个点与同一至点等距，并且在子午圈的两
侧（一个在东，另一个在西）截取的时间度数相等，那么从天顶到这两个点
的大圆弧相等，根据我们[以前的]定义，所选择的这两个点上的[两个]角之
和等于两个直角。

设 ABG 为子午圈的一段[见图 18]，其中 B 点为天顶，G 点为赤道的极
点。作黄道弧 ADE 和 AZH，使点 D 和 Z 与同一至点等距，并在子午圈 ABG 【H161】
的两侧截取经过它们的纬线的等长弧。再通过 D 点和 Z 点作两个大圆弧：从
赤道极点 G 出发的弧 GD 和弧 GZ，以及从天顶 B 出发的弧 BD 和弧 BZ。

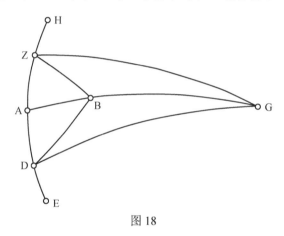

图 18

我说

弧 BD=弧 BZ，

且∠BDE +∠BZA=2 个直角。

[证明：]因为点 D 和点 Z 在子午圈 ABG 的两侧截取了经过它们的纬线的等
长弧，

∠BGD=∠BGZ，

因此，在两个球面三角形 BGD 和 BGZ 中，

GD=GZ [D，Z 到至点的距离相等]，

BG=BG（公共边），

且∠BGD=∠BGZ，

所以它们的两边和夹角相等。

所以，BD=BZ（底边），

【H162】　　　　且∠BZG=∠BDG。

但是，既然我们在上面已经证明，通过赤道两极的圆在［黄道］上与同一至点等距的点所形成的两个角的总和等于两个直角［定理 10.2］，

∠GDE +∠GZA=2 个直角，

但我们已经证明了∠BDG=∠BZG，

所以∠BDE +∠BZA=2 个直角。

证毕。

接下来我们必须证明，如果我们取黄道上同一个点在子午圈两侧与子午圈等距的两个位置（以时度测量），那么从天顶到这两个位置的大圆弧相等，［子午圈］东西两侧［等高圈与黄道之间］的两个角的总和等于［黄道上］同一个点在子午圈上所形成的角的两倍，当该点［处于子午圈东侧和西侧］的两个位置时，［彼时］过中天的［黄道］点要么全部位于天顶以北，要么全部位于天顶以南。

首先，我们假设这两个点都在天顶以南。设 ABGD 为子午圈的一段［见图 19］，其上的点 G 为天顶，D 为赤道的极点。作两条黄道弧 AEZ 和 BHΘ，

【H163】　　使点 E 和点 H 代表同一点，并在子午圈 ABGD 的两侧截取通过该点的纬线上的等长弧。

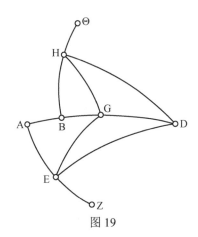

图 19

同样，通过它们［点 E 和 H］绘制过天顶 G 的大圆弧 GE 和 GH，从 D 画出大圆弧 DE 和 DH，如前所证，由于 E 点和 H 点形成同一个纬线圈，并在子

午圈两侧分别截取相等的弧，故球面三角形 GDE 与球面三角形 GDH 全等。

所以弧 GE=弧 GH。

然后我说

∠GEZ +∠GHB=2∠DEZ=2∠DHB。

[证明：]既然∠DEZ 与∠DHB 相等[E 与 H 共点]，

且∠GED=∠DHG [由全等球面三角形可得]，　　　　　　　　　　　　【H164】

∠GED +∠GHB=∠DHG +∠GHB=∠DHB=∠DEZ，

因此，通过相加，∠GEZ +∠GHB=2∠DEZ=2∠DHB。

证毕。

接下来，再次绘制上述圆的相同弧段[见图 20]，除了 A 点和 B 点应该在 G 点的北面，我认为这里同样适用，即

∠KEZ +∠LHB=2∠DEZ。

[证明：]因为∠DEZ 与∠DHB 相等，

且∠DEK=∠DHL[等角 DEG 和 DHG 的补角]，通过[∠DHB 和∠DHL 的]相加，∠LHB=∠DEZ +∠DEK，

所以∠LHB +∠KEZ=2∠DEZ。

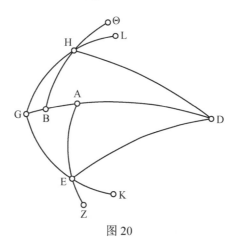

图 20

现在再次绘制一个类似的图[见图 21]，[子午圈]以东的[黄道]段上的顶点 A，应该在天顶 G 以南，且[子午圈]以西的[黄道]段上的顶点 B，应该在【H165】天顶以北。

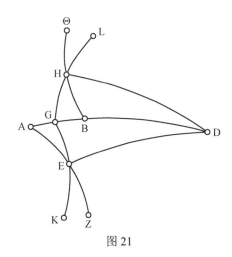

图 21

我说

∠GEZ +∠LHB=2∠DEZ 加上两个直角。

[证明：]因为

∠DHG=∠DEG，

且∠DHG +∠DHL=2 个直角，

所以∠DEG +∠DHL=2 个直角。

但∠DEZ 与∠DHB 相同。

所以∠GEZ +∠LHB =（∠DEZ +∠DEG）+（∠DHB +∠DHL）

=（∠DEZ +∠DHB）+（∠DEG +∠DHL）

=（∠DEZ +∠DHB）加两个直角=2∠DEZ 加两个直角。

证毕。

【H166】 对于其余的情况，绘制类似的图[见图 22]，其中 A 点是[子午圈]东侧的顶点，位于 G 的北面，而 B 点是[子午圈]西侧的顶点，位于[天顶]以南。

我说

∠KEZ +∠GHB=2∠DEZ 减去两个直角。

[证明：]根据同样的推理

∠KEZ +∠GHB=（∠DEZ+∠DHB）–（∠DEK+∠DHG）

=2∠DEZ–（∠DEK +∠DHG）。

但∠DEK+∠DHG=2 个直角，因此

∠DEK +∠DEG=2 个直角，且∠DEG=∠DHG。

证毕。

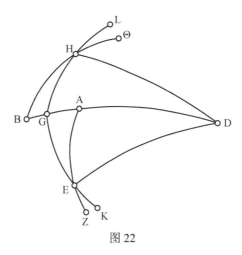

图 22

黄道和等高圈之间以既定方式形成的角与弧中，位于子午圈和地平圈上的可以很容易地计算出来，如下所示。

绘制子午圈 ABGD、地平圈半圆 BED 和任意位置的黄道半圆 ZEH。[图 23]那么，如果我们想象通过天顶 A 和黄道上中天点 Z 的等高圈，它与子 【H167】午圈 ABGD 重合，那么就会立即得到∠DZE，因为点 Z 和[黄道]与子午圈在 Z 点的夹角是已知的。弧 AZ 也将被确定，因为我们知道 Z 点与赤道的距离(沿着子午圈测量)，以及赤道与天顶 A 的距离。

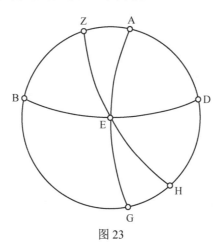

图 23

接下来，如果我们想象通过黄道的升交点 E 和[天顶]A 绘制等高圈 AEG，这里也可以立刻看出，弧 AE 始终是一个象限弧，因为点 A 是地平圈 BED 的极点。出于同样的原因，∠AED 始终是直角；既然已知黄道与地平圈形成的∠DEH，也就可以求出其和，即∠AEH。

证毕。

【H168】因此，很明显，因为上述关系成立，如果我们为每个纬度仅计算在子午圈前（即子午圈以东）的角和弧，并且只计算从巨蟹宫的起点到摩羯宫的起点〈这个范围〉，我们将同时得到子午圈之后同样的宫（巨蟹宫到摩羯宫）的角和弧，以及其余宫在子午圈前、后的角和弧。但为了明确在这种情况下对于任何（黄道的）位置的计算过程，我们将通过举例来说明解决这个问题的一般方法。

在同一纬度，即北极出地 36°的地方，我们假定巨蟹宫的起点位于子午圈以东一个赤道小时。在这种情况下，在上述纬度，Ⅱ16；12°到达中天，♏17；37°正在升起。

【H169】那么，设 ABGD 为子午圈[图 24]，BED 为地平圈半圆，ZHΘ 为黄道半圆，取点 H 为巨蟹宫起点，Z 为Ⅱ16；12°，Θ 为♏17；37°。通过天顶 A 和巨蟹宫起点 H，绘制[等高]大圆的弧 AHEG。第一个问题是求弧 AH。

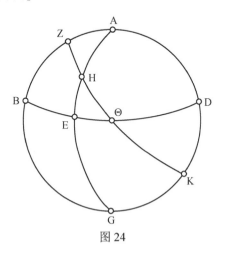

图 24

很明显，弧 ZΘ=91；25°[♏17；37°-Ⅱ16；12°]，

且弧 HΘ=77；37°[♏17；37°-♋0°]。

同样，由于Ⅱ16；12°在赤道以北的子午圈截取了23；7°的弧，而赤道又从天顶A以南的子午圈截取了36°的弧，

弧 AZ=12；53°，

且弧 ZB=77；7°（余弧）。

当这些量已知时，从图中可以得出：

弧 2ZB 的弦：弧 2BA 的弦=

（弧 2ZΘ 的弦：弧 2ΘH 的弦）×（弧 2HE 的弦：弧 2EA 的弦）。

［梅涅劳斯定理Ⅰ］

由于弧 2ZB=154；14°，所以弧 2ZB 的弦=116；59^p。　　　　　　　　【H170】

而弧 2BA=180°，所以弧 2BA 的弦=120^p。

且弧 2ZΘ=182；50°，故弧 2ZΘ 的弦=119；58^p。

又有弧 2ΘH=155；14°，所以弧 2ΘH 的弦=117；12^p。

所以弧 2EH 的弦：弧 2EA 的弦=（116；59：120）/（119；58：117；12）

≈114；16：120。

且弧 2EA 的弦=120^p，

所以弧 2EH 的弦=114；16^p，弧 2EH≈144；26°。

且弧 EH=72；13°，所以弧 AH=17；47°（余弧）。

证毕。

接下来我们将按如下步骤求出∠AHΘ。

绘制同样的图［图25］，以极点 H 为圆心，以（内接）正方形的边为半径，作大圆弧段 KLM。

那么，由于圆 AHE 是通过 EΘM 和 KLM 极点绘制的，因此 EM 和 KM 都是一个象限弧。同样，从图中　　　　　　　　　　　　　　　　　　　　　　　　　　　【H171】

弧 2HE 的弦：弧 2EK 的弦 =

（弧 2HΘ 的弦：弧 2ΘL 的弦）×（弧 2LM 的弦：弧 2KM 的弦）。

［梅涅劳斯定理Ⅱ］

因为弧 2HE=144；26°，所以弧 2HE 的弦=114；16^p，

且弧 2EK=35；34°，所以弧 2EK 的弦=36；38^p，

此外弧 2ΘH=155；14°，所以弧 2ΘH 的弦=117；12^p，

而弧 2ΘL=24；46°，所以弧 2ΘL 的弦=25；44ᵖ，

所以弧 2LM 的弦：弧 2MK 的弦 =（114；16：36；38）/（117；12：25；44）

≈ 82；11：120。

又弧 2MK 的弦=120ᵖ

故弧 2LM 的弦=82；11ᵖ

所以弧 2LM=86；28°

弧 LM=43；14°。

所以弧 LK=∠LHK=46；46°（余弧）。

所以∠AHΘ=133；14°（补弧）。

证毕。

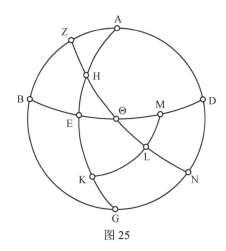

图 25

【H172】　　　计算上述[弧和角]的方法同样适用于其余的[弧和角]。但是，为了方便展示我们在具体研究中可能需要的所有其他弧和角，我们也通过几何方法计算了这些数值。计算从通过麦罗埃的纬线开始，该地最长白昼是 13 个赤道小时，一直到通过博里斯忒尼[黑海]上方的纬线结束，该地最长白昼是 16 个赤道小时。

　　　我们使用的间隔是纬线间（最长白昼时长）的半小时（与升起时间相同），每个黄道宫表示黄道的一段，1 个赤道小时表示子午圈以东和以西的（等高圈）位置。我们将以表格的形式显示结果，每条纬线一组表格，每个黄道宫一组

表格。在第一列中，首先列出子午圈的情况，然后是子午圈前、后的距离，以赤道小时为单位。在第二列中，我们列出从天顶到所讨论的黄道宫起点的相应弧度（如上所述）。在第三列和第四列中，我们列出上述（黄道和等高圈 【H173】之间的）交点形成的角度的量，其定义方式如上文所述。第三列列出子午圈以东位置的角度，第四列列出在子午圈以西位置的角度。我们必须记住，根据最初的定义，我们始终取位于两圆交点后方且黄道以北的角，并在一个直角等于90°的系统中表示其大小。

表格的布局如下。

十三、按各纬线依次排列的弧与角的表格

【H174-187】

既然已经系统地讨论了[黄道圈和基本圈之间的]角度问题，那么[本书其 【H188】余部分的]基础理论中仅剩的议题，就是确定每个省份中重要城市的经纬度坐标，以便计算这些城市的[天文]现象。然而，关于这个主题的讨论属于一部单独的地理著作，所以我们将[在这样的作品中]单独讨论这一主题，并在其中尽可能使用那些在这一领域有详细阐述的人的记述。我们将（在那里）列出每个城市沿着它的子午线测量与赤道的距离，以及沿着赤道测量时该子午线与经过亚历山大港的子午线之间向东或向西的距离（因为[亚历山大港]是我们确定[天体位置]时间的子午线）。

目前，我们假设[城市的]位置是已知的，[因此]我们认为只需要适当补充以下几点即可。每当我们给定某个标准地点的时间，并且要确定另一个地点的相应的时间时，然后如果这两个地点位于不同的子午线上，我们就必须用沿赤道测量的两地之间的距离来表示度数，并确定这两个地点中哪一个位 【H189】于东侧，哪一个位于西侧，然后根据标准地点的时间增加或减少相应的时-度，以得到所需地点的相应时间。如果所需地点位于更东侧，则增加时间；如果标准地点位于更东侧，则减少时间。

II 13. Table of zenith distances and ecliptic angles

PARALLEL THROUGH MEROE   13ʰ   16;27°

CANCER / CAPRICORNUS

Hour	Arc	East Angle	West Angle	Hour	Arc	East Angle	West Angle
noon	7 24	90 0 N		noon	40 18	90 0	
1	l5 55	25 16 N	154 44 N	1	42 54	111 24	68 36
2	29 3	9 15 N	170 45 N	2	49 48	128 51	51 9
3	42 42	1 38 N	178 22 N.	3	59 35	141 49	38 11
4	56 25	175 7	4 53	4	71 4	151 25	28 35
5	70 2	170 18	9 42	5	83 31	158 48	21 12
6	83 27	164 41	15 19	5 30	90 0	161 57	18 3
6 30	90 0	161 57	18 3				

LEO / AQUARIUS

Hour	Arc	East Angle	West Angle	Hour	Arc	East Angle	West Angle
noon	4 3	102 30 N		noon	36 57	77 30	
1	14 20	26 3 N	178 57 N	1	39 46	100 12	54 48
2	28 42	15 28 N	9 32	2	47 15	118 5	36 55
3	42 43	10 5 N	14 55	3	57 33	131 3	23 57
4	56 49	6 19 N	18 41	4	69 30	139 48	15 12
5	70 38	2 33 N	22 27	5	82 18	146 43	8 17
6	84 17	177 0	28 0	5 35	90 0	149 51	5 9
6 25	90 0	174 51	30 9				

VIRGO / PISCES

Hour	Arc	East Angle	West Angle	Hour	Arc	East Angle	West Angle
noon	4 47	111 0		noon	28 7	69 0	
1	15 20	0 0 N	42 0	1	31 46	97 0	41 0
2	29 28	8 0 N	34 0	2	40 52	115 59	22 1
3	43 40	9 15 N	32 45	3	52 30	127 23	10 37
4	58 13	8 39 N	33 21	4	65 40	134 41	3 19
5	72 36	6 53 N	35 7	5	79 18	139 41	178 19 N
6	86 41	5 37 N	36 23	5 46	90 0	142 9	175 51 N
6 14	90 0	4 9 N	37 51				

LIBRA / ARIES

Hour	Arc	East Angle	West Angle	Hour	Arc	East Angle	West Angle
noon	16 27	113 51		noon	16 27	66 9	
1	22 8	154 53	72 49	1	22 8	107 11	25 7
2	33 50	173 17	54 25	2	33 50	125 35	6 43
3	47 20	1 23 N	46 19	3	47 20	133 41	178 37 N
4	61 22	5 8 N	42 34	4	61 22	137 26	174 52 N
5	75 39	7 9 N	40 33	5	75 39	139 27	172 51 N
6	90 0	7 24 N	40 18	6	90 0	139 42	172 36 N

SCORPIUS / TAURUS

Hour	Arc	East Angle	West Angle	Hour	Arc	East Angle	West Angle
noon	28 7	111 0		noon	4 47	69 0	
1	31 46	139 0	83 0	1	15 20	138 0	180 0 N
2	40 52	157 59	64 1	2	29 28	146 0	172 0 N
3	52 30	169 23	52 37	3	43 40	147 15	170 45 N
4	65 40	176 41	45 19	4	58 13	146 39	171 21 N
5	79 18	1 41 N	40 19	5	72 36	144 53	173 7 N
5 46	90 0	4 9 N	37 51	6	86 41	143 37	174 23 N
				6 14	90 0	142 9	175 51 N

SAGITTARIUS / GEMINI

Hour	Arc	East Angle	West Angle	Hour	Arc	East Angle	West Angle
noon	36 57	102 30		noon	4 3	77 30 N	
1	39 46	125 12	79 48	1	14 20	1 3 N	153 57 N
2	47 15	143 5	61 55	2	28 42	170 28	164 32 N
3	57 33	156 3	48 57	3	42 43	165 5	169 55 N
4	69 30	164 48	40 12	4	56 49	161 19	173 41 N
5	82 18	171 43	33 17	5	70 38	157 33	177 27 N
5 35	90 0	174 51	30 9	6	84 17	152 0	3 0
				6 25	90 0	149 51	5 9

II 13. Table of zenith distances and ecliptic angles

PARALLEL THROUGH SOENE　　13½h　　23;51°

CANCER				CAPRICORNUS			
Hour	Arc	East Angle	West Angle	Hour	Arc	East Angle	West Angle
noon	0 0	90 0		noon	47 42	90 0	
1	13 43	176 15	3 45	1	49 52	108 3	71 57
2	27 23	173 51	6 9	2	55 52	123 31	56 29
3	41 20	168 15	11 45	3	64 37	135 37	44 23
4	54 27	166 51	13 9	4	75 12	144 57	35 3
5	67 42	162 42	17 18	5	86 54	152 0	28 0
6	80 36	157 59	22 1	5 15	90 0	153 46	26 14
6 45	90 0	153 46	26 14				

LEO				AQUARIUS			
Hour	Arc	East Angle	West Angle	Hour	Arc	East Angle	West Angle
noon	3 21	102 30		noon	44 21	77 30	
1	14 18	176 4	28 56	1	46 40	96 30	58 30
2	27 56	180 0	25 0	2	53 4	112 16	42 44
3	41 44	179 3	25 57	3	62 18	124 25	30 35
4	55 14	177 18	27 42	4	73 20	132 58	22 2
5	68 43	173 40	31 20	5	85 23	139 46	15 14
6	81 52	168 56	36 4	5 22	90 0	141 53	13 7
6 38	90 0	166 53	38 7				

VIRGO				PISCES			
Hour	Arc	East Angle	West Angle	Hour	Arc	East Angle	West Angle
noon	12 11	111 0		noon	35 31	69 0	
1	18 42	158 40	63 20	1	38 25	91 15	46 45
2	30 57	173 44	48 16	2	46 2	108 18	29 42
3	44 22	178 3	43 57	3	56 30	119 41	18 19
4	58 1	180 0	42 0	4	68 31	127 5	10 55
5	71 43	179 15	42 45	5	81 22	132 30	5 30
6	85 20	177 39	44 21	5 39	90 0	134 41	3 19
6 21	90 0	176 41	45 19				

LIBRA				ARIES			
Hour	Arc	East Angle	West Angle	Hour	Arc	East Angle	West Angle
noon	23 51	113 51		noon	23 51	66 9	
1	27 56	144 10	83 32	1	27 56	96 28	35 50
2	37 36	162 13	65 29	2	37 36	114 31	17 47
3	49 42	171 45	55 57	3	49 42	124 3	8 15
4	62 47	176 59	50 43	4	62 47	129 17	3 1
5	76 20	179 3	48 39	5	76 20	131 21	0 57
6	90 0	180 0	47 42	6	90 0	132 18	0 0

SCORPIUS				TAURUS			
Hour	Arc	East Angle	West Angle	Hour	Arc	East Angle	West Angle
noon	35 31	111 0		noon	12 11	69 0	
1	38 25	133 15	88 45	1	18 42	116 40	21 20
2	46 2	150 18	71 42	2	30 57	131 44	6 16
3	56 30	161 41	60 19	3	44 22	136 3	1 57
4	68 31	169 5	52 55	4	58 1	138 0	0 0
5	81 22	174 30	47 30	5	71 43	137 15	0 45
5 39	90 0	176 41	45 19	6	85 20	135 39	2 21
				6 21	90 0	134 41	3 19

SAGITTARIUS				GEMINI			
Hour	Arc	East Angle	West Angle	Hour	Arc	East Angle	West Angle
noon	44 21	102 30		noon	3 21	77 30	
1	46 40	121 30	83 30	1	14 18	151 4	3 56
2	53 4	137 16	67 44	2	27 56	155 0	
3	62 18	149 25	55 35	3	41 44	154 3	0 57
4	73 20	157 58	47 2	4	55 14	152 18	2 42
5	85 23	164 46	40 14	5	68 43	148 40	6 20
5 22	90 0	166 53	38 7	6	81 52	143 56	11 4
				6 38	90 0	141 53	13 7

II 13. Table of zenith distances and ecliptic angles

PARALLEL THROUGH LOWER EGYPT　　　14ʰ　　30;22°

Hour	Arc	East Angle	West Angle	Hour	Arc	East Angle	West Angle
	CANCER				CAPRICORNUS		
noon	6 31	90 0		noon	54 13	90 0	
1	14 56	150 0	30 0	1	56 6	105 34	74 26
2	27 23	159 38	20 22	2	61 22	119 23	60 37
3	40 19	160 30	19 30	3	69 17	130 46	49 14
4	53 14	158 51	21 9	4	78 59	139 30	40 30
5	65 55	156 0	24 0	5	90 0	146 28	33 32
6	78 15	151 49	28 11				
7	90 0	146 28	33 32				
	LEO				AQUARIUS		
noon	9 52	102 30		noon	50 52	77 30	
1	16 45	153 13	51 47	1	52 53	93 39	61 21
2	28 44	166 22	38 38	2	58 27	107 51	47 9
3	41 31	169 26	35 34	3	66 44	119 1	35 59
4	54 27	169 8	35 52	4	76 51	127 37	27 23
5	67 17	167 1	37 59	5	88 9	133 43	21 17
6	79 48	163 46	41 14	5 9	90 0	134 49	20 11
6 51	90 0	159 49	45 11				
	VIRGO				PISCES		
noon	18 42	111 0		noon	42 2	69 0	
1	23 18	145 18	76 42	1	44 26	87 32	50 28
2	33 30	162 25	59 35	2	50 58	102 38	35 22
3	45 36	169 34	52 26	3	60 19	113 33	24 27
4	58 21	172 10	49 50	4	71 20	120 56	17 4
5	71 15	172 28	49 32	5	83 19	125 54	12 6
6	84 7	171 5	50 55	5 32	90 0	127 55	10 5
6 28	90 0	169 55	52 5				
	LIBRA				ARIES		
noon	30 22	113 51		noon	30 22	66 9	
1	33 35	137 52	90 10	1	33 35	89 50	42 28
2	41 39	154 19	73 23	2	41 39·	106 37	25 41
3	52 25	164 10	63 32	3	52 25	116 28	15 50
4	64 28	169 47	57 55	4	64 28	122 5	10 13
5	77 6	172 21	55 21	5	77 6	124 39	7 39
6	90 0	173 29	54 13	6	90 0	125 47	6 31
	SCORPIUS				TAURUS		
noon	42 2	111 0		noon	18 42	69 0	
1	44 26	129 32	92 28	1	23 18	103 18	34 42
2	50 58	144 38	77 22	2	33 30	120 25	17 35
3	60 19	155 33	66 27	3	45 36	127 34	10 26
4	71 20	162 56	59 4	4	58 21	130 10	7 50
5	83 19	167 54	54 6	5	71 15	130 28	7 32
5 32	90 0	169 55	52 5	6	84 7	129 5	8 55
				6 28	90 0	127 55	10 5
	SAGITTARIUS				GEMINI		
noon	50 52	102 30		noon	9 52	77 30	
1	52 53	118 39	86 21	1	16 45	128 13	26 47
2	58 27	132 51	72 9	2	28 44	141 22	13 38
3	66 44	144 1	60 59	3	41 31	144 26	10 34
4	76 51	152 37	52 23	4	54 27	144 8	10 52
5	88 9	158 43	46 17	5	67 17	142 1	12 59
5 9	90 0	159 49	45 11	6	79 48	138 46	16 14
				6 51	90 0	134 49	20 11

II 13. Table of zenith distances and ecliptic angles

PARALLEL THROUGH RHODES $14\frac{1}{2}^h$ 36°

CANCER				CAPRICORNUS			
Hour	Arc	East Angle	West Angle	Hour	Arc	East Angle	West Angle
noon	12 9	90 0		noon	59 51	90 0	
1	17 47	133 14	46 46	1	61 30	103 45	76 15
2	28 22	147 45	32 15	2	66 12	116 10	63 50
3	40 27	151 46	28 14	3	73 22	126 36	53 24
4	52 36	151 52	28 8	4	82 24	134 56	45 4
5	64 36	149 54	30 6	4 45	90 0	140 1	39 59
6	76 16	146 25	33 35				
7	87 23	141 30	38 30				
7 15	90 0	140 1	39 59				

LEO				AQUARIUS			
Hour	Arc	East Angle	West Angle	Hour	Arc	East Angle	West Angle
noon	15 30	102 30		noon	56 30	77 30	
1	20 20	139 32	65 28	1	58 14	91 39	63 21
2	30 28	155 19	49 41	2	63 13	104 23	50 37
3	42 6	160 37	44 23	3	70 41	114 47	40 13
4	54 12	162 11	42 49	4	80 2	122 47	32 13
5	66 17	161 5	43 55	4 56	90 0	128 36	26 24
6	78 7	158 10	46 50				
7	89 27	153 39	51 21				
7 4	90 0	153 36	51 24				

VIRGO				PISCES			
Hour	Arc	East Angle	West Angle	Hour	Arc	East Angle	West Angle
noon	24 20	111 0		noon	47 40	69 0	
1	27 51	137 38	84 22	1	49 42	84 50	53 10
2	36 24	153 59	68 1	2	55 26	98 20	39 40
3	47 14	162 10	59 50	3	63 48	108 34	29 26
4	59 0	165 40	56 20	4	73 55	115 51	22 9
5	71 5	166 34	55 26	5	85 5	120 28	17 32
6	83 9	165 30	56 30	5 25	90 0	122 7	15 53
6 35	90 0	164 7	57 53				

LIBRA				ARIES			
Hour	Arc	East Angle	West Angle	Hour	Arc	East Angle	West Angle
noon	36 0	113 51		noon	36 0	66 9	
1	38 37	133 23	94 19	1	38 37	85 41	46 37
2	45 31	148 23	79 19	2	45 31	100 41	31 37
3	55 6	158 9	69 33	3	55 6	110 27	21 51
4	66 9	163 58	63 44	4	66 9	116 16	16 2
5	77 56	116 36	61 6	5	77 56	118 54	13 24
6	90 0	167 51	59 51	6	90 0	120 9	12 9

SCORPIUS				TAURUS			
Hour	Arc	East Angle	West Angle	Hour	Arc	East Angle	West Angle
noon	47 40	111 0		noon	24 20	69 0	
1	49 42	126 50	95 10	1	27 51	95 38	42 22
2	55 26	140 20	81 40	2	36 24	111 59	26 1
3	63 48	150 34	71 26	3	47 14	120 10	17 50
4	73 55	157 51	64 9	4	59 0	123 40	14 20
5	85 5	162 28	59 32	5	71 5	124 34	13 26
5 25	90 0	164 7	57 53	6	83 9	123 30	14 30
				6 35	90 0	122 7	15 53

SAGITTARIUS				GEMINI			
Hour	Arc	East Angle	West Angle	Hour	Arc	East Angle	West Angle
noon	56 30	102 30		noon	15 30	77 30	
1	58 14	116 39	88 21	1	20 20	114 32	40 28
2	63 13	129 23	75 37	2	30 28	130 19	24 41
3	70 41	139 47	65 13	3	42 6	135 37	19 23
4	80 2	147 47	57 13	4	54 12	137 11	17 49
4 56	90 0	153 36	51 24	5	66 17	136 5	18 55
				6	78 7	133 10	21 50
				7	89 27	128 39	26 21
				7 4	90 0	128 36	26 24

II 13. Table of zenith distances and ecliptic angles
PARALLEL THROUGH THE HELLESPONT　　15ʰ　　40;56°

CANCER				CAPRICORNUS			
Hour	Arc	East Angle	West Angle	Hour	Arc	East Angle	West Angle
noon	17 5	90 0		noon	64 47	90 0	
1	21 18	122 32	57 28	1	66 15	102 27	77 33
2	30 17	138 29	41 31	2	70 30	113 35	66 25
3	41 37	144 18	35 42	3	77 4	122 55	57 5
4	52 25	145 38	34 22	4	85 18	130 58	49 2
5	63 47	144 28	35 32	4 30	90 0	134 16	45 44
6	74 48	141 30	38 30				
7	85 9	137 5	42 55				
7 30	90 0	134 16	45 44				

LEO				AQUARIUS			
Hour	Arc	East Angle	West Angle	Hour	Arc	East Angle	West Angle
noon	20 26	102 30		noon	61 26	77 30	
1	24 5	131 6	73 54	1	63 0	90 5	64 55
2	32 37	147 0	58 0	2	67 24	101 29	53 31
3	43 8	153 50	51 10	3	74 13	111 10	43 50
4	54 19	156 5	48 55	4	82 48	118 45	36 15
5	65 36	155 8	49 52	4 44	90 0	123 6	31 54
6	76 46	153 24	51 36				
7	87 24	149 6	55 54				
7 16	90 0	148 6	56 54				

VIRGO				PISCES			
Hour	Arc	East Angle	West Angle	Hour	Arc	East Angle	West Angle
noon	29 16	111 0		noon	52 36	69 0	
1	32 5	132 30	89 30	1	54 23	82 46	55 14
2	39 22	147 30	74 30	2	59 25	94 55	43 5
3	49 3	156 0	66 0	3	66 58	104 24	33 36
4	59 50	160 7	61 53	4	76 15	111 10	26 50
5	71 5	161 24	60 36	5	86 38	115 45	22 15
6	82 22	160 40	61 20	5 18	90 0	116 59	21 1
6 42	90 0	158 59	63 1				

LIBRA				ARIES			
Hour	Arc	East Angle	West Angle	Hour	Arc	East Angle	West Angle
noon	40 56	113 51		noon	40 56	66 9	
1	43 8	129 57	97 45	1	43 8	82 15	50 3
2	49 7	143 38	84 4	2	49 7	95 56	36 22
3	57 42	153 8	74 34	3	57 42	105 26	26 52
4	67 50	158 47	68 55	4	67 50	111 5	21 13
5	78 45	161 59	65 43	5	78 45	114 17	18 1
6	90 0	162 55	64 47	6	90 0	115 13	17 5

SCORPIUS				TAURUS			
Hour	Arc	East Angle	West Angle	Hour	Arc	East Angle	West Angle
noon	52 36	111 0		noon	29 16	69 0	
1	54 23	124 46	97 14	1	32 5	90 30	47 30
2	59 25	136 55	85 5	2	39 22	105 30	32 30
3	66 58	146 24	75 36	3	49 3	114 0	24 0
4	76 15	153 10	68 50	4	59 50	118 7	19 53
5	86 38	157 45	64 15	5	71 5	119 24	18 36
5 18	90 0	158 59	63 1	6	82 22	118 40	19 20
				6 42	90 0	116 59	21 1

SAGITTARIUS				GEMINI			
Hour	Arc	East Angle	West Angle	Hour	Arc	East Angle	West Angle
noon	61 26	102 30		noon	20 26	77 30	
1	63 0	115 5	89 55	1	24 5	106 6	48 54
2	67 24	126 29	78 31	2	32 37	122 0	33 0
3	74 13	136 10	68 50	3	43 8	128 50	26 10
4	82 48	143 45	61 15	4	54 19	131 5	23 55
4 44	90 0	148 6	56 54	5	65 36	130 8	24 52
				6	76 46	128 24	26 36
				7	87 24	124 6	30 54
				7 16	90 0	123 6	31 54

II 13. *Table of zenith distances and ecliptic angles*

PARALLEL THROUGH THE MIDDLE OF PONTUS 15¾ʰ 45;1°

CANCER / CAPRICORNUS

Hour	Arc	East Angle	West Angle	Hour	Arc	East Angle	West Angle
noon	21 10	90 0		noon	68 52	90 0	
1	24 32	116 5	63 55	1	70 14	101 11	78 49
2	32 12	131 30	48 30	2	74 5	111 30	68 30
3	42 1	138 17	41 43	3	80 6	120 29	59 31
4	52 29	140 31	39 29	4	87 42	128 13	51 47
5	63 4	140 2	39 58	4 15	90 0	129 21	50 39
6	73 24	137 32	42 28				
7	83 17	133 26	46 34				
7 45	90 0	129 21	50 39				

LEO / AQUARIUS

Hour	Arc	East Angle	West Angle	Hour	Arc	East Angle	West Angle
noon	24 31	102 30		noon	65 31	77 30	
1	27 29	124 49	80 11	1	66 55	88 50	66 10
2	34 48	140 47	64 13	2	70 58	99 21	55 39
3	44 20	148 5	56 55	3	77 14	108 19	46 41
4	54 37	151 5	53 55	4	85 10	115 20	39 40
5	65 15	151 7	53 53	4 32	90 0	118 25	36 35
6	75 39	149 20	55 40				
7	85 39	145 39	59 21				
7 28	90 0	143 25	61 35				

VIRGO / PISCES

Hour	Arc	East Angle	West Angle	Hour	Arc	East Angle	West Angle
noon	33 21	111 0		noon	56 41	69 0	
1	35 43	129 15	92 45	1	58 19	81 31	56 29
2	42 4	142 50	79 10	2	62 49	92 16	45 44
3	50 46	151 9	70 51	3	69 42	101 12	36 48
4	60 44	155 31	66 29	4	78 16	107 31	30 29
5	71 12	157 3	64 57	5	87 56	112 6	25 54
6	81 46	156 31	65 29	5 12	90 0	112 43	25 17
6 48	90 0	154 43	67 17				

LIBRA / ARIES

Hour	Arc	East Angle	West Angle	Hour	Arc	East Angle	West Angle
noon	45 1	113 51		noon	45 1	66 9	
1	46 55	128 19	99 23	1	46 55	80 37	51 41
2	52 17	140 26	87 16	2	52 17	92 44	39 34
3	60 1	149 4	78 38	3	60 1	101 22	30 56
4	69 19	154 48	72 54	4	69 19	107 6	25 12
5	79 28	157 55	69 47	5	79 28	110 13	22 5
6	90 0	158 50	68 52	6	90 0	111 8	21 10

SCORPIUS / TAURUS

Hour	Arc	East Angle	West Angle	Hour	Arc	East Angle	West Angle
noon	56 41	111 0		noon	33 21	69 0	
1	58 19	123 31	98 29	1	35 43	87 15	50 45
2	62 49	134 16	87 44	2	42 4	100 50	37 10
3	69 42	143 12	78 48	3	50 46	109 9	28 51
4	78 16	149 31	72 29	4	60 44	113 31	24 29
5	87 56	154 6	67 54	5	71 12	115 3	22 57
5 12	90 0	154 43	67 17	6	81 46	114 31	23 29
				6 48	90 0	112 43	25 17

SAGITTARIUS / GEMINI

Hour	Arc	East Angle	West Angle	Hour	Arc	East Angle	West Angle
noon	65 31	102 30		noon	24 31	77 30	
1	66 55	113 50	91 10	1	27 29	99 49	55 11
2	70 58	124 21	80 39	2	34 48	115 47	39 13
3	77 14	133 19	71 41	3	44 20	123 5	31 55
4	85 10	140 20	64 40	4	54 37	126 5	28 55
4 32	90 0	143 25	61 35	5	65 15	126 7	28 53
				6	75 39	124 20	30 40
				7	85 39	120 39	34 21
				7 28	90 0	118 25	36 35

II 13. Table of zenith distances and ecliptic angles

PARALLEL THROUGH BORYSTHENES   16ʰ   48;32°

CANCER				CAPRICORNUS			
Hour	Arc	East Angle	West Angle	Hour	Arc	East Angle	West Angle
noon	24 41	90 0		noon	72 23	90 0	
1	27 30	111 44	68 16	1	73 38	100 15	79 45
2	34 9	126 7	53 53	2	77 10	109 47	70 13
3	43 2	133 18	46 42	3	82 44	118 3	61 57
4	52 44	136 6	43 54	4	90 0	124 58	55 2
5	62 40	136 4	43 56				
6	72 24	134 0	46 0				
7	81 38	130 16	49 44				
8	90 0	124 58	55 2				

LEO				AQUARIUS			
Hour	Arc	East Angle	West Angle	Hour	Arc	East Angle	West Angle
noon	28 2	102 30		noon	69 2	77 30	
1	30 32	122 9	82 51	1	70 20	87 49	67 11
2	36 55	135 54	69 6	2	74 2	97 31	57 29
3	45 30	143 28	61 32	3	79 48	105 49	49 11
4	55 3	146 50	58 10	4	87 14	112 25	42 35
5	64 59	147 19	57 41	4 20	90 0	114 20	40 40
6	74 47	145 46	59 14				
7	84 10	142 27	62 33				
7 40	90 0	139 20	65 40				

VIRGO				PISCES			
Hour	Arc	East Angle	West Angle	Hour	Arc	East Angle	West Angle
noon	36 52	111 0		noon	60 12	69 0	
1	38 56	126 45	95 15	1	61 38	80 5	57 55
2	44 31	139 7	82 53	2	65 36	90 16	47 44
3	52 25	147 9	74 51	3	72 5	98 26	39 34
4	61 35	151 36	70 24	4	80 3	104 28	33 32
5	71 22	153 23	68 37	5	89 3	109 2	28 58
6	81 17	152 58	69 2	5 6	90 0	109 22	28 38
6 54	90 0	151 22	70 38				

LIBRA				ARIES			
Hour	Arc	East Angle	West Angle	Hour	Arc	East Angle	West Angle
noon	48 32	113 51		noon	48 32	66 9	
1	50 21	126 30	101 12	1	50 21	78 48	53 30
2	54 59	137 40	90 2	2	54 59	89 58	42 20
3	62 5	145 46	81 56	3	62 5	98 4	34 14
4	70 41	151 18	76 24	4	70 41	103 36	28 42
5	80 8	154 23	73 19	5	80 8	106 41	25 37
6	90 0	155 19	72 23	6	90 0	107 37	24 41

SCORPIUS				TAURUS			
Hour	Arc	East Angle	West Angle	Hour	Arc	East Angle	West Angle
noon	60 12	111 0		noon	36 52	69 0	
1	61 38	122 5	99 55	1	38 56	84 45	53 15
2	65 36	132 16	89 44	2	44 31	97 7	40 53
3	72 5	140 26	81 34	3	52 25	105 9	32 51
4	80 3	146 28	75 32	4	61 35	109 36	28 24
5	89 3	151 2	70 58	5	71 22	111 23	26 37
5 6	90 0	151 22	70 38	6	81 17	110 58	27 2
				6 54	90 0	109 22	28 38

SAGITTARIUS				GEMINI			
Hour	Arc	East Angle	West Angle	Hour	Arc	East Angle	West Angle
noon	69 2	102 30		noon	28 2	77 30	
1	70 20	112 49	92 11	1	30 32	97 9	57 51
2	74 2	122 31	82 29	2	36 55	110 54	44 6
3	79 48	130 49	74 11	3	45 30	118 28	36 32
4	87 14	137 25	67 35	4	55 3	121 50	33 10
4 20	90 0	139 20	65 40	5	64 59	122 19	32 41
				6	74 47	120 46	34 14
				7	84 10	117 27	37 33
				7 40	90 0	114 20	40 40

托勒密《地理学》第一卷[1]

/

克劳狄乌斯·托勒密　著

鲁博林　译[2]

一、地理学与地志学的区别

1. 地理学（geōgraphia）是一种模仿，是对整个世界的已知部分和与之关联的事物的绘制。它与地志学（chōrographia）不同。后者作为独立的门类，着手描绘彼此分立的地区，并切实记录下尽可能多的事物，如港口、城镇、大区、主要河流的分支等。

2. 地理学的本质是把已知世界作为一个单一、连续的实体，来展示其性质和排布方式，它只关注与边界、轮廓相关的要素，如海湾、大城市、知名的民族和河流以及各种重要元素。

3. 地志学的目标是呈现关于某部分的印象，就像画一幅只有耳朵或眼睛的图像；但是地理学的目标是呈现更具概括性的图像，类似画一幅完整的头部肖像。

4. 一幅画中最重要的部分必须合于给定图像的整体框架，而无论画的是

1　本译文基于诺布（C.F.A. Nobbe）的古希腊语校勘本《托勒密的〈地理学〉》（*Claudi Ptolemaei Geographia*, 1843 年）译出，同时参考了迄今较为通行的伯格伦（J. L. Berggren）与琼斯（A. Jones）的英译本《托勒密〈地理学〉：理论章节译注》（*Ptolemy's Geography: An Annotated Translation of the Theoretical Chapters*, 2000 年）与施图克尔贝格（A. Stückelberger）与格拉斯霍夫（G. Graßhof）的德译本《托勒密〈地理学指南〉希德对照译本》（*Klaudios Ptolemaios: Handbuch der Geographie, Griechisch-Deutsch*, 2006 年）。为方便阅读，译文对原文中的几何图形进行了重新绘制，并以拉丁字母转写代替了原文中的希腊文字母。文中重要术语以及地名等特殊名词也以圆括号（）的形式注出转写后的原文拼写。而方括号［］中的内容为译者所加，本为原文所无，旨在疏通句读、补充文意，帮助读者更好地理解原文。

2　鲁博林，清华大学科学史系助理教授，美国纽约大学古代世界研究所访问研究学者，主要研究方向为托勒密研究、古代科学史与地理学思想史研究，著有《托勒密〈地理学〉研究》。本文系国家社科基金一般项目"托勒密地学文献译注及其普世地理观念研究"（24BSS052）的阶段性成果。

整体还是部分，为了让特定距离的视线间距适于观看，绘制区域也应当尺寸适当，以使人一目了然[3]。同样，理性和便利性似乎都表明，地志学的任务应该是集中呈现最细微的那些特征，而地理学则应呈现彼此相邻的各个区域。为什么呢？因为就"居住世界"（oikoumenē）[4]的尺度而言，最容易呈现在地图上的重要元素是各区域的地理位置。但就区域地图而言，则是其中包含的各类细节。

5. 地志学首先涉及的是它所绘制事物的性质而不是数量。它对各处的关注点与其说在于合比例的位置，不如说在于"相似"。另外，地理学研究的则是"量"而非"质"，它任何时候考虑的都是距离的合比例性，而对相似的追求仅限于大致轮廓和区域形状而已。

6. 因此，地志学需要绘出当地景色，这唯有擅长绘画的人才能胜任。但地理学却完全不同，它允许我们仅用线条和标记来展现位置与大致形状。

7. 这就是为什么，地志学不需要数学方法，但在地理学中，数学方法占据着绝对的优势地位。

8. 首先，我们有必要研究清楚大地的形状、大小和相对于周边的位置，从而描述出已知部分的范围和性质。另外，还应说明已知世界的各地分别位于哪一条天球纬线之下。这样就能确定当地的昼夜时长，哪些星星能到达天顶，哪些星星总是在地平线上或地平线下[5]，以及所有与观测地点的天象相关之事。

9. 这些部分归属于最崇高和最美好的智性追求，即通过数学向人类心灵展示天界的本性，因为诸天的运转能大致为我们所见；然而大地却只能借助再现的图像得到认识，因为现实的大地幅员辽阔，且并不像诸天那样围绕我们转动，无论就整体还是部分而言都很难被人单独把握[6]。

3　托勒密所主张的是，在制作任何一幅画时，人们应该根据细节的层次和观众的预期距离来决定它的大小。基于欧几里得《视学》中的"视线"概念，他试图表达：眼睛距离越远，感知的细节越少。视线被认为是从眼睛发射到视觉对象，并将颜色传递回眼睛。欧几里得假设有限数量的视线被空间隔开，这些间隔随着与眼睛距离的增加而变宽，这就解释了为何距离越远图像的分辨率越低。但在《光学》（Optics）中，托勒密否认了这些离散的视线，而以眼睛发出的连续的"视锥"取而代之。

4　从字面上看，这里的 οἰκουμένη（oikoumenē）指的是"有人居住的世界部分"。但该术语有时与"已知的世界的部分"互换使用，尽管严格意义上它们并不等同。

5　字面意思是"在大地之上或大地之下"（ὑπὲρ γῆν ἢ ὑπὸ γῆν）。

6　对不了解古代天文学和地理学的人而言，这段文字可能显得有些晦涩，即天文学和地理学是某种理性科学的不同部分。天文学可以利用天象本身作为可见对象来进行推演，而地理学则必须利用地图。由于处在天球内部，我们观天是一目了然的；但相比之下，位于地球表面的我们并不能直接看清地球的形状，而且它太大了，任何一个人都无法进行彻底的探索。

二、地理学的必要前提

1. 对于立志做地理学家的人来说，我们把这作为其目标的一个简要描绘，表明他与地志学者的不同。

2. 我们的目标是尽可能按照真实世界的比例来绘制地图。但首先必须指出，进行这种研究的第一步，是从那些曾旅居各国、受过学术训练的人的记载中系统地研究和搜集地理知识。这些知识部分源于大地丈量，部分源于天文观测。大地丈量是指仅通过测量距离来表示两地的相对位置；而天文观测是指通过观星仪器（astrolabos）和日晷（skiothēron）来达到同样的目的[7]。天文观测的结果具有自足性，且更少出错；而大地丈量的数据更加粗糙，也更依赖于前者。

3. 首先，对任何一种方法，我们都必须先确定两地之间的相对方位，也就是说，不仅要知道两地间隔多远，也要知道这段间隔在什么方向上，比如向北、向东，或根据天界分野确定的方位。但若不借助上述仪器，就不可能加以确定。无论在任何时间、任何地点，我们都能轻易得知经线的方向和被测量间隔的方向。

4. 然后，即便方向已给定，用希腊里[8]记录的里程也并不能保证其准确性。因为海陆行程都涉及许多偏航改道，很少是直线的。对陆上行程而言，人们必须根据改道的种类和程度将多余部分从总里程中扣除，从而得到直线距离。对海上航程而言，也须将风向变化纳入考虑范畴，因为至少在较长时间内，风向总是不稳定的。但即使两地间隔已经被精确测定，它与地球周长的比率或者相对赤道和两极的位置也还是不确定的。

5. 但使用天文观测方法，就可以精准地确定上述所有信息，它也能显示出过两地所作经线圆弧和纬线圆弧的大小，即纬线圈之间或与赤道间的间隔，表现为它们在经线上截出的弧；而经线圈之间的间隔，表现为它们在赤道和

---

7 这里说的观星仪器（αστρολάβος, astrolabos）并非后世意义上的星盘（astrolabe），而是对可观测星体位置的天文仪器的统称。比如托勒密在《至大论》5.1 中所描述的一种环仪，或在 1.3 正文下提到的测天仪（meteoroskopion）。而这里的日晷（σκιοθήρον, skiothēron）直译过来应为"影仪"或"投影仪器"。

8 希腊里（στάδιον, stadion 或 stade），古希腊计量单位，也译作"斯塔德"。由于《地理学》中的距离计量基本以此为单位，为行文的方便计，后文统一简称作"里"。

纬线圈上截出的弧。最后，天文方法也能展示相应圆弧与地球大圆之间的比例，而不需要计算里程，也不必为了绘图去计算大地各部分之间的比例。

6. 只需要假定地球周长是由一定数量的单位构成的，然后再表明每段特定的间隔，都有沿地球大圆绘制的特定数量的单位与之相应，这就足够了。然而，天文学方法无法把圆周或其部分划分成日常距离测量中常用的长度单位。

7. 为了做到这一点，有必要将[地球上的]一条直线路程同天球大圆上的一段圆弧相对应，并通过天文观测确定它与天球大圆圆周的比例，再借助大地丈量测得相应路程的里程数，便能据此计算整个地球周长。

8. 数学上已经确定，大地表面的陆地和水体是球形的，并且与天球同心[9]，因此，过共同球心的每一个平面与地球和天球表面相交，所得的都是各自球面上的大圆，而以圆心为顶点在两个大圆上切出的弧也是相似的。正好，尽管大地上一段间隔——假使其为直线——的里程数能被测定，但由于无法同整个大地圆周相比较，它所占地球周长的比例是无法测定的[10]。然而这一比例等于相似的天球圆弧同天球大圆圆周的比例，这样我们就能通过测定后者来推测出前者。

三、地球周长的里程数如何通过任意一段直线间隔的里程数来推定，反之亦然，即使该间隔并不在同一经线上

1. 当前人在计算地球周长的时候，他们不但要求对应地球大圆的间隔为直线距离，也要求它能置于同一经线平面内。借助日晷，他们找到了间隔两端各自对应的天顶，据此确定天顶之间的[天球]经线圆弧的大小，并将其与地球上的间隔相对应。如前文所述，这两段弧是共面的，且各自两端的连线交于共同的圆心。

2. 因此，他们认为天顶之间的那段圆弧与天球大圆，以及地球上的那段间隔与地球大圆的比例关系是相等的。

---

9 《地理学》所基于的宇宙论基本源自《至大论》。此处的相关论述可参考 Ptolemy, *Almagest* 1.4–5。
10 托勒密的意思是，由于地球巨大，人们不能直接测量其周长，也不能理解给定的测量距离是整个周长的哪一部分，占多大比例。

3. 不过即使上述地球大圆并不穿过两极，而是任意大圆，通过观测间隔两端的天极高度，以及该间隔与[穿过两端的]任一经线的夹角，我们也能测得地球的周长。为此我们制作了一台测天仪（meteōroskopion），借助该仪器以及许多其他极有用的观测数据，人们能轻易测定特定观测点的天极高度，无论日夜，都能确定相应间隔与经线之间的夹角，即间隔对应的天球圆弧与过圆弧两端的天球经线所成之角度。

4. 这样一来，我们就能得到间隔对应的地球圆弧大小，以及穿过两地的经线在赤道上截出的圆弧大小。该方法允许我们能通过一段地表的直线间隔求得地球周长的里程数。

5. 我们也可以在不丈量距离的情况下找到其他间隔的里程数，即使它们不是直线，也不在同一条经线或纬线上。只要能确定该间隔的方向和天极高度就行。因为在求得了地球周长之后，只要知道任一地面间隔同地球周长的比例关系，其里程数就能轻易地算出。

四、天文观测数据相比于行程报告的优先性

1. 既然如此，如果到访不同区域的人都进行了类似的天文观测，那么就有可能制作一张绝对可靠的世界地图。

2. 然而迄今为止，流传下来的仅有希帕克斯（Hipparchos）[11]关于少量城市北天极高度的观测，以及在同一纬度上的地点列表——相比于地图绘制中所需的大量地点，这实在是杯水车薪。在他之后，还有一些人留下了一些"位置相对"地点的信息。所谓"相对"，并不是说这些地点到赤道的距离相同，而仅指它们在同一经线上，因而可以经由北风或南风从一地航行到另一地。然而大多数间隔，尤其是东西向的，都相当不精确。这不是因为记录者粗心，而是因为人们并不熟悉这一天文测地的方式，也不愿费心去记录月食在各地同时发生的更多情况，比如那场 5 点发生在阿尔比勒（Arbēla）、2 点发生在迦

---

11 希帕克斯（Hipparchus，约公元前190—公元前120）是古希腊著名的天文学家、地理学家和数学家。科学史界一般认为他是三角学的创始人，他还发现了进动现象并计算了分点岁差。他还是一位伟大的天文观测者，他的观测数据和日月轨道模型为托勒密撰写《至大论》奠定了基础。在《地理学》中，希帕克斯也是托勒密提到的少数几位古代作者之一，尤其在天文测地方面，希帕克斯给托勒密同时代人留下了为数不多的宝贵的观测记录。

太基（Karchēdōn）的月食[12]。正是从这些月食中，我们才能算出两地间的东西间隔距离相当于多少等分时[13]。因此，对于那些打算照此原理绘制世界地图的人，较合理的方式是在绘图过程中优先确定更精确的观测数据，如基点（themelioi）。然而据此调整其他来源的数据，直到各地的相对位置能尽量同前一种方法的可靠数据保持一致。

五、由于时移境迁，尤须关注最新的地理信息

1. 可以合理地认为，地图绘制应遵循上述原则。

2. 然而对于尚未探明的领域——无论是因其广阔无边，还是因为复杂多变，唯有经过长时间的考察才可能得出精确的结论。地理学亦是如此。纵观不同时期的地理记录，居住世界的广大使得其中许多地方都未曾探明，而另外一些地方又由于研究者的无知而未能得到正确的呈现；有的地方甚至发生了沧海桑田的剧变，今非昔比。所以一般而言，有必要遵照已有的最新记录，同时要仔细分辨当前和过去的记载中哪些是合理的，哪些是不合理的。

六、关于马里诺的《地理学指南》

1. 推罗的马里诺[14]也许是当代最近一位从事这项事业的作者，他也以十足的努力投身其中。除了早已广为人知的知识外，他显然研究过大量的地理记

12　这次著名的月食发生在公元前 331 年 9 月 20 日的晚上，时间就在亚历山大大帝击败大流士三世的（靠近埃尔比勒，位于亚述）战役之前 11 天。据托勒密所言，埃尔比勒和迦太基观察到的时间相差了 3 小时，他据此将两地的经度差指定为 45°10'。但事实上，阿尔比勒的月食是在日落后约 $1\frac{1}{2}$ 小时开始的，在约 $2\frac{2}{3}$ 小时到 $3\frac{3}{4}$ 小时达到全食，在入夜 5 小时时结束。迦太基的月食大约早了 $2\frac{1}{4}$ 小时，所以月亮升起时就几乎已经全食了，直到入夜一个半小时左右才结束。月食阶段的复杂性，使得托勒密的记载存在很大的误差空间，事实上他所估计的经度差也比实际大出了 10°（现实中两地相隔 34°）。

13　古代观察者并不使用今天意义上全球统一的"小时"，而是根据当地在不同季节的昼夜节律，将日出到日落、日落到日出的两段间隔，各自划分为 12 个相等的时段，即"季节时"。因此，托勒密在拿到天象数据后的一项重要工作，就是将"季节时"转换为恒定的时间单位，即将一天等分为 24 个时间间隔的"等分时"。这一转换过程所涉及的，正是观测发生地的纬度值，以及和亚历山大城之间经度的差值。

14　推罗的马里诺（Marinus of Tyre，活跃于公元 100 年前后）生平不详，托勒密的记载几乎成为同时代古代文献中唯一的依据。由托勒密的转述可知，马里诺绘制的居住世界就和前人有了不小的差异，他编制了各地点的经度和纬度列表，也按照一定的制图法绘制过地图，而他的著作很可能是对已有的地理学文献数据的汇编，因此为托勒密撰写《地理学》扫清了道路。值得一提的是，马里诺也是已知最早将东亚纳入其世界地图的古代西方地理史家。

录，并谨慎对待前人的记载。当他发现他们或他自己的任何信息缺乏足够的根据时，便对之进行恰当的修正。这从他发表的诸多地图修订本中可以看出。

2. 如果在他最终编定的文本中没有发现任何缺陷，我们将很乐于仅根据这些著作来制作居住世界的地图，而不必白费功夫。然而他显然默认了某些尚未可靠确立之事，并且在制图过程中，也未能考虑到操作的便利性和保持恰当的比例，那么我们就不得不再贡献一些微薄之力，以使他的作品更加逻辑一致且便于使用。

3. 首先基于一致性和便利性两方面的考虑，我们将尽可能简化这项工作，只就必要的事项加以审视。第一点事关他做出以下判断的论据，即他认为的已知世界经度的范围应当向东延伸更多，而纬度范围应当向南延伸更多。

4. 显然，我们可以合理地将大地的东西维度称为"经度"（mēkos），南北维度称为"纬度"（platos）。因为我们也用同样的术语指称天界在相应方向上的运动。而且通常情况下，"经度"用来表示更大的尺寸——众所周知，居住世界的东西跨度比南北跨度要大得多。

七、基于天文现象，对马里诺的已知世界纬度范围的修正

1. 就纬度而言，马里诺也假设图勒岛（Thoulē）[15]位于已知世界最北界的纬线上，并尽他可能证明按经线大圆为360°计算，该纬线距离赤道63°；若按1°对应约500里计算，即为31 500里。

2. 然后他将埃塞俄比亚一个叫阿吉辛巴（Agisymba）[16]的区域以及普拉松角（Prason akrōtērion）[17]置于已知世界最南界的纬线上，并将该纬线置于南回归线。因此对他来说，居住世界的纬度跨度大约为87°，或43 500里。

3. 他试图通过他所认定的那些天文观测以及海陆行程记录来证明他的南部界限是合理的。对此我们将依次加以审视。

4. 关于天象，他在其著作第三卷中如是说："因为在热带地区，太阳轨道

---

15 由古希腊冒险家马萨利亚的皮西亚斯（Pytheas of Massalia）最初提及的极北地区的岛屿。后被普遍用以指称古代世界的最北端。在托勒密的时代，它很可能已经指向了设得兰群岛（Shetland Islands）。

16 利比亚大陆（即非洲）的一片内陆地区，位于托勒密和马里诺定义的居住世界的最南界，可能与北纬20°附近尼尔或乍得的撒哈拉山区之一相对应。

17 可能是今天的德尔加杜角（Cape Delgado）。

带经过头顶，影子会变换方向，除了小熊星座，所有星辰都会升起和落下。当一个人在俄刻利斯（Okēlis）[18]以北 500 里的地方，整个小熊星座便开始始终可见[19]。这是因为经过俄刻利斯的纬线度数是[赤道以北]$11^2/_5°$，而据希帕克斯的记录，小熊星座最南边的一颗星，即其尾巴末端距离北天极 $12^2/_5°$[20]。此外，当一个人从赤道向北回归线行走时，北天极就总是升到地平线之上，而南天极在地平线下；相反若是往南，南天极就到了地平线之上，而北天极在地平线下。"

5. 通过这些话，他仅仅说明了赤道或回归线之间理应出现的天象，但并未提供一份赤道以南位置的天象观测报告，也没有证明，譬如，赤道以南的某些星辰的确抵达了天顶，或是月影在分点指向了南边，抑或是小熊星座的所有星辰都在升起和落下，或其中一些始终不可见，抑或是南天极升到了地平线以上，诸如此类。

6. 稍后他确实举出了一些天象例证，但并不能证明他的相关论点。因为他说："正如萨摩斯的迪奥多罗斯（Diodōros）在其书第三卷所言，从印度航行去利穆利（Limyrikē）的部族在天顶看见了金牛座，并在该区域正中观察到昴星团[21]。从阿拉伯去阿扎尼亚（Azania）[22]需要向南航行，而被称作'马'的老人星[23]就在最南边的方向上。这段旅程中，人们会看见一些尚未命名的星；天狼星先于犬前星升起[24]，整个猎户座也先于夏至点升起。"

---

18 位于红海南端最窄处的曼德海峡（Bab el Mandeb），靠近非洲一侧的城市是得雷城，阿拉伯半岛一侧的城市则是俄刻利斯港，其遗址在今也门的古莱拉溪湾（Khawr Ghurayrah）。

19 马里诺所谓的影子"变换"指的是"有时指向南边，有时指向北边"，也即在热带地区，太阳的轨迹可能位于天顶之南，也可能位于天顶以北，但对大部分赤道以北地区而言，靠近北天极的小熊星座是始终可见的。但向南到了赤道位置，小熊星座便不再始终可见了，而这一"恒显"和"非恒显"的边界即是俄刻利斯以北 1°或 500 里为界，即北纬 $12^2/_5°$处。

20 对于在北半球纬度为 φ 的观察者来说，如果特定的恒星与北天极之间的弧线（即 90°减去其倾角）小于 φ，则该恒星将永远不会落到地平线下。在马里诺的时代，距离极点最远的小熊星座的恒星是现在通常被称为北极星的 α UMi。马里诺引用希帕克斯的话说，该星距离极点 $12^2/_5°$，由此恒星永不落下的最南纬度即为 12.4°N，在他所谓的俄刻利斯以北 1°。然而马里诺大概没有将恒星的进动纳入考量范畴，托勒密却意识到了这一现象（Almagest 7.3）。在希帕克斯观测的大致日期（约公元前 130 年），α UMi 距离极点 12°28'。但到了公元 100 年，该距离已经缩小到了 11°13'，因此，上述边界之于俄刻利斯所说的位置应当再往南移动一点。

21 这句话稍微有些令人困惑，因为在后文的地名列表中，利穆利（Limyrike）是印度的一部分，所谓"从印度到利穆利"的航行有些不知所云。有人将"印度的"解释为水手的来历，而非旅程的始发地。也有人解释为这是希腊人早期印度洋探险的观念遗留，当时利穆利尚未被视为印度的一部分。

22 古代西方对位于热带的非洲东南部地区的命名。罗马时代及以前，指从肯尼亚延伸到坦桑尼亚以南的非洲海岸的一部分，托勒密则用来指称从香料角到拉普塔之间的东非地区。

23 老人星即希腊语中的 Kanōbos，拉丁化后称为 Canopus，即现代天文学中的船底座 α 星（α Carinae），是全天第二亮恒星，仅次于天狼星。

24 古希腊称为"犬前星"（Prokyon）的恒星，即今小犬座 α 星，其名字源于它在周天运行中位于"犬星"即天狼星之前。中国天文学也称其"南河三"。这里直接用它的现代天文学名称替代。但在古希腊，星座同它们的星座都共享同一个名字。因而此处也可能是说天狼星所在的大犬座先于犬前星所在的小犬座之前升起。而文中讨论的"升起"是指偕日升，即一年中某星群或星座首次在黎明前的东方地平线处可见的日期。

7. 在这些天象中，有一些明确体现了赤道以北的地域特征，譬如金牛座和卯星团位于天顶，因为这些星都在天赤道以北；而另一些则在更南和更北的位置上都能观测到。

8. 比如老人星，直到北回归线以北很远都是可见的，而我们以为总在地平线下的星，只要向南一点但不超过赤道，比如在麦罗埃（Meroē）[25]附近，也能升到地平线上。正如我们在亚历山大城能看见老人星，但更北边的人们就看不见它。而更南边的人们将"马"这个名字赋予它而非其他未知的星。

9. 马里诺补充说，通过数学计算可知，对于生活在赤道上的人来说，猎户座始终先于夏至点出现；而对赤道及其以北直到赛伊尼（Syēnē）[26]的人来说，天狼星始终先于犬前星升空[27]。因此这些天象都不是赤道以南独有的特征。

八、基于陆地行程，对纬度范围的同一修正

1. 在陆地行程方面，马里诺计算了从大莱普蒂斯（Megalē Leptis）[28]到阿吉辛巴的行程天数，从而估算出阿吉辛巴在赤道以南 24 680 里。他又利用了从特罗格洛底提卡（Trōglodytikē）[29]的塞隆托勒密城（Ptolemais hē tōn Thērōn）[30]到普拉松角的航行天数，估算出普拉松角也在赤道以南 27 800 里。通过这种方式，他就将隶属于埃塞俄比亚的普拉松角和阿吉辛巴放在了"对立居住世界"（antoikoumenē）一侧的寒带地区（但他认为阿吉辛巴并不构成埃塞俄比亚的南界）。

2. 由于 27 800 里构成了经线上的 $55\frac{3}{5}°$，其向南距赤道的距离正和生活在迈俄提斯湖（Maiōtis）[31]北面的斯基泰人和萨马提亚人向北距离赤道一样远，

25　在今苏丹的凯布希耶（Kabushiya）附近，位于尼罗河及其支流阿特巴拉河的交汇处以南。

26　今埃及阿斯旺。在古代西方地学传统中，赛伊尼被认为位于北回归线上。

27　根据托勒密的《恒星之象》（Phaseis），小犬座 α 星在赛伊尼的清晨最早可见的时间是 7 月 13 日，比天狼星早了 3 天；而在赤道，则天狼星出现得更早。因此不能说赤道以北至赛伊尼的区间内"天狼星始终先于犬前星升空"。托勒密实际在这里对马里诺的论据提出了批评。

28　罗马阿非利加行省的地中海沿岸城市，位于今的黎波里以东，大致相当于今叙利亚的胡姆斯（Khoms）。

29　原意为"穴居人国"，实际可能是对"Trōgodytikē"的误拼。位于埃塞俄比亚东海岸，一直延伸到香料角北边的象山。在《地理学》中，其区域可能囊括了包括巴巴亚或阿扎尼亚在内的更广阔的地域。

30　意即"猎场托勒密城"，位于今红海苏丹沿岸，即北纬 18°—19°。

31　即今亚速海（Azov Sea）。

气候也应当一致。

3. 然而马里诺将前述的里程数减少到不及一半，即 12 000 里，这大约是南回归线同赤道的距离。

4. 他为此给出的唯一理由，是对直线路程的偏离和沿途日程的变化不一，但他略去了更重要而显著的原因——这些原因不仅要解释为何这一缩减是必须的，还要说清楚为何要减少这么多。

5. 首先，关于从加拉玛（Garamē）[32]到埃塞俄比亚的陆地之旅，他提到弗拉库斯（Septimius Flaccus）在利比亚（Libyē）[33]发动了一场战役，他在向南行军 3 个月后从加拉玛王国抵达了埃塞俄比亚；此外，马特努斯（Julius Maternus）也从大莱普蒂斯开始行军，并由加拉玛国王陪同去攻打埃塞俄比亚人。他们一直向南行进 4 个月后，到达了埃塞俄比亚的阿吉辛巴，那是犀牛的聚集之地。

6. 但这两则记述并不太可信。一方面因为，内陆的埃塞俄比亚人并没有距离加拉玛人 3 个月脚程那么远，毕竟加拉玛人自己也算是埃塞俄比亚人并拥有共同的国王；另一方面也因为，倘若这位国王向臣民发动的远征只是集中在从北到南这一个方向上，而这些族人却分布在东西两边，那可就太荒唐了，更别提国王中途几乎没有停下来过。

7. 因此很有可能相关信息的记载者只是在不那么精确的意义上使用"南方"或"向南"的说法，或令人误解地指向一个大致方向，譬如像当地人常说的那样朝向"南风的方向"或"西南风的方向"[34]。

九、基于海上行程对纬度的同一修正

1. 接下来，关于在香料角（Arōmata）[35]和拉普塔（Rhapta）[36]之间的航行，

32　古代加拉曼特王国的首都，在今利比亚杰尔马（Djerma）遗址。

33　狭义的利比亚是指埃及以西、对应于马尔马里卡和昔兰尼加的北非区域。广义的利比亚则一般指利比亚大陆，即非洲大陆。

34　本书有两套表示地理方位的系统：一种基于太阳升落时位于地平面上的点，另一种基于不同方向的风的传统名称。这里使用的正是源自古希腊的航海传统的风向名称，其中 Νότος（Notos）表示南风，λίψ（lips）表示西南风，后文中还有 Ἀπαρκτίας（Aparkitias）表示北风、Ζέφυρος（Zephyros）表示西风等。

35　非洲之角的东端，在今索马里境内瓜达富伊角（Cape Guardafui）附近，位于接近亚丁湾、印度洋中之也门属索科特拉岛的内侧。当地的港口以香料的转口贸易著称，故名，也称"大香料角"。

36　据《红海周航志》所载，"拉普塔"（ῥάπτα）原意为"织物"，取该地港口商船如织之意（Periplus 16）。拉普塔城为托勒密所提及的非洲海岸最南端的贸易站，大致位于今坦桑尼亚的达累斯萨拉姆（Dar es Salaam）不远处。

他说有某个曾去过印度的第欧根尼（Diogenēs），在第二次航行的归途中到达香料角之后，被北风一路吹到了尼罗河源头所在的湖泊[37]，那时特罗格洛底提卡在他的右岸。这次偏航花费了他 25 天时间，再往南便是拉普塔海角了。此外，他还提到某位到过阿扎尼亚的特奥菲罗斯（Theophilos）从拉普塔启程，乘着南风，花了 20 天便抵达了香料角。

2. 两人都没有说纯粹赶路的时间有多长。特奥菲罗斯说他在第 20 天登岸，第欧根尼说他沿着特罗格洛底提卡航行了 25 天；他们记录的都是旅途的总天数，而非有效的航程，既没有考虑到风力和风向的变化，也未提及航向是否完全朝北或朝南。

3. 第欧根尼只是说了他被北风驱使，而特奥菲罗斯说他是乘着南风启航的，他们都没说余下航程始终在同一方向，也很难相信风向会一直保持不变。

4. 但也因此，第欧根尼从香料角航行到尼罗河源头的大湖花了 25 天，而特奥菲罗斯从拉普塔到香料角的距离明显更长，却只花了 20 天。虽然根据特奥菲罗斯的记载，他一昼夜的航程是 1000 里，马里诺也采用这一说法，但根据迪奥斯科罗斯（Dioskoros）的记载，从拉普塔到普拉松角糜费时日的航程实际上只有 5000 里。这可能是因为在赤道地区，既然太阳相对赤道的[南北]位置会突然变化，风向自然也是会有变化的吧。

5. 因是之故，马里诺没有固守那些航行天数的记录。还有一个最重要的原因，即原有的计算结果会将埃塞俄比亚和犀牛的栖息地置于"对立居住世界"的寒带中去。但无论是位于同一纬度带，还是与极点等距的动植物群体，理应生活在与其纬度相应的类似气候条件中[38]。

6. 所以尽管马里诺将居住世界的南界收缩到南回归线，但基于上述航程天数和距离，他并没有为这一缩减量给出合理的解释。

7. 在依赖这些数据的同时，他只是通过减少每日里程的多余部分，以使南部边界退至他理想的纬线上。但事实正好相反，人们应当相信已有的每日航程记载，但不应相信航行是匀速或方向一致的。因此，通过这些信息无法

---

37 这里的"尼罗河源头所在的湖泊"（λίμνη ὅθεν Νεῖλος ῥεῖ）可能指的是中非东部的大湖，其中也包括了尼罗河真正的源头维多利亚湖（Lake Victoria）和阿尔伯特湖（Lake Albert），但因为缺少更精确的信息而很难确定。

38 也就是说，如果我们在赤道以南的特定纬度发现了黑皮肤的人和犀牛，那么我们应当也能在赤道以北的同一纬度发现这些人或动植物。该论据在本章末尾还将再次出现。

求得所需的距离，或至多只能得出这一距离大于到赤道的距离的结论。我们只能诉诸天文观测。

8. 只要用天文方法观测记录这些地区的天象，我们就能计算出准确的距离。但既然缺乏观测数据，我们也无可奈何，只能用更简单的方法粗略估测已知世界在赤道另一边的合理范围。根据当地动物的形态和颜色可以推测，不应将显然属于埃塞俄比亚的阿吉辛巴延伸到南回归线，而应将其置于赤道附近。

9. 因为在北半球对应的位置上，即北回归线处，并没有像埃塞俄比亚人那样肤色的当地人，也没有犀牛和大象。但稍南一点的地方，就能渐渐看到黑人，如那些住在赛伊尼以外的"三十河里"（Triakontaschoinon）的居民[39]，同样的还有加拉玛人。基于上述理由，马里诺认为他们并不居住在北回归线或其以北，而是在以南。

10. 到了麦罗埃附近，人们的肤色已相当黑了，真正的埃塞俄比亚人也开始出现。那里还有大象和一些奇特的物种。

十、不应将埃塞俄比亚人置于反麦罗埃的纬线以南

1. 所以，只要我们所依据的仍是那些记载了埃塞俄比亚人的行程报告，现阶段最好的做法就还是将阿吉辛巴、普拉松角以及同纬度带的地点，置于与麦罗埃相对的位置上，即南纬 $16^5/_{12}°$，或从赤道往南 8200 里。因此居住世界的纬度范围约有 $79^5/_{12}°$，或取整为 80°，则对应 40 000 里。

2. 我们应该保留大莱普蒂斯和加拉玛之间的间隔，即弗拉库斯和马特努斯所设定的 5400 里。因为这 20 天属于返程，是更加精确的南北航向，故而其耗时比去程时因偏航等导致的 30 天更短。此外马里诺还说，航海者记录了每日的航程，由于这是水路码头间的距离，所以相关记载可能也很有必要。正如人们对人迹罕至或描述存在分歧的长途记载，往往抱有怀疑，而总倾向于相信那些常有人走、描述一致且不太长的行程记录。

---

39 "三十河里"（Τριακοντάσχοινον, Triakontaschoinon）此处系地名，指的是从赛伊尼（今阿斯旺）向南直到尼罗河第二瀑布的区域。河里（Schoinos）原是古埃及长度单位，意为"以河流测量"，通常作 Schoenus，希腊维奥蒂亚（Boeotia）地区也有地名作"斯科伊诺斯"（Schoenus）。托勒密认为 1 河里等于 30 希腊里，并认为波斯的旧长度单位波斯里与河里差不多长，故基于此对各地长度单位加以换算。

十一、论马里诺对居住世界的经度范围的错误计算

1. 上述内容应该清楚地表明，居住世界的纬度范围有多大。另外，马里诺还用两条相距 15 小时的经线框定了世界的经度范围。但对我们而言，他将世界的范围向东扩展得太多，我们将对其加以合理的缩减，从而使得整个经度范围缩减到不到 12 个时区。我们也将西部边界放在至福群岛（Makarōn nēsoi）[40]，将东部边界置于最遥远的塞拉（Sēra）[41]、秦奈（Sinai）[42]和卡蒂加拉（Kattigara）[43]。

2. 沿罗德岛（Rhodes）[44]的纬线，从至福群岛到幼发拉底河的渡口希拉波利斯（Hierapolis）[45]的距离，可以通过马里诺给出的各段里程数累加得到。因为相邻的旅程数据都有记载，而马里诺显然考虑到了长距离行程的速度和方向变化，并据此做了修正。他也假设大圆上的 1° 相当于 500 里，按大圆圆周为 360° 计算，这同公认的数值一致。由此在罗德岛的纬线即北纬 36° 上，1° 对应的距离约为 400 里。

3. 这一粗略估算可以忽略基于纬线间的精确比值所得超过 400 里的部分[46]。

4. 此外根据适当的修正，我们缩短了从前述幼发拉底河渡口到石塔（Lithinos Pyrgos）[47]的距离——据他估算，这一距离相当于 876 河里或 26 280 里。我们也缩短了从石塔到赛里斯国都塞拉的距离——据他所言这是一段 7

40　也译作"幸运群岛""极乐群岛"。源于古希腊厄琉息斯秘仪中的"至福乐土"（Ἠλύσιον πεδίον，意为"回归安静或回归纯净的乐土"）。在托勒密的时代，该地名和现实相对应，用来指称今天的加纳利群岛，又因作为居住世界的最西界而成为零度经线的所在地。

41　赛里斯国的国都。一般认为是汉帝国的首都，即洛阳或长安，也有认为在今中国新疆的莎车或喀什。

42　这里的秦奈应该是指秦奈城（Thinai），即秦奈国的都城。托勒密认为该城在卡蒂加拉东北部，而《红海周航志》认为其在印度以北很远的内陆，当地货物经由陆路运输到印度沿海港口。该城可能与塞拉为同一地点，也可能是其他当时中国南方的重要城市。

43　秦奈一带的贸易商港，也是托勒密地图上印度洋沿岸最后一个命名的地方。但由于托勒密所描绘的东亚与南亚与现实差别巨大，该地的认定也饱受争议。最受认可的一个假定地点，在今天的越南河内附近。

44　希腊多德卡尼斯群岛（Dodecanese islands）中最大的岛屿，在古希腊地理传统中曾长期被视为居住世界的中心，而在地理测量和制图中占据重要位置。

45　希腊语原意为"圣城"。这很可能指的是幼发拉底河上连接叙利亚的阿帕美亚（Apamea）和泽乌玛（Zeugma）的桥梁。渡口本身实际位于希拉波利斯以北。

46　按照特定纬度上的纬线长度与赤道比值，这里可用 cos 36° =0.809 的数值来计算，得到罗德岛纬线上 1° 对应的距离为 404.5 里，四舍五入为 400 里时误差仅为 1% 左右。

47　古代丝绸之路上的重要贸易站点。位于阗梅得山脉（即今帕米尔高原）。其实际位置一直存在争议，但很可能位于吉尔吉斯斯坦的达鲁特库尔干和中国喀什的塔什库尔干。

个月的路程，或沿着同一纬线上 36 200 里[48]。因为在两段里程的计算中，马里诺显然都没有将偏航造成的多余里程扣除；对于第二段里程，他还犯了计算加拉玛到阿吉辛巴的距离时同样的错误[49]。

5. 由于意识到这样长时间的陆上旅行不可能毫无中断，当时他只得将四个月零十四天的里程减去了一半以上。理论上，这一处理也适用于那段 7 个月的旅程，甚至比加拉玛的旅程更加适用。

6. 毕竟，那段前往加拉玛的行军是由国王完成的，他对沿途的情况更加了解，而且天气条件也始终更有利。但是从石塔到赛里斯国的路线——根据马里诺的假设，几乎位于赫勒斯滂和拜占庭（Byzantion）[50]的纬度带——则天气较恶劣，狂风暴雨泛滥。因此旅途中应当有许多停顿。这条路为人所知，还是得益于贸易。

7. 据马里诺所言，一位世代经商的马其顿商人梅斯·提提亚努斯（Maes Titianus）记录下了这段距离的测量值。但他并没有亲自踏上这段路程，而是派人去过赛里斯国。看起来，马里诺自己也不太相信行商们的传闻。

8. 至少，他不同意腓利门（Philēmon）的说法[51]。后者在报告中说，他从商人那里打听到海伯尼亚（Hiouernia）[52]的经度范围是 20 天里程。但马里诺认为，这些商人热衷于商业活动，并不关心事实；相反，他们常常出于炫耀而夸大其词。另外，前文提到的，从石塔到赛里斯国的 7 个月行程中，一点别的细节都没有提及，这说明整个行程的长度也是虚构的。

十二、根据陆上旅程对已知世界经度范围的修正

1. 基于上述原因，也因为整段行程并不在同一条纬线上——石塔在拜占庭的纬线附近，塞拉在赫勒斯滂的纬线之南——将 7 个月里程，即 36 200 里

---

48 此处提到的路线即下文中名为梅斯·提提亚努斯记载的行程，也是下文中经石塔通往赛里斯国的道路。这段描述成为后来"丝绸之路"最早的原型。

49 这里所谓"错误"或"不合理"之处，指的是马里诺最初假设了一段长时间的跋涉或行进是匀速的且没有中断，由此计算出阿吉辛巴的位置位于赤道以南 24 680 里，随后他也意识到这根本不可能。

50 色雷斯的主要城市之一，位于博斯普鲁斯海峡沿岸，即后来的君士坦丁堡，今土耳其伊斯坦布尔。穿过拜占庭的纬线（$43\frac{1}{2}°$ N）在托勒密《地理学》中是计算地面距离可参照的重要纬线之一。

51 这位腓利门的生平不详，很可能也是当时的一名地理学家。

52 今爱尔兰。

减少到一半以下是比较合适的。当然，因为只是估算，我们姑且将减少量设为一半，最后得出的距离就是 18 100 里或者 $45\frac{1}{4}°$。

2. 如果按同样的比例缩减从加拉玛到阿吉辛巴的行程会显得很荒唐，因为活生生的反例就摆在面前，即阿吉辛巴的动植物不可能跑到它们的自然栖息地之外；但对于从石塔到塞拉的行程，既然整条路线上无论距离长短，气候条件都保持一致，我们便没有理由不接受这一合理的结论。这就好比，一个人只要不被逮住，就不会按规则行事。

3. 同样，在前一段路程，即从幼发拉底河到石塔的路程中，由于路线弯曲，我们需要将记载的 876 河里减少到 800 河里，或 24 000 希腊里。

4. 尽管关于全程的总长度，我们可以信任马里诺的数据。因为每段路都是首尾相接的，而且走的人多，也被测量过多次。但即使从马里诺提供的信息来看，其中也有许多弯路"未被纳入考虑范畴"。

5. 的确，从幼发拉底河的希拉波利斯渡口，经两河地区到达底格里斯，再经亚述[53]和米底亚的加拉迈人（Garamaioi）[54]，到埃克巴塔纳（Ekbatana）[55]和里海之门（Kaspias Pyla）[56]，直至帕提亚的赫卡同皮洛斯（Hekatompylos）[57]——整条路线都在罗德岛的纬线附近。根据马里诺的描绘，该纬线是经过了上述区域的。

6. 但是既然赫卡尼亚城（Hyrkania）[58]大致位于士麦那（Smyrna）[59]的纬线和赫勒斯滂（Hellespont）[60]的纬线之间——因为士麦那的纬线被画在赫卡尼亚地区的南边，而赫勒斯滂的纬线则穿过了里海南端，即在同名的赫卡尼亚城的北边一点——从赫卡同皮洛斯到赫卡尼亚城的道路就必然向北。

7. 同样，因为阿里亚（Areia）[61]和里海之门在同一条纬线上，所以从赫

53 底格里斯河上游地区，在今伊拉克境内。
54 居住在亚述中部的古代民族。
55 米底的主要城市之一，即今伊朗的哈马丹（Hamadan）。
56 今伊朗德黑兰以东的一处山口，但地点并不确定。该通道连通的地区相当于今天伊朗北部的厄尔布尔士山脉和里海南岸。
57 又作"百门城"，帕提亚的首都。《汉书》中又称番兜城，《后汉书》中称和椟城，大多数学者将它定位在伊朗西呼罗珊省曲米斯（Qumis）地区。
58 赫卡尼亚主要指里海东南沿岸地区，该地区的主要城市也名为赫卡尼亚城。
59 今土耳其伊兹密尔（İzmir），也是同名的伊兹密尔省的省会。
60 即今达达尼尔海峡。在今土耳其境内，成为连接马尔马拉海和爱琴海的通道。
61 波斯阿契美尼德王朝的总督区之一，以赫拉特为中心，在今阿富汗一带。

卡尼亚经阿里亚到马尔吉亚那的安条克城（Antiocheia）[62]的道路首先要拐向南边；又因为安条克位于赫勒斯滂的纬线附近，这条路随后又会拐向北边。从安条克通往巴克特拉的道路向东延伸，从这里北上便是阔梅得（Kōmēdai）山区[63]。穿过山区向南行进，最终会抵达平原上的山谷。

8. 马里诺让山区的北部和西部，即上坡处，置于拜占庭的纬线附近；同时马里诺让山区南部和东部，置于赫勒斯滂的纬线附近。这就是为什么他说这条"总体上"笔直向东的路实则向南而去。最终可以推知，从那里到石塔的 50 河里路程是转向北边的。

9. 因为他说，当我们走出山区，山谷之上就是石塔了。由此向东，群山逐渐隐去，并与从华氏城（Palimbothra）[64]一路北上的伊美昂山脉（Imaon）[65]相接。

10. 如果将前述 24 000 里程对应的 60°加到从石塔到赛里斯的 45$\frac{1}{4}$°之上，那么沿罗德岛的纬线从幼发拉底河到赛里斯国的距离就是 105$\frac{1}{4}$°。

11. 基于马里诺所设定的、位于同一纬线上的各段里程数，我们可以得出下列经度距离：从至福群岛到西班牙的神圣海角（Hieros akrōtērion）[66]的距离是 2$\frac{1}{2}$°，再到巴埃提斯河（Baitis）[67]河口是 2$\frac{1}{2}$°，从巴埃提斯河到[赫拉克勒斯]海峡[68]和卡尔佩（Kalpē）[69]也是 2$\frac{1}{2}$°。继续从这一海峡到撒丁岛的卡拉里斯（Caralis）[70]是 25°，从卡拉里斯到西西里的利利俾（Lilybaion）[71]是 4$\frac{1}{2}$°，再到帕奇努斯（Pachynos）[72]是 3°。接下来，再从帕奇努斯到拉科尼亚（Lakonia）的提纳鲁（Tainaron）[73]是 10°，再到罗德岛是 8$\frac{1}{4}$°，从罗德岛到伊苏斯湾

62　马尔吉亚那地区的主要城市，系丝绸之路上的中转站，以今土库曼斯坦的马雷（Mari，古称 Merv，阿维斯陀语称为 Mōuru）绿洲为中心建立，中国史书中也称"木鹿城"。希腊化时代，亚历山大大帝占领了木鹿，并改名为"亚历山大城"，塞琉古帝国时期又改名为"马尔吉亚那的安条克城"。在阿拉伯帝国治下，马尔吉亚那改名"呼罗珊"。

63　塞种人之地的山脉，对应今天的帕米尔地区。通向石塔的山谷显然指的是这片地区标志性的高山峡谷。

64　也作巴连弗邑、波咤厘，即今印度巴特那（Patna）。古印度摩揭陀国孔雀王朝的都城，也是古代印度最大的城市之一。

65　古代中亚地理概念，对应今天喜马拉雅山、帕米尔高原和天山的部分区域。

66　即今葡萄牙圣文森特角（Cape S. Vicente）。

67　即今西班牙的瓜达基维尔河。罗马帝国在西班牙的行省巴埃提卡行省即以此河命名。

68　即今直布罗陀海峡。

69　即今直布罗陀（Gibraltar），位于伊比利亚半岛南端，现为英国海外属地之一。

70　今意大利撒丁岛卡利亚里（Cagliari）。

71　西西里最西边的海角，在今意大利马尔萨拉（Marsala）。这里因曾发生罗马和迦太基的海战而闻名。

72　今西西里帕塞罗角（Capo Passero）。

73　即今马塔潘海角（Cape Matapan）。位于伯罗奔尼撒南部沿海。拉科尼亚即伯罗奔尼撒半岛上的南部区域。

（Issos）^{74}是$11^1/_4°$，从伊苏斯湾到幼发拉底河的希拉波利斯是$2^1/_2°$。

12. 由是以上度数的总和是72°，因此已知世界的整个经度范围，即从至福群岛到赛里斯国的经线距离为$177^1/_4°$。

十三、基于海上行程对经度范围的同一修正

1. 这一经度范围的数值，还能从马里诺引述的自印度到秦奈湾（Sinōn kolpos）^{75}和卡蒂加拉的海陆航程中推算出来。前提是将航行途中的参差曲折与航速变化，以及登陆地点间的纬度差异造成的多余里程纳入考虑范畴。马里诺认为，在标志着科尔凯湾（Kolchikos kolpos）^{76}尽头的科里角（Kōry）^{77}之后，便是阿伽鲁湾（Argarikos kolpos）^{78}，这里距库鲁拉城（Kouroula）^{79}有3040里。库鲁拉城位于科里角的东北偏北方向。

2. 由于穿越阿伽鲁湾的旅程是沿着弯曲海岸航行的，加上日常航行的不规则性，我们需要将这段行程减去1/3，得到2030里的距离。

3. 在此基础上，考虑到行程可能中断或暂停，再减去1/3得到1350里的距离，方向仍为东北偏北。

4. 如果将这段距离投射到正东方向的纬线上，根据相应角度，该距离还将被缩减一半。由此我们得到科里角和库鲁拉城的经线之间的间隔为675里，考虑到这些地点同赤道相隔不远，大致相当于其$1^1/_3°$。

5. 接下来他说，从库鲁拉城出发到帕卢拉（Paloura）^{80}，需要向着东南偏东航行9450里。如果考虑到每日航程的不规则性，我们在此基础上减去1/3，就得到了东南偏东方向的航行距离，即6300里。

6. 为了将这一距离投射到纬线上，从中再减去1/6，则两地经线的间隔便

---

74 即今土耳其东南部的伊斯肯德伦湾（İskenderun），以旧名"小亚历山大"（Alexandretta）的伊斯肯德伦命名。

75 秦奈国临海的大型海湾，在卡蒂加拉以北。一般认为是今北部湾一带。

76 位于印度和斯里兰卡之间，由马纳尔湾沿岸围成的海湾。

77 班本海峡大陆侧的海角，现有连接印度大陆与东南小岛班本岛的桥横跨其间，为印度最长的跨海大桥。

78 即今保克湾（Bay of Palk），在印度南部的科里角和帕卢拉之间，与今印度与斯里兰卡之间的保克海峡相对应。

79 在阿伽鲁湾沿岸，即今保克海峡的阿迪拉马帕蒂纳姆（Atirampattinam）附近。

80 托勒密将其置于恒河湾的起始处，并说人们从临近此地的港口出发，前往黄金之地（Chryse）。大致对应于今天印度的默吉利伯德讷姆（Machilipatnam）。

是 5250 里或 $10^1/_2$°。[81]

7. 马里诺认定，以帕卢拉为起点的恒河湾，整体宽度约为 19 000 里。从帕卢拉向东到萨达（Sada）[82]的距离是 13 000 里。照例从中扣除 1/3，便得到了两地的经度间隔为 8670 里或 $17^1/_3$°。

8. 接下来，他将从萨达沿东南偏东方向到塔马拉城（Tamala）[83]的航程定为 3500 里。从其中减去 1/3 来抵扣其不规则性，可得 2330 里航程；又因路线东南偏东，再减去 1/6，最终得到 1940 里或大约 $3^5/_6$°。这便是上述两地的经线间隔。

9. 此后，他记录了从塔马拉城跨越黄金半岛（Chrysē Chersonēsos）[84]的距离为 1600 里，仍旧沿东南偏东方向[85]。于是按同样比例缩减后，可得两地经度间隔为 900 里或 $1^4/_5$°。因此，从科里角到黄金半岛的距离相当于 $34^4/_5$°。

十四、从黄金半岛到卡蒂加拉的海上航程

1. 马里诺并没有列出从黄金半岛跨海航行至卡蒂加拉的里程数。但他提到亚历山德罗斯（Alexandros）的记录，称此后的海岸是朝向南方的，而航海者要沿岸航行 20 天才能到达扎拜城（Zabai）[86]；然后由扎拜城往南并稍微偏左航行"若干天"，就抵达了卡蒂加拉。

2. 通过将"若干天"理解为"许多天"，马里诺夸大了这段距离，并说由于天数过多而无法计量。在我看来，这实在是太荒唐了。

3. 即使环绕世界一圈，天数又能有多少，以至于无法计量呢？或者说，是什么使得亚历山德罗斯使用了"若干天"而不是"许多天"，但根据马里诺的引述，迪奥斯科罗斯却将拉普塔到普拉松角的航程表述为"许多天"呢？

81　减去 1/6 应是基于正东偏南 34°左右或日冬季日出方向（Euros）进行计算的结果。对于纬度更加偏北的地点，这一数值在天文学上较为准确，但在赤道附近，该角度会减小约 24°。在地理计算中，托勒密很可能统一采纳了 30°的数值，而 1/6 只作为估算用的中间参数给出。

82　恒河彼岸印度的城市，大概在今天柬埔寨海岸边的山多威（Sandoway）。

83　恒河彼岸印度沿海城市，可能位于今缅甸伊洛瓦底江河口。

84　即今马来半岛。国内也有译者译为"金洲"。但根据托勒密的描述，该地名主要限于塔科拉（Takola）以南的西海岸和东海岸的佩利穆拉湾（即今泰国湾或暹罗湾）。

85　这里所谓"跨越"（διαπέραμα, diaperama）黄金半岛，很可能指的是穿过半岛窄处地峡的陆上行程。因塔马拉本身就在黄金半岛的起始处。

86　位于大海湾起始处海角的城市。

我想更合理的解释，应当是将"若干天"理解为"少数几天"。这也是我们日常表达中的含义。

4. 但是，为了使我们不至于看起来是在刻意调整数值以迎合预定的结果，就让我们仿照对香料角到普拉松角航程的处理方式，来计算从黄金半岛到卡蒂加拉的行程吧。因为从黄金半岛到扎拜的里程是 20 天，再到卡蒂加拉是"若干天"；同样地，根据特奥菲罗斯所述，从香料角到拉普塔角的里程也是 20 天，此后再到普拉松角是"许多天"。于是我们也将像马里诺那样，把"若干天"的表述等同于"许多天"。

5. 基于自然现象和逻辑推论可知，普拉松角位于赤道以南 $16^5/_{12}°$，香料角的纬线在赤道以北 $4^1/_4°$。于是从香料角到普拉松角的距离是 $20^2/_3°$。因此，我们将从黄金半岛到扎拜城再到卡蒂加拉的航程设定为同样的距离。

6. 从黄金半岛到扎拜的里程不必进行缩减，因为这片区域朝向正南，故而航向应当平行于赤道；但从扎拜到卡蒂加拉的航程则在向南和向东的方向上，因此需要加以缩减，得出平行于赤道方向上的距离。

7. 由于不知道两段航程间的差异，不妨将总的度数间隔平分，再基于其偏离纬线方向的角度，将从扎拜到卡蒂加拉的里程 $10^1/_3°$ 减去 1/3，我们就得到了在纬线方向上测得的黄金半岛到卡蒂加拉的距离，约为 $17^1/_6°$[87]。

8. 从科里角到黄金半岛的距离已经给定为 $34^4/_5°$。所以，从科里角到卡蒂加拉的总距离大概是 52°。

9. 但根据马里诺所说，穿过印度河源头的经线比塔普罗班（Taprobanē）[88] 最北边的海角还要向西一点，后者就在科里角的对面，而穿过巴埃提斯河河口的经线据此有 8 个时区或 120°的间隔，距离至福群岛的经线则有 5°。因此，从至福群岛到科里角的经度间隔是 125°稍多一点，而从至福群岛到卡蒂加拉的经度间隔则比 177°稍多一点。这和我们沿罗德岛纬线计算的经度范围大致相同。

10. 然而一般认为秦奈城在卡蒂加拉以东，那么就按远至秦奈城的距离计算居住世界的经度范围，并取整为 180°或 12 个时区。沿着罗德岛的纬线，这

87　减 1/3 是按 48°左右的方位角进行计算所得到的结果。可见，托勒密差不多将上文中的"往南并稍微偏左"（1.14.1）理解为了正东南方向。

88　古希腊人对今斯里兰卡岛的称谓。

一距离大约相当于 72 000 里。

十五、论马里诺论述细节中的不一致处

1. 就居住世界的整体范围而言，由于上述原因我们已经缩减了马里诺向东和向南的距离。但就细节而言，城市之间的相对位置似乎仍需要纠正，马里诺在他的不同文本中做出了自相矛盾的论述，这很可能是因为材料的冗杂与混淆所致，如那些被认为是"位置相对"的城市。

2. 比如他说，塔拉科在毛里塔尼亚的凯撒里亚（Iōl Kaisareia）[89]对面，但在他的地图上，凯撒里亚的经线也穿过了比利牛斯山（Pyrēnē）[90]，而后者位于塔拉科以东不止一点。再则他说，帕奇努斯在大莱普蒂斯对面， 希梅拉（Himera）[91]在特纳伊（Thēna）[92]对面，但据提摩斯梯尼（Timosthenes）[93]记载，帕奇努斯与希梅拉相距 400 里，而大莱普蒂斯与特纳伊则相距 1500 里。

3. 他又说，的里雅斯特（Tergeste）[94]在拉文那（Rabennē）[95]对面。然而，的里雅斯特在亚得里亚海的顶部，即提勒文图斯河（Tilaouentos）[96]河口的东北偏东方向 480 里，而拉文那在其东南偏东方向 1000 里。

4. 类似的，他还说，凯里多尼亚群岛（Chelidoniai）[97]在卡诺珀斯（Kanōbos）[98]对面，阿卡马斯（Akamas）[99]在帕福斯（Paphos）[100]对面，帕福斯在塞本尼托

89　"Iol"为其古名。该城原本由迦太基的腓尼基人建立，后由努米底亚王国的朱巴二世改名为 Caesarea Iol。该城位于凯撒毛里塔尼亚行省沿海，故而也称"毛里塔尼亚的凯撒里亚"（Cesarea in Mauretania）。在今阿尔及利亚舍尔沙勒（Cherchell）。

90　今法国与西班牙的边界山脉。

91　即今西西里北岸的利卡塔（Licata）。

92　也作"Thenae"或"Theainai"，位于罗马的阿非利加行省沿海，在今突尼斯的斯法克斯（Sfax）。

93　提摩斯梯尼即正文第一章中提到的希腊化时期的海军将领（1.1）。他著有一部至今已散佚的作品《论港口》（On Harbors），记载了地中海沿岸诸多地点之间的距离。他基于亚里士多德的风向图建立的定位系统产生了较为深远的影响。

94　即今意大利的里雅斯特（Trieste）。

95　今意大利拉文那（Ravenna）。

96　即今塔利亚门托河（Tagliamento）。

97　位于土耳其安纳托利亚南海岸的盖利多尼亚角附近的一组岛屿，今称贝萨达拉尔群岛（Beşadalar or Beş Adalar，意为"五岛"）。

98　古代尼罗河三角洲地区最西边的城镇之一。

99　一般指阿卡马斯角，位于塞浦路斯岛的西北部。

100　塞浦路斯西南沿海城市。古典时代有两处被称为"帕福斯"的地方：一处是老帕福斯（Old Paphos），今天称库克利亚（Kouklia），另一处是新帕福斯，即托勒密所指的帕福斯，也是今库克利亚（Kouklia）的首府。

斯（Sebennytos）[101]对面。但与此同时，他又说凯里多尼亚群岛距离阿卡马斯
1000 里，但提摩斯梯尼称卡诺珀斯到塞本尼托斯的距离为 290 里；但事实上，
如果卡诺珀斯、塞本尼托斯果真与凯里多尼亚群岛、阿卡马斯各自位于同一
经线，那么它们之间的距离应当更大，因为它们位于更大的纬线圈上。

5. 然后，他又说比萨（Pisai）[102]沿西南偏南方向距离拉文那 700 里，但在
"纬度带和时区划分"一节，他将比萨置于第三时区，把拉文那置于第二时区。

6. 他也说不列颠的诺维奥马格斯（Noiomagos）[103]在伦敦城（Londinion）[104]
以南 59 罗马里，但在其纬度带列表中，他却把诺维奥马格斯放在伦敦以北。

7. 他将阿索斯（Athōs）[105]放在赫勒斯滂的纬线上，然而却将阿索斯北边
的安菲波利斯（Amphipolis）[106]及其周边、斯特里蒙河（Strymōn）[107]河口都
置于赫勒斯滂以南的第四纬度带。

8. 类似的，尽管几乎整个色雷斯都在拜占庭的纬线以南，他却将色雷斯
的内陆城市都放在该纬线以北的纬度带上。

9. 再则，他说："我们应当将特拉布宗（Trapezous）[108]放在拜占庭的纬线
上。"但在先说了亚美尼亚的萨塔拉（Satala）[109]在特拉布宗以南 60 罗马里后，
他却在"纬线描述"的部分让拜占庭的纬线穿过了萨塔拉，而非特拉布宗。

10. 最后他甚至说，尼罗河从源头到麦罗埃的河道是从南到北。同样他又
说，从香料角到尼罗河源头的行程受北风所驱使。但香料角在尼罗河河道以
东相当远的地方。

11. 因为从麦罗埃和尼罗河向东走 12 天才能到托勒密城，而俄刻利斯半
岛和得雷（Dērē）[110]之间海峡距离托勒密城和阿杜利斯湾又是 3500 里，此后
再到大香料角还要向东 5000 里。

101　今埃及的萨曼努德（Samannud），位于尼罗河三角洲地区。
102　即今意大利比萨（Pisa）。
103　源自高卢语，意为"新的土地""新的市场"，位于英格兰的奇切斯特（Chichester）。
104　即今英国首都伦敦（London）。
105　即今希腊的阿索斯山。
106　古代马其顿的城市，即今希腊依多尼斯地区（Edonis）的同名城市安菲波利斯（Amfipolis），位于斯特
　　　里蒙河（Strymon）河口附近。
107　即今希腊北部的斯特鲁马河（Struma）。
108　今土耳其特拉布宗（Trabzon）。
109　今土耳其的萨达克（Sadak）。
110　红海南端非洲一侧的城镇，在今吉布提拉斯希延半岛（Ras Siyyan）。

十六、马里诺在省份边界描绘中的多处疏漏

1. 在"边界描述"的部分，他也犯了一些错误。比如，他让整个默西亚（Mysia）[111]东邻本都海（Pontos）[112]，却把色雷斯放在了上默西亚以西；他让意大利（Italia）的北边与雷蒂亚（Rhaitia）[113]、诺里库姆（Nōrikon）[114]以及潘诺尼亚（Pannonia）[115]相邻，而在潘诺尼亚南部只提到达尔马提亚（Dalmatia）[116]，却没提意大利。他提到粟特人（Sogdianoi）[117]和塞种人（Sakai）[118]所在的内陆地区南邻印度。然而根据他的地图，伊美昂山（即印度最北部）以北的两条纬线，即赫勒斯滂和拜占庭的纬线却并没有穿过上述民族。恰恰相反，穿过上述民族的第一条纬线已经到了本都海中部。

十七、马里诺的信息与当代记述之间存在不一致之处

1. 无论是因为著作体量过于庞大，又将不同主题分开处理，还是如他所说的来不及在作品发布前绘制地图，马里诺都出现了这样或那样的疏漏。

2. 而如果他绘制了地图，也唯有这样做，他才能纠正其纬度带和经度划分的错误。然而在许多地方，他都和今天的记载无法吻合。比如，他将萨卡利忒湾（Sachalitēs kolpos）[119]放在苏亚格罗斯角（Syagros）[120]的西边。

3. 事实上，所有到过这两个地方的人必然会同意，隶属于阿拉伯的萨卡

---

111 多瑙河以南，巴尔干山脉以北的两个罗马行省，分为西部的"上默西亚"与东部的"下默西亚"。注意：这里不要将希腊语拉丁转写的名称 Mysia 与小亚细亚半岛上的密西亚（Mysia）混淆，在拉丁拼写中默西亚也常拼作 Moesia，以示区别。

112 即黑海。该名称源于古希腊人对黑海的称谓 Euxinos Pontos（Εὔξεινος Πόντος），意为"友好之海"，其后简化为 Pontos。

113 罗马帝国行省名。位于诺里库姆以西，今散布于南德、奥地利和瑞士境内。

114 罗马行省之一，位于东阿尔卑斯山区，和今天奥地利的东部相应。

115 多瑙河以南的罗马行省，在诺里库姆以东，大部分位于今匈牙利境内。

116 罗马帝国位于亚得里亚海沿岸的行省。

117 中亚河间地区、巴克特里亚以北的民族，分布在今撒马尔罕（Samarkand）、布哈拉（Bukhara）一带。

118 也译作萨迦伊人。印度以北帕米尔地区的游牧民族。其游牧地区大致位于粟特以东，在恒河两岸印度以北。

119 萨卡利忒湾位于今也门东南的苏亚格罗斯角（Cape Syagros, 今法塔克）以东，即今天的卡马尔湾（Qamar Bay）。但《红海周航志》和马里诺的地理著作都将萨卡利忒湾置于苏亚格罗斯角以西。萨卡利忒地区则是海湾的沿海部分，属于福地阿拉伯地区。

120 今也门南部的法塔克（Ra's Fartak）。

利忒及其同名海湾在苏亚格罗斯角以东。还有，他不仅将西穆拉（Simylla，印度利穆利的贸易站）[121]放在科马里亚（Komaria）[122]的西边，也放在印度河的西边。

4. 但实际上，无论是在长时间内频繁造访此地，还是从那里到我们这儿来的人，都一致认为被当地人称为提穆拉（Timoula）的地方，位于印度河口的正南而非西边。

5. 从他们那里我们也听说了关于印度的其他细节，特别是关于那里的行政区划、内陆的情形和远至黄金半岛、再到卡蒂加拉的情况。首先，他们都声称去程航向是向东，而回程是朝西[123]。但也承认这条路线相当模糊，航程时间也会长短不一。他们还说赛里斯国及其都城位于秦奈以北，再往东去便是未知之地[124]。那里有成片的沼泽，遍布着高大繁茂的芦苇，以至于人们能被芦苇托起来渡水而过。他们还说，从赛里斯不仅有经石塔通往巴克特里亚的贸易路线，还有一条经华氏城通往印度的道路[125]。另外，从秦奈城通往卡蒂加拉的航程是朝向西南偏西和南边的。所以，这条路线并不像马里诺说的那样，沿着塞拉和卡蒂加拉的经线行进，而是在更靠东边的经线上。

6. 由福地阿拉伯（Arabia Eudaimōn）[126]航行到香料角、阿扎尼亚和拉普塔的商人称呼这些地方为 Barbaria[即野蛮之地]。我们也从他们那里得知，整个航向并不是严格向南。一开始，是向西和向南，而从拉普塔驶向普拉松的航段，则是向东和向南。而且，尼罗河的源流之湖并不在海边，而是在相当遥远的内陆。

7. 我们还得知从香料角到普拉松角，海滩和崖壁出现的顺序同马里诺的记载不一样。而且，由于赤道附近风向的急遽变幻，一昼夜的航程并不太多，

121　印度利穆利的贸易站。《红海周航志》称为"Semylla"，并置于印度河以东临近盂买处。大概在今印度马哈拉施特拉邦焦尔（Chaul）附近。
122　即今科摩林角（Cape Comorin）。现实中印度的最南端。然而托勒密地图上标注了一个位置更加偏南的帕卢拉。
123　目前尚不清楚托勒密在谈论驶往卡蒂加拉的最后阶段，还是整条航线的总体情况。但后世绘制的托勒密地图基本采纳了马里诺的说法，即从扎拜横穿大海湾前往卡蒂加拉的航向为向南并略微偏东。
124　"未知之地"（ἄγνωστος γῆ, agnōstos gē）在托勒密地理学中指位于居住世界边缘的、尚未探明的陆地。因此除了外海，地图往各个方向上都可能延伸到未知之地，从而使得托勒密的世界地图突破了古希腊传统的"海中地"模式，而呈现出一幅大地无定限延伸的地理世界图景。
125　事实上，《红海周航志》的作者已经提到了从丝绸之路分岔出来通往印度的贸易路线。书中说秦纳城："产生丝、丝线和赛里斯的布匹。货物由陆路经巴克特里亚运往巴里加沙，也通过恒河运往利穆利。"
126　原意指阿拉伯半岛偏南部的地区，但在托勒密的文本中，几乎用以指称整个半岛的主体部分。

通常只有四五百里。

8. 根据这些商人的报告，香料角之后紧接着是一个海湾，只需一天航程便可抵达海湾沿岸的小镇帕农（Panōn）[127]，再用六天便能抵达贸易中心欧泊尼港（Opōnē）[128]。

9. 之后是另一个海湾，标志着阿扎尼亚的起点。奇吉斯（Zingis）岬角[129]和拥有 8 座顶峰的骨山（Phalangida Oros）[130]在此处伸入大海。他们也称其为"绝壁海岸"（Apokopa）[131]，穿过这里要两天两夜。

10. 紧接着，要花三个日程[132]穿过小海滩（Mikros Aigialos），再花五个日程穿过大海滩（Megas Aigialos）[133]。因此经过两地的时间合起来是四天四夜。

11. 此后是另一个海湾，再经两天两夜的航行，便抵达海湾边一个叫厄西那（Essina）[134]的贸易站。然后航行一天，到了萨拉皮翁（Sarapiōn）锚地。

12. 然后便是驶向拉普塔角的海湾的起点，这趟横穿整个海湾的旅程要花三天三夜。在这里首先要抵达一个叫作托尼基（Toniki）[135]的贸易站，拉普塔角附近还有一条河流叫作"拉普托斯河"（Rhaptos River）[136]，以及离海不远的同名城市拉普塔城。从拉普塔到普拉松角的海湾十分宽广但并不深，周围居住着野蛮的食人族。

十八、马里诺的作品在制图上的不便之处

1. 基于现有研究对马里诺的讨论就到此为止，毕竟我们只是为了革故鼎新，而非党同伐异。关于绘图的指南也将解释一切细节。因此下文将直接进入制图方法的讨论。

---

127 香料角和欧泊尼港之间的某个小城，位于索马里沿岸。

128 位于今索马里哈丰（Xaafuun）的贸易站。

129 在欧泊尼之南的岬角，具体位置不确定。

130 对应的位置迄今并不确定，大致位于索马里沿岸的奇吉斯和绝壁海岸之间。

131 托勒密对阿扎尼亚起点处的沿岸地区的称呼，位于北纬 9°30'—7°30'的索马里海岸一带，因一系列的海崖峭壁而得名。

132 所谓"日程"（διάστημα），希腊语原意为"间隔"。这里为航海术语，用来指一个白昼或一个黑夜的航程，实际相当于船行半日、休息半日所经过的距离。本文将其译作"日程"。

133 大小海滩是托勒密对非洲东海岸两片相连地区的称谓，具体所指不详。

134 地点未定的贸易港，可能位于索马里海岸，靠近今瓦尔希赫（Warsheik）。

135 在萨拉皮翁锚地附近。

136 流经拉普塔的河流，应为现在的潘加尼河（Pangani River）或鲁菲吉河（Rufiji River）。

2. 有两种制图呈现的形式：第一种将居住世界绘制于球面上，第二种将居住世界绘制在平面上。两者都旨在方便受众。也就是说，哪怕手头没有成形的地图作为参考，也须尽可能方便地根据文字信息来绘制地图。因为在从图像到图像不断临摹的过程中，小的误差终会聚少成多，最终导致严重的形变。

3. 如果基于文本的方法都不能告诉我们如何制图，那么一开始就没有地图的人，便永无指望完成这项工作了。事实上，这正是当大多数人想要基于马里诺的作品来绘制地图时碰上的问题：这部作品的最终文本中是没有地图的。在绘图时，人们只能根据他的注解任意发挥，因而无法就大多数问题达成共识。毕竟他的指南太难操作，也过于零碎，用过的人都能意识到这一点。

4. 例如，要标记某地在地图上的位置，就必须知道其经度和纬度。但在马里诺的著作中，你很难直接获得这些数据，因为它们分散在书中不同的位置。譬如，在"纬线概览"的部分，可能只能找到纬度，而在"经度汇编"的章节，又只能发现经度。不仅如此，大多数时候同一地点未必会在经纬度列表中都出现，有的地方可能只有纬度，有的地方只有经度，这就造成了信息缺失。总的来说，绘制任何一张地图都必须翻遍他的全部作品，因而他在不同文本中对同一地点的论述可能都会不一样。

5. 如果我们没有将他对特定地点的不同说法搜罗完整，就可能在许多应当注意的地方不经意犯错。

6. 另外，在标注城市位置之时，绘制沿海的地点会更简单，因为海岸的轮廓已经显示了特定的排列顺序。但内陆城市却并非如此，因为它们之间或与沿海城市的相对位置信息并未给出，只有少数例外——在这些特例中，经度或纬度也只是偶然确定下来。

十九、本书的方法在制图上的便利性

1. 因此，我们承担了一项双重任务：首先，除了需要加以纠正的部分，我们将保留马里诺著作中的主要观点；其次，应当利用亲历之人的记述或精确地图上的位置，把他未曾说明的内容尽可能准确地确定下来。

2. 另外，为使本书方便使用，我们将对涉及行省的下列信息加以汇编：各区域的轮廓，即其经度和纬度范围，重要部族的相对位置，以及一切可被纳入地图的主要城市、河流、海湾、山脉及各事物的准确定位。所谓"定位"，按大圆圆周为 360° 计算，即意指沿赤道计量的、当地经线距西部边界经线的经度度数，以及沿经线计量的、当地纬线距赤道的纬度度数。

3. 这样一来，我们就能确定每一个位置。借助这一精准定位，行省相互之间以及相对于居住世界的位置，也都能得以确定。

二十、关于马里诺地图比例的不一致性

1. 两种制图法各有其特点。球面制图能做到同大地的形状相仿，且不需要附加任何手段来达到这一效果；但如果球体足够大到容纳下地图上须呈现的各种元素，那么它就不方便操作，也无法做到看图的时候所有元素都一目了然。也就是说，只有移动眼睛或者球体，才能看到全部图像。

2. 平面制图能彻底免除这些麻烦，但又需要某种方法来实现同球面图形的相似，以使平面上的距离尽可能地同真实距离保持恰当的比例。

3. 马里诺相当关注这一问题，并批评了所有现存的平面制图方法。尽管如此，他最终却选用了那种最不符合距离比例的方法。

4. 他将代表经线圈和纬线圈的线条都画成直线，并像大多数人那样，让所有经线都相互平行。

5. 只有在穿过罗德岛的纬线上，他才保留了纬线同经线的真实之比，即球面上相等份数的弧长的比，约为 4∶5。这也是距赤道 36° 的纬线与大圆圆周之比。显然他并不关注其他纬线——既未考虑合适的比例，也未曾考虑与球面的相似性。

6. 第一，当视线开始投向球面北部象限的中央，即居住世界大部分所在的位置，此时让球体相对于眼睛转动起来，使得每根经线都相继位于眼睛的正对面且经线平面穿过视锥顶点时，经线就会呈现为直线。然而纬线却不会如此，因为北天极的位置偏离了视轴，于是纬线明显呈现为向南凸出的圆弧状。

7. 第二，尽管根据球面外观和现实情况，经线在不同的纬线上会切出相似但不等长的圆弧，且越靠近赤道越长。但通过拉长罗德岛以北、缩短罗德岛以南的相应间隔，马里诺却让它们全都等长。于是这些弧长不再符合他设

定的里程数：在赤道上短了约 1/5，这也是罗德岛的纬线比赤道短出的部分；在图勒的纬线上长了约 4/5，这也是罗德岛的纬线长于图勒的纬线的部分。

8. 按赤道长度为 115 单位计算，距赤道 36°的罗德岛纬线长度就是 93，距赤道 63°的图勒纬线长度就是 52。

二十一、关于居住世界平面地图绘制的说明

1. 有鉴于此，最好将代表经线的线段描绘为直线，将代表纬线的线段描绘为围绕同一圆心的圆弧。作为经线的直线从这一设想为北天极的圆心发散出来。如此一来，无论就位置关系还是视觉效果而言，球面的相似性都得以保留：经线仍垂直于纬线，同时也相交于北天极。

2. 由于不可能保留球面上所有纬线的比例，我们只需要保证图勒的纬线和赤道的比例与现实中居住世界南北两边的真实比例相符。而过去大部分经度测量都在其上进行的罗德岛纬线，就像马里诺说的那样，依照它同经线的比例加以划分，即两条线上的相等份数弧长之比约为 4 : 5。这就意味着，我们更熟悉的这部分居住世界经纬比是准确的。

3. 在阐明如何在球面上制图以后，我们将清楚地说明上述地图如何操作。

二十二、关于居住世界球面地图绘制的说明

1. 球的尺寸有多大，应当取决于地图上要呈现的要素之多寡，也取决于制图者的能力和野心。因为球做得越大，地图的细节就越丰富，呈现得越清晰。

2. 无论什么尺寸，首先要确定极点的位置，然后将一个半圆形的环圈安装在两极，稍稍离开球面一点，这样在转动时就不会摩擦到球体。

3. 将环圈做得窄一点，使其不至于阻挡到太多地点；让环圈的一条边准确地穿过极点，就可以用来绘制经线。我们将这条边分成 180 份，并在上面标注出纬度刻度，从中间也就是与赤道的交点开始计数。

4. 类似的，我们绘制出赤道并同样将其中一半分做 180 份，在上面标注

经度刻度，以最西边的经线为起点开始计数。

5. 现在，借助于赤道半圆和可移动的经线半圆上的刻度，我们将基于本书中的经纬度来标定地点。将环圈移动到指定经度，即赤道刻度的相应数字上，经度便确定了；纬度则可以从经线环圈的刻度中直接读出。我们在相应数字的位置加以标记，就像在天球仪上标注星辰位置一样[137]。

6. 同样，要绘制任意经度的经线，也可以将环圈的刻度边直接当尺子；要绘制特定纬度的纬线，可以将绘图工具[即画笔]固定在环圈刻度边的相应度数上，然后转动环圈，直至已知世界的边界即可。

二十三、地图上要绘制的经纬线列表

1. 根据前文的结论，所有经线将囊括 12 个时区。然而，以 1/3 等分时，即赤道上的 5 度为间隔来绘制经线，似乎是比较合适的。

至于纬线，则赤道以北的列表如下[138]。

2. 第 1 条纬线的最大白昼时长和赤道[即 12 小时]相差 $1/4$ 小时，距离赤道 $4\frac{1}{4}°$，正如几何证明所精确展示的那样。

3. 第 2 条纬线，相差 $1/2$ 小时，距离 $8\frac{5}{12}°$。

4. 第 3 条纬线，相差 $3/4$ 小时，距离 $12\frac{1}{2}°$。

5. 第 4 条纬线，相差 1 小时，距离 $16\frac{5}{12}°$，经过麦罗埃。

6. 第 5 条纬线，相差 $1\frac{1}{4}$ 小时，距离 $20\frac{1}{4}°$。

7. 第 6 条纬线，即北回归线，相差 $1\frac{1}{2}$ 小时，距离 $23\frac{5}{6}°$，经过赛伊尼。

8. 第 7 条纬线，相差 $1\frac{3}{4}$ 小时，距离 $27\frac{1}{6}°$。

9. 第 8 条纬线，相差 2 小时，距离 $30\frac{1}{3}°$。

10. 第 9 条纬线，相差 $2\frac{1}{4}$ 小时，距离 $33\frac{1}{3}°$。

11. 第 10 条纬线，相差 $2\frac{1}{2}$ 小时，距离 36°，经过罗德岛。

12. 第 11 条纬线，相差 $2\frac{3}{4}$ 小时，距离 $38\frac{7}{12}°$。

137　这里所说的是托勒密在《至大论》中所讨论的制作天象仪以标明各个星座的方法。详见 *Almagest* 8.3。
138　该表格显然是基于托勒密《至大论》中的纬度列表（*Almagest* 2.6）制作的，其中还包括了他所设定的"七纬度带体系"（7-klimata system）。

13. 第 12 条纬线，相差 3 小时，距离 $40^{11}/_{12}°$。

14. 第 13 条纬线，相差 $3^1/_4$ 小时，距离 $43^1/_{12}°$。

15. 第 14 条纬线，相差 $3^1/_2$ 小时，距离 45°。

16. 第 15 条纬线，相差 4 小时，距离 $48^1/_2°$。

17. 第 16 条纬线，相差 $4^1/_2$ 小时，距离 $51^1/_2°$。

18. 第 17 条纬线，相差 5 小时，距离 54°。

19. 第 18 条纬线，相差 $5^1/_2$ 小时，距离 56°。

20. 第 19 条纬线，相差 6 小时，距离 58°。

21. 第 20 条纬线，相差 7 小时，距离 61°。

22. 第 21 条纬线，相差 8 小时，距离 63°，经过图勒。

23. 赤道以南还将绘制一条纬线，与赤道相距 $^1/_2$ 小时。该线经过拉普塔角和卡蒂加拉，和赤道以北相对位置的纬度大致相当，即 $8^5/_{12}°$。

还要绘制出标志着南部边界的纬线。它在赤道以南的距离正如麦罗埃在赤道以北的距离[139]。

二十四、根据与球面形状相应的比例来绘制 居住世界平面地图的方法

对于平面上的地图，我们用以保持边界纬线合比例的步骤如下。

[第一步：准备绘制地图的矩形表面，绘制中央经线及罗德岛的纬线]

1. 首先绘制一个矩形平面，形状如 ABGD 所示。边 AB 约为 AG 的两倍。令 AB 位于顶端，这将是地图的北部边界。

2. 然后，以垂直于 AB 的直线 EZ 平分 AB，然后附加一段大小适当且垂直于 AB 的标尺 EH，使得 EH 沿长边的中心线与 EZ 共线。令 EH 长为 34 单

139　最后这段话在诺布本以及许多写本中都放在该节第一段第一句（即"所有经线将囊括 12 个时区"）之后，但根据文意应置于该节末尾，此处照此安排该段文字。

位，从而 HZ 的度数为 $131^5/_{12}°$[140]，然后以 H 为圆心，以 79 单位为半径，绘制一段圆弧 ΘKL 以代表罗德岛的纬线。

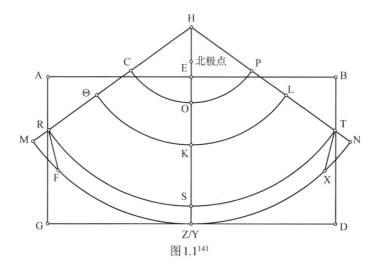

图 1.1[141]

[第二步：绘制所有经线]

3. 对于经度的边界，由于经线在 K 的两边各自构成 6 个时区，我们以中央经线 HZ 上的 4 个单位长度为间隔，即相当于罗德岛纬线上的 5°，因为大圆同该纬线的大致比为 5：4[142]。然后以 K 为起点，沿圆弧 ΘKL 在 K 的每一侧标出 18 个这样的间隔[143]。于是我们就得到了这样一些点：从 H 出发穿过它

---

140 注意，这里的数值设定省去了托勒密制图法中的一个重要前提，即球面上的大圆如果转到平面后呈现为直线，那么该线在转换前后的长度成正比。换句话说，在地图上呈直线的中央经线，其上每 1 单位长度都对应 1°（1 纬度）（由于这一转换方式就像是将球面曲线直接展开在平面上，故而也可称为"平面展开"）。设此长度单位为 p，由于 HZ 与赤道的交点为 S，与北界纬线的交点为 O，与南界纬线的交点为 Z，则可知 SO=63p，SZ=$16^5/_{12}$p。此外，托勒密还假定了所有地图上的纬线都是以 H 为圆心的同心圆，所以不同纬线半径之比等于纬线周长之比，也即 HO：HS=北界纬线：赤道。托勒密设定的北界为北纬 63°，由三角函数可推知，北界纬线与赤道的比为 cos63°≈52：115。所以 HO：HS=HO：（HO+SO）=52：115。因 SO=63p，故可求得 HO=52p。于是有 HZ=HO+OS+SZ=$131^5/_{12}$p。

141 这里须注意的是，由于诺布原版配图系对许多抄本配图的直接临摹，形式较为简陋，对今天的读者来说是非常不便于参看的。因此本书对包括卷一和卷七中的制图相应的所有配图进行了重制，并增加了一些过程图，以使读者更好地理解每一步的具体操作过程。原版图片也会放在每种制图法的最后以供参考。

142 罗德岛纬线同赤道大圆的长度比，根据三角函数可知为 cos36°，约等于 4：5。由于经线大圆与赤道大圆等长，所以罗德岛纬线与经线大圆的长度比也是 4：5，前者上的 1°（1 经度）与后者上的 1°（1 纬度）对应弧长的比亦是 4：5。因此结合上一脚注中的前提假定，经线大圆上的 4 个单位长度，正好相当于罗德岛纬线上的 5°弧长。

143 严格来说，这一标注过程应基于角度或对圆弧长度的弧长计算，但由于间隔极小，可以将每段圆弧视为直线段。这不会在一般尺寸的地图上造成明显的误差。因此托勒密描述的绘制过程，实际是借助圆规等工具，以固定间隔沿圆弧 ΘKL 一段一段地标出分界点。

们的经线，将以 1/3 小时为间隔进行排列，其中也包括边界经线 HΘM 和 HLN。

［第三步：绘制赤道和边界纬线，以及其他纬线］

4. 接下来，以 H 为圆心，以 HZ 上 52 单位长度的 HO 为半径，绘制通过图勒的纬线 COP，再以长度为 115 单位为半径绘制赤道 RST，以及反麦罗埃的纬线 MYN[144]——这是最南端的纬线，其距离 H 的绘制半径为 $131^5/_{12}$ 单位。

5. 因此 RST 同 COP 的长度比相当于 115:52，同球面上相应纬线之比吻合。

6. 因为 HO 长 52 单位，HS 长 115 单位，且 HS 与 HO 之比等于弧 RST 与弧 COP 之比[145]。

同样还能确定，中央经线上的线段 OK，即从图勒的纬线到罗德岛的纬线间的间隔长 27 单位；罗德岛的纬线到赤道之间的间隔长 36 单位；从赤道到与反麦罗埃纬线的间隔长 $16^5/_{12}$ 单位。另外，已知世界的纬度跨度，即 OY 的长度是 $79^5/_{12}$ 单位，或者取整为 80。沿罗德岛纬线的经度跨度 ΘKL 长 144 单位，这和上文证明的结果一致，即经线上 40 000 里的纬度间隔与沿罗德岛纬线上 72 000 里的长度之比，等于 $79^5/_{12}$:144。

要绘制其余的纬线，可仍以 H 为圆心，按前文表格中相应纬线与赤道距离，确定距离 S 同样单位长度的点，以此作为绘制半径。

［第四步：绘制赤道以南部分］

7. 然而为了完善这一图形，我们不会让表示经线的线段笔直延伸到 MYN，而仅到赤道 RST 为止；之后，按照麦罗埃纬线上间隔同样的大小与数量，对圆弧 MYN 加以划分，然后连接 MYN 和赤道上相应的分隔点，用以表示南半球的经线，如线段 RF 和 TX。这样一来，经线在赤道另一边的弯曲，就能通过地图上经线的向内弯折体现出来。

［第五步：借用尺子完成地点定位，完成地图绘制］

8. 为了下面更方便地标记地点，我们还会制作一把窄尺子，长度等于 HZ 或者 HS。将其一端固定于 H，使其能沿整个经度范围转动，且某一边和经线

144　按照托勒密的上述步骤，这段弧的中点是 Z。但他一直用 Y 来表示，似乎它不同于 Z。这显然违反了他所设定的字母代号。一个可能的解释是，他也许意识到如果在更大的平面上绘制地图，页边就会留下空白；因而矩形底部的 Z 点就不再和地图底部的 Y 点重合。因此在制图步骤中，他刻意将两者进行了区分。

145　见上文"第一步"脚注。

精确重合，这是因为极点的中心与尺子是共线的。对应于 HZ，将这条边划分为 $131^5/_{12}$ 单位或对应 HS 分为 115 单位，以赤道为起点标注刻度。这也是为了避免中央经线上刻度对附近地点绘制的干扰。借助这些刻度也能进行纬线的绘制[146]。

9. 之后，我们将赤道也划分为 180 度、12 个时区，并从最西边的经线开始依次标注刻度。每一次，我们都先将尺子的刻度边移到标明的经度，再借助尺子上的刻度确定其纬度，便能标记出各地的位置。就像球面制图时的步骤一样。

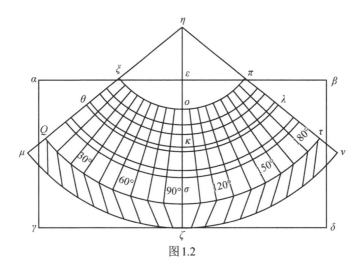

图1.2

［托勒密的第二平面制图法］

10. 若想要与球面形状更相似且更合比例，我们还可以像在球面上那样，将经线呈现为曲线，但这必须以球面如是放置为前提，即令视轴穿过以下两点。

［1］正对视点的、经度方向上平分世界的经线与纬度方向上平分世界的纬线的交点；

［2］球心。

这样在观看者看来，［世界经度和纬度范围］相对的边界［即东西边界或南

146　类似于上文中球面地图纬线的绘制（1.22.6），可以将绘图工具或绘图笔固定在尺子刻度边的特定纬度上，再转动尺子来完成。但如果按照托勒密对南半球经线的绘制步骤，即经线在赤道处发生弯折的话，那么尺子及其刻度实则无法用于绘制赤道以南的地点。

北边界]便是等距离的。

[第一步：确定一个合适的点，作为代表纬线的圆弧的共同圆心] [147]

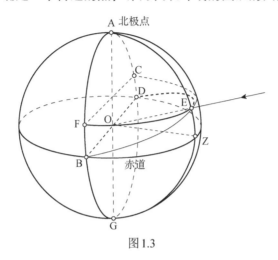

图1.3

11. 首先，我们要确定纬线圈相对于这样一个平面的倾斜度：该平面垂直于经度方向上的中央经线，且同时穿过上述平分世界的经线和纬线的交叉点与球心。假设大圆 ABGD 代表了球面上可见的一半，平分该半球的经线为半圆 AEG，而平分世界的纬线与 AEG 交于 E。过 E 点绘制另一个大圆的一半BED，使之同 AEG 垂直。显然，视轴位于 BED 平面内。

12. [在经线半圆上]截出一段长 $23^5/_6$° 的圆弧 EZ，这是赛伊尼的纬线距离赤道的间隔，前者差不多位于世界纬度范围的中点。再过 Z 点作赤道半圆BZD。这样，赤道平面和其他纬线所在平面就与前述的视轴平面相互倾斜，所成的夹角等于圆弧 EZ[的弧度]，即 $23^5/_6$°。

13. 现在假定 AEZG 和 BED 都是直线而非圆弧，且 BE 和 EZ 之比为 90: $23^5/_6$[148]。

---

147 如图 1.3 所示。托勒密设想穿过 E 存在一个大圆 BED 垂直于中央经线 AEG，因此对于 E 正上方的观察者，不仅中央经线显示为直线，BED 也呈直线并与中央经线垂直。同时基于某种"平面展开"的几何设定，他假设观察者能看到一个完整的半球——这从光学角度来看显然是不可能的，除非视点距离地球无限远，由此赤道将与通过 E 的大圆在可见部分边缘相交，并分别呈现为向南凸出的弧线和与弧线相对的弦。这将成为第二制图法的几何前提。

148 如图 1.4 所示。如前所述，这一步并非依据传统的平面几何或光学理论，而是托勒密规定为制图前提的"平面展开"，即令平面上代表特定圆弧的直线单位长度与圆弧的单位弧长成正比，就像将球面曲线直接展开到平面上一样。

14. 作直线GA，使之延长至H，令H为圆弧BZD所在圆的圆心。我们需要找出HZ与EB之比。作直线段ZB，中点为Θ，再作ΘH，显然ΘH垂直于BZ。

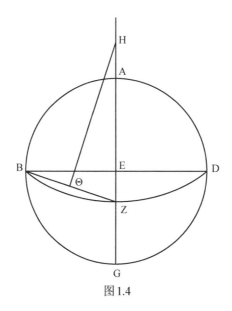

图1.4

15. 既然BE长90单位，EZ长$23^5/_6$单位，斜边BZ的长度便是$93^1/_{10}$单位。按两直角之和等于360单位计算，角BZE等于$150^1/_3$单位[即半度]，而角ΘHZ等于同样的$29^2/_3$单位[即半度][149]。

16. 因此，HZ和ZΘ的比为$181^5/_6$:$46^{11}/_{20}$。按BE长90、EZ长$23^5/_6$单位计算，则ZΘ长$46^{11}/_{20}$单位，线段HZ的长度便是$181^5/_6$单位[150]。于是点H的位置就确定了，平面地图中所有的纬线都将围绕该点绘制。

[第二步：绘制代表纬线的圆弧]

17. 在提前搭好这些辅助框架后。我们作绘图平面ABGD，使得AB仍旧

---

149 所谓"半度"的运算单位，涉及托勒密的三角学运算，即通过圆心角的度数来表示圆周角。这种情况在《至大论》中普遍存在。设想BZE为一个圆内接的直角三角形；显然BZ就是圆的直径，而角BZE等于弦BE对应圆心角的一半——或者说，相当于同样度圆心角的"半度"。然后托勒密只需利用他的弦表，便能得到这一角度值。参考 *Almagest* 1.11。

150 ZΘ是BZ的一半，而BZ的长度是$93^1/_{10}$单位。另外由于相似的关系，HZ:ZΘ=BZ:ZE，所以HZ大约等于$181^5/_6$单位长度。

是 AG 的两倍，AE 等于 EB，EZ 与其垂直[151]。同样，将该象限内与 EZ 等长的线段分成 90 单位，对应于 1/4 圆周的度数为 90°。作 ZH，使其长度为 $16^5/_{12}$ 单位；作 HΘ 长 $23^5/_6$ 单位；作 HK 长 63 单位。假设 H 在赤道上，则点 Θ 便在赛伊尼的纬线上，该纬线位于纬度范围的中点；点 Z 位于反麦罗埃的纬线，即南部边界纬线上；点 K 位于图勒的纬线，即北部边界纬线上。

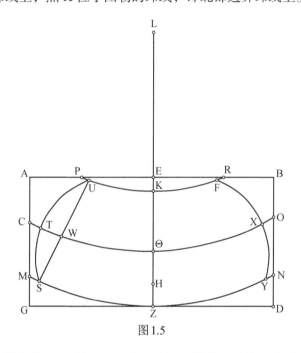

图 1.5

18. 我们现在将 EZ 延长至绘图平面外，使得 HL 的长度为 $181^5/_6$ 单位或 180 单位，这样绘制的地图没有太大差别，然后以 L 为圆心，以 LZ、LΘ 和 LK 为半径，分别作圆弧 MZN、CΘO 和 PKR。

19. 这样一来，各纬线相对于视轴平面倾斜的样式将得以保留。因为同样的，此时视轴应正对 Θ 且垂直于地图平面，于是地图上相对的边界也将显示为等距离的。

[第三步：绘制经线的圆弧]

20. 经度跨度和纬度跨度之间应当符合如下比例：在球面上，图勒的纬线与大圆长度之比为 $2^1/_4$:5，赛伊尼的纬线的相应比为 $4^7/_{12}$:5，麦罗埃的纬线则

151　如图 1.5 所示。值得注意的是，此图中的 L、Θ、H 实则分别对应图 1.4 中的 H、E、Z。

为 $4^5/_6$:5。

现在，我们需要以 1/3 小时为间隔，在中央经线 ZK 的每一边绘制 18 条经线，以囊括经度范围内所有的[经线]半圆。

21. 因此，我们将在上述三条纬线上各自按 5°，即 1/3 小时为间隔进行划分。按 EZ 长 90 单位计算，从 K 点出发，按每段间隔长 $2^1/_4$ 单位划分，从 Θ 点出发，按每段间隔长 $4^7/_{12}$ 单位划分，从 Z 点出发，按每段间隔长 $4^5/_6$ 单位划分[152]。

22. 然后通过三条纬线上同一经度的三个点，作代表相应经线的圆弧，如作为东西边界的经线 STU 和 FXY[153]。最后我们仍以 L 为圆心，再根据距离赤道的远近，以直线 ZK 上相应单位距离为半径，将剩余的纬线圆弧补充完整。

23. 显而易见，相比于前一种方法，用这一方法绘制的地图与球面更为相似。

24. 因为当我们观看球面地图时，若球体静止不动一如观看平面地图时那样，那么将只有一条经线，即中央经线，落在视轴平面内并呈现为直线，其余位列两边的经线都将呈现为曲线，而且越是远离中间便越是弯曲。该方法对经线加以相应的弯曲，上述印象遂得以保留。另外，纬线之间的正确比例也得以保留：这不仅像过去[的地图]那样适用于赤道和图勒的纬线，也尽其可能地适用于其他纬线。任何人只要验证过便能明白。

25. 最后，整个纬度范围和经度范围之比也是准确的，不仅罗德岛的纬线一如既往地如此，其他所有纬线也大致如此。

26. 因为，假如我们也仿照以前的制图方法，用直线段 SWU 代表最西边的经线，那么相比于弧 ZS 和 KU，弧 ΘW 的长度比明显比本地图中展示的正确比例要短得多，而后者是我们按整段弧 ΘT 相比于赤道的长度计算得到的。

27. 而如果要让弧 ΘW 与纬度范围 ZK 长度成正确比例，则弧 ZS 和 KU 都会比现在与 ZK 合比例的长度更长，正如 ΘT 那样。但如果保持 ZS 和 KU 同 ZK 的正确比例，那么相比于与 ZK 合比例的长度，ΘW 就会短出一截，也比

---

152 不同纬线上每段间隔的长度，均依各纬线周长与赤道大圆的比值而定，其绘制方式与第一平面制图法中罗德岛纬线上的经线交点标注方式相同。

153 这里托勒密并未提及这些理论上"过三点可确定的圆"应如何绘制，譬如临近中央经线的圆弧，由于弯曲度小而半径巨大，实际很难仅靠圆规绘制。

ΘT 更短[154]。

28. 基于上述原因，该方法是优于前一种方法的。但它的缺点是不如第一种方法容易上手。在第一制图法中，只需要绘制一条纬线并划分刻度，就能通过转动尺子在地图上标出所有地点；然而在第二制图法中，由于经线全都凹向中央呈弯曲状，这一操作不再可行。我们只得画出所有的[经线和纬线]圆弧，以构成一个网格系统，再通过网格周边的相应度数来估算落在网格之中的地点位置。

29. 即便如此，相比于更加简单却不够完善的方法，我还是更偏爱相对麻烦却更胜一筹者。但前者毕竟更便于操作，为方便计，还是应当将两种方法都掌握在手[155]。

30. 若赤道长度为 5，那么麦罗埃的纬线长度就是 $4^5/_6$，两者之比为 29:30。

31. 若赤道长度为 5，那么赛伊尼的纬线长度就是 $4^7/_{12}$，两者之比为 55:60 或 11:12。

32. 若赤道长度为 5，那么罗德岛的纬线长度就是 4，两者之比为 4:5。

33. 若赤道长度为 5，那么图勒的纬线长度就是 $2^1/_4$，两者之比为 9:20。

154　本段话仍与上一段一样，是在"仿照以前的制图方法"即第一平面制图法的情况下讨论的，也就是说，假设相同经度跨度的纬线可借由平面上由同心圆圆心出发的同一半径所在直线加以规定，比如以 Θ 所在纬线为标准，若使弧 ΘW 与球面上大圆的比例合乎真实，那么由此得到的 W 点必然在途中更加偏西的方向，接近 T 点附近。连接 LT 来得到 K 和 Z 纬线上的交点，分别得到新的 S 点与 U 点，在这种情况下，弧 ZS 和 KU 才会比图中的长度，即"现在与 ZK 合比例的长度"更长。

155　目前在通行的现代译本中，伯格伦与琼斯的英译本的第一卷到此便结束了。施图克尔贝格和格拉斯霍夫等的德译本附加了两段文字，列出了麦罗埃、赛伊尼与赤道的长度比。诺布的希腊文本比德译本又多两段，列出了罗德岛、图勒的纬线和赤道的长度比，事实上仿照的是部分早期抄本（如 U 本）的编排。这里依诺布文本翻译，但部分数据根据新译本中的最新研究有所更动。

笛卡尔《几何学》第一卷

——仅需使用圆和直线就可以构造出的问题[1]

勒内·笛卡尔　著

李霖源　译[2]

所有几何问题都可以很容易地化归[3]为这样一些术语，这样我们只需要知道特定直线的长度，就足以将它们［的解］构造（construire）出来。

算术计算是怎样与几何操作（operations）相关的[4]

正如算术的所有内容是由四种或五种运算（operations）所组成的，即加、

1　笔者依据的底本是笛卡尔 1637 年出版的《谈谈方法》（René Descartes, *La Géométrie*, in *Discours de la méthode pour bien conduire sa raison et chercher la verité dans les sciences; plus la dioptrique les meteores et la geometrie qui sont des essais de cete methode*, Leiden: Ian Maire, 1637）中的《几何学》（*La Géométrie*），该书的法文原版重印于史密斯（David Eugene Smith）和莱瑟姆（Marcia L. Latham）的 1954 年（初版于 1925 年）英译本（René Descartes, *The Geometry of René Descartes with a Facsimile of the First Edition*, trans. David Eugene Smith and Marcia L. Latham, New York: Dover publications, 1954）中。为了更好地理解文意，笔者参考了由荷兰数学家小弗朗斯·范·斯霍滕（Frans van Schooten, 1615–1660）于 1659 年出版的第二版《几何学》的拉丁文译本（René Descartes, *Geometria*, trans. Frans van Schooten, in *Geometria à Renato Des Cartes*, ed. by Frans van Schooten, Apud Ludovicum & Danielem Elzevirios, Amsterdam, vol. 1, 1659）以及他所写的评注。此外，笔者还参考了奥斯坎普（Paul J. Olscamp）的 1965 年英译本[笛卡尔，《谈谈方法、光学、几何学与天象学》（René Descartes, *Discourse on method, Optics, Geometry, and Meteorology*, trans. Paul J. Olscamp, Indianapolis: The Bobbs-Merrill Company, 1965）]、袁向东的 2008 年（初版于 1996 年）中译本[笛卡儿:《笛卡儿几何（附〈方法论〉〈探求真理的指导原则〉)》，袁向东译，北京: 北京大学出版社，2008 年]以及史密斯和莱瑟姆的 1954 年英译本。译文中的方括号"[]"用于补充原文中未出现，但译者基于对原文语境的理解，为保证句意通顺或语义完整而添加的内容；圆括号"( )"用于标示原文中对应的用词。原文统一参考 1637 年的第一版法文《几何学》，其中一些单词的写法与现代法语不同，比如只在词尾使用含闭音符的 é，或是在词首或词中用 es 代替含长音符的 ê 等。在引用由亚当（Charles Adam）和塔纳里（Paul Tannery）编辑的标准版《笛卡尔著作集》（René Descartes, *Oeuvres de Descartes*, volume 4, ed. Charles Adam and Paul Tannery, Paris:Léopold Cerf, 1901）时将依照惯例简写为 AT（如 AT 4，AT 6）。

2　李霖源，1997 年生，河南郑州人，清华大学科学史系硕士，美国圣母大学（University of Notre Dame）科学史与科学哲学项目博士研究生，主要研究方向为近代早期西方数学史、光学史。E-mail: lli34@nd.edu。

3　原文为 reduire，拉丁译文为 reduci。《几何学》的拉丁文译者范·斯霍滕将法语原文中用于不同语境的 reduire 和 demesler 统一翻译成 reducere 的对应变位。为了区分这两个词的含义，笔者将 reduire 翻译成"化归"，将 demesler 翻译成"拆解"，见脚注 9。

4　原文中这些出现于页边、概括下面一节内容的标题被统一移至正文中，译文的段落划分依照原文。

减、乘、除以及可以被视为一种特殊除法的开方，因此在几何学中，为了得到要求的线段（lignes），我们只需要在它们上面增加或去掉其他的线段；或者通过取定某条线段并称其为"单位［长度］"（l'unité），［这样命名的］目的是使其与数（nombres）尽可能紧密地联系起来，而通常它可以被任意选取，再取另外两条线段，求出（trouver）第四条线段，使其与这两条线段之一的比等于［这两条线段中的］另一条与单位［长度］的比，这种操作与乘法一致；求出第四条线段，使其与这两条线段之一的比等于单位［长度］与另一条的比，而这与除法一致；最后，求出单位［长度］与其他某些线段之间的一个、两个或者若干个比例平均数[5]，这与求平方、立方根等一致。另外，为了使我的表述更容易理解，我将毫不犹豫地将算术术语引入到几何学中。

乘　　法

例如，设 AB 为单位［长度］，且需要用 BC 乘 BD，我只需连接点 A 与 C，然后作 DE 平行于 CA，BE 即为乘法所得的积。

除　　法

或者，如果需要将 BE 除以 BD[6]，连接完点 E 和 D 后，作 AC 平行于 DE，BC 即为除法所得的结果（图1）。

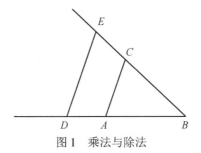

图1　乘法与除法

5　原文为"moyennes proportionnelles"，拉丁译文为"mediae proportionales"，英译为"mean proportionals"。用现代记法表示，假如对于给定量 a 有 $1 : x_1 = x_1 : x_2 = \ldots = x_n : a$，则称 x_1 为 a 的 n 比例平均数。又可译作"比例中项"（张东林：《笛卡尔对量概念的变革》，北京：北京大学，2013年，第49页）。

6　原文为"diviser BE par BD"，直译为"用 BD 除 BE"，即 $BE \div BD$。

取 平 方 根

或者，如果需要求 *GH* 的平方根，那么我将沿相同直线添加一段等于单位 ［长度］的线段 *FG*，然后平分线段 *FH* 于点 *K*，以 *K* 为圆心作圆周 *FIH*，然后过点 *G* 作一条与 *FH* 垂直的直线到点 *I*，*GI* 即为所求的根。我在这里不讨论立方根或者其他根，因为我将在下文中以一种更方便的方式讲到它们（图 2）。

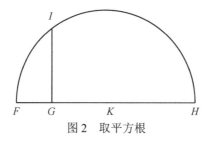

图 2　取平方根

如何在几何学中使用数字（chiffres）

但是，我们通常并不需要在纸上画出这些线，只需要用某些单个的字母来指代每一条线段。例如，为了表示线段 *GH* 加上 *BD*，我将其中一条命名为 *a*，另一条命名为 *b*，并且写成 $a+b$；此外，用 $a-b$ 表示从 *a* 中减去 *b*[7]；用 *ab* 表示用一条线段去乘另一条；用 a/b 表示用 *b* 去除 *a*；用 *aa* 或 a^2 来表示 *a* 的自乘，用 a^3 表示自乘所得结果再乘 *a*，以此无限类推；用 $\sqrt{a^2+b^2}$ 表示取 a^2+b^2 的平方根；用 $\sqrt[3]{a^3-b^3+ab^2}$ 表示 $a^3-b^3+ab^2$ 的立方根[8]，以此类推。

需要注意，在使用 a^2、b^3 或者类似的记号时，我通常只是在表示简单的线段，为了使用代数中常用的名称，我将它们称为平方、立方等。

还需要注意的是，当在问题中没有确定单位［长度］时，通常一条直线上的每一部分都应该用和其他部分相同的维数（dimensions）来表示，就像这

7　原文为 "$a\!-\!b$"，笛卡尔使用两条短横线表示减号，为了便于阅读，笔者将其统一改写为现代通行的数学符号。

8　原文为 "$\sqrt{C.a^3-\!-\!b^3+abb}$"。笛卡尔通常会将已知量和未知量的平方记为两个重复字母，而将三次及更高次项记为上标数字，如这里写作 *abb* 而不是 ab^2，而立方项则被记为 b^3。只有少数情况下是例外，如原文第 299 页上文中的已知量 a^2 和 b^2，第 301—303 页中未知量 x^2、y^2 和 z^2。

里的 a^3 所包含的维数与 ab^2 或 b^3 相同，它们一同构成了我称为 $\sqrt{a^3 - b^3 + ab^2}$ 的线段。然而当单位［长度］已经确定时，情况就不一样了，因为所有维数过高或过低的地方都可以被理解为单位。此时，如果需要求 $a^2b^2 - b$ 的立方根，我们必须认为 a^2b^2 这个量（quantité）被单位［长度］除过一次，且另一个量 b 被同样的单位［长度］乘了两次。

此外，为了防止忘记这些线段的名称，我们总是需要在指定或改变它们的名称时留下单独的记录，比如写下[9]：

$AB = 1$，即 AB 等于 1，$GH = a$，$BD = b$，等等。

如何得出用于解决问题的方程

因此，要想解决某个问题，我们必须首先将其看作（considerer）是已经解决的，并为所有看上去是构造该问题所必需的线段指定名称，无论它们是未知的还是其他已知的。然后不考虑已知和未知线段之间的区分，我们应该按照能够最自然地展示出这些线段如何相互依赖的顺序，彻底研究其中的难点，直到我们找到表示同一个量的两种方式，而这将被称作一个方程（equation），因为这两种表示方式之一的各项等于（esgaux）另一［表示方式］的各项。并且，我们还必须找到与假定为未知线段的数目一样多的方程。然而，假如我们即便没有忽略问题中所要求的任何条件，但却仍然无法找到这么多方程，那么这表明该问题不是完全确定的（n'est pas entierement determinée）。此时，我们可以为那些没有方程与之对应的未知线段，任意确定一条已知长度的线段。在此之后，如果仍然留有一些未知线段，我们必须按顺序利用其余的方程，要么对它单独加以考虑，要么将它与其他方程相比较，从而解出（expliquer）这些未知线段。就这样依次拆解[10]这些方程，直到只剩一条未知线段，它等于另一条已知线段；或是这条未知线段的平方、立方、平方的平方（le carré de carré）、五次方（sursolide）、立方的平方（le carré de cube）

9　笛卡尔使用的等号形似左右翻转的 ∝ 。

10　原文为 "demeslant"，拉丁译文为 "reducendo"。在笛卡尔的语境中，这个词不仅可以指得出某个方程的解，也指对于方程组的变换、消元、合并等"化简方程"的操作，因此笔者用"拆解"来概括这些更普遍的操作内容。

等，等于两项或更多项的和或差，其中一项为已知的，而其他项则由单位［长度］与［方程左侧的］这个平方、立方或是平方的平方等的诸比例平均数乘上其他一些已知线段所构成，即我在下面所写的：

$z = b$，或

$z^2 = -az + b^2$，或

$z^3 = +az^2 + b^2 z - c^3$，或

$z^4 = az^3 - c^3 z + d^4$，等

也就是说，z 等于 b，这里我用 z 表示未知量；z 的平方等于 b 的平方减去 a 乘以 z；z 的立方等于 a 乘以 z 的平方加上 b 的平方乘以 z，再减 c 的立方；其他的以此类推。

当问题可以用圆和直线，或者是用圆锥曲线，甚至用其他一些在"复合程度"上仅高出一或两级的曲线[11]所构造出来时，我们总可以以这样的方式将所有未知量化归到只剩下一个。但是，我不打算在此稍作停留并给出更详细的解释，因为这样会剥夺你学习的乐趣，以及削弱通过练习来培养心智的功效，在我看来，这才是人们从这门科学中所能获得的主要好处。此外，我也没有看出有什么难点是那些对于常见几何和代数（la Geometrie commune et en l'algèbre）[12]略有了解，且专注于本论文中的所有内容的人所无法发现的。

这也是为什么我认为在这里只需提醒你以下内容就足够了：假如我们在拆解这些方程时不要忘记在各种可能的地方使用除法[13]，那么我们将会分毫不差地得出方程所能化归到的最简单的项。

11　原文为"qui ne soit que d'un ou deux degrés plus composée"，此处的 degrés 并不是指现代意义上代数方程的次数，而是笛卡尔将在第二卷中所讨论的不同种类曲线的"复合程度"的概念，"复合程度"更高的曲线可以由"复合程度"低一级的曲线通过连续运动的方式构造出来，因此按照"复合程度"进行划分，直线和圆锥曲线是第一类曲线，三次和四次曲线是第二类曲线，五次和六次曲线是第三类曲线，以此类推。（Descartes, *La Géométrie*, pp.318–319）。

12　这里谈到的"常见几何"（la Geometrie commune）的具体所指尚不明确，但其与下文中的"普通几何"（la Geometrie ordinaire）以及"简单几何"（la Geometrie simple）的含义很可能并不完全相同。前者可能指包含三角形相似和毕达哥拉斯定理等在内的欧几里得几何学的一般知识，而后两者则明确指向与尺规作图相关的构造与命题，其相关问题最终将如笛卡尔所言可以被化归为一元二次方程。值得注意的是，范·斯霍滕的拉丁译文中没有对前两者进行区分，而是统一翻译成"Geometria communis"，但将后文中的"简单几何"翻译成了"simplicem Geometriam"（Descartes, *Geometria*, pp.5, 11）。

13　原文为"les divisions"。范·斯霍滕在评注中认为，开方可以被视为一种特殊的除法，而在五种基本运算中，只有这两种可以降低方程的维数，因此笛卡尔才会强调要尽可能多地使用除法（Frans van Schooten, "Commentarii", in *Geometria à Renato Des Cartes*, ed. Frans van Schooten, Amsterdam: Apud Ludovicum & Danielem Elzevirios, vol. 1, 1659, p.162）。

什么是平面问题

如果问题可用普通几何（la Geometrie ordinaire）来解决，即只使用平面上的直线和圆周轨迹，当最终的方程被完全拆解时，最多只会剩下一个未知量的平方，它等于该未知量乘以某个已知量后与另一个已知量的和或差。

如 何 求 解

那么这个根，或者说未知线段，可以很容易地求得。例如，如果我有 $z^2 = az + b^2$，那么我作一个直角三角形 NLM，其一边 LM 等于 b，即已知量 b^2 的平方根，另一边 LN 等于 $\frac{1}{2}a$，即另外一个与 z 相乘的已知量的一半，而 z 则是我所假定的未知线段。然后延长该三角形的底边[14] MN 到点 O，使得 NO 等于 NL，那么整条线段 OM 即为所求的线段 z，它可以表示成这种形式：

$$z = \frac{1}{2}a + \sqrt{\frac{1}{4}a^2 + b^2}$$

但是，如果我有 $y^2 = -ay + b^2$，且如果 y 是需要被求出的量，我作同样的直角三角形 NLM，并且我在其底边 MN 上取 NP 等于 NL，那么余下的 PM 即是所求的根 y。这样我得到 $y = -\frac{1}{2}a + \sqrt{\frac{1}{4}a^2 + b^2}$。同样地，如果我有 $x^4 = -ax^2 + bb$，那么 PM 即为 x^2，且我将得到 $x = \sqrt{-\frac{1}{2}a + \sqrt{\frac{1}{4}a^2 + b^2}}$。其他情况以此类推（图 3）。

最后，如果我有 $z^2 = az - b^2$，那么我像之前那样作 NM 等于 $\frac{1}{2}a$，且 LM 等于 b，然后我不连接点 M 和 N，而是作 MQR 平行于 LN，再以 N 为圆心作过点 L 的圆，交 MQR 于点 Q 和 R，所求线段 z 即为 MQ 或 MR。在这种情况下，它可以表示成两种形式，即 $z = \frac{1}{2}a + \sqrt{\frac{1}{4}a^2 - b^2}$ 和 $z = -\frac{1}{2}a + \sqrt{\frac{1}{4}a^2 - b^2}$。

---

14 原文为 "la base"，即三角形的斜边。

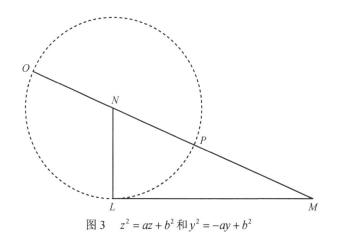

图 3 $z^2 = az + b^2$ 和 $y^2 = -ay + b^2$

图 4 $z^2 = az - b^2$

如果以点 N 为圆心过点 L 的圆与直线 MQR 既不相交也不相切，则方程无根，此时我们可以说这个问题的构造是不可能完成的。

还有无限多种其他方式可以求出上述这些同样的根，但我在这里只想给出那些非常简单的方法，从而表明，仅利用那些包含在我已解释过的四种构型[15]中的方法，我们就可以构造出普通几何学中的所有问题。我相信古人并没有注意到这一点，否则他们不会费那么多功夫写出这么多大部头的书，而这些书中的命题顺序则告诉我们，他们实际上并没有掌握发现所有命题的正确方法，而只是将他们偶遇到的那些命题收集了起来。

取自帕普斯的例子

帕普斯在其著作[16]的第七卷开头所写的内容也清楚地说明了这一点。他在

---

15 这里应该指的是本章开头展示的加减乘除四种算术运算的几何表示。
16 这里提到的著作是罗马帝国晚期的数学家亚历山大里亚的帕普斯（Pappus of Alexandria，约 290–350）所著的《数学汇编》（*Mathematical Collection*，Συναγωγή，约 340 年）。这本书由意大利人文学者、数学家费德里科·康曼迪诺（Federico Commandino，1509—1575）翻译成拉丁语并于 1588 年出版[即《亚历山大里亚的帕普斯的数学汇编》（Pappus, *Pappi Alexandrini Mathematicae Collectiones*, trans. F. Commandino, Pesaro: Apud Hieronymum Concordiam, 1588）]，引发了西欧数学家们的极大兴趣，其中便包括了韦达、笛卡尔以及费马等解析几何的奠基人。

列举完所有前人写过的几何学著作后，最后谈到了一个问题，他说欧几里得、阿波罗尼乌斯和其他人都没能将其完全解决。这是他的原话（我引用了拉丁语版而非希腊语文本，从而让大家更容易理解[17]）：

> 然而他（阿波罗尼乌斯）在第三卷中称，关于三线和四线的轨迹问题，欧几里得并未将其完全解决，他本人以及其他任何人也没能够解决。此外，他也没有利用那些在欧几里得的时代之前已经论证过的圆锥［截线］，来为欧几里得所写过的内容增添哪怕是一点东西[18]。

稍后，帕普斯这样解释了这个问题[19]：

> 关于三线和四线的轨迹问题，他（阿波罗尼乌斯）大肆吹嘘并炫耀自己，但却没有对那些在他之前论述过该问题的人给予认可。该问题是这样的：如果有三条给定位置[20]的直线，从某同一点向这三条直线作直线段[21]，并且分别与直线成给定的交角，且所作的其中两条线段围成[22]的矩形与另一条的平方之比是给定的。那么该点将会落在一条给定位置的立体轨迹上，即三种圆锥截线之一[23]。如果是向四条给定位置的线段作与它们成给定交角的直线段，且所作线段中的两条所围成的矩形与余下两条所围成的矩形之比是给定的，那么类似地，则该点将会落在给定位置的圆锥的

17　这句话是笛卡尔的页边注。

18　原文为拉丁语："Quem autem dicit (Apollonius) in tertio libro locum ad tres et quatuor lineas ab Euclide perfectum non esse, neque ipse perficere poterat, neque aliquis alius; sed neque paullulum quid addere iis, quæ Euclides scripsit, per ea tantum conica, quæ usque ad Euclidis tempora præmonstrata sunt, etc." 笛卡尔的引文与 1588 年版的《数学汇编》基本一致，除了在个别地方拼写略有差别。这一段对应（Pappus, *Pappi Alexandrini Mathematicae Collectiones*, p.164）的反面（这一版中正反两面只有一个页码）。笔者在翻译时尽可能保留了拉丁语中数学术语的表达方式，但调整了部分复句的结构以保持译文的通顺。

19　下面的拉丁语原文对应（Pappus, *Pappi Alexandrini Mathematicae Collectiones*, pp.165–166）。

20　原文为 "Si positione datis tribus rectis lineis"。在笛卡尔所引的拉丁文本中经常出现属格 positione 与 datum 的变格连用的情况，对应古希腊语为 "θέσει δεδομένης"，其英译为 "given in position"，笔者将其译为 "给定位置"。这是古希腊几何学中的术语，用来描述所给定的点、线或者其他所作对象 "总是占据着相同的位置"，更详细的解释参见 Thomas Heath, *The Thirteen Books of Euclid's Elements, vol. 1 (Introduction and Books I–II)*. New York: Dover Publications, 1956, p.132 和 Alexander Jones, *Pappus of Alexandria Book 7 of the Collection: Part 1. Introduction, Text, and Translation. Part 2. Commentary, Index and Figures*. New York: Springer-Verlag, 1986,p.68.

21　为了区分原文在使用 linea 时所指称的两类数学对象，这个词在表示问题中给定的直线时翻译为 "直线"，在表示从点 *C* 以给定交角向给定直线所引的线段翻译为 "线段"。下文在翻译笛卡尔对于问题的表述时将遵循同样的原则。

22　原文为 contenti，直译为 "被两条线段所包含的矩形"，用现代术语表示即为 "两线段长度的乘积"。

23　"立体轨迹"（solidum locum）即下文所说的三种 "圆锥截线"（conicis sectionibus），其含义在古希腊几何学中并不是指轨迹不在同一平面内，而是指该轨迹需要通过用平面去截立体的圆锥来定义。这里按照古希腊几何中原初定义，即用平面截圆锥所得的截线，译为 "圆锥截线"。

截线上。

如果是只有两线的情况，这已经证明了是一种平面轨迹（locus planus）。但如果是多于四线的情况，该点将会落在［我们］至今仍不了解的轨迹上，只能将其统称为"线"（lineas），但尚不清楚它们属于哪一类，或者具有什么性质。他们已经构造出了其中一种轨迹，并表明它是有用的，但这个轨迹并不是第一种，而是看上去最明显的[24]。然而，以下这些是关于它们的命题[25]。

如果从某一点向五条给定位置的直线作与它们成给定交角的直线

---

24 原文为 "earum unam, neque primam, et quæ manifestissima videtur, composuerunt ostendentes utilem esse"。这句话的翻译需要考虑两方面的问题：①康曼迪诺译文的字面意思是什么？②其译文是否忠实地表达了帕普斯原文的含义？

关于第一个问题，奥斯坎普、史密斯-莱瑟姆和袁向东都按照笛卡尔的解释，将引文理解为"古人给出了某个高于四线问题的特例的解，但这个解并不是在复杂程度序列中的第一种或最基础的，而是其中最明显的"，即将"neque...et..."理解为对前者表示否定而对后者表示肯定。然而塔纳里（Adam Tannery, 1843–1904）指出，同时代的数学家罗贝瓦尔（Gilles Personne de Roberval, 1602–1675）很可能从语法上对笛卡尔的解释提出了批评，即将"neque...et..."全部理解为否定含义（AT 4, pp.365–366）。

关于第二个问题，研究帕普斯希腊文本的现代学者们给出了不同的答案。

一方面，霍尔茨（Friderich Hultsch, 1833–1906）将希腊原文翻译为"earum unam quandam, quae nequaquam inter maxime conspicuas esse videtur, composuerunt (sive synthetice constituerunt) eiusque utilitatem demonstraverunt"，即"他们已经构造出（或以综合的方式确定）其中某条轨迹并展示了其用处，而该轨迹无论如何看上去都不属于最明显的那些"。他的翻译与罗贝瓦尔对于康曼迪诺译文的解释基本一致，即认为古人的确构造出了某些高于四线问题的轨迹（Pappus. *Pappi Alexandrini Collectionis quae supersunt, vol. II.* trans. and ed. F. Hultsch, Berlin: Apud Weidmannos, 1877, p.681）。

另一方面，塔纳里则认为康曼迪诺的翻译有误，并将其翻译为"et on n'a fait la synthèse d'aucune de ces lignes, ni montré qu'elle servît pour ces lieux, pas même pour celle qui semblerait la première et la plus indiquée"，即"没有人给出过关于这些线的综合构造，也没有表明他们满足这些轨迹，即使是那些看上去是第一种且最合适的"（AT 6, pp. 721–722）。此处的翻译错误使得笛卡尔误解了帕普斯的本意，但同时也促使其给出自己对于五线问题特例的解（AT 6, p. 724）。他还在（AT4, p. 366）给出过另一个大意相同的翻译。

此外，琼斯（Alexander Jones）认为，此处希腊文本的字面含义与上下文冲突，因而将其翻译为"They have given a synthesis of not one, not even the first and seemingly the most obvious of them, or shown it to be useful"，即"古人没有给出任何一个轨迹的综合法，甚至是其中第一种和看上去最明显的，也没有证明其是有用的"，并且指出笛卡尔误解了帕普斯的本意（Jones, op. cit., pp.120, 404）。

25 原文为拉丁语："At locus ad tres et quatuor lineas, in quo (Apollonius) magnifice se jactat, et ostentat, nulla habita gratia ei, qui prius scripserat, est hujusmodi. Si positione datis tribus rectis lineis ab uno et eodem puncto, ad tres lineas in datis angulis rectæ lineæ ducantur, et data sit proportio rectanguli contenti duabus ductis ad quadratum reliquæ : punctum contingit positione datum solidum locum, hoc est unam ex tribus conicis sectionibus.

Et si ad quatuor rectas lineas positione datas in datis angulis lineæ ducantur ; et rectanguli duabus ductis contenti ad contentum duabus reliquis proportio data sit : similiter punctum datam coni sectionem positione continget.

Si quidem igitur ad duas tantum locus planus ostensus est. Quod si ad plures quam quatuor, punctum continget locos non adhuc cognitos, sed lineas tantum dictas ; quales autem sint, vel quam habeant proprietatem, non constat : earum unam, neque primam, et quæ manifestissima videtur, composuerunt ostendentes utilem esse. Propositiones autem ipsarum hæ sunt."

段，且由三条所作线段构成的直角平行六面体[26]与余下两条和另一条给定线段构成的直角平行六面体之比是给定的，则该点会落在一条给定位置的"线"上。然而如果是向六条线［作直线段］，且由其中三条线段构成的立体与余下三条构成的立体的比是给定的，则该点也将落在给定位置的"线"上。但是如果要向多于六条直线［作直线段］，他们则不愿谈论由四条线段构成的某个东西与由余下线段构成的东西的比是否是给定的，这是因为没有什么是能被多于三维的东西所围成的（contentum）[27]。

我想请你顺便注意一下这里，古代人们对于在几何学中使用算术术语抱有顾虑的原因，只可能源于他们未能看清两者之间的关系，而这种顾虑使得他们在阐释自己的观点时采用的方法变得晦涩难懂。因为帕普斯这样写道：

但是他们都认同那些不久前解释过这类问题的人的观点，即由这些［线段］围成的东西所表明的含义无论如何都是无法理解的。然而，无论是用复合比例（conjunctas proportiones）来进行描述，还是用［这种］所说的比例来普遍地进行证明，都是被允许的，而它们是以这种方式［来使用这种比例的］。如果从某点出发向给定位置的直线作与它们成给定夹角的直线段，且由这些［比例］构成的复合比例是给定的，它们是：如果是七条给定直线，则是所作线段中的一条与一条的比，其他两条的比，再另外两条的比，以及余下的线段与给定线段的比；如果实际上有八条，则是余下两条线段的比。那么该点将会落在给定位置的"线"上。无论其数目（multitudine）是奇数还是偶数，情况都是类似的。但正如我说过的，尽管这些人回答了四线问题的轨迹，但他们并没有给出过任何使得

---

26 原文为"solidi parallelepipedi rectanguli"，即长方体。

27 原文为拉丁语："Si ab aliquo puncto ad positione datas rectas lineas quinque ducantur rectæ lineæ in datis angulis, et data sit proportio solidi parallelepipedi rectanguli, quod tribus ductis lineis continetur ad solidum parallelepipedum rectangulum, quod continetur reliquis duabus, et data quapiam linea, punctum positione datam lineam continget. Si autem ad sex, et data sit proportio solidi tribus lineis contenti ad solidum, quod tribus reliquis continetur; rursus punctum continget positione datam lineam. Quod si ad plures quam sex, non adhuc habent dicere, an data sit proportio cujuspiam contenti quatuor lineis ad id quod reliquis continetur, quoniam non est aliquid contentum pluribus quam tribus dimensionibus."

这些线[28]可以为人所认识的方法[29]。

因此，这一问题由欧几里得开始着手解决，随后由阿波罗尼乌斯继续研究，但没有人将其完全解决。该问题是这样的：假设有三条、四条或更多条给定位置的直线，我们需要首先找出一个点，从该点出发可以作相同数量的直线段，即向每条给定直线作一条线段并与其成给定交角，且如果有三条给定直线，那么由这些从同一点所作线段中的两条围成的矩形，会与第三条线段的平方形成给定的比；如果有四条，则与另外两条线段所围成的矩形〔形成给定的比〕。再或者如果有五条〔给定直线〕，由其中三条〔线段〕围成的平行六面体则与由余下两条线段和另一条给定线段围成的平行六面体形成给定的比；或者如果有六条〔给定直线〕，则由三条〔线段〕围成的平行六面体与另外三条围成的平行六面体形成给定的比。再或者如果有七条〔给定直线〕，其中四条〔线段〕相乘所得的积会与另外三条〔线段〕和另一条给定线段的乘积形成给定的比[30]；或者如果有八条〔给定直线〕，其中四条〔线段〕的乘积与另外四条的乘积形成给定的比。问题可以像这样推广到有任意多条直线的情形。此外，由于总是有无穷多个不同的点满足这些要求，因此还需要知道并描绘（tracer）出包含所有这些点的曲线。帕普斯认为，当只有三条或四条给定直线时，该曲线是三种圆锥截线之一；但是当问题涉及更多直线时，他既没有尝试去确定或描述该曲线，也没有解释应该在哪里找到这些点的位置。他只是补充说道古人已经设想出了（avaient imaginé）其中一种，并且曾说明过它是有用的，但尽管该曲线看上去是最明显的，然而却不是第一种[31]。

28　即多于四线问题的轨迹。

29　原文为 "cum hæc, ut dixi, loco ad quatuor lineas respondeant, nullum igitur posuerunt ita ut linea nota sit, etc."
与本文的翻译不同，奥斯坎普、史密斯-莱瑟姆和袁向东将这句话的前半句理解为 "正如我所说过的，这些线对应于四线问题的轨迹"。此外，这句话的希腊原文并没有包含让步的含义，而是直接宣称古代数学家 "并没有对多余四线的问题给出使得轨迹曲线可以为人所认识的综合法的解"（Pappus. *Pappi Alexandrini Collectionis quae supersunt*, p. 681; AT 6, p.722; Jones, op. cit., p.122）。整段原文为拉丁语："Acquiescunt autem his, qui paulo ante talia interpretati sunt ; neque unum aliquo pacto comprehensibile significantes quod his continetur. Licebit autem per conjunctas proportiones hæc, et dicere, et demonstrare universe in dictis proportionibus, atque his in hunc modum. Si ab aliquo puncto ad positione datas rectas lineas ducantur rectæ lineæ in datis angulis, et data sit proportio conjuncta ex ea, quam habet una ductarum ad unam, et altera ad alteram, et alia ad aliam, et reliqua ad datam lineam, si sint septem ; si vero octo, et reliqua ad reliquam : punctum continget positione datas lineas. Et similiter quotcumque sint impares vel pares multitudine, cum hæc, ut dixi, loco ad quatuor lineas respondeant, nullum igitur posuerunt ita ut linea nota sit, etc."

30　原文这里用的词是 "raison"，此前一直使用的是 "proportion"。

31　原文为 "la premiere"，可以理解为 "最基础的"。

这一说法给了我尝试的机会，看我能否用我自己的方法达到他们曾经达到的高度。

对帕普斯问题的回答

首先，我已经知道，当提出的问题涉及三、四或五条直线时，我们总是可以只利用简单几何（la Geometrie simple）找到所求的点，即只使用尺子和圆规且只进行［前文］解释过的操作。只有五条给定直线全部平行的情况除外。而对于这种情况，以及当提出的问题涉及六、七、八或九条直线时，我们总是可以利用"立体的几何"（la Geometrie des solides）[32]找到所求的点，即利用三种圆锥截线中的一种。只有九条给定直线全部平行的情况除外。再一次，对于这种情况以及涉及十、十一、十二或十三条直线的情况，我们可以利用这样一种曲线找到所求的点，它们比圆锥截线在复合程度上高一级[33]。十三条直线全部平行的情况除外。对于这种情况以及十四、十五、十六和十七条直线的情况，必须要使用比上一种曲线在复合程度上再高一级的曲线，以此无限类推。

其次，我还发现当给定直线只有三条或四条时，所求的点不仅可能落在三种圆锥截线中的一种，而且有时也会落在某个圆的圆周或者某条直线上。当有五、六、七或八条直线时，所有这些点会落在比圆锥截线复合程度高一级的某条曲线上，并且我们不可能构想出某条对这类问题没有用处的曲线[34]，但是它们同样可能落在某条圆锥截线、某个圆周或者某条直线上。此外，如果有九、十、十一或十二条直线，那么这些点将会落在比上一种曲线复合程度高一级的曲线上；但是所有这种在复合程度上高一级的曲线都可以被用于解决这类问题，以此无限类推。

此外，在所有排在圆锥截线之后的曲线中，第一种且最简单的（la premiere et la plus simple）曲线是一种可以由抛物线和直线的交点所描绘出来的曲线，

32　原文为"la Geometrie des solides"，与前文中的简单几何（la Geometrie simple）相对，其含义是指使用了圆锥曲线进行构造的一类几何学命题，而非现代意义的"立体几何"。

33　原文为"qui soit d'un degré plus composé"，参见脚注10。

34　这句话的意思是：我们不可能构想出某条笛卡尔所说的复合程度比圆锥截线高一级的曲线，但它却不是三、四、五或六线帕普斯问题的解的轨迹。笛卡尔在第二卷中也有类似的表述（Descartes, *La Géométrie*, p.324）。

我马上就会解释其绘制方式。我相信我已经用这种方式完全实现了帕普斯所描述的古人在这方面所追求的目标。我将试着用几句话展示我的证明，因为我已对于在该问题上耗费过多笔墨而感到厌烦了。

应该如何选择适当的项以得出这个例子的方程

首先，我假设事情已经做完［构造已经完成］，而且为了避免这些线所引起的混乱，我将其中一条已知直线与一条所求的线段（如 AB 和 CB ）作为主直线（les principales），并且尝试使其他线段与它们产生联系（rapporter）（图 5）。设直线 AB 上位于点 A 和 B 之间的部分［线段］（le segment）被称为 x ， BC 被称为 y 。假如所有其他给定直线都不与主直线平行，则将其延长，直到与这两条［主直线］相交；如有必要，主直线也应延长。正如你在这里可以看到的那样，它们与直线 AB 交于点 A 、 E 、 G ，与 BC 交于点 R 、 S 、 T 。因为三角形 ARB 的所有角都是给定的，因此 AB 与 BR 两条边的比例（proportion）也是给定的，我将其表示为 z 比 b [35]。由于 AB 等于 x ， RB 将等于 $\frac{bx}{z}$ ，而因为点 B 落在 C 和 R 之间，整条线段 CR 将等于 $y+\frac{bx}{z}$ ；如果 R 落在 C 和 B 之间， CR 将等于 $y-\frac{bx}{z}$ ；而如果 C 落在 B 和 R 之间， CR 将等于 $-y+\frac{bx}{z}$ 。同样，三角形 DRC 的三个角度是给定的，因此 CR 与 CD 两条边的比例也是给定的，我将其表示为 z 比 c 。因为 CR 等于 $y+\frac{bx}{z}$ ， CD 将等于 $\frac{cy}{z}+\frac{bcx}{z^2}$ 。之后，因为直线 AB 、 AD 和 EF 是给定位置的，点 A 和 E 之间的距离也是给定，如果称之为 k ，我们将得到 EB 等于 $k+x$ ；但如果点 B 落在 E 和 A 之间， EB 将等于 $k-x$ ；如果 E 落在 A 和 B 之间， EB 将等于 $-k+x$ 。因为三角形 ESB 的所有角都是给定的， BE 与 BS 的比例也是给定的，我将其表示为 z 比 d ，这样 BS 等于 $\frac{dk+dx}{z}$ ，且整个 CS 等于 $\frac{zy+dk+dx}{z}$ ；但如果点 S

35　即 $AB:BR=z:b$ 。笛卡尔在这一段中并没有用数学符号来表示比例关系，因此笔者选择在翻译中维持原貌。

落在 B 和 C 之间，CS 将等于 $\dfrac{zy-dk-dx}{z}$；如果 C 落在 B 和 S 之间，CS 将等于 $\dfrac{-zy+dk+dx}{z}$。此外，三角形 FSC 的三个角是给定的，因此 CS 与 CF 的比例也是给定的，其等于 z 比 e，于是整条线段 CF 将等于 $\dfrac{ezy+dek+dex}{z^2}$。同样地，AG 也是给定的，我称之为 l，那么 BG 等于 $l-x$，而且因为有三角形 BGT，BG 和 BT 的比例也是给定的，等于 z 比 f，且 BT 将等于 $\dfrac{fl-fx}{z}$，CT 等于 $\dfrac{zy+fl-fx}{z}$ 36。那么再一次，因为有三角形 TCH，TC 与 CH 的比例也是给定的，表示为 z 比 g，我们将得到 $CH=\dfrac{gzy+fgl-fgx}{z^2}$ 37。

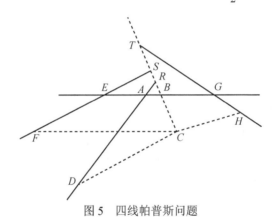

图 5　四线帕普斯问题

　　因此你们可以看出，无论有多少条给定位置的直线，根据问题的性质，上述从点 C 出发以给定角度所做的所有线段［长度］总是可以用三项来表示，其中一项是由未知量 y 乘以或除以其他已知量所组成；而另一项是由未知量 x 也乘或除以其他已知量所组成；第三个则完全由已知量组成。只有在它们［线段与主直线之一］平行时除外：［线段］或者与直线 AB 平行，这种情况下由 x 组成的项将会消失；与直线 CB 平行，这种情况下由 y 组成的项将会消失，这些例外情况显而易见，因此我无需在此停下并对其做出证明。至于附在这些

36　此处笛卡尔使用了等号，下文 CH 处同样如此。

37　笛卡尔在这里借用了古希腊几何学中"分析法"（analysis）的思路与表述方式，首先假设问题已经被解决，满足条件的点的位置已经被找到，再进一步根据其与问题中其他给定对象之间的关系，确定这些点的具体的方程表征形式，从而初步给出问题的解。

项上的 + 和 – 符号，它们可以按照各种可设想的方式（en toutes les façons imaginables）发生改变。

此外你们还可以看出，若干条这些线段彼此相乘，则出现在乘积中［未知］量 x 或 y 所具有的维数，至多只会与它们用于表示［其长度］、参与相乘的线段数量一样多。因此当有两条线段相乘时，他们所具有的维数永远不会高于二，当三条线段相乘时，则不会高于三，以此无限类推。

给定不超过五条直线时，我们该如何确定该问题是平面的

此外，为了确定点 C，只需要一个条件，即若干条线段［长度］的乘积等于另外一些线段的乘积，或是与其成一个给定的比例（这一做法并不会使问题变得更难）。我们可以从这两个未知量 x 或 y 中任意选取一个，并且通过该方程求出另一个。那么显然，当问题涉及不超过五条直线时，在第一条线段的表达式中没有使用到的量 x 总是只有二维。因此，为 y 取某个已知量，只会留下 $x^2 = \pm ax \pm b^2$ [38]。因此，我们可以使用直尺与圆规，通过之前解释过的方式找到量 x。此外，通过为线段 y 接连取无穷多个不同的取值（grandeurs），我们还将得到线段 x 的无穷多个取值，因此我们将得到无穷多个不同的点，如标记为 C 的点，通过这些点我们将描绘（descrira）出所求曲线。

当问题涉及六条或更多直线时，如果给定直线中有些是平行于 AB 或 BC 的，那么同样有可能发生这种情况，即 x 或 y 两个量中的一个在方程中只有二维，因而点 C 可以利用直尺和圆规得到。但是相反地，如果它们全部平行，那么即使问题只涉及五条直线，也无法以这种方式找到点 C。这是因为在整个方程中都没有出现量 x，因此不再允许为被称为 y 的量取一个已知量（quantité connue），而是需要去求出 y 的值。因为它的维度为三，所以只能通过求三次方程根的方式来得出，而通常这个问题在不使用至少一条圆锥截线的条件下是无法解决的。再者，即使给定直线的数量多达九条，只要他们不都是平行的，总是可以确保方程（的维度）至多升至平方的平方。对于这样的方程，我们总是可以用圆锥截线，按照我将在后文解释的方法来进行求解。

38　原文使用 +ou – 来表示 ± 。

再者，即使给定直线的数量多达十三条，也总是可以确保它至多升至立方的平方。在此之后可以用一条"线"来求解，而它比圆锥截线在复合度上仅高一级，正如我同样将在下面解释的那样。这就是我在这里需要展示（demonstrer）的第一部分。但是在进入第二部分之前，我有必要先就曲线的性质进行一些总体说明。

书　　评

从现代早期经验知识的构成
形态理解科学革命

——评法比安·克雷默《半人马在伦敦：
现代早期科学中的阅读与观察》

/

黄宗贝[1]

摘　要： 20 世纪 90 年代以来，众多科学史研究已经愈发关注到，科学革命时期的"经验"领域内部发生了诸多变化，"经验知识"的含义由此变为复数并成为问题，进一步体现为对狭义哲学"经验"、新兴"事实"、作为写作文类的"史志""观察"等不同线索的历史认识论的考察。克雷默《半人马在伦敦：现代早期科学中的阅读与观察》（*A Centaur in London: Reading and Observation in Early Modern Science*，简称《半人马在伦敦》）一书是这一主题下的最新推进。该书以 16—18 世纪有关"怪物"的自然著作为材料，将基于"阅读"和"观察"的自然知识生产划分为三个阶段不同的模式：16 世纪的汇编类"观察集"并不区分文本知识与直接观察，二者共享同样作为"类事实块"的认识论地位，是尽可能包罗万象的收集活动的对象；17 世纪新兴科学团体的期刊见证了有作者署名的、个殊化的、基于亲眼观看的"观察"写作的兴起，以文本体例贯彻了新的认识论区分要求；18 世纪则进一步通过"批判性阅读"和"重复观察"的发展，接近了现代基于实证的"经验主义"知识立场。在克雷默一书的基础上，未来还可能进一步澄清的研究方向包括：将考察视域拓展到医学史之外，探究"经验知识"形态变化背后更深刻的认

1　黄宗贝，1999 年生，北京人，清华大学科学史系博士研究生，主要研究方向为现代早期西方科学史，E-mail: huangzb22@mails.tsinghua.edu.cn。

识论、自然观转变，以及关注"观察"与"实验"等近邻传统如何在 17 世纪发生互动乃至合流。

关键词：科学革命；经验知识；阅读；观察；历史认识论

一只半人半马的怪物（monster）[2]是否有可能现身于今日的伦敦街头？哪怕有人站在这里向我们言之凿凿地作出见证，任何受过现代生物学基本训练的人仍然会对这一说法嗤之以鼻，将其不假思索地贬为一条"传说"而非"事实"。但是，对一位生活在 16 世纪或 17 世纪同样严肃的自然学家（naturalist）[3]来说，半人马、雌雄同体人（hermaphrodite）这类怪物却是其学术话语的正当对象：不仅亚里士多德、老普林尼的古代权威著作记录和讨论了这些奇异事物，"现代人"（moderni）也常常见证它们的降生，有关怪物的"观察"（observatio）报告占据了《哲学汇刊》（*Philosophical Transactions*）、《学者杂志》（*Journal des Sçavans*）等最早出现的学术期刊相当大的版面。怪物曾是现代早期自然知识的重要组成部分，学者们从数不胜数的前人文本和当代作者时新的观察报告中获得关于这些罕见、异常自然事物的"经验"——如果用"事实"一词显得时代误植的话——并在此基础上展开医学、自然志和自然哲学的研究。

那么，我们与现代早期学者眼中的自然研究及其经验基础，为何存在如此巨大的差别呢？有鉴于这样的历史对比，又该如何理解据称是现代早期兴起的、作为新科学关键特征之一的"经验主义"（empiricism）[4]？慕尼黑大学历史系助理教授法比安·克雷默（Fabian Kraemer）于 2023 年出版的英文专著《半人马在伦敦》便旨在通过考察 1550—1750 年欧洲（特别是神圣罗马帝国

---

2 拉丁词"monstrum"，不仅指狭义上的畸形人类或动物"怪物"，也指各种植物、气象等方面的任何罕见、异常的自然现象。近义词有"奇事"（wonder）、"异象"（portent）、"神迹"（prodigy），以及 17 世纪兴起的"异自然"（preternatural）范畴等。这些词语在某些论述语境下有不容忽视的差异，但在本文中基本是不加区分地使用的。

3 克雷默在书中对"naturalist"一词的使用参照了达斯顿、帕克的《奇事与自然秩序》一书，不是指狭义的"自然志家博物学家"，而是指任何参与对自然的体系性研究的学者，包括自然志、自然哲学、天文学、光学等等。特别重要的是，他将医学也包含在内。通过这个词语，能够避免在行文中反复列举上述学科，也能够避免使用时代误植的"科学家"（scientist）一词。参见 Fabian Kraemer, *A Centaur in London: Reading and Observation in Early Modern Science*, Baltimore: Johns Hopkins University Press, 2023, p.247; Lorraine Daston and Katharine Park, *Wonders and the Order of Nature, 1150–1750*, New York: Zone Books, 1998, p.373. 本文在使用"自然知识"一词时，也基本上对应于上述广泛的自然研究领域，而不单单指自然志、自然哲学。

4 例如，科学史家弗洛里斯·科恩就曾为"科学革命"概括了"三大革命性转变"，将其视作现代科学的标志性特征：实在论的数学科学、运动学-微粒论的自然哲学、通过实验探究事实。参见 H. Floris Cohen, *How Modern Science Came Into the World: Four Civilizations, One 17th-Century Breakthrough*, Amsterdam: Amsterdam University Press, 2010, pp. 245–269.

地区）以"怪物"为对象的自然志材料，帮助我们解答上述问题。《半人马在伦敦》是克雷默在洛兰·达斯顿（Lorraine Daston）、赫尔穆特·策德迈尔（Helmut Zedelmaier）两位学者指导下完成的博士论文，德文版出版于 2014 年，英文版是在此基础上的翻译修改版。这项研究的进路因此体现出达斯顿所代表的德国马克斯·普朗克科学史研究所"历史认识论"（historical epistemology）纲领[5]，以及策德迈尔所代表的结合现代早期人文学史、知识史状况来研究（自然）科学史的视角立场[6]，在一定程度上反映了当下国际学界对现代早期非数理传统的自然知识的典型研究取向。在理解现代早期经验知识的诸种形态、结构和思想线索方面，《半人马在伦敦》一书也是 1990—2010 年左右一批集中讨论（见下文第一部分）之后的最新文献，有必要在前人研究的基础上评估其损益，厘清当下我们面临怎样的研究状况。由此，本文的评述将由三部分组成：首先简要介绍 20 世纪 90 年代以来对现代早期经验知识的研究脉络，进而在其中定位《半人马在伦敦》一书的问题意识和论述框架；然后概述克雷默在书中对以"怪物"为核心的自然知识生产作出的三阶段刻画；最后归纳该书对相关讨论的推进点，以及揭示出的更多尚待深入的研究方向。

一、现代早期"经验知识"的多重含义与问题化

"经验/实验"自传统的科学革命叙事以来便是理解现代早期科学的一个关键主题。而如果说在滥觞于 20 世纪 80—90 年代的种种新编史潮流之中，各路研究者们还能对"经验"一词达成什么共识，那么必定是这样一个结论：现代早期兴起的"经验主义"是复数的，"经验"（experience）——或者在比狭义的认识论术语更广泛的意义上，可以说是通过与身边实际、个别的自然物打交道（无论是观看还是操作）所获得，并保留其描述性、历史情境性的特征而书写下来的各种"经验知识"（experiential knowledge）——的含义是被

5 参见 Lorraine Daston, "Historical Epistemology", in *Questions of Evidence: Proof, Practice, and Persuasion across the Disciplines*, ed. James Chandler, Arnod I. Davidson and Harry Harootunian, Chicago: University of Chicago Press, 1994, pp. 282–289.

6 参见 Helmut Zedelmaier and Martin Mulsow, *Die Praktiken der Gelehrsamkeit in der Frühen Neuzeit*, Tübingen: Max Niemeyer Verlag, 2001, pp.1–7；达斯顿也是这条"科学史与人文学史"结合纲领的呼吁者，参见 Lorraine Daston and Glenn W. Most, "History of Science and History of Philologies", *Isis*, 2015, 106 (2), pp.378–390.

问题化的[7]，在不同学科、实践和文类（genre）传统下都展现出不同的形态。由此，通过关注历史行动者们自己所使用的各种范畴、术语和关键词，对现代早期经验知识的研究也细分为不同的讨论线索。

早期推动这一讨论的当数夏平（Steven Shapin）和谢弗（Simon Schaffer）在其名著《利维坦与空气泵：霍布斯、玻意耳与实验生活》中所指出的，由 17 世纪实验哲学家们新建构起来的"事实"（matter of fact）概念[8]。夏皮罗（Barbara J. Shapiro）、普维（Mary Poovey）和达斯顿等[9]很快跟进，贡献了一系列研究以说明现代早期"事实"观念何以成形：一方面，可能有来自悠久的法律传统中关于"证据"（evidence）认定的实践与思维类比；另一方面，使"事实"成为基本科学范畴的推动力，因为当时新兴的科学团体也需要一个至少看上去"理论无涉"的共识基础。相较于这些社会史色彩浓厚的研究，差不多同一时期巴龙奇尼（Gabriele Baroncini）、迪尔（Peter Dear）等[10]的考察则更注重思想史内部，指出在亚里士多德主义传统中，狭义的"经验"（experientia）一词也在现代早期经历了含义嬗变。在这一看似守旧、对立于新科学的阵营中，他们找到了伽利略能以斜面、落体等实验确立一门新物理学的思想资源：17 世纪耶稣会士的混合数学著作里，"经验"一词首先从亚里士多德传统的"自然界中事情一般如何发生"的常识性、普遍性（universal）命题，变成了对"某事曾经在某个特定场合如此发生"的单个事件实验（singular, event experiment）的报告[11]，由此迂回地打通了从个别具体实验导出自然哲学普遍命题的形式路径。除此

---

7 对这种成问题的"经验"含义的意识，使《剑桥科学史·第三卷：现代早期科学》专设一章讨论该主题，并由本节提到的学者迪尔撰写，参见彼得·迪尔：《经验的含义》，载《剑桥科学史·第三卷：现代早期科学》，凯瑟琳·帕克、洛兰·达斯顿主编，吴国盛主译，郑州：大象出版社，2020 年，第 84–104 页。但笔者认为该文的梳理忽视了当时医学、自然志领域中扬升的"史志""观察"等线索，基本只限于亚里士多德经验主义和新实验哲学的内部。

8 参见史蒂夫·夏平，西蒙·谢弗：《利维坦与空气泵：霍布斯、玻意耳与实验生活》，蔡佩君译，上海：上海人民出版社，2008 年，第 20–24 页、第 52–74 页。该书英文原书出版于 1985 年。

9 依次参见 Barbara J. Shapiro, "The Concept 'Fact': Legal Origins and Cultural Diffusion", *Albion*, 1994, 26 (1), pp.1–25; Barbara J. Shapiro, *A Culture of Fact: England, 1550–1720*, New York: Cornell University Press, 2000; Mary Poovey, *A History of the Modern Fact: Problems of Knowledge in the Sciences of Wealth and Society*, Chicago: University of Chicago Press, 1998; Lorraine Daston, "Marvelous Facts and Miraculous Evidence in Early Modern Europe", *Critical Inquiry*, 1991,18(1), pp.93–124; Lorraine Daston, "Baconian Facts, Academic Civility, and the Prehistory of Objectivity", in *Rethinking Objectivity*, ed. Allan Megill , Durham: Duke University Press, 1994, pp.37–63.

10 参见 Gabriele Baroncini, *Forme di Esperienza e Rivoluzione Scientifica*, Firenze: Leo S. Olschki, 1992; Peter Dear, *Discipline and Experience: The Mathematical Way in the Scientific Revolution*, Chicago: University of Chicago Press, 1995.

11 Dear, *Discipline and Experience: The Mathematical Way in the Scientific Revolution*, pp.11–15, 21–25.

之外，以帕梅拉·隆（Pamela O. Long）、帕梅拉·史密斯（Pamela H. Smith）等为代表的学者[12]还牢固确立了炼金术和工匠技艺传统对一种基于操作有效性的"经验/实验"（experimentum）知识类型作出的贡献，国内也有高洋的博士论文[13]沿这一线索继续深入。由此我们看到，不同传统下的"经验知识"实则强调不同的认知属性：作为理论无涉的现象描述，单次实验事件的见证报告，或是某些有效的专业实践知识。而为这些不同面向辩护时所动用的思想资源、社会合力，乃至于只是某些文体写作形式上的策略，也都不尽相同，很难再无歧义地谈论某一种新"经验"的兴起。

如果说上述研究仍主要是对"经验/实验"概念的传统领地——以皇家学会为代表的新实验哲学，以及以伽利略、牛顿为代表的数理实验科学——做更细致的区分与耕耘，那么 2005—2015 年左右以"史志"（historia）和"观察"这两个兴起于 16 世纪的认知范畴（epistemic category）为核心的研究工作[14]则使我们注意到，现代早期医学、自然志、占星学、气象学乃至语文学等领域存在着另外一些独立的思想路径和写作传统，它们使"经验知识"的含义变得更为复杂，甚至与今日对这些范畴的理解大相径庭。例如，当"观察"一词最早在 16 世纪以复数形式出现在一批医学著作标题中时，这些"观察集"（observationes）中记录的大部分都不是作者真正的亲自观察，而是勤勉地收集了古代与当代作者有关相似病例的记述；但就其是对病例本身个殊性（particular）、描述性的记录而言，"观察集"仍是一类新型的经验知识，有意对立于经院医学的"理论"（doctrina）传统。而根据学者波玛塔（Gianna Pomata）的梳理，仅仅是在现代早期医学著作中，被大量使用的"史志"一词就至少可分辨出四种主要的认识论含义，复兴自不同的古代思想传统，指向略有不

12　代表性的工作参见 Pamela O. Long, *Artisan/Practitioners and the Rise of the New Science, 1400–1600*, Corvallis: Oregon State University Press, 2011; Matteo Valleriani, *The Structures of Practical Knowledge*, Berlin: Springer, 2017; Pamela H. Smith, *From Lived Experience to the Written Word: Reconstructing Practical Knowledge in the Early Modern World*, Chicago: University of Chicago Press, 2022.

13　高洋：《16 世纪帕拉塞尔苏斯主义的经验观念》，北京：北京大学，2018 年。

14　主要是三部研究文集：Gianna Pomata and Nancy G. Siraisi, *Historia: Empiricism and Erudition in Early Modern Europe*, Cambridge: MIT Press, 2005; Lorraine Daston and Elizabeth Lunbeck, *Histories of Scientific Observation*, Chicago: University of Chicago Press, 2011; Dirk van Miert, *Communicating Observations in Early Modern Letters (1500–1675): Epistolography and Epistemology in the Age of the Scientific Revolution*, London: The Warburg Institute, 2013. 不过实际上，德国历史学家塞费特早在 1976 年就出版过一部重要的观念史著作《史志知识：历史作为现代早期经验主义的赋名者》，是上述学者反复引述的重要参考：Arno Seifert, *Cognitio historica: Die Geschichte als Namengeberin der frühneuzeitlichen Empirie*, Berlin: Duncker und Humblot, 1976.

同的知识形态（见下文第三节）。

正是在对现代早期"经验"的理解已经被充分复杂化后，以《史志：现代早期欧洲的经验主义和博学文化》文集的两位编者波玛塔、南希白石（Nancy Siraisi）为首[15]，许多研究者（也包括克雷默在内）开始支持如下主张：现代早期所谓的"经验主义"在很大程度上是一种"博学经验主义"（learned empiricism）。这一论题意味着：首先，文本书写对经验知识的形态有构成性的作用，一切"经验"若要进入科学话语，本质上仍是以一定"文本"形式呈现的。因此，必须关注到经验知识的书写体例、出版文类和阅读模式，它们真正决定了"经验"在现代早期学者那里如何被构想和使用。对经验知识的研究由此也处在与同时代的历史学、语文学等人文学史，以及论题札记（commonplace, loci communes）、汇编（compilation）等知识史实践的相互渗透当中。其次，当我们在史料中读到现代早期学者声称自己只依赖于"经验"时，必须注意到其中很大一部分实则仍然来自文本阅读，是所谓的"文本经验"，而不能代入现代科学式的经验主义观念。

于是，当我们接受"博学经验主义"这个看似自相矛盾的用语时，就不可避免地要对科学革命的经典叙事作出修正：17 世纪的自然学家们并没有从"书本知识"决定性地转向"事物知识"，实际经验（无论是观察还是实验）与文本阅读在自然研究中并不构成一组截然的对立[16]，甚至把"不以人言为据"（Nullius in verba）当成座右铭的皇家学会在其日常实践中都并非如此[17]。文本与经验、阅读与观察以一定比重和结构共同构成了被承认的"经验知识"，"文本"本身就是被征引的"经验"的一部分。如果说 17 世纪学者相较于文艺复兴前辈当真有什么不同，其中的差异和革新就要到"文本阅读"与"经验观察"在历史上所代表的具体实践当中去寻找。

这便是《半人马在伦敦》一书的副标题"现代早期科学中的阅读与观察"想要回应的问题意识。在该书序言中，克雷默也明确表达了对他称之为"科学革命宏大叙事"进行修正的意图：现代早期自然知识的转型并不能仅仅被

15 见该文集的编者导言：Pomata and Siraisi, *Historia*, pp.7–8.

16 Kraemer, *A Centaur in London*, pp.6–9.

17 参见 Adrian Johns, "Reading and Experiment in the Early Royal Society", in *Reading, Society and Politics in Early Modern England*, ed. Kevin Sharpe and Steven N. Zwicker, Cambridge: Cambridge University Press, 2003, pp.244–272.

概括为从依赖古代权威文本转向当代作者的亲身经验，而是在向来都是"阅读-观察"二者复合的知识实践内部发生了转变，即一种历史认识论意义上的结构变化。由此，该书的研究可以由以下一系列问题引导展开。

"阅读"与"观察"在历史上究竟意味着怎样的具体实践和认知范畴？二者在自然知识的生产中如何被并置关联起来？哪些来源的、以什么形态组织起来的知识才被认为是正当的、可以采纳的自然知识？

成为一名"自然学家"意味着做一个怎样的知识生产者，是博览群书、尽善尽美的收集汇编者，在科学团体中时时报告自己最新的观察记录并署名担保的作者，还是批判性阅读他人著作、重复其观察的观察者？

在知识实践的层次背后，还反映着更深刻的自然观、知识观的转变：为什么"自然"可以，甚至应当以个殊性的、一时一地的、当代作者亲身作出的、纯粹描述性的经验观察来被认识？

要对上述问题作出完整的回答，考察的范围甚至很可能不再限于传统的"科学革命"时期，而是必须延伸到18世纪启蒙运动才能看到"古今之变"的完成。克雷默选取的研究时期便从16世纪涵盖到了18世纪，这个分期也被其他关注现代早期"观察"和"事实"知识之形成的学者所支持[18]。在构成研究框架之外，上述问题也提供了串联书中四章看似在时间、地域上都跨度不小的案例研究的总体线索。

二、以"怪物"为对象的自然知识生产：三阶段转型的刻画

在克雷默看来，文艺复兴到启蒙运动之间，就其所分析的以"怪物"为对象的自然志文本而言，可以区分出三种不同的知识生产模式，"阅读"和"观察"分别在其中构成了含义不同的知识来源。

该书第一章背景介绍性的白描中，克雷默通过追溯无头婴儿、半人马和雌雄同体人三个现代早期典型"怪物"的降生事件在自然志文本中的反复传

18　参见 Palmira Fontes da Costa, *The Singular and the Making of Knowledge at the Royal Society of London in the Eighteenth Century*, Newcastle: Cambridge Scholars Publishing, 2009（考察了18世纪皇家学会中个殊性经验知识的地位）; Lorraine Daston, "The Empire of Observation, 1600–1800", in *Histories of Scientific Observation*, ed. Lorraine Daston and Elizabeth Lunbeck, Chicago: University of Chicago Press, 2011, pp.81–113（概览了17–18世纪"观察"的全面盛行）。

播和流通（circulation），为我们展现了 16 世纪下半叶到 17 世纪初自然学家们以 "类事实块"（factoid）为核心的汇编写作模式。"类事实块"是布莱尔（Ann Blair）最早在分析文艺复兴自然哲学中的札记书（commonplace book）写作方法时提出的术语[19]，克雷默以此指称任何一条在文本流通中自成一体的知识单元，这些知识单元可能是对怪物、奇事、罕见异象的一则描述报告，也可能是来自亚里士多德的一条理论论述，甚至是描绘怪物形态的一幅版画。相同的类事实块能够反复流通于不同文本、文类当中，相对于其论述语境有一定的独立性，在这一点上类似于现代的 "事实"；但它既不包含 "事实"一词的认识论负担，即类事实块内容的真伪性是被悬置起来的，也不对科学理论有确证意义上的规范性[20]。通过 "类事实块"这个分析概念，克雷默一方面提示出自然学家们以非常接近文艺复兴人文主义者（humanists）的方式收集、阅读、组织材料[21]，从事自然研究的很大一部分内容都是文本操作；另一方面则同时涵盖文本与图像材料，并突出二者在生产、传播、转引、使用模式中的平行性，而不是许多科学图像研究者会强调的对立[22]。通过将怪物降生事件的类事实块追溯到其生产源头，克雷默发现，16 世纪自然学家所依赖的知识来源极为广泛，除了通常所说的古代权威文本，还常常依赖单面印刷的大开张散页（broadside）这类短期使用、用完即弃的通俗印刷品（ephemera），以及地方编年史（chronicle）这类同时代的史学写作材料[23]。这反映出 "作者身份"（authorship）的概念在 16 世纪发生了扩展，"作者"（author）范围从古人扩展到了今人[24]，也就使得各种各样近期、当代的怪物异象事件能够被收录到自然志著作当中。然而在汇编时，自然学家们对各种类事实块的认识论地位尚未加以区分，甚至在引述时倾向于弥平其来源文本的类型差异，这使得来自古代文本的叙述与同时代人的观察报告、普遍性的理论命题与个殊性的奇闻逸

19　参见 Ann Blair, "Humanist Methods in Natural Philosophy: The Commonplace Book", *Journal of the History of Ideas*, 1992, 53(4), pp.541–551.

20　Kraemer, op. cit., pp.19–20.

21　"人文主义"在这里指的不是一场文艺复兴思想运动，而是当时学者群体普遍所受的语文学训练、共享的某些特定知识理念和实践，在阅读、汇编、写作上都有其独特的模式。参见 Blair, Humanist Methods in Natural Philosophy, pp.541–551; Ann Blair, "Reading Strategies for Coping with Information Overload, ca. 1550–1700", *Journal of the History of Ideas*, 2003, 64(1), pp.11–28.

22　Kraemer, op. cit., p.20, 也见 pp. 99–114 对阿尔德罗万迪的文本与图像实践平行性的分析。

23　Kraemer, op. cit., pp.43–51.

24　Kraemer, op. cit., pp.28–31.

事都被不假思索地并置起来，仅靠论述主题分类组织[25]。换言之，16 世纪自然学家并不认为"文本"与"观察"是两个对立的范畴，甚至这样的认知范畴还尚未成形。

第二章则继续说明 16 世纪晚期自然学家的写作模式，深入著有《怪物志》（*Monstrorum Historia*）的阿尔德罗万迪（Ulisse Aldrovandi, 1522—1605）的具体工作实践做案例研究。阿尔德罗万迪有一份名为"知识全书"（*Pandechion Epistemonicon*）的个人笔记库[26]，其中积累了近 30 年间他通过阅读、通信、个人观察等方式获得的类事实块，以剪贴形式做好了字母排序，这也是他正式出版的自然志著作的资料库。这份手稿现存 83 卷，至今仍保存在博洛尼亚大学图书馆，为我们提供了窥见一位文艺复兴自然学家的真实工作过程的难得史料。除了印证上文所描绘的模式，克雷默还用阿尔德罗万迪的案例向我们论证，这一时期自然学家在知识生产中所扮演的角色，既不是强调原创性的"作者"，也不是作出亲眼观察的"观察者"，而最应当是"收集者"（collectores）。阿尔德罗万迪既在文本中收集类事实块，也在世界中收集自然物，甚至他用来称呼自己笔记的"Pandechion"一词同时也被用于称呼他个人著名的、全意大利最早之一的自然志收藏，而且这个收藏室中不仅保存有自然标本，还保存其出版著作中所用插图的原始雕版[27]。由此可以说，阿尔德罗万迪在利用文本、图像和自然物这三个层次的知识实践中具有某些平行和类似的特征，这些特征恰恰可以为"收集者"一词所概括：他将尽力追求知识和事物的"丰裕"（copia）与"杂多"（varietas）[28]，甚至不惜违反看似"经验主义"的声明[29]，将明知是传说的类事实块仍然收集到"知识全书"当中，也将其他出版物中的版画直接复制到自己的著作里。

第三章可以说是该书的核心章节，克雷默在此直接考察了"观察"一词

25　Kraemer, op. cit., pp. 35–43, 51–54.

26　其介绍参见 Kraemer, op. cit., pp. 89–96.

27　Kraemer, op. cit., pp. 93, 110–111.

28　Kraemer, op. cit., pp. 84–86.

29　在其《自然谈》（*Discorso Naturale*）手稿中，阿尔德罗万迪曾说"我的自然志……是如实地写成的，其中没有写过任何一样我没有亲自用双眼看到、用双手触碰、对其外在和内在部分做了解剖的事物"（Sandra Tugnoli Pàttaro, *La formazione scientifica e il "Discorso naturale" di Ulisse Aldovrandi*, Bologna: Cooperativa Libraria Universitaria Editrice, 1977, p.74）。这段宣言与阿尔德罗万迪实际的自然志编纂实践的出入，曾使先前研究者们难以解释，参见 Kraemer, op. cit., pp. 108–110.

在 17 世纪所代表的知识实践和书写形态，并指出恰恰是在该时期，"观察"本身经历了深刻转变。如前所述，波玛塔等先前研究者已经确认了"观察集"作为一种知识文类（epistemic genre）在 16 世纪的涌现，并以此主张现代意义上的"科学观察"在此时才逐渐成形[30]。克雷默对这一论题做了推进，他认为现代早期实则存在新、旧两种不同的"观察"写作，在这一文类内部还必须作出区分。较旧的模式即是 16 世纪出现的"观察集"，它基本上接近克雷默在前两章中刻画的文艺复兴自然志的汇编写作，是单一学者出版的专著（monograph），如格拉芬贝格的约翰内斯·申克（Johannes Schenck von Grafenberg, 1530—1598）的《医学相关、罕见、新鲜、令人惊奇和怪异事物的观察集》（*Observationum Medicarum, Rararum, Novarum, Admirabilium et Monstrosarum*, 1596 年）和阿尔德罗万迪的《怪物志》。较新的模式则是 17 世纪新兴科学团体创立的期刊出版物对其文章来稿所要求的"观察"体例：文章主体只有一则"观察"，要求是作者本人亲自对做出的观察（如亲眼所见、最好亲手解剖的怪物）的纯粹描述，而任何理论性的评论、现象的成因解释、对古代或当代文本中相似案例的援引，则都被单独放在"观察"所附的可长可短的"注文"（scholium）当中[31]。克雷默以今天德国国家科学院之前身、成立于 1652 年的"自然探奇者学会"（Academia Naturae Curiosorum）的会刊《珍奇杂集》（*Miscellanea Curiosa*）为案例，详细说明了这一转型的前后过程。在学会初创之时，几位医学训练出身的创始人便对"观察集"文类保持着浓厚兴趣[32]，而在《珍奇杂集》创刊后，他们又进行了一次有意识的改革，将"观察"与"注文"分开的体例作为期刊标准，并不遗余力地向学会成员推行。

为什么说在整个 17 世纪逐渐风行的"观察"是一种新的模式？首先，不同于 16 世纪的"观察集"，17 世纪的观察明确是"署名作者的观察"（authored observation），而"观察"与"注文"分离的写作体例又使得这种直接、一手观察来源的经验知识，既与古代文本的征引相区分，也与来自他人的、间接

---

30 Gianna Pomata, "Observation Rising: Birth of an Epistemic Genre, 1500–1600", in *Histories of Scientific Observation*, ed. Lorraine Daston and Elizabeth Lunbeck, Chicago: University of Chicago Press, 2011, pp.45–80.

31 Kraemer, op. cit., pp. 138, 142–150.

32 Kraemer, op. cit., pp. 127–132.

的观察报告之间产生了明确区分[33]。换言之，任何从"文本阅读"得来的知识现在一律不再被冠以"观察"之名。须知，这种认知范畴上的区分既不见于亚里士多德传统的"经验"概念，也不见于 16 世纪重新复兴的古代经验派（Empirics）医学的"观察"（paratērēsis，拉丁语 observatio 即为其对译）一词的含义中，最接近的概念资源是盖伦解剖学中的"亲眼观看"（autopsia）。但按照克雷默的主张，在 17 世纪"观察"的转型之中，首先是文本写作的体例、文类，而不是某些新的认识论变革促成了这些辨析。其次，这种体例也对 17 世纪自然学家们产生了认知上的规范性作用，他们必须从过去的"收集者"变成新知识的原创性"作者"，报告且仅仅报告自己的观察描述，并署名为其担保[34]。或许可以如此理解知识生产角色的转变：学会团体出版的期刊模仿并变成了一部带有收集性质的"观察集"，无形的社会团体成为"收集者"，而其中每个成员就变成了个体的"作者"。克雷默对自然探奇者学会及其《珍奇杂集》的案例研究，绝好地体现了写作文类对认知范畴和学术共同体的形塑与建构作用，丰富了波玛塔提出的"知识文类"概念；他还进一步支持了先前研究者们对现代早期"经验主义"的另一个透视：这是一种"集体经验主义"（collective empiricism）[35]，雪花般零散的个殊性经验知识只有内嵌于新兴的通信网络、科学团体之中，才能重新形成一个现实的知识规划。

最后，第四章来到 18 世纪启蒙时期，"阅读"与"观察"实践再次发生转型，使得 17 世纪期刊中一度盛行的怪物观察被贬为传说而非事实，接近了我们今天现代科学的模式。这就是所谓的"重复观察"（repeated observation）与"批判性阅读"（critical reading）：18 世纪学者强调文本阅读必须是批判性、选择性的，作者身份不再是可信性的唯一来源，读者也要对其内容行使主动的判断（iudicium）；正因如此，他人的观察报告也最好亲自重复验证，"重复观察"从某种意义上正是对文本著作的"批判性阅读"的自然延伸[36]，两种实践仍然不构成互斥的对立关系，而是以不同于文艺复兴时期的另一种方式被紧密地联系在一起。克雷默还进一步将上述对"批判"的强调追溯到了启蒙

33　Kraemer, op. cit., pp. 165–168. 此前波玛塔也将"署名作者的观察"作为现代早期兴起的、真正意义上的"科学观察"的重要特征之一，参见 Pomata, Observation Rising, p. 67.

34　Kraemer, op. cit., pp. 168–171.

35　参见 Lorraine Daston and Peter Galison, *Objectivity*, New York: Zone Books, 2007, pp.17–27; Pomata, Observation Rising, pp.60–64; Daston, The Empire of Observation, pp.87–91.

36　Kraemer, op. cit., pp. 213–219.

精英的自我意识：他们有意将自己与社会中大部分未受启蒙、缺乏教育的"庸俗大众"（communia, vulgaria）区隔开来，将后者对怪物、神迹的狂热批判为一种"轻信"（credulitas），他们的"好奇心"（curiositas）也被视为无用乃至有害的情感[37]，而不再是新科学兴起之初"探奇者"（curiosa）们用来自我定位、推动知识进步的动力。这种启蒙意识还具备很强的时间性[38]：生活在古代、文艺复兴乃至 17 世纪的作者都被认为处在一个未受启蒙的过去，其著作中包含的自然知识因此格外要受到重新审视，特别是论述怪物的部分。克雷默在此还引用了策德迈尔对新旧两种知识观的对比区分[39]：文艺复兴作者的论题札记、汇编书写背后，实际上预设了知识是无时间性的，从古至今的所有知识就像图书馆中可被分门别类的书籍，可以放在同一个平面上按照论题（topos, loci）的亲缘性排序组织，形成记忆与思维中的"星座"；而到了 18 世纪，知识本身发生了"历史化"（historicization）的改变，这在学者们的工作实践上表现为字母排序对论题札记的取代、松散的卡片笔记对装订成册的书籍形式（bounded book-form）的取代，而隐喻着"知识"本身被构想为一项处在时间之中的、不断自由修正的、永远朝向未来开放的事业，并使当下的知识积累永远处在批判性眼光的审视当中。

通过聚焦于文艺复兴到 18 世纪"怪物"研究领域的变迁，克雷默给出了自然学家们秉持的历史认识论的三阶段图景，并回答了著作标题中的问题：一只半人马何以在伦敦？它大约在 16 世纪进入一份散页印刷品或地方编年史，被同时代作者记录为在该世纪初某年月日降生在苏黎世或某个具体地区，作为一条类事实块被阿尔德罗万迪或其他人收集到自然志汇编著作当中，从而进入文艺复兴自然学家的学术话语。在 17 世纪科学学会创办的期刊中，它可能仍被作为文本案例征引，但是降格到了某位作者的新观察所附的注文当中。而在 18 世纪启蒙学者的批判性阅读之下，这只半人马终于被贬斥为彻底的谣传，只能在同时代文学家们正话反说的讽喻小册子中才能"将于 1751 年 4 月 1 日向好奇的伦敦大众公开展示"[40]。

37　Kraemer, op. cit., pp. 184–188, 190–195, 198–200, 211–213.

38　Kraemer, op. cit., pp. 223–224.

39　Kraemer, op. cit., pp. 96–97；参见 Helmut Zedelmaier, "Wissensordnungen der Frühen Neuzeit", in *Handbuch Wissenssoziologie und Wissensforschung*, ed. Rainer Schützeichel, Konstanz: UVK Verlag, 2007, pp.835–845.

40　Kraemer, op. cit., pp. 183–184.

由于"阅读"与"观察"含义的历史变迁，特别是什么构成了有关自然个殊物的"经验知识"的内部结构变化，诸种怪物、奇事、罕见的异自然事物，虽然曾作为文艺复兴学者和 17 世纪科学团体的自然研究的重要部分，其认识论地位在 18 世纪却遭到反转和颠覆，失去了进入自然科学话语的资格。重要的是，所有这一系列的转型背后并非事实驱逐传说、经验压倒文本的单向进步，而是对何为"经验"、"观察"和"事实"这些认知范畴的逐步建构。而且，按照克雷默的叙述，最早推动这一建构过程的可能并非哲学家、科学家们自上而下的认识论改革的表述，而是某些具体的文本实践和社会动力。

三、回到编史学：《半人马在伦敦》对研究现状的推进与提示

1. 方法论层次：文本实践与认识论转变

在《半人马在伦敦》的导言中，克雷默明确陈述了自己的方法论进路，他主要在两个层次上展开分析[41]：一是所谓的"学者实践"（scholarly practice, Praktiken der Gelehrsamkeit），借自人文史学者策德迈尔和穆尔索（Martin Mulsow）[42]，包括书中关注的阅读、札记、汇编、观察、制图等。相较于"科学实践"的提法，"学者实践"能更好地关注到人文学史与科学史的交融，因为历史上许多实践的从事者虽然可称为"自然学家"，但其实践方法本身却不一定严格是"科学的"，而是共享着同时代的文本与学术文化。对学者实践的考察既包括每种实践各自的演变，也包括它们如何共同构成自然知识，克雷默将其称为自然志文本的"征引结构"（referencing structure），其变迁使我们看到"阅读"与"观察"的关系之变。二是历史认识论，即关注历史行动者自己对某些范畴赋予的认知地位与价值的变化，克雷默在书中考察的范畴就包括"观察""亲眼观看""作者权威"（auctoritas）等。

显而易见，克雷默的方法论和分析层次仍主要是以文本实践为核心的，依赖并继承了 20 世纪 90 年代以来策德迈尔、达斯顿、布莱尔等学者的工作。这有助于我们在理解现代早期的经验知识时，重新关注到所谓"文本知识"背后的复杂性，并为其赋予应有的历史地位。但这种分析进路也存在先天不

41　Kraemer, op. cit., p. 3.
42　参见 Zedelmaier and Mulsow, *Die Praktiken der Gelehrsamkeit in der Frühen Neuzeit*.

足之处:《半人马在伦敦》一书精彩地刻画了"观察"作为文类的兴起及其转型，却尚未充分追问背后更深刻的哲学认识论层面的转变。这是指如下问题尚未得到解答：当时的医师、自然学家等群体是依靠哪些思想资源，在并不存在"观察"一词的中世纪亚里士多德主义之外另起炉灶，有力地构建了这一认知范畴？这类显然不符合证明科学（demonstrative science）范式的、有关自然个殊物的经验知识在引入后，如何改变了医学、自然志、自然哲学的论证结构和追求，乃至于是否改写了人们对自然可知性的边界的理解？多数其他现有研究也都倾向于关注"观察"作为出版的知识文类或书信中流通的内容，考察它与现代早期某些新兴职业群体、学术共同体相互建构的过程[43]，即和克雷默一样比较关注文本实践与社会向度，而同样难以回答上述问题。

对新出现的"观察"等经验知识形态背后哲学认识论的澄清，目前推进较深入的可能是学者波玛塔的工作。在《史志：现代早期欧洲的经验主义与博学文化》文集收录的文章中，波玛塔考察了在 16 世纪医学文献中常常与"观察"共同出现的"史志"，梳理出"historia"一词在当时至少有四种相关但并不重合的含义[44]：在亚里士多德传统下，它与"哲学"或"科学"相对，是一种非因果证明的现象描述知识，但又作为导向哲学的某种预备阶段。在人文主义者复兴的、前亚里士多德的、老普林尼《自然志》中仍有体现的希腊词"ιστορία"的意义下，它可以一般性地指任何对事物的考察、探究，基本上泛指所有知识。从盖伦著作中发掘出的意义来看，它指从感官经验而来的知识（sensata cognitio），这实际上是来自盖伦转述的古代经验派医学立场，强调医学知识来源于直接或间接的经验观察。而在希波克拉底《论流行病》（Epidemics）所提供的思想传统下，它指对单个具体病人的诊断、病程、疗法、疗效的记录，即个殊性的医案知识[45]。也就是说，在"观察"或"史志"知识的背后至少有着亚里士多德、老普林尼、盖伦、希波克拉底等不同古代传统的认识论资源，而且他们各自强调不同的认知面向。此外，波玛塔还多次谈

---

43 例如 Pomata, Observation Rising 一文以及 Miert, op. cit. 文集中的研究。

44 参见 Gianna Pomata, "*Praxis Historialis*: The Uses of *Historia* in Early Modern Medicine", in *Historia: Empiricism and Erudition in Early Modern Europe*, ed. Gianna Pomata and Nancy G. Siraisi, Cambridge: MIT Press, 2005, pp.105–146, 此处所引为 pp. 107–113.

45 波玛塔后来对第三、四种含义背后的古代认识论资源进行了更为深入的讨论，参见 Gianna Pomata, "A Word of the Empirics: The Ancient Concept of Observation and Its Recovery in Early Modern Medicine", *Annals of Science*, 2011, 68 (1), pp.1–25.

到，文艺复兴学者之所以开始大量利用和书写"史志"，是因为它格外适合容纳新奇的、任何现存理论框架之外的知识[46]；而达斯顿等多位研究者也曾指出，现代早期一种对"自然"的重要理解是将其视作多变而不稳定的、常常产生新奇事物的、不被什么严格的基础律则所规定的本体领域[47]，这种前提或许使"观察"与"史志"知识成为某种必要。除了上述古代权威和医学认识论之外，在文艺复兴哲学内部，亚里士多德主义者与反亚里士多德主义者也曾在论战中各自表述过一些版本的"经验主义"进路。例如，特勒西奥（Bernardino Telesio，1509—1588）、扎巴雷拉（Jacopo Zabarella，1533—1589）和康帕内拉（Tommaso Campanella，1568—1639）等以具体的感官经验为基础的新自然哲学和认识论著作，在当时都产生过可追踪的影响[48]。

2. 学科领域的扩展：从医学、怪物研究到更多

除了在方法论上沿着知识文类、学者实践的视角推进得比较彻底外，克雷默一书相较于上述波玛塔等，倒是在另一个方向作出了贡献和取得了突破：他不再限于"观察"最早兴起的医学史领域，而考察的是以怪物、奇事为对象的自然志（虽然怪物知识仍与医学有密切关系，特别是解剖学和生理学）。在先前研究中，虽然《科学观察的历史》文集的几位主力作者都强调，记录"观察"的日常实践和"观察集"的出版是跨越 16 世纪众多学科的普遍潮流[49]，但分析得较为透彻的史料案例仍出自当时的医学领域。问题在于：不论是从社会制度角度还是从智识传统角度来看，先前研究者们指出的使"观察"知识得以成立的许多动因，往往仍是内在于医学内部的——包括来自盖伦和希波克拉底的模型范例，以及意大利执业医师群体面临的市场竞争下靠曾治愈的病例集进行自我宣传的目的[50]——因此无法完全解释这种经验知识形态在

46　Pomata, *Praxis Historialis*, pp.120–121.

47　参见 Daston and Park, *Wonders and the Order of Nature, 1150–1750*. 多处；亦见 Paula Findlen, "Jokes of Nature and Jokes of Knowledge: The Playfulness of Scientific Discourse in Early Modern Europe", *Renaissance Quarterly*, 1990, 43(2), pp.292–331.

48　依次参见 Pietro Daniel Omodeo, *Bernardino Telesio and the Natural Sciences in the Renaissance*, Leiden: Brill, 2019; Marco Sgarbi, *The Aristotelian Tradition and the Rise of British Empiricism: Logic and Epistemology in the British Isles (1570–1689)*, Dordrecht: Springer, 2013; Jean-Paul De Lucca, "The Art of History Writing as the Foundation of the Sciences: Campanella's Historiographia", *Bruniana e Campanelliana*, 2012, 18 (1), pp.55–70.

49　参见 *Histories of Scientific Observation*, pp.5–6; Pomata, Observation Rising, pp. 45–53.

50　参见 Pomata, *Praxis Historialis*, pp.126–127. 这一目的促使医师们在观察集中详细记叙了每位患者的具体情况，给出了丰富的历史情境细节，并清晰注明患者的姓名以供查证；从某种意义上说，这与夏平等所描述的 17 世纪新实验哲学中的"见证报告"有异曲同工之处。

其他学科中的流行。从这一视角来看，克雷默选取"怪物"主题十分恰切：它是文艺复兴和 17 世纪自然志都关注的重要对象，而且内在于弗朗西斯·培根提出的改革后的自然志-自然哲学纲领之中，一般正常的自然物、异常的自然发生与实验技艺产生的结果共同构成了培根"自然志"的三个门类[51]。这一主题由此构成了文艺复兴医师群体在 16 世纪形成的新知识形态与 17 世纪培根引领的"自然志"改革之间的接点，从而与以皇家学会代表的新科学主流关联在一起。近年来有关该主题，不仅达斯顿、帕克（Katharine Park）合著的《奇事与自然秩序》一书对其作了重要论述[52]，与克雷默的思路更为相近的还有达·科斯塔（Palmira Fontes da Costa）在剑桥大学科学史与科学哲学系所撰写并出版的博士论文，该书将 18 世纪皇家学会中的个殊性经验作为主题，其中绝大部分都是奇异事实与对怪物的报告[53]。

顺着克雷默在主题领域上的拓展，我们还可以追问的是：在医学和怪物异象的领域之外，天文学、气象学、植物学等其他学科中是否能找到"观察"与"史志"等新的经验知识形态的兴起？在《科学观察的历史》文集提供的概览当中，帕克已经提到中世纪晚期最早开始的"观察"实践是针对天象与天气的[54]；波玛塔也称许多医师记录日常行医中所遇案例的习惯是从其每日的占星、气象观察中迁移而来的，而她给出最早出版的"观察集"案例之一，正是 16 世纪 40 年代出版的雷吉奥蒙塔努斯（Regiomontanus）师徒等四人的天文观测记录结集[55]。由此看来，天文气象领域的"观察"可能甚至比医学"观察集"出现得更早，并与中世纪晚期的实践相续，值得进一步挖掘和澄清。而在现代早期自然志中，除怪物奇事以外的另一个典范领域——植物学中，则有可能进一步追问"观察"与"史志"应用的另一种情形：在面对并不罕见、怪异、新奇的研究对象而无需针对某一次独一无二的事件作观察与见证时，关于个别、具体自然物的描述性观察知识又是否（以及如何）成为生产

51　参见 Francis Bacon, "Preparative Towards a Natural and Experimental History", in *The Works of Francis Bacon, Volume 4: Translations of the Philosophical Works 1*, ed. James Spedding, Robert Leslie Ellis and Douglas Denon Heath, New York: Cambridge University Press, 2011, p.253.

52　Daston and Park, op. cit.；对该书的总结评述参见戴碧云：《沉思怪物异相——评《奇事与自然秩序：1150–1750》，科学文化评论，2020 年第 3 期，第 115–124 页。

53　Costa, *The Singular and the Making of Knowledge at the Royal Society of London in the Eighteenth Century*；该书正文五章中的后四章论述都是关于怪物、奇事的经验知识。

54　参见 Katharine Park, "Observation in the Margins, 500–1500", in *Histories of Scientific Observation*, ed. Lorraine Daston and Elizabeth Lunbeck, pp.15–44, 此处所引为 pp.27–37.

55　参见 Pomata, Observation Rising, pp.49–50, 54–55.

新科学的基础[56]？

3. 近邻传统的互动："观察"、"史志"与"实验"

如其副标题所示，《半人马在伦敦》的叙述集中在"观察"实践和知识文类上。但实际上，在现代早期经验知识的诸种形态中，"观察"并非一个能清晰切分出来的独立传统，而是与"史志""实验"等常常混杂在一起，在16—17世纪的史料中共同出现。克雷默将"观察"单独拎出，鲜少提及它与"史志""实验"等相近文类和认知范畴之间的互动、分辨或交融，甚至给读者造成它们之间并无关联的表象，这不得不说是研究的一大缺憾。

对于"观察"与"史志"这个对子的关系，克雷默其实在第一章分析约翰内斯·申克的《观察集》时已经提到，申克会将一条具体的类事实块称作"史志"或"事例"（exemplum），而将对同一对象的多个史志（如对雌雄同体人在不同时间、地点降生的多个见证报告）集合为一节，并将之称作"观察"[57]。换言之，早期的16世纪作者对这两个词是存在用法差异的，"观察"一词可能已经内蕴某种认识论上的总结与透视（一如现在英文"observation"一词也有这种歧义）。但克雷默很快又在第三章基于波玛塔的工作，简单地将"观察"与"史志"两个词处理成等同和可换用的[58]，然后对"史志"不再多提。被隐隐触及却又一笔带过的是，"观察"与"史志"最初可能指称的是不同的知识形态，来自不同的思想资源与写作传统（参见本节第一部分），到后来才逐渐合流。这恰恰是不同的认知面向随着其载体文类的互动，被捏合到一起、塑造出背后一个共同所指的新认知范畴的过程，值得进一步刻画。克雷默这里过于潦草地将二者画上等号，似有以后世观念代入早期作者之嫌，也显示出他在概念上可能缺乏更细致的工作。

另一对"观察"与"实验"的关系更值得注意。先前学者已经指出，在中世纪语汇中毫无关联的"观察"与"实验"，正是在17世纪以来携手构成

---

56 楠川幸子（Sachiko Kusukawa）的研究已经指出，在文艺复兴草药书的插图实践中，存在某种描绘个体标本的"偶性"与该种类普遍的"自然形态"之间的张力，反映出当时植物学家对"个殊性的观察"与"普遍性的科学知识"之间的断裂、桥接和转换有所意识并展开过激烈讨论。见楠川幸子：《为自然书籍制图：16世纪人体解剖和医用植物书籍中的图像、文本和论证》，王彦之译，杭州：浙江大学出版社，2021年，第7章，第8章。此外，"史志"也是文艺复兴植物学著作的常见标题，这不仅提示出一批值得关注的材料，而且可能提供与亚里士多德主义传统（泰奥弗拉斯特《植物志》）的接点。

57 Kraemer, op. cit., pp. 55–56.

58 Kraemer, op. cit., pp. 136–137.

了现代"科学经验"的两大支柱[59]，以是否有人为介入干预、是否有意用来验证某些理论假说加以区分——按照达斯顿对 17—18 世纪时段的考察，它们恰恰是在彼此对垒中都经历了概念界定的狭义化，才形成了上述局面[60]。不过，就在更早的 16—17 世纪，"观察"和"实验"的关系更多地还是交缠而非对立：培根提出的"实验志"（experimental history）即是同时包含二者的一个奇异结合，它作为一种个殊性经验知识成为新实验哲学的地基，近年来受到了许多研究者的关注[61]。而在医学文类的发展中，"观察集"的前身是更强调记录有效疗法、药方（而不是病例病程本身）的"治疗集"（curationes），后者则直接继承自中世纪医学的"实验集"（experimenta）这种方子（recipe）写作文类[62]。克雷默几乎闭口不提作为历史认识论范畴的"经验"（experientia）或"实验"（experimentum），而只在当今通常的语义下说"观察"是一种"经验"（experience）或者是"经验的"（empirical），这固然是删繁就简的论述策略，却不一定反映历史图景的全貌。要处理其中错综复杂的关系，进一步的研究或许应该同时关注到"史志""观察""实验"这些现代早期复数的"经验知识"下并存的不同知识文类，梳理它们在互动与交融之中如何促成了科学革命后新"经验"含义的形成与凝结。

综上所述，克雷默的《半人马在伦敦》一书从文本实践的分析层次出发，以有关"怪物"的自然志文本为研究对象，为现代早期经验知识形态的转型提供了一个三阶段刻画，特别是在此前关于"史志""观察"的几部研究文集的基础上，以专著体量提供了一个更为充分和完整的历史框架。但克雷默的研究也揭示出一些尚不够清晰的方面：其一，在写作文类上看到的个殊性经验知识的扬升背后，认识论、自然观的深层变革仍有待刻画，特别是思想史

59　参见 Daston and Lunbeck, op. cit., pp. 2–3 编者导言中给出的框架。

60　参见 Daston, The Empire of Observation, pp.82–87.

61　可首先参见以下文献：Dana Jalobeanu, *The Art of Experimental Natural History: Francis Bacon in Context*, Bucharest: Zeta Books, 2015; Peter R. Anstey and Dana Jalobeanu, "Experimental Natural History", in *The Cambridge History of Philosophy of the Scientific Revolution*, ed. David Marshall Miller and Dana Jalobeanu, Cambridge: Cambridge University Press, 2022, pp.222–237; Cesare Pastorino, "Weighing Experience: Experimental Histories and Francis Bacon's Quantitative Program", *Early Science and Medicine*, 2011, 16(6), pp.542–570; Cesare Pastorino, "Beyond Recipes: The Baconian Natural and Experimental Histories as an Epistemic Genre", *Centaurus*, 2020, 62, pp. 447–464.

62　参见 Pomata, *Praxis Historialis*, pp.125–126. "方子"的写作不仅见于中世纪医学"实验集"，也特别见于炼金术领域，是中世纪到现代早期一批体现实践、技艺、工匠知识的重要文本载体，因此与经验知识有多重关联。

线索。其二，对以"观察"为代表的新知识文类在医学、怪物研究以外的自然知识领域的发展与运用情况，还可以作不少发掘。其三，应当将与"观察"有着密切关系的"史志""实验"等其他传统纳入视域，并着重考察其在 16—17 世纪的合流。追溯现代科学中独特的"经验知识"观念是如何形成的，是我们理解科学革命的重要视角之一，而随着当前研究线索的深入，这幅图景逐渐显现为复数、多样的经验知识形态各自及其互动的历史，它的许多部分仍然在等待澄清。

Understanding the Scientific Revolution through the Construction of Forms of Experiential Knowledge in Early Modern Times:

An Essay Review of Fabian Kraemer, *A Centaur in London: Reading and Observation in Early Modern Science*

HUANG Zongbei

Abstract: Since the 1990s, scholarship in the history of science has been increasingly concerned with the changes and dynamics in the realm of "experience" during the period known as "the Scientific Revolution". The meaning of "experiential knowledge" thus becomes pluralistic and problematized, which can be subdivided into different strands including the narrow, philosophical *experientia*, the new-born category of "fact", the textual genres of *historia* and *observatio*, etc. Numerous studies have been made regarding their historical epistemology, to which Fabian Kraemer's 2023 monograph, *A Centaur in London*, represents a most recent contribution. Using books on "monsters" from the sixteenth to the eighteenth centuries as his sources, Kraemer characterizes the production of natural knowledge based on "reading" and "observation" in three different historical stages: (1) sixteenth-century compilations of *observationes* did not distinguish between textual and (direct) observational knowledge, collecting them all as "factoids"; (2) in the new journals of emerging seventeenth-century scholarly societies, a novel kind of singular, authored, first-hand "observation" was advocated first as a textual form, which then implemented further epistemological distinctions; (3) it was eighteenth-century practices of "critical reading" and "repeated observation" that really came close to modern forms of "empirical" knowledge based on verification and corroboration. Building upon Kraemer's book, further studies may continue to look into parallel developments in other fields of early modern knowledge besides medicine, the deeper changes in the conception of "nature" and its knowability reflected in these developments, as well as the interactions between neighboring epistemic categories such as *observatio* and *experimentum* especially in the seventeenth century.

Keywords: Scientific Revolution; experiential knowledge; reading; observation; historical epistemology

两种机械论，两个范式与一门科学

——评里斯金《永不停歇的时钟》

/

吕天择[1]

摘　要：《永不停歇的时钟》旨在借助机器探讨生命的本质，讲述被动机械论与主动机械论围绕能动性问题所进行的绵延四个世纪的斗争，其中，被动机械论秉持严格的能动性禁令，而主动机械论则将能动性归于物质自身。这两个范式的相互作用深刻影响了笛卡尔、莱布尼茨、拉美特利、康德、拉马克、达尔文、魏斯曼等的工作，塑造了当今的科学。该书立论新颖、旁征博引、内容丰富，涵盖了生物学、哲学、工程技术、宗教学、文学、控制论、认知科学、人工智能等多个学科的重要主题，提出了主动机械论、范式斗争等若干学术新观点，值得学界进一步研究。

关键词：主动机械论；被动机械论；能动性；生命；机器

《永不停歇的时钟》(*The Restless Clock*)[2]是美国科技史家、斯坦福大学讲席教授杰西卡·里斯金(Jessica G. Riskin)的代表作，自出版(芝加哥大学出版社，2016年)以来已获得学界若干奖项和荣誉，包括2021年美国哲学学会帕特里克·苏佩斯科学史奖，2019年英国《卫报》"重塑思想图书"之一，2018年美国《高等教育纪事报》"20年来最具影响力的书籍"之一，等等。

本书凝结了里斯金教授数十年的研究成果，其内容可以追溯至20世纪80

1　吕天择，1990年生，辽宁盘锦人，西北工业大学马克思主义学院副教授，主要研究方向为科技史，E-mail: wjlvtianze@126.com。基金项目：教育部人文社会科学研究青年基金项目"国别比较视角下的中国式现代化技术进路研究"(23XJC710008)；中央高校基本科研业务费专项资金资助项目"全球视角下的西方技术崛起研究"(G2022KY05106)。

2　杰西卡·里斯金：《永不停歇的时钟：机器、生命、能动性与现代科学的形成》，吕天择译，北京：中信出版社，2023年，691页。

年代。当时，里斯金在哈佛大学读本科，她的毕业论文指导教师正是著名生物学家、"间断平衡"理论提出者斯蒂芬·古尔德（Stephen J. Gould），与进化论相关的生物学内容构成了该书的底色[3]。第一、第四章内容则脱胎自 1992 年在加利福尼亚大学伯克利分校举办的历史研究方法研讨班，她当时的结业论文以 18 世纪法国机械师雅克·沃康松（Jacques de Vaucanson）制造的会排便的鸭子为研究对象。所以，里斯金本人的学术背景以及该书的最初构思都具有极强的跨学科性质，该书最终也是通过整合生物学、哲学、历史学、文学、工程技术等多个领域来探讨生命与机器的关系，解析何为生命的本质这一大问题。

事实上，英文原版副标题"关于生命本质的绵延几个世纪的争论"（A History of the Centuries-Long Argument over What Makes Living Things Tick）已然点出了该书的主题，即回溯几个世纪以来的争论，探讨人们对生命的不同理解方式。部分由于不好翻译（似乎可以译为"关于生命本质的世纪之争"），部分出于商业上的考虑，中译本的副标题最终以罗列关键词的形式呈现——"机器、生命、能动性与现代科学的形成"。值得一提的是，早在 2020 年，中信出版社就曾出过该书的中译本，当时的书名叫做《永不停歇的时钟：机器、生命动能与现代科学的形成》，但由于其错漏之处实在过多（包括副标题的"生命动能"），2021 年底，出版社即决定重译，由笔者翻译的新译本最终于 2023 年 10 月出版。笔者在翻译过程中与里斯金教授进行了多番商讨，尽可能保证译文忠实于原文，大量术语、人名、地名均参考权威来源给出，希望能为读者带来良好的阅读体验。

一、内 容 简 介

该书以一句著名的俏皮话开篇。T. H. 赫胥黎在 1868 年说道，我们不需要某种特殊的"活力"来理解生命，就像不需要某种"水性"来理解水一样，既然水的性质源于氢氧的结合，那么有朝一日也能够从原生质的组分出发彻底地理解生命。"活力"或"生命力"指无法还原为物理和化学机制的生命本

---

3 沈辛成：《评〈永不停歇的时钟〉｜生命与机械，科技与历史，究竟谁定义了谁》，2022-10-08. https://m.thepaper.cn/newsDetail_forward_20175364.

原，是生命之所以为生命的特殊本质。赫胥黎的玩笑展现了现代科学的核心原则——机械论，它不允许有"活力"，或者说在科学解释中禁止使用"能动性"（agency）。能动性是"一种在世界中行动的内在能力，能够以既非预先确定也非随机的方式行事"，能动性有点像意识，但比意识更根本、更基础、更原始，植物的向光性、磁针的转动、电荷的平衡都可以看作能动性的例子。能动性概念有两个要点：①事物的活动、趋势或能力源于其自身之内；②它所产生的行动是非随机的、有指向性的，因此能动性不同于物理学中的"能量""涨落"等概念。能动性禁令是现代科学明面上的金科玉律，但它又总被有意无意地违反。尤其是在生物学中，研究者们经常使用一些模棱两可的说法：基因"支配"酶的生产，蛋白质"控制"生化反应，甚至细胞"想要"向伤口移动。生物学家解释道，这只是一种方便的表达方式，而绝非意味着它们有明确目的或意图。里斯金指出，这种矛盾有着非常深刻的历史渊源，在 17 世纪现代科学和哲学的源头，出现了两种机械论：一种是被动机械论——将能动性从自然中放逐出去并外包给超自然的神，另一种是主动机械论——将能动性归于物质自身。被动机械论遵守能动性禁令，但违反了用自然本身解释自然的自然主义原则；主动机械论则相反，旨在坚持严格的自然主义。两种机械论代表了两种范式，双方进行了三个多世纪的漫长斗争，结果是被动机械论取得了胜利，将主动机械论压制了下去，从而奠定了当今科学的主流规范。但与天文学和物理学中"范式转换"不同，主动机械论并没有完全消失，它蛰伏于地下蠢蠢欲动，时不时隐隐作响。今天与生命相关的若干学科——生物学、控制论、人工智能等——的真正形式是埋藏了主动机械论张力的被动机械论，即在一门科学之中存在一明一暗两种范式，所以，双方的矛盾依然会反复地以多种形式呈现出来。

　　为了深入理解这一矛盾，我们有必要穿越历史的迷雾，来到故事的源头。在 13 世纪的西欧，随着技术的不断进步，自动机器的雏形出现了。大量嬉戏机器装点着法国的埃斯丹城堡，它们藏有各种机关，用喷水、发声、做鬼脸等方式捉弄游客，营造了极致的恶作剧氛围。14—17 世纪，王公贵族们热衷于建造自己的自动机，它们是时钟、动物和人偶，液压、杠杆、弹簧、齿轮、滚筒等机制的运用使它们活灵活现、栩栩如生。此外，教会也会利用自动机神像或自动机魔鬼来激发信仰或恐惧。到了现代科学和哲学兴起的 17 世纪，欧洲人已经相当熟悉机器。但他们依然遵循古老的传统，默认机器可以具有能动性和活力，机器与生命之间没有截然的分别。然而与此同时，宗教改革的思想后果也在持续发酵，在机器和生命、物质和精神、上帝和造物之间建立起不可逾越的屏障，新的被动机械论正待破茧而出。"现代哲学之父""机械论世界观的奠基人"笛卡尔正是在这种背景下开始了他的工作。

笛卡尔有一个著名的观点——动物是机器，当时乃至现在的绝大多数人都将其理解为动物是没有生命的。但这是一个误解，笛卡尔的动物机器是有生命的机器，他的机械论旨在理解生命的机制，并非要将生命还原为机械，而是将机械上升为生命。正是广泛存在的水力装置让笛卡尔确信，机器在面对外部变化时可以积极地应对，进而不再需要为动物或人的身体赋予灵魂，仅凭机械机制（主要是液体运动）就可以解释生理现象。如此说来，笛卡尔依然没有脱离主动的机器模型，也没有过多地偏离亚里士多德和盖伦的古代生理学传统。那么笛卡尔又为什么能够掀起一场哲学革命，为什么总是被认定为现代的被动机械论的开创者呢？关键是人的灵魂。古代和中世纪的身体既是机器，也具有灵魂；但笛卡尔在身体与灵魂之间划下了界线，身体和世界都是没有灵魂的机器，而灵魂则超脱于世界，甚至不再与自己的身体相交互。这与古代哲学和基督教教义都不相容。笛卡尔赋予灵魂以绝对的优越性，与这种灵魂相比，身体机器就显得相当局限、死板和被动了。进而，机器的含义也被永久地改变了——从精湛、智慧、具有能动性转变为被动、约束、无生命。所以，尽管笛卡尔本人在抗议，但几乎所有人都认为笛卡尔的意思是动物没有感觉和情感，机器不可能有生命。被动机械论这种初看起来有些荒谬的观点从此扎下了根。

既然物质没有能动性、世界只不过是被动的机器，那么能动性、生命、结构、秩序等就只能来源于超自然的神。现代神学在这里找到了锚定点，神学家们开始利用惰性的机器证明上帝的存在，机器必然有其制作者，世界也必然有神圣的设计师，这种思想被称为"设计论"，是被动机械论的自然推论。眼睛和时钟是设计论的经典案例（当代一些基督教人士依然孜孜不倦地用它们来为自己辩护）。然而，有些人继续认为机器是有生命的，莱布尼茨在《人类理智新论》中写道，"人的身体也像钟摆一样不安，会不断努力以回复最佳状态"，这就是"永不停歇的时钟"的出处。莱布尼茨认为，抽离了能动性的被动机械论只能沦为一种不断召唤上帝的牵线木偶机制，事物的运动只能依靠上帝在背后的不断牵引，这种理论无法解释任何事情，甚至连机器本身都解释不了。所以，他将能动性还给物质，将力、精神、感知视为物质和机器的内禀属性，因此凭借物质自身就能解释一切自然现象。与笛卡尔不同，莱布尼茨认为最基本的性质不是广延，而是感知，世界的组成元件不是物质微粒，而是小的灵魂或感知精神，即"单子"。世间万物都是机器内包含机器的层层嵌套，机器进而由单子建造，单子遵循自己内部的"前定和谐"。通过将物质处理为精神，莱布尼茨构建了新的主动机械论，在某种意义上实现了完全的自然主义。机器是主动的，也是精神的，这种机械论具有一个在今天很难理解的内核。

机器本身也在进化。天才的机械师们在 18 世纪造出了能进行复杂运动的、美轮美奂的人形机器（android）。它们不再仅仅是娱乐装置，还是有着哲学和科学目的的实验。沃康松的笛手和雅凯-德罗兹的弹琴乐师都能模仿人的行为并进行演奏；后者还造了一个会写字的小孩，它是最早的可编程机器。人们还试图模拟生理过程：沃康松造出一只会排便的鸭子，尽管它的排泄机制并不真实；若干工程师不太成功地模拟了人的语言表达。肯佩伦甚至制造了会下棋的机器"土耳其人"，虽然它最终被证明是真人操纵的机械装置，但学者们围绕它进行了关于人工智能的首次深入探讨。机器的确还无法真正地模拟生理和智能过程，但它们已经足以让人深思机器究竟可以做什么，人和机器之间是否存在真正的差异。

18 世纪也是启蒙运动的世纪，新一代研究者接受了人形机器的思想后果，第一次认真思考人是否就是一台机器。拉美特利用机器来解释人的身体和思想，否定了理性灵魂概念，所以他通常被视为机械唯物主义的代表。其实，拉美特利的立场是主动机械论：人是机器，这部机器具有感觉、激情和道德，但终归是物质的和有限的。思想在激烈地交锋，狄德罗、布丰、卢梭、孔狄亚克等从"人机"（man-machine）概念出发得出了不同乃至相反的结论。更重要的是，人机开始成为包罗万象的一般性框架，可以容纳哲学、伦理乃至社会层面的完全对立的观点。人机模型还产生了另一个重要推论——进化。机器不是被动的，而是主动的、自我构造的，生命机器不是设计好的，而是自己组织自己的，会随着时间的推移改变自身。早在生物学进化论出现之前，莱布尼茨、拉美特利等主动机械论者就描绘了这一图景，拉美特利等甚至还惊人地预见了自然选择理论——有缺陷的组织难以生存，自然通过试错而不断完善。

最早的生物进化论也源于主动机械论传统。拉马克指出，生命机器有两种能动性：一种是内在的"生命力"，驱动生物体随时间的推移变得更加精致、复杂；另一种是意志力，让动物不断融入环境以具备适应能力。拉马克的进化论是机械的，也是历史的。但这种内在能动性会陷入主动与被动机械论之间的两难困境。正如康德所指出的那样，我们必须要将目的和自组织的能力赋予有机体，否则就不可能理解生命，但占支配地位的被动机械论又否认了这一点。尽管康德努力调和机械论和目的论，但这个困境依然持续地产生影响。它不仅困扰着科学家和哲学家，也困扰着诗人和小说家，活的生命和死的物质的对立是浪漫主义文学的核心矛盾之一。这个矛盾塑造了《弗兰肯斯坦》，也造就了伊拉斯谟·达尔文热烈磅礴的生命赞歌。可见，被动机械论早已成为不可抗拒的思维方式，是统治性的主流观点，而主动机械论只能在生物学中发起短促的反击。

查尔斯·达尔文始终处于复杂的矛盾之中。他并不喜欢他祖父的诗歌，也不赞同浪漫主义赋予生命的内在能动性，他认为物种的变化必须出于自然选择等外部原因（至少在面对直接的询问时，他坚持这么回答）。然而生物为什么会变异呢？在这个问题上，达尔文与自己的朋友和支持者之间一直有着微妙的分歧，赖尔、海克尔、斯宾塞、赫胥黎等都纷纷转向接近拉马克主义的立场。达尔文尽管对能动性含糊其词，但也不得不使用内在的"形成性力量""生成的变异性"和用进废退等说法来解释遗传与变异。最终，经过漫长的挣扎，他在实质上接受了生命内部的能动性（尽管仍声称否定这一点）。在矛盾的另一面，达尔文也是暧昧的，他在接受被动机械论的同时拒绝了设计论，拒绝援引神圣的外部动因，他强调自然选择可以解释眼睛等复杂器官的形成。但眼睛在结构和功能上的"完美"始终让达尔文畏惧，如果没有神圣的设计师，惰性的物质部件又如何组成精巧的机器呢？真正解决眼睛问题的是更倾向主动机械论传统的亥姆霍兹，他决定性地论证了眼睛的不完美，不完美的眼睛又恰好能够满足生物的需要。这是生物组织在历史中逐渐形成的凑合，而不再是设计出来的完美的适应。

里斯金表明，与今天所理解的达尔文相比，达尔文本人似乎更加接近拉马克。这是为什么？在19世纪后期的德国大学中，被动机械论者发起并赢得了一场旨在清除主动机械论的运动，将达尔文的学说重构为"新达尔文主义"。在新教思想、帝国政府和新兴的研究型大学的多重支持下，新达尔文主义者在人类知识之中成功塑造了一系列对立关系：自然科学与人文科学、专业与通才、机械论与活力论、机械的解释与历史的解释，以及达尔文与拉马克。事实上，"活力论"是19世纪的创新，但它经常被用于描述更早的科学。活力论与主动机械论在解释生命现象时很相似，但两者存在根本的不同：活力论其实是预设了被动机械论的一种二元论，强调生物界有一套不同于被动的物质世界的解释原则；而主动机械论并没有区分两者，认为包括生命在内的全部自然现象都基于物质自身的能动性。正如教科书所言，达尔文自然选择学说的主要问题在于遗传学，因而魏斯曼的遗传学工作在定义"新达尔文主义"的过程中起到了决定性的作用。通过隔断体细胞和生殖细胞的联系（"魏斯曼屏障"），魏斯曼将遗传机制与身体活动区分开来，拒绝了用进废退和获得性遗传。他切断小鼠尾巴的实验非常著名，被视为对拉马克主义的"决定性反驳"。不过，这个实验其实存在问题，切断尾巴并不是由内在能动性引发的变异，因而在逻辑上反驳不了拉马克；但它胜在足够清晰。魏斯曼设想，营养的随机波动影响了决定子之间的斗争，进而导致器官的变化，自然选择随后便可发挥作用。这种遗传机制是完全被动的，排除了内在能动性的引导，但保留了外部的超自然的引导力量——挥之不去的神圣设计师。

控制论在20世纪初兴起。控制论者热衷于用机器探究生命和智能的本质。他们建造了机器人，声称能在人造机器中构建生命的能动性。然而，部分原因是不了解历史，他们重演了生物科学中两个机械论模型之间的古老斗争。控制论者尝试利用机器来模拟生物的内稳态，模拟生物的感觉及其对外部环境的反应，引入负反馈机制来回应目的论。他们以行为主义的立场看待生物和智能，将能动性视为次要的表象而不是主要的实在，从而把能动性外在化并消解掉。他们最终还是拥抱了被动机械论。

历史很重要。两种机械论范式的张力居于现代科学的核心之处，当前关于人工智能、认知科学和进化生物学的争论依然与此有着深刻的关联。认知科学有两个激烈交锋的阵营——具身主义和表征主义，但双方共享了一组基本的立场：智能是虚构的，以及绝对不可将内在的能动性赋予生物和机器。在这些方面，他们与其控制论前辈如出一辙。生物学家的话语依然模棱两可，道金斯的"自私的基因"仿佛具有一种邪恶、隐蔽且操控一切的能动性，然而他反复强调这不过是一种修辞，基因不可能拥有动机。但这逃不过哲学家的眼睛，戈弗雷-史密斯警告说这是危险的"能动主义"的说话方式。而在道金斯与古尔德的争论中，后者被批评为"心灵优先的奇迹兜售者"，当然，古尔德也声称坚决反对能动性。里斯金犀利地指出，在这些有关生命和智能的学科中，"无论分歧的具体细节是什么，当你想使出撒手锏时，你就指责对手将能动性归于自然机器"。总之，魏斯曼主义仍然强大无比，但拉马克真的完全错了吗？表观遗传学已经展示了获得性遗传的可能性，一些研究也暗示变异不完全是随机的，而是可以回应生物体的生命历程。但是，即便是对当代生物学家中的叛逆者来说，这也不足以让他们改变立场，被动机械论的能动性禁令并没有松动。那么，有可能创造另一种科学吗？这个问题没有答案，不过，历史分析可以帮助我们思考被遮蔽起来的可能性，它存在于生物作为永不停歇的时钟的主动机械论模型之中。

二、分 析 点 评

《永不停歇的时钟》展示了一幅波澜壮阔的科学史画卷。这本书最大的优点应该就是用一条清晰的主线串起了极为丰富的内容，实现了条理性与丰富性的辩证统一（里斯金本人多次使用"辩证法"概念，并将该书视为对两种机械论的辩证发展历程的追溯）。该书着实不薄，根据扉页上统计，共有 51.6 万字，而除去参考文献和引文部分，用于内容表述的净字数约为 33 万字（其中正文约 29 万字，注释约 4 万字；这也反映出该书的参考文献极为丰富）。值得注意的是，如此篇幅其实是精心浓缩的结果，正如莱布尼茨所说，世界是机器中包含机器的层层嵌套，该书也是丰富之中包含丰富——事实上，将每一章的内容单拿出来都足以写成一本大部头著作[4]。该书至少涵盖了历史学、

4　上海交通大学科学史与科学文化研究院毛丹助理教授认为，这本书最好能拆成两部，分别以生物学和机器人为主题。参见毛丹：《〈永不停歇的时钟〉：最好拆成两部的巨著？》，《中华读书报》，2024 年 4 月 17 日 16 版。但是，笔者认为，这其实是一个悖论。就该书的写作目的而言，其内容是无法拆解的，为了理解生命我们必须理解机器，反之亦然。该书的主题——两种机械论的你来我往——也决定了内容必须是综合的，事实上，该书的特色就是将不同领域的思想汇集一处。然而，就论证的清晰性和完备性而言，该书又显然是不足的，大量论点没有充分展开就不得不结束。仅从学术角度而言，该书的确应该拆分，至少其内容需要大幅增加。

生物学、哲学、工程技术、宗教学、文学、控制论、认知科学、人工智能等学科的重要主题。据笔者不完全统计，书中提及历史人物超 470 位，其中花费一定篇幅重点论述的就有约 70 位，可谓"你方唱罢我登场"。更加难能可贵的是，在如此庞杂的材料中，里斯金发现了一条主线——两种机械论在能动性问题上的不断碰撞，并用 4 个世纪以来的大量素材证明这种斗争塑造了今天的科学。无论是完成该书所耗费的工作量，还是凝结出来的观点的冲击力，都令人叹为观止。

当然，这里也存在一种辩证关系：一部内容如此丰富的著作显然也包含了同等分量的可能错误，读者可以不断反问书中的论点是否可靠、概念是否清晰。当代著名科学史家彼得·迪尔（Peter Dear）即指出，里斯金对古代和中世纪传统的解读可能有误，书中若干关键概念——能动性、历史、随时间变化等——较为松散、有待澄清[5]。这种隐患反映了两方面的问题，一是该书作者的野心极大，里斯金在 33 万字的篇幅之内做了如下努力：首先是论证存在一个源远流长但又半遮半掩的主动机械论传统（据笔者所知，"主动机械论"应该是里斯金提出的原创概念），为了阐述这一传统的重要性，就需要对生物学、哲学、文学、控制论等相关领域进行大量梳理，还原两种机械论的斗争历程，表明在一门科学之中可能存在一明一暗两种范式，从而重塑人们对哲学史和科学史的理解。正是因为概念新、内容多，（笔者通过口头交流得知，无论中外）若干专业研究者都表示，此书难以阅读或者不合自己的口味，作者行文偏偏喜欢左弯右绕，而不是"径直"地论述某个观点。此外，同样是由于论题新颖，出于准确性上的考虑，里斯金使用了大量原始文献和直接引文，这也在一定程度上造成了行文的割裂（也导致翻译上的困难，大量直接引文正是最难翻译的部分，笔者需要翻译历史上数十位名家大师的只言片语）。不过，笔者在这里为该书进行辩护，我们必须接受新颖主题与宏大视角的副产品——内容杂多、行文跳跃，如果读者理解了作者的目标，那么也自然会同情地理解她所选择的内容和表达方式。这与其说是该书的问题，不如说是我们早已习惯于当下这个学科分化的时代，面对人类知识积重难返甚至无可救药的不断细分，我们默认将问题及其答案限定在某个领域之内，以至

5　Peter Dear, "Reviewed Work(s): The Restless Clock: A History of the Centuries-Long Argument over What Makes Living Things Tick by Jessica Riskin", *The American Historical Review*, 2017, 122, pp. 1171–1173.

于对任何超出当下关注点的论述都感到不理解甚至厌恶。这种不理解或不熟悉也造成了另一个结果，即由于本书内容超出了绝大多数研究者的视域，所以人们很难质疑该书的主旨，只能选择暂且相信作者的理论框架。

接下来转向更加技术性层面，那么，该书能否写得更加完善和清楚呢？换言之，能否增加篇幅，用更清晰、更严谨、更完整的方式进行论述呢？这在原则上当然是可以的，但恐怕难以落实，或者说出版社不愿意。这就涉及第二个方面的问题——书籍出版过程中，学术与商业的权衡。纵观今日学界（尤其是最近一二十年的美国），大家都在追逐热点、亮点、爆点、趣点，书名越来越惊人，热点后浪推前浪，论述越来越文学化、戏剧化，学术著作越来越像故事书，这些本质上都是商业考量，相应地，内在的逻辑性和学理性就成为可有可无的牺牲品。为了卖得好，书的篇幅不宜过长（因为成本会增加，同理，很多著作对参考和引用进行了刻意的大幅缩减），论述不宜过深；而为了受众广，内容又要尽可能丰富，要吸引不同背景的读者。这就构成了一对矛盾，像《永不停歇的时钟》这样新颖且丰富的著作理应有较大的篇幅，但又不可以太长，最终的结果就是野心大、允诺多，但论述简略、搁置问题。这种局面原则上当然不利于思想的发展，但学术也只能在商业化的世界里汲取必要的资源，用里斯金的话说，这可能也算是一种富有成效的矛盾吧。

尽管存在这样那样的问题，但瑕不掩瑜，该书至少有下列观点让人耳目一新：①哲学思想有其技术对应物，哲学和科学史研究不应忽视技术背景；②在当今科学的坚实地基——被动机械论——之下有一个隐蔽的主动机械论传统，这个传统在哲学、生物学、物理学、控制论等领域中都有所体现；③康德、达尔文、贝尔纳、摩尔根等若干鼎鼎大名的学者都在两种机械论的矛盾中工作，这一矛盾令人困扰，但同时也富有成效；④能动性、自组织概念与遗传的历史方法的内在一致；⑤范式斗争的结果不一定是某种范式的彻底胜利，也可能是两种范式一明一暗、带有矛盾地共存。

对莱布尼茨的分析可谓该书的点睛之笔。传统的说法认为机械论只有一种形式[6]，笛卡尔与莱布尼茨两人分别代表了相互对立的机械论与有机论。笔

---

6 著名科学史家韦斯特福尔就认为，机械论的基本含义为世界是一台由惰性物体组成的、完全排除了精神的机器。参见韦斯特福尔：《近代科学的建构：机械论与力学》，张卜天译，北京：商务印书馆，2020 年，第 38–41 页。

者一直以来都认为，教科书中的莱布尼茨思想既神秘又古怪，甚至完全删去也不影响对其他哲学史内容的理解，教科书之所以还要介绍他，只不过是因为他的名气太大。该书决定性修正了这些问题，将莱布尼茨置于一个伟大传统的核心，并且展示了这个传统的丰富成果。事实上，在该书成书的同时，中文学界也有重新评价莱布尼茨的声音：《莱布尼茨全集》编辑部主任李文潮教授曾表示"机械论也有很多种，莱布尼茨大概属于有机论的机械论"[7]，可谓英雄所见略同。莱布尼茨研究者贾斯汀·史密斯（Justin E. H. Smith）也认为，对于莱布尼茨的有机体理论及其地位，"很难找到比本书更详细、更严谨、更精确的研究"[8]。该书借助莱布尼茨构建了基本的分析框架，在此基础上，里斯金深入探讨了新达尔文主义、控制论与认知科学（八至十章）等深刻影响当今科学思维的学科，成为该书的第二个高潮，以此穿越古今，展示出历史的巨大能量以及历史所遮蔽的另一种可能性。

　　该书的脚注也值得一看，其中有一个颇有见地的评论，指出了哲学和历史学研究取向的差异，对国内研究者而言具有一定的指导意义。在关于莱布尼茨和康德的段落中，里斯金把同样意思的话说了两遍，大意如下：她对于两位哲学家的理解不同于大部分哲学研究者，哲学研究者寻求一致性、厌恶矛盾，他们既要求研究对象保持内在的一致性，也寻求研究对象与研究者本人思想的契合，所以他们会尽其所能消除含糊和不一致；但是作为历史学者，里斯金承认矛盾的存在，旨在从原始语境中梳理和理解矛盾，分析它的成因。而中国学界的情况是，相关研究者基本都集中于哲学圈子，这个问题就变成了哲学史研究是否应该注重历史性。换言之，思想是超越的，还是历史的？

　　最后，笔者想探讨一个核心问题，为什么是被动机械论取得了胜利？里斯金的解释诉诸宗教和政治：她认为新教否认奇迹、截然区分上帝与造物，进而要求隔断物质与精神，这是被动机械论的思想前提；后来被动机械论的胜利也是得益于新教国家（德意志第二帝国）的学术政治环境。简而言之，19世纪新兴的德国研究型大学一方面得到了普鲁士新教机构的支持，另一方面也受到新教科学"无预设"或"客观中立"理想的强烈影响；结果是生物学的新兴分支开始把自己从人类知识中隔断出来，反对整体的世界观，反对

7　转引自张涛：《莱布尼茨的技术思想与实践》，《自然辩证法研究》，2016年第32卷第6期，第100–105页。

8　Justin E. H. Smith," Review of *The Restless Clock*", *The Journal of Modern History*, 2017, 89, pp.913–915.

哲学思辨和历史解释，进而通过这种方法论教条扩大自己在学术上（以及政治上）的权力和利益。但是，这个解释所需要的环节太多了，环节之间的逻辑联系也不够可靠。事实上，被动机械论有一个非常明显的优势——可理解性。在笛卡尔的原始构想中，机器就意味着完全的可理解性，人们可以像钟表匠理解钟表那样理解自然。如果要实现这一点，就不能设想机器有能动性、活力和感知，否则就只不过是将问题下放了一个层次而已。这也是为什么主动机械论虽然号称自然主义，但往往具有一个神秘的内核的原因。能动性无法数学化，无法计算和预测，这才是问题的关键。进而，被动机械论一定需要神圣的设计师吗？经典力学和早期生物学的确难以解决这个问题，但是在量子力学和分子生物学的时代，物质早已不再是惰性的、僵死的，粒子具有内禀的能量和随机运动的能力，这就为自组织或"涌现"创造了可能，不断发展的自我组织进而构成了生命自身的进化史，这样的历史也自然充满偶然性。换言之，里斯金所强调的主动机械论的若干关键要素——内在动力、自组织、历史、偶然性等，似乎都可以通过今天的被动机械论重新建构出来，并且还有了一个更加坚实的基础。所以，笔者认为被动机械论胜利的主要原因在于科学思想的内部而不是外部，这是人类理智的内在能动性，而不是宗教和政治的外在能动性。

Two Mechanisms, Two Paradigms, and One Science: A Review of Jessica Riskin's *The Restless Clock*

LV Tianze

Abstract: *The Restless Clock* explores the nature of life through the lens of machinery, chronicling the four-century intellectual struggle between passive mechanism and active mechanism centered on agency. Passive mechanism enforces strict prohibitions on agency, while active mechanism attributes agency to matter itself. The interplay between these two paradigms profoundly influenced the works of Descartes, Leibniz, La Mettrie, Kant, Lamarck, Darwin, Weismann, and others, ultimately shaping contemporary sciences. With an original thesis, the book is erudite and rich in content, covering important themes across multiple disciplines including biology, philosophy, engineering technology, religious studies, literature, cybernetics, cognitive science, and artificial intelligence. It introduces several novel scholarly concepts, such as "active mechanism" and "paradigm struggle", so merits further investigation by the academic communities.

Keywords: active mechanism; passive mechanism; agency; life; machine

书　　讯

安德森著《探赜索隐：博物学史》

John G. T. Anderson, *Deep Things out of Darkness*: *A History of Natural History*, University of California Press, 2012

/

约翰·G.T.安德森　著　冯倩丽　译

上海交通大学出版社2021年出版，377页

作者约翰·G. T. 安德森（John G. T. Anderson）现就职于美国大西洋学院（College of the Atlantic），是一位生态学和博物学教授。他开设了一门博物学史课程。1987年，在罗德岛大学取得生物科学博士学位。他获得过诸多荣誉和奖项，包括伦敦林奈学会（Linnean Society of London）院士、美国内政部杰出贡献奖（U.S. Dept. of Interior Outstanding Contribution）、美国鸟类学家联盟理事会奖（American Ornithologists Union Council Award）、美国鸟类学家联盟玛西娅·布兰迪·塔克奖(American Ornithologists Union Marcia Brandy Tucker Award）等。

本书的写作起源于2009年美国生态学会（Ecological Society of America）年会。汤姆·劳·弗莱施纳（Tomas Lowe Fleischner）和其他组织者向安德森发出了邀请。弗莱施纳现担任美国西南地区亚利桑那州普雷斯科特市博物学研究所(Natural History Institute）执行所长、普雷斯科特学院(Prescott College）名誉教授、美国生态学会博物学分会主席。安德森自述，他写作该书是为了帮助大家了解博物学这门和人类同样古老且最终演化为现代生态学的学科。它的目标读者群是高年级本科生和起步阶段的研究生，而不是专业的历史学家。他期待未来的读者也能够像该书的主人公一样走向远方，从黑暗中彰显奥义。

　　安德森在前言中回顾了他的成长经历，介绍了其教育背景和职业生涯。全书一共十六章。作者从3000多年的漫长历史中，撷取了一小部分卓尔不凡的博物学家的故事。他主张学术性博物学萌芽于亚述人。亚里士多德、普林尼、盖伦、迪奥斯科里德、腓特烈二世、迈克尔·斯科特、罗杰·培根、约翰·雷、林奈、达尔文、洪堡、华莱士、贝茨、梭罗、阿加西、格雷、缪尔、亚历山大、利奥波德、卡森等一众奇人在各自时空的博物实践被书写。

　　该书有许多优点，如文笔轻松流畅，引人入胜，容易引发读者的好奇心和兴趣。此外，作者征引了大量参考文献。该书也有一些缺点。耶鲁大学博士约翰·塔尔米奇（John Tallmadge）批评了在该书中对美国画家约翰·奥杜邦、法国古生物学家乔治·居维叶的介绍篇幅太少，而法国著名昆虫学家让-亨利·卡西米尔·法布尔完全被作者遗漏。此外，昆虫学、微生物学、海洋生物学、地质学则受到忽视。

　　该书位列刘华杰主编的"博物学文化丛书"第十七本。刘华杰教授通过这套丛书邀请年轻朋友们接触古老又常新的博物学，吸引其中的一部分人积极地参与进来。译者冯倩丽，北京大学文学学士、北京大学及康奈尔大学景观设计学硕士，博物学爱好者，著有《草木十二韵》。

（曹秋婷）

白馥兰等著《世界文明中的作物迁徙》

Francesca Bray, Barbara Hahn, John Bosco Lourdusamy and Tiago Saraiva, *Moving Crops and the Scales of History*, Yale University Press, 2023

/

白馥兰、芭芭拉·哈恩、约翰·博斯科·卢杜萨米、蒂亚戈·萨拉瓦 著
于 楠 译 邹 玲 校译
中国科学技术出版社2024年出版，448页

　　该书的四位作者分别是国际知名的汉学家白馥兰（专长：中国农史、技术史、稻米史）、美国德克萨斯理工大学的芭芭拉·哈恩（专长：美国技术史、烟草史、棉花史）、印度理工学院的约翰·博斯科·卢杜萨米（专长：南亚科技史、茶叶史）和美国德雷塞尔大学蒂亚戈·萨拉瓦（专长：欧洲科技史、小麦史、马铃薯史）。该书2023年由耶鲁大学出版社出版之后，获得学界的广泛赞誉，2024年获得美国世界史协会本特利著作奖（WHA Bentley Book Prize）和技术史协会西德尼·埃德尔斯坦奖（Sidney Edelstein Prize）。

　　该书的中译本问世较为迅速，英文版出版一年之后，中国科学技术出版社于2024年就推出了中文版。该书涉及多学科的专业知识，翻译难度较大。经过两位译者的认真译校和多位未署名专家的审订，整体而言，中译本质量较高。但是在一些具体术语和内容的翻译上，仍有一些值得商榷的地方。例如，原书名 *Moving Crops and the Scales of History*（《移动的作物与历史的尺度》）反映出作者们在历史书写上有着宏大的学术抱负，然而中译本改为《世界文明中的作物迁徙》，在一定程度上消解了原书在历史理论和编撰上的重要意义；中译本将关键术语"cropscape"译为"农作物景观"，但是cropscape并

不限定于农业作物，还包括园艺、林业和实验性植物培育等广义上的植物生产，因此译为"作物景观"更符合原意。"作物景观"这一概念源于法国年鉴学派对景观与长时段的研究传统，同时也深受科学、技术与社会（science，technology and society，STS）研究和行动者网络理论的影响。它并非仅指某种特定作物的种植方式或分布，而是一个动态的系统，由作物、生态环境、人类与非人类行动者、社会结构以及文化象征等多种要素组成。借助这一视角，该书探讨了不同时间和空间尺度下，各种作物的流动、扎根、"停留"，以及"作物景观"的各种要素之间复杂互动的关系，由此突破了传统历史书写对单一作物的线性叙述。

该书共分为六章，每一章都围绕一个主题展开，并通过不同地区和时间的案例来阐释该主题。第一章"时间"，探讨了作物生长周期的变迁与作物生产之间的关系，重新定义了传统的时间分期；第二章"地点"，考察了作物如何在不同地方的生态、经济和政治背景中形成独特的景观，揭示了作物的地方性与全球性的交织；第三章"规模"，讨论了作物的种植与生产在不同规模上的差异，从个人农田到国家经济，再到全球市场的整合，揭示了规模变化对作物景观的深远影响；第四章"行动者"，探讨橡胶树、大象和棉铃象虫等非人类行动者与人类的互动，共同构成了复杂的作物景观；第五章"组成"，分析了作物景观中的各种组成要素；第六章"繁殖"，关注作物景观的持续性与变迁，探讨了作物如何在历史的长河中不断繁殖、变异，并适应不同的社会、政治和经济环境。

该书通过非洲的甘薯、亚洲的茶叶、美洲的玉米和中东的枣椰等多个非西方和边缘地区的案例，不仅挑战了西方中心的历史叙述，还揭示了作物在全球移动中如何深刻影响殖民、生态系统变迁以及文化认同的塑造。四位作者充分发挥多学科背景的优势，在合作创作中将理论分析与具体案例有机结合，为农史、技术史、环境史和全球史的研究开辟了新的路径，这是一部具有重要学术价值和实践意义的开创性著作。

（沈宇斌）

白鲁诺著《智慧巴黎：启蒙时代的科学之都》

Bruno Belhoste, *Paris Savant*: *Parcours et Rencontres Au Temps Des Lumières*, Armand Colin, 2011

/

白鲁诺 著 邓 捷 译
上海书店出版社2023年出版，410页

　　作者白鲁诺(Bruno Belhoste, 1952—)是当今法国著名科学史家。他于1982年在巴黎第一大学取得博士学位，2001年取得执教资格。曾任巴黎国家教育学院研究员（1986—2003年）、巴黎第十大学科学史教授（2003—2007年）、巴黎第一大学教授（2007—2018年）和该校现代与当代历史研究所所长（2014—2017年）。白鲁诺的研究集中于法国18—19世纪的数学史、工程学史、机构史。代表作包括《奥古斯丁-路易·柯西传》（*Augustin-Louis Cauchy. A Biography*，1991 ）、《专家治国的形成：从大革命到第二帝国时期的巴黎综合理工学院及其学生》（ *La Formation d'une technocratie. L'École polytechnique et ses élèves de la Révolution au Second Empire*, 2003 ）、《现代科学史：从文艺复兴到启蒙运动》（ *Histoire de la science moderne. De la Renaissance aux Lumières*, 2016 ）等。该书出版于2011年，是白鲁诺的第三部著作，于2019年被译为英语，受到国际科学史界的广泛关注与好评。

　　作者以轻快而不失细腻的笔调，勾勒了一幅启蒙运动时期巴黎科学活动的浮世绘。法文原著副标题中的 "Parcours et Rencontres" 可理解为 "漫步与邂逅"。作者试图带领读者穿越回到的是18世纪巴黎的大街小巷，去感受各行各业不同人群对科学、技术和工艺的迷恋与追求。旅行的起点是罗浮宫，那里是皇家科学院的所在地。第一章描述了皇家科学院的组织结构、运作方式及其内部的明争暗斗。第二章依次介绍天文台、植物园、造币局、矿业学校、路桥学校、火药厂、王家制造厂等地区。第三章以宏观视角概述巴黎城科学活动的分布，重点讲述了学府云集的拉丁区和手工艺者汇聚的西岱岛等地。第四章叙述了《百科全书，或科学、技艺与手工艺分类辞典》（*Encyclopédie, ou dictionnaire raisonné des sciences, des arts et des métiers*）出版过程中所面临的困难与最后的成功。第五章以共济会九姐妹分会为切入点，讨论了巴黎上流社会、普通公众与科学家之间的交往与互动。第六章聚焦于科学表演，这些广受巴黎人喜爱的娱乐形式出现在宫廷、咖啡馆、集市展厅和街头。第七章讨论几件具体的发明及其引发的争议，如油灯、蒸汽机和漂白剂。第八章转向医学领域，探访医院、墓园、下水道等场所，说明对公共健康的关注如何推动科学的发展。第九章题为"严肃科学"（La science sévère），探讨了拉瓦锡、拉普拉斯、库伦等的科学工作，以及他们如何对抗燃素说和动物磁流说。最后一章介绍了大革命时期皇家科学院与科学家的命运，重点说明了公制体系的建立过程。

整体而论，该书将法国启蒙运动时期科学史的研究焦点从传统意义上的学者和科学家，转向了更为立体的社会群体，包括官员、发明家、制造商、出版商、工艺师乃至江湖骗子，强调正是他们之间复杂的合作、交流与冲突，共同营造起了巴黎这座科学之都的独具创造力的科学文化氛围。近年来，越来越多的科学史家发现，城市可以作为一种特定的空间场域加以研究。一方面，城市中不同阶级、不同工种的大规模人口聚集极有利于理论知识与实践知识之间的传播和互动；另一方面，城市的扩张、人口的增长、资本的积累往往对市政规划、民生工程、公共安全与卫生提出新的要求，迫切需要新科学和新技术加以解决。黛博拉·哈克尼斯的《珍宝宫：伊丽莎白时代的伦敦与科学革命》（Deborah E. Harkness, *The Jewel House: Elizabethan London and the Scientific Revolution*, 2007）与帕梅拉·朗的《兴建永恒之城：16 世纪晚期罗马的基础设施、土地测量与知识文化》（Pamela O. Long, *Engineering the Eternal City: Infrastructure, Topography, and the Culture of Knowledge in Late Sixteenth-Century Rome*, 2019）都是这方面的代表作品。

中译本从法文本直接译出，译笔流畅、可读性强。译者还对大量人物进行了细致注释，减轻了读者查询的负担。但遗憾的是，原书包含 20 多幅插图和 7 张地图，中译本均未收录。视觉材料的缺失降低了中译本的阅读趣味，希望再版时能够弥补这一缺憾。

（王哲然）

阿尔伯著《植物学前史：欧洲草药志的起源与演变（1470—1670）》

Agnes Arber, *Herbals, Their Origin and Evolution: A Chapter in the History of Botany, 1470–1670*, Cambridge University Press, 1938

/

艾格尼丝·阿尔伯 著 王 钊 译

四川人民出版社2023年出版，466页

作者艾格尼丝·阿尔伯（Agnes Arber, 1879—1960）是一位英国植物学家，同时也是一位植物学史研究者。第二次世界大战期间，她转向哲学和历史学研究。1946年，她当选英国皇家学会会士，是第一位获得这一荣衔的女性植物学家；此外，她也是第一位获得伦敦林奈学会金奖的女性学者（1948年）。译者王钊现于四川大学艺术学院从事博物学史研究工作，研究专长是博物学图像研究。

该书是阿尔伯植物学史研究的代表著作，第一版出版于1912年，1938年出版了内容有很大扩充的修订版。虽然出版年代较早，但该书至今仍是关于欧洲近代草药学发展史的标准著作，目前尚无同等论述范围的新著能够取代该书的地位。

中国学界对西方草药学发展史的认识常常是模糊或者片段性的，对其主要文本和特点不甚明了。有时，国内会把欧洲的"herbal"径直译为"本草书"或"本草志"，"herbal medicine"或"herbalism"则译为"本草学"。这固然容易促进与中国本草学的比较研究，但也在相当程度上模糊了作为一种欧洲知识传统的西方草药学的界限。王钊的中译本将"herbal"译为"草药志"，并且统一处理了许多术语性词汇的译名（如"simple"译为"单味药"等），这是对汉语学界的一大贡献。毫无疑问，这一译本将大大促进中国科学史研究者对欧洲草药学的整体认识。

阿尔伯在第一章对古代和中世纪的草药学传统做了大略勾勒。第二章以15世纪的印本草药志为论述对象，介绍了《阿普列乌斯草药志》《健康花园》等重要文本。第三章专论英格兰草药志的早期历史，这源于作者本人的特殊兴趣。第四章篇幅很长（中译本篇幅约100页），主要以国别为纲，在"植物学复兴"的名目下概述了16—17世纪欧洲各国的草药志，这是该书的核心部分。第五至八章以专题的方式讨论了这一时期草药学和植物学的几个重要部分，包括植物描述的演变、植物分类的演变、植物学插图的发展史，以及曾经在现代早期风行一时的征象学说和星占植物学。就这些主题而论，欧洲近代草药学在很多方面有异于东亚的本草学，这几章也因此应能引起中国读者的兴趣。但中国研究者在阅读这几章的同时也当注意到，若想在当代研究水平上了解这些主题，还有一些更新的著作值得参阅。已译成中译本的如B. W. 欧格尔维（B. W. Ogilvie）的《描述的科学》（有北京大学出版社2021年中译本）和楠川幸子（Sachiko Kusukawa）的《为自然书籍制图》（有浙江大学出版社2021年中译本）。此外，克劳斯·尼森（Claus Nissen）的《植物学书籍插图：历史与书目》（*Die botanische Buchillustration: Ihre Geschichte und Bibliographie*，最新版本为1966年第二版，无中译本）和弗里德里希·奥利（Friedrich Ohly）的遗著《论现代早期的征象学说》（*Zur Signaturenlehre der Frühen Neuzeit*，1999，无中译本）都可参考。

当前这一中译本的可贵之处在于译者王钊充分意识到该书有些未尽之处需要补充。因此，他另翻译了阿尔伯本人关于这一时期草药志的两篇研究论文，以及英国科学史家查尔斯·辛格（Charles Singer）关于中世纪草药志抄本的一篇重要论文，把这三篇文章合为该书的"补论"一章，使得中国读者能更全面地了解欧洲草药学的历史图景。此外，中译本的另一值得称道之处是译者与出版社大量增补了有关图像，这特别得益于王钊对博物学图像的多年研究与收藏整理。因为阿尔伯原书的出版年代较早，图像材料展示得并不是特别充分，图像的影印有时也不够清晰。由于这两方面的增补，王钊的中译本具有很高的学术价值，可称得上是阿尔伯这一经典之作的当代修订版，值得学界关注。

（蒋澈）

哈利利著《寻路者：阿拉伯科学的黄金时代》

Jim Al-Khalili, Pathfinders: The Golden Age of Arabic Science, Allen Lane, 2010.

/

吉姆·哈利利　著　李果　译

中国画报出版社2020年出版，353页

该书作者吉姆·哈利利（Jim Al-Khalili，1962—）是伊拉克裔英国理论物理学家，大英帝国勋章得主。曾任萨里大学（University of Surrey）物理学教授，2024年8月退休，如今继续从事科研工作。他是英国科学促进会的荣誉会员、"公众科学系列"讲座首位讲席教授，曾获得皇家学会迈克尔·法拉第科学传播奖、英国物理学会"公众物理意识促进奖"。出版的著作包括《悖论：破解科学史上最复杂的9大谜团》（*Paradox: The Nine Greatest Enigmas in Science*, 2014）、《科学的乐趣》（*The Joy of Science*，2022）等。

该书中的"阿拉伯科学"指的是在"阿拔斯王朝"治下从事科学活动的人的所取得的成果，哈利利以其特有的生动、优雅的叙述方式，再现了被西方世界遗忘的早期阿拉伯科学先驱的故事，这些先驱帮助我们塑造了对世界的理解，并为我们提供了丰富的伊斯兰遗产。

公元9世纪，巴格达的哈里发马蒙（Al-Ma'mūn）建立了一个伟大的学习中心——智慧宫（Bayt al-Hikma）。在他的召集下，科学家和哲学家开启了一段非凡的探索时期，即阿拉伯科学的黄金时代。这些著名的科学家包括启发了哥白尼日心说模型的叙利亚天文学家伊本·沙提尔（Ibn al-Shatir），描述血液循环的13世纪安达卢西亚医生伊本·纳菲斯（Ibn al-Nafis），中世纪伟大的数学家花剌子米（Al-Khwarizmi），创立现代光学的伊拉克人伊本·海塞姆（Ibn al-Haytham），著名的伊斯兰学者伊本·西纳（Iben Sina）等。

该书主要回答了这样几个问题：为何阿拉伯科学的黄金时代出现在早期阿拔斯王朝统治期间？阿拉伯人实际上有多了解科学？科学研究是如何在特定统治者的襄助下繁盛起来的，其原因又如何？这个时代最终又为何走向终结？哈利利希望通过对这些问题的回应，扭转世人对阿拉伯世界与科学关系的刻板印象，强调"科学方法"和"理性精神"这两个重要的主题。前六章主要是对阿拉伯科学的黄金时代出现的背景的叙述，第七章到第十一章围绕数字、代数学、哲学、医学和物理学等领域的观点本身，讲述了阿拉伯科学对古代科学的继承和发展，第十二章至结尾讲述了阿拉伯科学的传播和对中世纪及近代早期的影响，以及阿拉伯科学的衰落，并对当今伊斯兰世界科学发展的方向进行了展望。哈利利分析了当前学界对阿拉伯科学的某些问题的解释的不完善之处，并结合自己的研究给出了新的可能的解释。

这是一本对阿拉伯科学比较完整的介绍性著作，涵盖了8—15世纪与阿拉伯科学相关的大量科学史故事。作者夹叙夹议，可读性很强，在叙述的过程中也不乏对学界观点的回应与反思，非常适合一般读者以及研究者阅读和参考。

（于丹妮）

卡纳莱丝著《爱因斯坦与柏格森之辩：改变我们时间观念的跨学科交锋》

Jimena Canales, *The Physicist and the Philosopher, Einstein, Bergson, and the Debate that Changed Our Understanding of Time*, Princeton University Press, 2015

/

吉梅纳·卡纳莱丝　著　孙增霖　译
漓江出版社2019年出版，412页

　　作者吉梅纳·卡纳莱丝（Jimena Canales, 1973—）出生于墨西哥，在墨西哥蒙特雷理工学院获得工程物理学学士学位（1995年），在哈佛大学获得科学史硕士学位（1997年）和博士学位（2003年），曾任哈佛大学科学史系助理教授（2004年）、副教授（2013年），2013年起担任伊利诺依大学厄巴纳-香槟分校科学史讲席教授。著作有讲述电影摄影早期史的《十分之一秒：一部历史》（*A Tenth of a Second: A History*, 2009）、《魔鬼附身：科学中的恶魔阴影史》（*Bedeviled: A Shadow History of Demons in Science*, 2020）以及该书。她的作品直面科学与人文的割裂，专注相关的重大历史话题。此外，她还研究视觉艺术、电影和媒介。

　　该书以20世纪20年代物理学家爱因斯坦与哲学家柏格森就时间问题的争论为主题，分四部，共29章，回顾了这场争论的来龙去脉以及对后续欧洲思想的重大影响。柏格森认为，时间比科学家们所理解的更为丰富，必须以哲学的方式加以理解。爱因斯坦则认为，"哲学家的时间并不存在""在物理学家的时间之外，最多只有某种心理学意义上的时间"。对这段公案的传统叙事往往是，爱因斯坦的相对论把时间"赶下了王座"，柏格森的落败标志着哲学在科学面前的落败，这场争论终结了"两种文明分裂之前的黄金时代"。该书对此传统叙事不无质疑，给出了更丰富的历史细节。

被卷入这场争论的科学家有数学家兼物理学家庞加莱、物理学家朗之万、数学家庞列维、物理学家洛伦兹、物理学家迈克尔逊、物理学家贝克勒尔、物理学家爱丁顿、物理学家布里奇曼、物理学家德布罗意、数学家维纳、化学家普里戈金等。他们对相对论持不尽相同的看法。庞加莱在狭义相对论方面做出了先驱性贡献，其约定主义哲学与爱因斯坦分庭抗礼，而朗之万、爱丁顿是相对论的坚定捍卫者。量子力学家认为柏格森为不确定性留下了空间，维纳则复活了柏格森式的时间，普里戈金直言正是在柏格森哲学的指引下才完成了自己的科研工作。

被卷入这场争论的哲学家分成两派。爱因斯坦一派有卡西尔，他为相对论背书；赖欣巴赫，专门写作了关于相对论之时空观的著作；罗素，公开反对柏格森哲学；普特南，1967 年称"我不认为还存在着有关时间的哲学问题"。柏格森一派有现象学家梅洛-庞蒂，他大声疾呼"我自己就是时间"；现象学家胡塞尔、海德格尔，虽然与柏格森有分歧，但他们的哲学在某种程度上成为柏格森哲学重要且有影响力的替代；怀特海，与柏格森一脉相承；马里坦，认为爱因斯坦混淆了实在和对实在的测量。

中文学术界似乎以为相对论的历史已经结束了。然而，这部从爱因斯坦-柏格森之争的角度来撰写的时间观念史太精彩了！在中国，或由于特定时代思潮的影响（对"文化大革命"中"批判爱因斯坦运动"的拨乱反正），或出于辉格史的科学史编史习惯，爱因斯坦被当成了科学的化身，相对论被当成了科学真理的化身，关于爱因斯坦及其相对论的历史叙事，通常是这个革命性的理论成功地战胜形形色色的错误和保守观念的历史。除了一些受人嘲弄的民间科学爱好者（俗称"民科"）外，很少有人从哲学上反思爱因斯坦相对论时间观存在的问题，更不要说从哲学上质疑相对论的时间观。就连笔者，一个在中国学界最早让时间问题走出物理学哲学的狭隘范围、使之成为哲学基本问题的人，也有意无意地忽视了爱因斯坦与柏格森之争。重启这个话题、弥补对这段重要的科学思想史的忽视，应该提上日程。

（吴国盛）

柯浩德著《交换之物：大航海时代的商业与科学革命》

Harold J. Cook, *Matters of Exchange*: *Commerce, Medicine, and Science in the Dutch Golden Age*, Yale University Press, 2007

/

柯浩德　著　徐晓东　译
中信出版集团2022年出版，641页

作者柯浩德（Harold J. Cook，1952—　），英国伦敦皇家内科医学院名誉院士，英国伦敦大学学院教授，布朗大学历史学教授，《医学史》（*Medical History*）期刊联合主编，曾任英国惠康基金会医史中心主任。主要研究方向为科学史、近代早期医学史和跨文化知识生产。代表作有《年轻的笛卡尔：贵族，谣言与战争》（*The Young Descartes: Nobility, Rumor, and War*）和《一位普通医生的审判：约翰内斯·格罗内费尔特在17世纪伦敦的经历》（*Trials of an Ordinary Doctor: Joannes Groenevelt in Seventeenth-Century London*）。

作为2009年科学史学会辉瑞奖的获奖作品，《交换之物：大航海时代的商业与科学革命》源于作者学生时代的构想，即对知识史、社会政治史与经济史进行综合考察。作者确定了将英国与荷兰之间跨越海峡的来往历史作为自己的研究对象，通过挖掘梳理荷兰的档案与文献以及17世纪英国的出版物和手稿，历经20余年潜心钻研，描绘出荷兰黄金时代的整体社会面貌，以及医学、经济、政治和生活风尚之间的相互角力。

该书被引介到中文学界，实是一件幸事，然而中译本中大致有三种情况需要注意。其一，可商榷的情况，如原作副标题为"Commerce, Medicine, and Science in the Dutch Golden Age"，且作者在第一章表明书中所选案例"强调了今日我们称之为生命科学和医学（而非物理和数学）的根本意义"（第 1 页），但中译本的副标题中并未出现"医学"这一重要内容。其二，存在明显的错误需要读者警惕，如"自 19 世纪 60 年代晚期，托马斯·库恩（Thomas Kuhn）等学者……"（第 6 页），此处应为"20 世纪 60 年代晚期"以及"Kuhn"。其三，科技史学科中的规范表达，如"natural history"应译为"自然志"而非贯穿全书的"自然史"。

这本科技史佳作既充满了丰富的历史细节，又展现了宏阔的社会画面，其引人入胜之处在于"有形"和"无形"之间的跳跃与穿梭。从有形的、物质性的交换，到无形的审美与信息的传播；从可见的、普遍的、自然界的观察，到不可见的、个体化的、身体感官的描述；从植物生长的真实周期到劳工工时的弹性分配等，这样一张关联万物的细密网络展现于读者眼前。商业、医学与科学构成了这张网络的关键节点，使得错综复杂的思想观念变得有迹可循。借助这张网，读者们穿越了文化的边界，见证了知识的生产过程，看到了自然观、身体观与时间观在历史中的转变。该书行文清晰流畅，难免有认真的读者会陷入细枝末节中，上述"有形"与"无形"的联系或可视为一种阅读线索，读者们同样可根据自己的兴趣方向梳理阅读脉络，或进行适当分类，来帮助自己更好地走进文本，理解其中旨趣。

（陈雪扬）

柯瓦雷著《形而上学与测量》

Alexandre Koyré, *Metaphysics and Measurement, Essays in Scientific Revolution,* Chapman & Hall, 1968; Reprint by Gordon and Breach Science Publishers, 1992

/

亚历山大·柯瓦雷 著 黄河云 译

北京大学出版社2024年出版，235页

本书是科学思想史大师柯瓦雷（Alexandre Koyré, 1892—1964）去世之后由科学史家迈克尔·霍斯金（Michael Hoskin, 1930—2021）编辑的一本论文集，也是柯瓦雷继《牛顿研究》（张卜天译）、《伽利略研究》（刘胜利译）、《从封闭世界到无限宇宙》（张卜天译）之后的第四部中译著作。

该书由6篇关于科学革命的重要论文组成：伽利略与17世纪科学革命、伽利略与柏拉图、伽利略的《论重物的运动》：论思想实验及其滥用、一个测量实验、伽桑狄及其时代的科学、学者帕斯卡。前两篇论文用英文写作发表，是对《伽利略研究》中主要思想的浓缩。在《伽利略研究》（原文用法文发表）翻译成英文之前，这两篇论文对英美科学史界了解柯瓦雷的思想曾经产生了重要的影响。第三、五和六篇文章原以法文发表，编入该书时译成英文。六篇论文共同构成了对科学革命的一个简明扼要的叙事，因而受到科学史界的重视。

霍斯金在编者前言中说："今天，科学史家几乎本能地对其研究主题的思想背景予以充分重视，而这更多地归功于柯瓦雷，而不是其他作者。"他还认为，"每年都有一批新生第一次接触科学史，现在仍然需要而且毫无疑问将永远需要让他们迅速认识到这门学科的思想挑战：作为科学史家，他们不应该仅仅是事实和日期的编年史家，而必须创造性地重新解释过去，以努力理解现在。"这几句话点明了该书的重要意义。

　　译者黄河云是清华大学科学史系的在读博士生，对柯瓦雷研究有年，译文忠实可靠，译后记也对该书中的观点做了很好的概述和点评。北京大学出版社版本中没有注明该书的原始版本信息，译后记中也没有交代，这是一个遗憾。

（吴国盛）

克罗斯比著《万物皆可测量：
1250—1600年的西方》

Alfred W. Crosby, *The Measure of Reality: Quantification in Western Europe, 1250—1600*, Cambridge University Press, 1996

/

阿尔弗雷德·克罗斯比　著　谭宇墨凡　译

广西师范大学出版社2023年出版，296页

　　作者阿尔弗雷德·克罗斯比（Alfred W. Crosby，1931—2018）是美国环境史和全球史领域的杰出学者。他曾在美国哈佛大学和德克萨斯大学奥斯汀分校任教。1995年，获芬兰最高学术荣誉——"芬兰科学院院士"称号。作为环境史学科的先驱之一，克罗斯比以其跨学科的研究方法著称，他将历史学、地理学、生物学和医学等领域的知识融合，深入探讨欧洲的全球殖民扩张、早期文明的兴衰以及疾病传播之间的复杂关系。他的代表作有《哥伦布大交换：1492年以后的生物影响和文化冲击》（*The Columbian Exchange: Biological and Cultural Consequences of 1492*，1972）、《被遗忘的大流行：西班牙流感在美国》（*America's Forgotten Pandemic: The Influenza of 1918*，1976）、《生态扩张主义：欧洲900—1900年的生态扩张》（*Ecological Imperialism: The Biological Expansion of Europe, 900—1900*，1986）等。其中，《哥伦布大交换：1492年以后的生物影响和文化冲击》被视为环境史的里程碑之作，改变了学界对哥伦布航行所带来的生物和文化影响的认识。

　　《万物皆可测量：1250—1600年的西方》对中世纪晚期和文艺复兴时期西欧从定性认知到定量认知这一划时代转变进行了讨论，这一转变对现代科学、技术、商业实践和官僚制度的形成至关重要。全书分为三部分，分别讨论了

测量的兴起、量的视觉化的重要性以及新模型的诞生，为读者提供了一幅关于西方理性主义和实证主义如何形成的宏大画卷。书中首先指出，西欧人在定量思考方面的习惯使其在科学、技术、军备等领域取得了领先地位。这种习惯的养成，并非一蹴而就，而是几个世纪心态变革的结果。作者通过丰富的历史细节，展示了从哥白尼、伽利略到普通工匠和银行家，是如何在日常生活中运用定量思维，从而推动社会的整体进步的。第二部分聚焦于量的视觉化力量。视觉化是连接抽象思维与现实世界的重要桥梁。从音乐的记谱法到绘画的透视法，再到复式记账法，视觉化使得复杂的信息得以简化和量化，在很大程度上促进了知识的传播和应用。这部分内容特别强调了量的视觉化在科学革命中的核心作用，以及它如何塑造了现代西方的理性主义特征。第三部分则讨论了新模型的诞生，即以一种更加依赖视觉和定量的新方式来认知世界。新模型的出现使得西方社会在科学技术、远距离展现权力等方面独占鳌头。随着印刷术的普及和航海图的精确绘制，新模型不仅提高了知识的准确性，也提高了人类控制和利用客观环境的能力。

该书并非一部典型的科技史著作，更为贴切地说，作者似乎描绘的是一部简要的现代早期西方科技文明史。之所以说其具有科技文明史意味，是因为作者不仅从科学和技术的视角进行探讨，还融入了商业、艺术和宗教等多个维度，进行了综合分析，揭示了量化思维对西方现代文明诞生的重要性。作者集中探讨1250—1600年所展现的量化趋势，这一趋势不仅标志着实证科学在全球范围内扩张的开端，而且还追溯了实证科学作为一种"知识体系"如何在19世纪超越了宗教、精神和超验的"信仰体系"，成为主导人类认知的模式，并确立了其至高无上的地位。在书的第二部分，作者敏锐地把握了可视化在量化思维中的核心地位。数据可视化的历史及其对人类思考和解决问题方式的影响，后来逐渐受到科技史和科学哲学学者的关注。如弗兰德利的《图像——一部人类信息史》(*A History of Data Visualization and Graphic Communication*，2021)即是这一学术领域的代表作。同时，作者前瞻性地认识到定量革命是现代性与后现代性之间的关键分水岭。这种量化的知识生产方式不仅拓展了科学研究的边界，还重塑了人们的审美观念和日常生活方式。

（杨辰）

拉德威克著《深解地球》

Martin J. S. Rudwick, *Earth's Deep History: How It was Discovered and Why It Matters*, University of Chicago Press, 2016

马丁·拉德威克　著　史先涛　译

生活·读书·新知三联书店2020年出版，352页

作者马丁·拉德威克（Martin J. S. Rudwick, 1932— ）是加利福尼亚大学圣迭戈分校历史学荣休教授，剑桥大学科学史和科学哲学系特聘学者，长期从事地球科学史研究。他于2007年获乔治·萨顿奖章，相关著作有《化石的意义：古生物学史中的片段》(*The Meaning of Fossils: Episodes in the History of Palaeontology*，1972)、《来自深时的场景：史前世界的早期图像呈现》(*Scenes from Deep Time: Early Pictorial Representations of the Prehistoric World*，1992)等。译者史先涛，现任新华社《参考消息》报社编委。

　　该书是基于作者之前出版的两部地球科学史著作研究成果综合而成的，这两部著作分别是《突破时间限制：革命时代的地史重构》(*Bursting the Limits of Time: The Reconstruction of Geohistory in the Age of Revolution*，2005)和《亚当之前的世界：改革时代的地史重构》(*Worlds Before Adam: The Reconstruction of Geohistory in the Age of Reform*，2008)。该书标题可直译为"地球的深度历史"，即地球历史的发展和人类物种的遥远过去。因此，作者追溯了17—21世纪的地质学研究和知识的发展历程，重点探讨了地球深度历史的重新构建和人类在其中的地位。

　　作者认为，深时的发现是人类历史上改变自身认知的第四次重大革命，它很大程度上拓展了地球和宇宙的时间尺度。这意味着人类自身地位的根本

性转变，传统观念认为，世界是一出以人类为主角的戏剧，实际上人类这个物种很晚才登上世界舞台。因此，相对短暂的人类历史与漫长的前人类历史之间的时间差，为地球深度历史的探讨提供了空间。

该书澄清了长期以来地球深度历史被忽视的两个原因：首先，它被压缩成仅仅是达尔文进化论的前奏，事实上它独立于达尔文或其他人的进化论，地球上包括动植物在内一切存在物都有其自身的历史，且可以精准可靠地被重建；其次，它被掩盖在科学与宗教冲突论之中，为反对这种二元对立，作者在书中展示了不同时期的学者是如何调和科学理论与圣经的关系的，以对圣经叙述的解释来构建地球历史的科学理论。作者认为，自然有其历史的设想这一观点主要来源于犹太教与基督教神学中强烈的历史意识，这是人们将历史真实性意识从文化领域转移到自然界的结果。

全书共有十二个章节，内容大致分为两个部分。前半部分包括第一至六章，作者重构了 17 世纪以来地球科学的形成过程，探讨了化石与《圣经》中历史记载的关系，古物学在塑造地球历史概念方面的作用以及地层与现存和已灭绝生物之间的关联。后半部分，即第七至十二章，重点论述了地质学中的地球物理学史，包括气候变化、物种进化、大陆"漂移"、远古时期陨石撞击对地球的影响和人类世等主题。书中还附有丰富的插图和扩展阅读书目，供读者参考。尽管译者对一些专业词汇的翻译略有偏差，但已附上英文原词，基本不影响书中原意。该书另有中译本《地球深历史》，由左岸文化于 2021 年出版，译者冯奕达，读者亦可参考阅读。

（张彦松）

莱特曼著《维多利亚时代的科学传播：为新观众"设计"自然》

Bernard Lightman, *Victorian Popularizers of Science: Designing Nature for New Audiences*, University of Chicago Press, 2007

/

伯纳德·莱特曼　著　姜　虹　译
中国工人出版社2022年出版，620页

　　该书作者伯纳德·莱特曼（Bernard Lightman，1950—　）是科学文化史和维多利亚科学史研究领域的权威学者。莱特曼现任加拿大约克大学科学史教授、加拿大皇家学会院士，曾担任美国科学史学会副主席（2016—2017年）、主席（2018—2019年）、国际科学史权威杂志 *Isis* 主编（2004—2014年）等职，著有《不可知论的起源》（*The Origins of Agnosticism*, 1987）等，主编《语境中的维多利亚科学》（*Victorian Science in Context*, 1997）和《科学史讲义》（*A Companion to the History of Science*, 2016）等。

　　该书的研究对象是19世纪下半叶英国社会的科学普及者（popularizers）及其科学传播活动。作者指出，这一群体大多并非正式的科学研究者，他们不隶属任何科学机构，不从事前沿研究，有着不同的教育及职业背景，但都通过科普写作和演讲对当时的大众产生了不小的影响。思想史家弗兰克·特纳（Frank Turner）认为，在19世纪下半叶，英国圣公会牧师和科学自然主义者争夺文化权威的地位，后者希望重新定义科学，使科学拥有自主权，走向职业化和世俗化。作者在该书中超越了仅关注科学精英的局限，扩展了特纳的观点，表明科学普及者同样与科学自然主义者产生竞争，并且不认同科学世俗化的愿景。作者希望通过对这些科学普及者的论述，为其在英国科学版图中争得一席之地，进而重绘19世纪英国科学的图景。对此，作者采用了跨学科的方法，将维多利亚时代的宗教、性别、文学、印刷文化、视觉文化等多重语境整合到了该书的框架体系中。

全书共有8章，各章均援引了科学普及者的具体实例加以论证，共提及30多位人物。第一章简述了19世纪中叶前英国的科普传统以及相关历史背景，出版业革命与大众读者市场的兴起便是题目中"新观众"的来源。第二章关注英国圣公会神职人员，论述了他们是如何将宗教议题与当代科学联系起来向公众传播的。第三章则聚焦于科普中的女性群体，从写作原因、读者定位、具体实践和价值倾向等方面分析了她们对科学写作传统的继承与革新。第四章和第五章探讨的是科学普及者吸引受众的方式。其中，第四章讨论了视觉手法如何被运用于科普演讲和写作，使科普兼具娱乐性和知识性；第五章讨论的是进化论史诗，讲述了当时很多作家将进化论作为向公众传达科学思想的文学载体的情况。第六章关注的是期刊对于科学普及者的重要意义。第七章以赫胥黎和罗伯特·鲍尔为例探讨科学家对待科学传播的态度，并探讨相关活动。第八章讲述了19世纪末几位重要科普作家的活动。结语以"重绘图景"为题，提出了科学普及这一领域有待推进的问题以及19世纪的科普传统对后世的影响。

该书对维多利亚时代的科学传播研究极具开创意义。尽管由于叙述对象较多，深入论证的内容相对不足，但是该书提出了诸多有价值的议题，如女性参与科学的途径、科普作家关于自然的叙事方式、科学传播反映的大众文化，以及科学写作中的宗教主题等。2004年，加拿大约克大学举办了主题为"19世纪科学传播"的学术会议，以口述、印刷与展示三种媒介考察科学普及产品的呈现形式，会后出版的论文集《市场中的科学》（*Science in the Marketplace*, 2007），也是维多利亚科学传播研究的重要成果。

（盛星元）

莱特曼主编《科学史讲义》

Bernard Lightman, *A Companion to the History of Science,* John Wiley & Sons Ltd., 2016

/

伯纳德·莱特曼　主编　熊华宁、王　娟、薛敏侠　译　跃　钢　审校
陕西人民出版社2023年出版，305页（第1册）、242页（第2册）、
192页（第3册）、247页（第4册）

该书是国际科学史界的一部最新（2016年）学科发展指南（companion），被译为"讲义"，分4册出版，名不副实。3位译者都是西安外国语大学的文学硕士，完全没有科学史背景。他们没有听说过科学史界最重要的旗舰刊物 *Isis*，也没有听说过李约瑟（第1册第48页），把这位"中国人民的老朋友"译成尤瑟福·尼丹（Joseph Needham）。更糟糕的是，为了把这部专业性很强的学术辞典包装成一部通俗作品，不仅把书名译成教科书的书名样式，内容翻译也完全不忠实于原文，有严重的编译倾向。完全脱离原书来介绍该书主编，对各章作者的介绍也只取能看得懂的部分。文中的文献索引全部删除，但保留了文末的文献目录。这是近几年引进版科技史著作常有的遭遇：中方出版社不愿意或找不到有专业背景的译者，把一部专业性很强的学术著作照着通俗版斧砍刀削。我们科学史学者感谢出版社能够在困难甚至恶劣的出版环境下引进西方科学史著作，但非常不喜欢这样对待原著。既然要出版，就应该找有专业背景的译者，忠实传达原著。

该书主编伯纳德·莱特曼（Bernard Lightman, 1950—　）是加拿大多伦多约克大学的教授，中国科学史界的老朋友，多次访问中国。笔者分别在北京大学和清华大学接待并主持他的学术演讲。伯纳德·莱特曼的主要研究方向

是维多利亚时代科学史，特别是科学与宗教关系史、科学传播史，因为担任 *Isis* 主编（2004—2014 年）10 年而成为学界领袖。此次主编这本"指南"，目的是展示科学史学科近 35 年来的新样貌。这本书既不是按照学科，也不是按照国别，抑或是按照历史断代的方式来编排，而是追问四个问题：什么人（第 1 册）在什么场所（第 2 册）生产科学知识？科学知识是如何交流传播的（第 3 册）？使用何种工具（第 4 册）？在追问"什么人"的时候，他希望表明科学史并不是少数所谓"科学家"创造的历史。在追问"什么场所"的时候，他希望表明科学知识的创造并不限于大学教室和科学院实验室。在追问"如何传播"的时候，他希望强调科学知识的传播与科学知识的创造同样重要，而且科学知识之所以特殊，首先在于它的传播策略很特殊。离开了传播，就无法理解科学知识的本质。在追问"何种工具"的时候，他强调了科学仪器史的重要性。很容易看出，这不是一部我们通常理解的"科学通史"或"科学史讲义"，而是一部有着特殊编史学追求的"前沿综述"。在这部所谓的"科学史讲义"里，你甚至找不到关于牛顿、爱因斯坦、达尔文这些伟大科学家的生平和事迹。

这本书的重要意义在于呈现了一种全新的科学编史学进路。它进一步回到历史情境之中，视科学为历史与偶然结合的产物，彻底放弃本质主义科学观。它质疑并且完全放弃了古典的"科学革命"叙事方式，秉持社会建构论的科学哲学纲领，融入了女性主义、物质文化史、科学仪器史的视角。对于想了解国际科学史学科前沿动态的读者来说，这本书绝对值得一读。第 1 册（何人）共 12 章，第 2 册（何处）10 章，第 3 册（传播）8 章，第 4 册（工具）10 章，一共 40 章，对应 40 个主题，由 40 位来自不同机构的知名科学史家撰写。学术引用的时候建议参考原书。

（吴国盛）

雷恩著《人类知识演化史》

Renn, Jürgen, The Evolution of Knowledge: Rethinking Science for the Anthropocene, Princeton University Press, 2020.

/

于尔根·雷恩　著　朱丹琼　译

九州出版社2024年出版，648页

作者于尔根·雷恩（Jürgen Renn, 1956—　　）是德国国家科学院院士、马克斯–普朗克地球人类学研究所所长。1994—2022年，雷恩一直担任柏林马克斯–普朗克科学史研究所（Max Planck Institute for the History of Science, MPIWG）的所长，于2014年获得欧洲科学史学会古斯塔夫·诺依施万德奖。他的著作有《相对论之路》（中文版：湖南科学技术出版社，2015，英文版：*The Road to Relativity*, 2015, 与Hanoch Gutfreund合著）、《历史知识的全球化》（*The Globalization of Knowledge in History*，2012）等。

2000年，大气化学家表明人类活动已经对地球系统造成了不可逆转的影响，并提出"人类世"（anthropocene）是人类活动对地球系统造成深刻而持久影响的新地质时代。"人类世"的概念从此开始流行，现在已逐渐得到广泛讨论。于尔根·雷恩正是通过该书讨论了人类何以进入"人类世"这一地质时代以及如何通过认识论的演化应对人类世的挑战。雷恩认为，在全新世时代的大部分时间里，人类发明的各种技术对环境的影响有限。然而20世纪以来，世界人口显著增加，人类活动对环境产生了决定性影响。而科学史到目前为止未能回应人类世的生存问题："尽管科学和技术知识支配着我们的日常生活，并且人类在人类世的生存取决于对科学的解决方案的审慎应用，当前的主流科学史很少对这些讨论作出贡献。"雷恩认为，当前环境被破坏的程度，已经到了需要全新知识形式加以应对的地步，因而人类世要求建立一个更综合的理论范式以解决这些关键问题。只有理解知识与其所嵌入的人类文化之间的复杂关系，通过自然科学、技术、社会科学和人文科学的综合知识，重新评估传统知识系统的价值，重塑知识经济，才能够以适当的方式解决这些问题。

该书的内容以马克斯·普朗克科学史研究所第一部门自1994年成立以来开展的研究为基础，全面探讨了人类知识的演化及其与社会、文化和地球环境的关系。借由皮亚杰的心理学理论中对人类知识学习的思考，雷恩将"发生认识论"带入知识的历史演化中，将其转变为一种历史认识论思考。雷恩将"知识系统"定义为由许多不同要素构成的一种多相混杂的"知识包"（package of knowledge），主张知识系统通过文本、工具等知识的外部表征维持着长期连续性，知识发展的动态首先取决于知识整合的可用手段，因而认识论与知识系统的变化是一个缓慢持久的演化过程。雷恩同时将科学史置于全球知识史之中，强调科学与其他形式的知识和文化的互动，以此回应库恩在《科学革命的结构》中所提出的范式理论。

该书围绕知识的长期传播与转化以及知识转移及其全球化的过程两大轴线，分为五个步骤，强调了"自下而上"的实践知识的重要性，以及历史的连续性。通过历史和空间维度的拓展，雷恩探讨了知识的双重特征、知识结构如何变化、知识结构如何与社会相互作用，知识如何进行传播以及知识发展与全球环境状况等问题，并呼吁彻底重构当前的知识生产体系。雷恩同时探讨了现代物理学的产生、空间的历史认识论等多学科知识的相互作用，通过从认知科学和实验心理学到地球科学和进化生物学等一系列学科和方法，深入到知识全球化与对跨文化知识流通、转移和传播的研究之中。雷恩的研究提供了一个从知识的起源到人类世的发展和演变的广泛概述，该研究将精炼的概念阐述与对具体历史案例的持续引用结合起来，对当前科学史方法论作出了广泛回应，并促使我们加深对知识如何在社会中运作的理解。"自然科学往后将包括关于人的科学，正像关于人的科学包括自然科学一样：这将是一门科学"，正如他所引用的《1844年经济学哲学手稿》那样，雷恩强调了一个更广大的人类科学史的重要性。

（孟昊宇）

欧格尔维著《描述的科学：
欧洲文艺复兴时期的自然志》

Brian W. Ogilvie, *The Science of Describing: Natural History in Renaissance Europe*, University of Chicago Press, 2006

布莱恩·W. 欧格尔维 著 蒋 澈 译
北京大学出版社2021年出版，464页

作者布莱恩·欧格尔维现为马萨诸塞大学阿默斯特分校历史系教授，是现代早期欧洲自然志的重要研究者，近年来其研究兴趣也包括自然志中的昆虫、物理神学等。该书基于他1997年在芝加哥大学历史系答辩的博士论文修改而成，并曾入选2007年科学史学会辉瑞奖短名单。

该书中译本属于"北京大学科技史与科技哲学丛书"系列。译者蒋澈的博士论文（《从方法到系统：近代欧洲自然志对自然的重构》，商务印书馆2019年出版）即与本书主题相关，该书译文准确流畅，所有人名、著作名、术语甚至页下注释都得到了较为精准一致的翻译，且在保证学术性的同时兼顾了中文可读性。

欧格尔维此书可以说是任何西方博物学史研究者都难以绕开的，书中对"文艺复兴自然志"提出了一种重要的界定主张：第一，"自然志"是在文艺复兴时期被"发明"出的一门学科或一种探究模式，而非从古代到近代一个连续的传统。第二，这种新自然志的核心是"描述"（describing），它诞生自文艺复兴学术文化内部种种因素的结合；虽然后世常将"分类"（classification）视作现代早期自然志的主要工作，但欧格尔维认为这只是"描述"带来的进一步发展结果，并非一开始即为目标。

　　开篇第一、二章给出背景：先是廓清所谓"文艺复兴自然志"与当时学术文化中几种主流现象间的关系，包括人文主义运动、收藏和好奇心文化等；而后给出一个历史全景，将约 1490—1620 年的自然志家大致分为四代。第三章转入讨论最初的文艺复兴自然志如何从人文主义者对老普林尼《自然志》、迪奥斯科里德斯《论药物》的文本校勘工作中脱胎出来，开始关注和鉴定身边未知的自然物种类，并继承了人文主义对个殊物（particulars）、对事物的表面特征及其描述的强调。第四章则正面给出了这一"描述的科学"中作为核心的诸种"描述"技术与实践：田野考察、腊叶标本和植物园在不同维度上扩展了自然志家的直接经验，记忆、笔记和出版物（通过术语和图像再现）则将这些观察印象固定下来。第五章讨论上述描述经验的扩张带来的挑战以及应对挑战的方式，即后来发展出的整理、编目等实践。

　　该书的突出特点是，不仅叙述博物学史的内部发展，而且试图发掘背后的认识论追求。欧格尔维数次提到自然志中的"史志型认知"（cognitio historica）与对"事实"（fact）的极大兴趣，以及自然志家们如何构建其特殊的"经验形式"（form of experience），这实际上应是在呼应该书从写作至成书时期关于现代早期"经验"、"史志"与"事实"的历史知识论（historical epistemology）的讨论。对此首先可以参见与该书同期出版的重要文集《史志：现代早期欧洲的经验主义与博学文化》（Historia: Empiricism and Erudition in Early Modern Europe，2005）。

　　在该书最初出版的 2006 年，文艺复兴欧洲自然志仍是一个不甚明朗的研究对象；时至今日，对于一些主题，学界已进行了更深入的研究。例如，关于自然志共同体和通信网络，可以参看埃格蒙德《克卢修斯的世界：形成中的自然志（1550—1610）》（Florike Egmond, The World of Carolus Clusius: Natural History in the Making, 1550—1610，2010）；关于自然志图像的使用，可以参看楠川幸子《为自然书籍制图：16 世纪人体解剖和医用植物书籍中的图像、文本和论证》（Sachiko Kusukawa, Picturing the Book of Nature: Image, Text, and Argument in Sixteenth-Century Human Anatomy and Medical Botany，2012；中译本由浙江大学出版社 2021 年出版）。

（黄宗贝）

山田庆儿著《中国医学的起源》

山田慶兒，中国医学の起源，岩波書店，1999

/

山田庆儿 著 韩建平 周 敏 译

广西科学技术出版社2024年出版，554页

　　作者山田庆儿（Keiji Yamada, 1932—　）是日本京都大学名誉教授、国际日本文化研究中心名誉教授、日本著名科学史家，主要研究方向为东亚科学技术史。代表作有《混沌之海：中国式思维的构造》《授时历之道：中国中世的科学与国家》《夜鸣之鸟：医学、咒术与传说》《中国医学的思想风土》等。

　　在《中国医学的起源》的前言部分，作者开宗明义："本书是自己关于中国医学起源与古代医学形成的全部探索的轨迹"。第一部分主要介绍针灸、汤液及本草这三种形塑中国医学特质的要素，并阐述它们的起源。第二部分对《黄帝内经》进行了历史性分析与重建，同时，提炼出古代医学形成的范型。如果仅从前言这个简短的概述看，其内容似乎与多数有关中国医学史的研究差异不大，然而从研究方法和研究观点来看，则独树一帜，特色鲜明。

　　作者的研究契机始于1973年长沙马王堆三号汉墓的考古发现。1977年，日本京都大学人文科学研究所启动了合作研究项目"新发现中国科学史资料研究"。因此，该书基本上属于对中国传统医学的考古研究，相较于医学思想与理论的解读，作者重在探讨医疗实践的变迁，关注出土文献与出土医具的考证，并梳理了后世不同朝代的复原图，尝试将新资料与旧资料结合起来，将之制作成图表，对古代典籍中的信息进行整理，通过新资料印证及弥补、勘正以往研究。在多数中医史研究将针灸、汤液与本草视为"术"的情况下，作者选择将疗法与药物置于研究的中心位置。除针灸史或药物史领域的专著

外，较少有学者从器物与实践层面出发，勾勒中国医学的整体演化脉络。

　　尽管书中多数章节呈现的都是考据的过程与分析，但史学思维清晰可见。作者在行文中时常表现出对治史的思考，如提到历史研究中假说的重要性，"不仅在于它如何说明事实，而且，也关系到激发历史学家的想象力，让他们描绘出更具体的历史图景"（第62页）。这也解释了书中多处出现"尚不清楚"的表达，作者并不急于通过这一本书向学界提出明确的结论，其用心着意之处在于提供丰富资料与线索，以期来日再探。

　　该书史料翔实、考证细致，实属中医史研究佳作，也会令读者产生意犹未尽之感。书中提及了西方传统医学（第122页、第382页），以及同时代西方学者的看法（李约瑟和鲁桂珍的相关研究，第68–69页、第300页、第482页；席文的研究，第448页），然而这些内容均一笔带过，没有进一步探究分析。对于一本专注中国医学的史学著作而言，不进行比较研究也无碍主旨，但既已提及又未能详述，不免有些遗憾，也使读者对这一领域的未来有了更多期待。

（陈雪扬）

约著《笔记启蒙：英国皇家学会与科学革命》

Richard Yeo, *Notebooks, English Virtuosi, and Early Modern Science*, University of Chicago Press, 2014

/

理查德·约 著 李天蛟 译

中国工人出版社2024年出版，432页

作者理查德·约现为澳大利亚格里菲斯大学名誉教授，其研究领域为17—19世纪的欧洲科学。在该书之外，他的研究专著还有《定义科学：威廉·休厄尔与早期维多利亚英国的自然知识和公开辩论》（*Defining Science: William Whewell, Natural Knowledge and Public Debate in Early Victorian Britian*，1993）、《百科全书式的愿景：科学辞典与启蒙文化》（*Encyclopaedic Visions: Scientific Dictionaries and Enlightenment Culture*，2001）等。该书中译本属于中国工人出版社"万川·好奇心"系列，遗憾的是，这个版本在翻译与编校方面都存在不少问题，建议有研究需求的读者直接阅读英文原书。

这部著作的核心问题是：17世纪早期皇家学会相关的一批英国学者（常自称为自然研究的"行家"，即本书原标题中的 *virtuosi*），如何在笔记（note-taking）中实践弗朗西斯·培根提出的以"自然志"为基础的新科学纲领，用不同的笔记模式应对大量碎片化的经验"事实"或"信息"（在当时也是全新出现的范畴）带来的认知挑战？这之所以成为问题，是因为当时人们对"记忆"（memory）、"回忆"（recollection）、"经验信息"（empirical information）、"书写"（writing）等本质的看法都在经历剧烈转变。

该书第一至三章重建了上述历史语境。在传统上，"笔记"在文艺复兴时期主要被作为一种与阅读、理解消化、文辞写作有关的教育方法，特别被人文主义者和耶稣会士实践。并且，这类笔记常常是"记忆术"（*ars memoriae*）的一个环节，诸种记录的最终目的是提示于（prompt）心灵内部的回忆活动。但进入 17 世纪，人们逐渐开始将"笔记"当成纯粹外部的"贮存库"（storehouse），替代心灵内部的记忆官能，而非去辅助和增强它本身。与此同时，17 世纪英国学者笔记的另一个重要起点是"培根自然志"纲领：弗朗西斯·培根在设想"自然志"时强调其中要有结构地书写、记录，收集来自书籍或直接经验等各种来源的个殊物（particulars）的细节描述。这种经验的收集记录优先于任何理论体系，甚至还被构想为一项集体积累的事业。

第四至八章展现的就是几位案例人物，如塞缪尔·哈特利布（Samuel Hartlib）及其通信圈子、罗伯特·玻意耳（Robert Boyle）、约翰·洛克（John Locke）、罗伯特·胡克（Robert Hooke）等对其笔记的构想和使用。这一部分使用了大量原始史料，包括通信、手稿、皇家学会档案和出版著作等，还原出当时科学实践中重要但往往被忽视的一个侧面。哈特利布代表了从世界各地进行情报收集、整合的运作模式；玻意耳以其松散而海量的笔记著称，他坚持笔记最终仍然指向个人内在经验的"回忆"来发挥作用；洛克以其"新方法"代表了一种更条理化的笔记，这种笔记开始显现为固定、可检索的信息材料（data）；胡克则在皇家学会进一步设想了集体共享的书面记录（record）模式。

该书可视为20世纪90年代以来将现代早期科学史与书籍史、知识史乃至信息史关联起来的讨论脉络下的又一力作。这批研究的重要启示是，现代早期的科学实践与各种文本实践（textual practice）在本质上是密不可分的。与文本相关的看法和做法，在很大程度上影响甚至决定了当时对"科学知识"的本性、形态、应该如何获取和建构等的讨论。因此，研究者的问题是：在不同历史时期，文本知识、书写记录在科学中扮演的角色有何变化？

约的这本著作相对新近，反映了英语学界比较阶段性的理解成果。尽管现在推出的中译本不尽如人意，但这仍然可以作为一个契机，希望更多讨论能受到国内学界的关注并得到译介。

（黄宗贝）

左娅著《沈括的知识世界：
一种闻见主义的实践》

Ya Zuo, *Shen Gua's Empiricism*, Harvard University Press, 2018

/

左 娅 著/译
中华书局2024年出版，381页

　　作者左娅现为加利福尼亚大学圣巴巴拉分校历史系副教授，研究领域为宋元思想文化史，特别致力于思想史与科技史、书籍史、情感史等的交叉研究。该书基于她在普林斯顿大学东亚系的博士论文（2011年答辩）修改而成，2018年由哈佛大学出版社出版，如今由作者本人亲自翻译为中文。

　　对于该书，笔者无法从宋代思想史研究的角度给予评价，以下完全是针对该书的科学史面向进行评论。如此看待《沈括的知识世界：一种闻见主义的实践》一书也绝非牵强：无论是北京大学科学技术与医学史系陈昊副教授为该书撰写的代序，还是作者本人的弁言，都明确将该书的研究路径归为知识史（history of knowledge）。这样考察沈括，意味着不仅要恢复他在做出看似"现代"的"理性-经验主义"（转引席文的概括）探究时到底是出于怎样的智识追求，而且尝试以沈括这个"例外"澄清宋代主流知识论立场的诸种前设。

　　该书采用了史论交织的写法，第一、三、五、六、八章是书写沈括的生平，第二、四、七、九、十章是对沈括闻见主义立场的分析。在科学史读者感兴趣的方面，左娅对沈括"闻见主义"的重构主要包括如下内容：首先，澄清沈括最为关心的认知对象乃是"个体化"的"物"，这当然根植于北宋早期道学对道与物的普遍想法，但左娅认为沈括所做的是将物从界定其所在的大秩序中释放出来，关注对该物本身个体特征的感知，即所谓 "闻见之知"（第二至四章）。其次，在沈括与王安石之争的背景下，左娅将宋代学术的主流构建为 "统理之学" 与 "棣通之观"，而沈括却试图 "营造" 一种 "非统理" 的学问。"非统理" 的文类载体是《梦溪笔谈》所采取的笔记体，而取代 "统理" 成为新的认知引导的，则是沈括所追求的知识的 "信验性"，特别是强调一系列可靠的认知行为，包括感官亲见（第七至九章）。最后，左娅试图从沈括上述的 "闻见主义" 反观北宋理学的某些思想前设，以及后世乾嘉考证学的发展，以构建更宏大的知识史图景（第十至十一章）。

可以看到，作者在将该书从英文回译时颇下功夫，借用沈括或北宋思想家原本的用词，创造了大量独特的对译，这对中文学界更进一步的思考应是有所贡献的。例如，将 "empiricism"（经验主义）对译为 "闻见主义"，将 "system"（系统/体系）对译为 "统理"，将 "reliability"（可靠性）对译为 "信验性" 等。当然，也许不是该书中所有陌生化的译法都能成立，但这提醒我们思考：西方科学知识论中的 "经验" 概念在中国传统思想中是否有其对应物？在何种条件和前设下，"经验主义" 才等同于 "闻见主义"？

通过澄清沈括 "闻见主义" 的内涵，该书实际上也揭示出，历史上存在多样的、复数的 "经验主义" 版本，不能将其思想与实践一概论之。在这一脉络下，作者力求突出的正是 "经验主义知识论" 的 "中西之别"。但还可能存在一个更为显著的 "古今之别"：放眼前现代特别是文艺复兴时期的欧洲，也存在 "博学经验主义"（learned empiricism）、"集体经验主义"（collective empiricism）等特殊的经验主义形态，这不同于笛卡尔、洛克或康德以降的西方近代经验论哲学，却可能与沈括的闻见主义立场更有可比照之处。由此或许还引出一个未来颇具潜力的研究方向：是否可以在中西比较乃至全球科学史的视野下，对世界范围内种种 "前现代经验主义" 的案例进行更深入的考察？《沈括的知识世界：一种闻见主义的实践》一书无疑是一个良好的开端，值得中西方科学史的研究同仁共同参考。

（黄宗贝）